不确定性分析技术及其应用

·黄元亮 编著·

Uncertainly Analysis Technology and Its Application

中国科学技术大学出版社

内 容 简 介

本书针对不确定性分析技术发展的需求,对不确定性分析技术的成熟分支和最新成果进行了分类总结,并将作者多年的研究成果融入其中,从不确定性知识表征、模型构建、系统仿真、知识过滤到故障诊断,较系统地介绍了不确定性分析技术及其应用。

本书可作为研究人员科研用书,也可作为研究生和高年级本科生教材或参考书。

图书在版编目(CIP)数据

不确定性分析技术及其应用/黄元亮编著. —合肥:中国科学技术大学出版社,2022.7

ISBN 978-7-312-04510-3

Ⅰ. 不… Ⅱ. 黄… Ⅲ. 不确定系统—研究 Ⅳ. N94

中国版本图书馆 CIP 数据核字(2018)第 150133 号

不确定性分析技术及其应用

BUQUEDINGXING FENXI JISHU JIQI YINGYONG

出版	中国科学技术大学出版社 安徽省合肥市金寨路 96 号,230026 http://press.ustc.edu.cn https://zgkxjsdxcbs.tmall.com
印刷	安徽省瑞隆印务有限公司
发行	中国科学技术大学出版社
开本	710 mm×1000 mm 1/16
印张	20.5
字数	425 千
版次	2022 年 7 月第 1 版
印次	2022 年 7 月第 1 次印刷
定价	65.00 元

前　　言

不确定性和确定性是一对矛盾的概念,二者互为补充,在一定条件下可以互相转换。

人们在认识世界的过程中往往更关注确定性,忽略或回避不确定性。著名思想家老子指出"有无相生,难易相成,长短相形,高下相倾",强调了相互对立的事物中存在一个渐变的过程,事物之间的差别没有确定性的界限。东汉哲学家王充在论述世间万物生成机理的时候,认为事物并不存在预先设定好的目标和方案,最终结果如何,将受到偶然因素的左右。

今天的宇宙观是以绝对光速和不确定原理为背景的,这样的宇宙存在一个由大爆炸而开始的诞生点。随着科学研究的逐步深入,人们认识到世界是不确定的,确定性是不确定性的特例。对不确定性的研究,对人们认识世界、了解世界起到了极大的促进作用。

在 20 世纪中叶,人工智能的发展极大地推动了不确定性分析技术的进步,相关研究成果快速进入人们的生活领域,造福人类。在中华民族进行伟大复兴的今天,人工智能再一次进入发展的快车道,在这个智能信息时代,不确定性分析技术也迎来了她的春天。

本书针对不确定性分析技术发展的需求,对不确定性分析技术的成熟分支和最新成果进行了分类总结,并将作者多年的研究成果融入其中,从不确定性知识表征、模型构建、系统仿真、知识过滤到故障诊断,较系统地介绍了不确定性分析技术及其应用。

全书共分 7 章:第 1 章为绪论,简介了不确定性分析的基本概念和发展背景;第 2 章介绍了不确定性知识的常见表征方法;第 3 章介绍了定性仿真的原理,对定性分析的基本原理和 Kuipers 的定性仿真及存在的问题进行了重点阐述;第 4 章介绍了在定性仿真基础上发展起来的定性定量仿真技术的几个代表性成果;第 5 章介绍了基于模型的不确定性分析技术,主要包括粗糙集原理和灰色系统理论;第 6 章介绍了基于滤波技术的不确定性分析技术,主要介绍了维纳滤波、卡尔曼滤波和 Hilbert-Huang 变换原理;第 7 章介绍了基于相容性检验的智能故障诊断技术,主要介绍基于第一原理的故障诊断原理和最大正常诊断原理。

本书主要参考已出版的书籍和公开发表的论文,在此对相关作者表示诚挚感谢! 本书的出版得到了暨南大学电气信息学院"高水平大学建设"经费的支持,赫真真和钟伟参与了"相容性检验技术"的部分英文翻译,叶嘉颖参与了本书的文档整理工作,这里一并表示感谢!

由于时间较紧,加上水平有限,书中难免存在错误,恳请读者批评指正!

黄元亮

2019 年 5 月

目　　录

第1章 绪 论

　　人类认识世界的过程,是从对世界的茫然、有一定认识,到牛顿的确定世界论和现在对世界的不确定性认知论,因此人类对世界的认知在不断进步,是一个循序渐进的历程。然而,由于世界的复杂性和多维性,人类对世界的认知还有漫长的路要走,世界上无数的对象要我们去研究、认识,无垠的太空给人类提供了一个永久的科研平台。

　　对确定性的追求是人类认识世界的期望与理想。1685 年 11 月,牛顿在《自然哲学的数学原理》中系统地整理出三大运动定律,使人类对宏观世界的运动规律的认识达到一个全新的高度,对物质的运动可以应用数学的方法进行分析,进而可以预测物质的下一个形态。虽然牛顿运动定律具有内在随机性,其包含的"不确定行为"远多于由它所给出的"确定行为",但其对人类认识世界具有深远的意义。

　　在 19 世纪初,法国科学家拉普拉斯断言,宇宙是完全被决定的。他认为存在一组科学定律,只要我们完全知道宇宙在某一时刻的状态,我们便能依此预言宇宙中将会发生的任一事件。例如,假定我们知道某一个时刻的太阳和行星的位置与速度,就可用牛顿定律计算出在任何其他时刻的太阳系的状态。这种情形下的宿命论是显而易见的,但拉普拉斯进一步假定存在着某些定律,它们类似地制约其他每一件事物,包括人类的行为。决定论在 18、19 世纪基本上统治了科学界,认为宇宙中的任何事物或事件都是自然规律的结果,并永远是自然规律的结果,而这种自然规律是可以通过科学方法来揭示的。

　　决定论对人类认识世界具有促进作用,人们尝试着用规律来解释世界的一切行为。人们在追求确定性的同时也已认识到不确定性的存在,如中国道家鼻祖老子在《道德经》中指出:"道可道,非常道。"这表明道本身具有不确定性,规律从来不是一成不变的。1927 年,德国物理学家海森伯提出了不确定性原理,理论表明,人们不可能同时知道一个粒子的位置和它的速度,粒子位置的不确定性必然大于或等于普朗克常数。

　　海森伯写道:"在位置被测定的一瞬,即当光子正被电子偏转时,电子的动量发生一个不连续的变化,因此,在确知电子位置的瞬间,关于它的动量我们就只能知道相应于其不连续变化的大小的程度。于是,位置测定得越准确,动量的测定就越不准确,反之亦然。"简单来说,就是如果想要测定一个量子的精确位置,那么就需要用波长尽量短的波,这样的话,对这个量子的扰动也会越大,对它的速度测量也会越不精确;如果想要精确测量一个量子的速度,那就要用波长较长的波,就不能精确测定它的位置。

不确定原理涉及很多深刻的哲学问题,用海森伯自己的话说:"在因果律的陈述中,即'若确切地知道现在,就能预见未来',所得出的并不是结论,而是前提。我们不能知道现在的所有细节,是一种原则性的事情。"

19世界中叶,麦克斯韦、玻尔兹曼等科学家通过研究证明了不确定性在客观世界中是真实存在的,与人类是否无知没有关系。后来,人们普遍认为:确定与不确定既有本质区别,又有内在联系,两者之间的关系是辩证统一的。

从辩证的角度来分析,世界运动的确定性是相对的,不确定性是绝对的。这种普遍存在的不确定性给我们分析世界和认识世界带来了困扰,使得我们改造世界的过程的控制精度下降,如何分析处理不确定因素,是我们长期以来面临的永久性难题。从科学家们认识到不确定性对世界发展的影响以来,解决不确定性问题一直是科学界研究的热点,各种新形成的技术不断地被应用到不确定性问题的研究上来,并推进着不确定性问题的有效解决。

随着20世纪统计力学的发展,曾经较长一段时间认为概率论是处理不确定性信息的唯一方法和理论思想。随着研究的深入和对不确定性信息认知的深化,概率论在很多方面表现出对不确定性信息的不可描述性和局限性。要解决不确定性问题,首先要解决的是不确定性知识的表征,而不确定性知识的表征包括知识状态的不确定性、证据不确定性、推理规则不确定性和推理结论的不确定性。

知识状态的不确定性表征是不确定性推理的基础和前提。每一种不确定性分析理论都提出了一种适合各自理论解决不确定性问题的知识状态表征方法,每种表征的共同点就是应用恰当的方法描述知识状态所隐含的信息的确定成分和不确定成分,而这种成分的确定往往带有主观性和经验值,或者应用大样本理论得到统计结果。

证据的不确定性是指作为不确定性推理前提的证据在获得或发生时具有不确定性。证据的获得常常是通过观测或分析,在观测的过程中一般不可避免地具有主观性和客观不确定性。证据的出现或发生同样具有不确定性,如推理"天亮了,太阳要出来了",前提"天亮了"的概念就具有不确定性,如何界定"天亮了"是推理成立的基础,但在人们的意识中它是一个模糊的时间,难以精确界定,具有不确定性。

推理规则的不确定性是因为推理规则产生的常识、专家经验或统计规律具有不确定性。由常识产生的规则因认知的不全面或突发事件等因素,不确定性不可避免。如中国古代历法中存在推导何时下雨的规则,但在可能下雨天没有下雨时,又有"天旱不依甲子"之说。同样,专家经验产生的规则存在主观不确定性,而统计规则存在小概率事件发生的可能。

推理结论具有不确定性是必然的,产生结论的前提、规则和推理过程都具有不确定性,通过不确定性的传播和积累,推理产生的结论必然具有不确定性。因此,在不确定性分析中,分析推理结果的可信度是非常重要的。

在对不确定性知识科学表征的基础上,研究智能性高的分析知识、处理知识的方法是不确定性信息研究的核心。最近几十年,处理不确定性信息的方法得到较大发展,国内外研究者先后提出了概率论、确定性理论、定性分析、灰色理论、模糊集、粗糙集、云模型、分形网络、混沌原理等针对不确定性问题的研究方法。

根据分析方法的原理不同,我们可将其分成四类,即定性分析法、集合论方法、数学方法和不确定性过滤方法。

1. 定性分析

在 20 世纪中叶,定性推理与定性仿真成为研究热点。Shortliff 等人提出了带可信度的不确定性推理;Dempster 和 Shafer 提出了证据理论,引入信任函数和似然函数来描述命题的不确定性;1977 年,Reiter 发表了第一篇定性推理方面的论文,开创了应用定性分析研究不确定性信息的新篇;1984 年,《Artificial Intelligence》杂志出版了定性推理专辑,刊载了 De Kleer,Forbus,Kuipers 等人关于定性推理的奠基性文章,这标志着该方面的研究趋于成熟。

定性推理从其推理原理上划分,可分为基于相容性检验的推理和基于因果关系的推理。基于相容性检验的定性推理的结果与当前状态及此前的状态没有因果关系,而是通过对所有可能状态的相容性检验,与约束条件相容的结果作为下一步的可能状态。该方面的代表成果是 Kuipers 的定性仿真和 Reiter 的基于模型的故障诊断原理。

(1) 定性仿真

在定性仿真中,物理量的度量尺度是被物理量的界标离散化的实数轴,实际物理系统的结构描述由系统物理和物理量之间的构图组成,约束是物理量之间的定性关系,本质上是定性方程。

定性仿真对实际物理系统的行为推理步骤是:首先,根据系统物理量变化的连续性从实际物理系统的初始状态产生系统变量的所有可能后继状态,然后,根据约束关系从中选出与各约束条件相容的定性状态(可以是多个),各个变量的当前状态的任一组合构成了一个系统的定性状态。这是一步行为推理,重复这一过程就能得到实际物理系统的所有可能的定性变化过程。在行为推理过程中,定性仿真能探测出物理量的某些新界标。

定性仿真理论已成为复杂物理系统设计、诊断和监视的有力工具。在定性仿真建立的初期,创建者和相关的研究人员认为定性仿真不需要系统的定量信息,是一种独立于系统定量知识之外的简单易行的仿真方法,是一种新方法。然而,随着研究的进一步深入,研究人员发现:由于定量知识的缺乏,定性仿真需要巨大的计算空间,并产生许多奇异的行为分支。这些奇异行为分支的出现使得系统的可能真实行为的性能难以被发现,同时这些奇异行为是很难控制的,从而研究的方向渐渐转向定性定量的集成仿真。如 Kuipers 的 Q_2、Q_3 和半定量系统辨识,Q. Shen 和 R. Leitch 的模糊定性仿真等。

(2) 基于模型的故障诊断

基于模型的故障诊断理论是专家系统后发展起来的一种智能性故障诊断理论,具有代表性的分支有基于 R. Reiter 第一原理的一致性故障诊断理论和溯因诊断方法。一致性故障诊断理论是 Reiter 提出的基于模型深层知识描述的一种诊断方法,其诊断原理是通过检测系统描述(System Description,SD)、系统观测值(Observation Set,OBS)和故障假设的相容性(一致性)而得到系统的由真正故障元件组成的最小故障元件集合。这种方法扬弃了传统诊断方法中以系统的表层知识作为诊断依据的不足,也克服了专家系统对专家经验的依赖,其不足是由于其对诊断空间的约束太弱,导致其诊断结果往往带有不确定性。溯因诊断方法的基本原理是以系统故障与征兆因果理论 Σ 为系统描述的基础,由此实现故障集合 C 和征兆集合 E 之间的映射。对一观测集 $O \sqsubseteq E$ 的溯因诊断是 C 中的一个最小假设集 A,A 不但与 Σ 一致而且 $A \cup \Sigma$ 蕴涵系统观测集 O。Poole 是溯因诊断方法的代表人物。相对于一致性故障诊断,溯因诊断方法的诊断结果更准确,因为它要通过 A 和 Σ 来解释每一个观测结果。其不足是在一些具有不确定性的知识不完备系统,要解释每一个观测结果是不可能的,而客观世界的每一个子系统均不同程度上具有不确定性,只有在理想化的前提下才能得到系统所谓的精确模型。Console 和 Torasso 把基于模型的故障诊断看成带一致性约束的溯因诊断,并给出了诊断的统一框架,该框架使得诊断的不同定义有了共同的比较基础。

(3) 定性推理

定性推理是从物理系统的定性结构描述出发,在定性约束条件下,应用因果或非因果的定性推理机制,产生系统的定性行为结果的方法体系。这种推理方法体系的形式多样,可以是因果逻辑的形式,也可以是定性图表的方式、定性空间推理,也有归纳统计的方法或其他非逻辑的形式。

因果推理是人类推理的一种主要形式,因果性在人类认识世界的过程中占有举足轻重的地位,"A 引起 B"这种形式在日常生活中司空见惯。但是,传统的启发式推理系统都不能很好地做出因果解释,因为人类专家能够用一些基本的因果机制来解释他的结论,而推理系统只能用一些启发式规则做出解释,但因果性早已在推理过程中被知识与规则的组合和使用所湮灭。因此,因果推理作为定性推理的一个分支,不仅需对系统的行为做出定性分析预测,而且要能够给出系统的因果解释。

Iwasaki 和 Simon 将因果性的本质引入定性推理,他们研究了如何在非因果数学关系模型中进行因果推理。因果顺序法用一组联立方程描述系统,因果顺序是定义在方程组变量间的一种非对称关系。建立因果顺序就是找这样的变量子集,使子集中的值可以独立于剩下的变量单独计算出来,然后,用这些值简化结构,使之成为一个只含剩余变量的较小方程组。因果顺序理论分别定义了平衡结构、动态结构和混合结构中的因果顺序,它根据平衡结构中变量间的因果顺序来分析预测变量的扰动影响,原则是只有因果依赖于扰动变量的变量才会受到扰动传播的影响。这有些类似于局部传播,区别是这里的传播由因果顺序决定,要求平衡是稳定的。

2. 集合论方法

应用集合论方法分析不确定性信息,包括基于灰色理论、模糊集和粗糙集理论和容度理论等的方法,这些方法以信息与论述域的关联度作分析和应用的基础,对信息的不确定性进行可信度处理,以提高信息的可靠性。

(1) 基于粗糙集理论的方法

对于具有不精确、不一致和不完全性的多源信息,利用粗糙集理论不仅能对其进行有效的分析和推理,还能从中发现隐含的知识,揭示对象内部潜在的规律。通常是将其作为一种知识约简的工具而引入到故障诊断中。通过对大量含有冗余信息的诊断特征进行压缩或约简,再与传统和人工智能的方法结合,用精简过的特征信息进行诊断,就能大大降低计算复杂性和统计工作量,从而有效地提高诊断效率。将粗糙集理论和专家系统相结合,针对机电设备故障诊断中存在的知识冗余和不确定性,从原始信息出发,利用决策表简约算法进行属性和属性值的约简,建立故障诊断的规则库,给出基于粗糙集的故障诊断和知识获取模型的一般性结构。粗糙集和模糊集相结合可以降低处理信息的维数和计算特征值的工作量,从而降低诊断系统的复杂程度。将粗糙集理论应用于神经网络的建模与训练过程中,可有效地简化神经网络的训练样本,在保留重要信息的前提下消除冗余的数据,从而减少输入层神经元的个数,简化网络结构,大大提高系统的学习效率和诊断精度。但是,粗糙集理论仍是一个发展中的年轻学科,它自身还存在着不少问题,如现有的知识发现方法大都是一种静态方法,而事实上客观对象本身是在不断发展变化的;对大规模数据库而言,粗糙集方法的计算效率较低;目前基于粗糙集的故障诊断方法在运用形式上较单一,诊断逻辑不清晰,缺乏对于诊断性能的分析等。因此,粗糙集理论还有待于进行深入的研究和探讨。

(2) 灰色系统理论

在灰色系统理论中,对实际物理系统的描述采用了三种机制。当系统的信息是清楚的,但信息量很少,即系统是贫信息时,灰色系统理论采用定量描述,然后用灰色建模来解决系统问题;当系统的信息带有不确定性时,灰色系统理论对系统采用半定量的方式来描述,即采用灰数来表示系统变量的取值,然后应用混合模型来解决系统的实际问题;还有一种情况就是虽然系统的观测值较多,但明显不服从任何典型分布,并且数据可能还带有不确定性,无法应用概率统计理论来解决系统的相关问题,这种情况往往出现在模式识别和故障诊断等方面,对于这类问题,灰色系统理论应用白化权函数来处理。

灰色系统理论经过 40 多年的发展,已经形成一门具有相对完善的理论体系的新兴交叉学科。其主要内容包括以灰色朦胧集为基础的理论体系,以灰色关联空间为依托的分析体系,以灰色序列生成为基础的方法体系,以灰色模型为核心的模型体系,以系统分析、评估、建模、预测、决策、控制、优化为主体的技术体系。

- 灰色系统基础:灰哲学、灰色朦胧集、灰色代数系统、灰色矩阵、灰色方程。
- 灰色系统分析:灰色关联分析、灰色聚类、灰色统计评估。
- 灰色序列生成:均值生成、级比生成、累加生成、累减生成等。
- 灰色建模:基于灰因白果律、差异信息原理、平射原理的建模。
- 灰色预测:基于灰色模型进行定量预测,按其功能和特征可分为数列预测、区间预测、灾变预测、波形预测和系统预测。
- 灰色决策:灰靶决策、灰色关联决策、灰色统计、聚类决策、灰色局势决策和灰色层次决策等。
- 灰色控制:灰色关联控制、基于灰色模型的预测控制等。
- 灰色优化:灰色线性规划、灰色非线性规划、灰色整数规划和灰色动态规划。

随着灰色系统理论的进一步发展,一些科研工作者将近代数学的相关理论与灰色理论相结合,形成了相应的灰代数、灰群等理论体系。

3. 数学方法

基于数学方法的不确定性信息分析方法也形成了一些学派,包括 Bayes 概率、可能性理论、混沌理论、D-S 证据理论、未确知数学和李德毅院士的正态云模型等。1990 年,Saltelli 等人分别提出的非参数方法(nonparametric technique)对客观不确定性(随机不确定性)进行分析。2006 年,B. Krzykacz-Hausmann 等人提出了主观不确定性参数的分析方法。这些方法都是对基于数学方法的不确定性信息分析方法的发展。

(1) Bayes 概率

Bayes 概率论的提出打破了原有不确定性理论的基础,从数学角度分析了产生、解决不确定性的方法。作为最早的、较为完整的理论基础,Bayes 概率论得到了广泛的应用,被认为是处理不确定性信息的主要方法。

在 Bayes 概率中,首先应该了解 Bayes 理论的基本原则——Bayes 准确性原则,设定不确定性用概率 $P(A)$ 或者条件概率 $P(A|B)$ 来表示,Bayes 准确性原则就是使 $P(A)$ 或者条件概率 $P(A|B)$ 的值保持不变。用一个例子来表述这个概念,就是在黑箱子中放入数量相等的黑、白两种球,去随机地抓箱子里的球,不言而喻,黑、白球被抓到的概率是随机的,即抓到两色球的概率相等;如果将黑箱子中球的数量放的无限多,抓的次数无限多,黑、白两球被抓到的概率就非常接近这个概率值,即 $1/2$,这种概率保持不变的特性就被称为"Bayes 准确性原则"。

(2) 混沌学

混沌是确定性动力系统中出现的一种貌似随机的运动,其本质是系统的长期行为对初始条件的敏感性。系统对初值的敏感性又如美国气象学家洛仑兹所说的蝴蝶效应:"一只蝴蝶在巴西扇动翅膀,可能会在德州引起一场龙卷风。"这就是混沌。混沌现象是指发生在确定性系统中的貌似随机的不规则运动,一个确定性理论描述的系统,其行为却表现为不确定性——不可重复、不可预测。

混沌学的研究方法有:

① 相空间几何与吸引子。绝大多数描述系统状态的微分方程是非线性方程,当非线性作用强烈时,以往的近似方法不再适用。为此,法国数学家庞加莱提出了用相空间拓扑学求解非线性微分方程的定性理论。在不求出方程解的情况下,通过直接考查微分方程本身的结构去研究其解的性质。该理论的核心是相空间的相图。相空间由质点速度和位置坐标构成。系统的一个状态可由相空间中的一个点表示,称为相点。系统相点的轨迹称为相图。在相空间中,一个动力学系统最重要的特征是它的长期性态,一般动力学系统,随时间演变,最终将趋于一终极形态,此称为相空间中的吸引子。吸引子可以是稳定的平衡点(不动点)或周期轨迹(极限环)。

② 奇异吸引子与蝴蝶效应。洛仑兹在求解气象流体运动方程时,将微小改变的初始值送进皇家马克比计算机,系统状态演变对初始条件非常敏感,相图中两个初始时任意靠近的点,经过足够长的时间后,在吸引子上被宏观地分离开来,对应完全不同的状态。

(3) D-S 证据理论

信息融合技术主要解决多传感器的信息综合处理以及决策问题。目前来说,对于不确定性信息的处理,证据理论的应用较为广泛,已经被用于机械故障诊断、模式识别、军事领域等方面。证据理论是由 Dempster 于 1967 年首先提出,由他的学生 Shafer 于 1976 年进一步发展起来的一种不精确推理理论,也称为 Dempster-Shafer 证据理论(D-S 证据理论)。作为一种不确定推理方法,证据理论的主要特点是:满足比 Bayes 概率论更弱的条件;具有直接表达"不确定"和"不知道"的能力;第一次用概率区间的形式来描述不确定性信息,这样就客观地、数学化地表达了不确定性信息的程度。

证据理论采用信度的"半可加性"原则,较好地对不确定性推理问题中主、客观性之间的矛盾进行了折中处理。而且,证据理论下先验概率的获得比主观 Bayes 方法要容易得多,已经成为构造具有更强的不确定性处理能力专家系统的一种有效手段。

4. 不确定性过滤

对于具有随机不确定性和认知不确定性的信息,通过不确定性滤波,提高信息可靠性的研究也发展迅速,如卡尔曼滤波(Kalman filter)、集员滤波(Set-Membership filter,SMF)、分布式滤波、光栅滤波、Hilbert-Huang 变换(Hilbert-Huang Transform,HHT)和小波滤波等已被广泛应用于各种类型的不确定性信息的分析领域。

(1) 卡尔曼滤波

卡尔曼在他的博士论文和 1960 年发表的题为"A New Approach to Linear Filtering and Prediction Problems"的论文中提出了卡尔曼滤波的原理。卡尔曼滤波器是一个最优化自回归数据处理算法,对于解决很大部分的问题,它是最优、效率最高,甚至是最有用的。该算法的广泛应用已经超过 40 年,包括机器人导航、控制、传感器数据融合,甚至军事方面的雷达系统以及导弹追踪等等。近年来该算法更被应用于计算机图像处理,例如头脸识别、图像分割、图像边缘检测等等,并在应用中得到了快速发展,形成了不少新的分支。

卡尔曼滤波是一种利用线性系统状态方程,通过系统输入输出观测数据,对系统状态进行最优估计的算法。由于观测数据中包括系统中的噪声和干扰的影响,所以最优估计也可看作滤波过程。

(2) Hilbert-Huang 变换

Hilbert-Huang 变换是由黄锷先生提出的数据处理方法。作为一种崭新的时频分析方法,它完全独立于傅里叶变换,能够进行非线性、非平稳信号线性化和平稳化处理,保留信号本身特性。HHT 是先对一个信号进行平稳化处理分解,即经验模式分解(Empirical Mode Decomposition,EMD),产生具有信号的不同特征尺度的本征模函数(Intrinsic Mode Function,IMF)分量,使非平稳信号平稳化;进一步进行 Hilbert 变换得到 Hilbert 谱,在 Hilbert 谱中不仅可以看出幅值,还可以看出频率随时间的变化情况。由此,信号发生突变的过程中,能量在各种频率尺度及时间上的分布情况便能被 Hilbert 谱准确地反映出来。

Hilbert-Huang 变换由 Huang 变换和 Hilbert 谱分析组成。Huang 变换的关键技术是经验模式分离法。该方法认为任何复杂的时间序列都是由一些相互不同的、简单的、并非正弦函数的固有模式函数组成的。基于此,可从复杂的时间序列直接分离成从高频到低频的若干阶固有模式函数 $c_j(t)$。

人类对客观世界的认识在不断深入,科学的发展会不断克服人类对信息认知的不确定性,然而人类对世界新的认识又将展现更多的未知信息和信息的不确定性。这些都需要科研工作者进行新的探索,寻求更好的解决方法。

第2章 不确定知识的表征

人类对世界的认识是从简单到复杂、再到精准的过程,对知识的表征则是从概略、定量、模糊再到定性的过程。知识表征是为描述客观世界所作的一组约定,是知识的符号化过程。知识表征是使用计算机能够接受并进行处理的符号和方式来表示人类的知识,即研究如何把知识形式化,并转移给机器。同一知识可采用不同的表征方法,不同的表征方法可能产生完全不同的效果,需选择合适的表征方法。通过知识的有效表征,人工智能程序能利用这些知识作出决策、制订计划、识别状况、分析景物及获取结论等。

知识表征主要是寻求知识与表示之间的映射,可用自然语言、数学语言和逻辑符号等表示。一般认为,数据描述与具体相关的事实,知识则描述一般对象和状况集合中的关系。

实际上,已有的知识表征方式多面向领域,关于常识性的知识表征还是一个难题。要让计算机具备关于外部世界的知识,必须用计算机能理解的形式表示知识,即由机器语言描述,这就是模型。那么如何表示成计算机视觉模型中的知识? 在很多应用中,模型指的仅仅是几何形状模型,对一般的真实景物,只有几何描述是不够的,需更高层次的由符号描述的抽象关系,也称为图像的关系模型或者知识表征。几何模型与关系模型都为知识表征的一部分。除此之外的物理知识,包括量度、颜色与纹理等。为了提高系统的效率及可靠度,必须将这种知识和几何形状或关系等表示在视觉模型中。

外界物体如何配合在一起的关系结构在计算机中描述成关系模型。常用的语义网络一般只能表示二元关系、框架,是一种组织和表示知识的数据结构,适于描述具有固定格式的事物、动作和事件。计算机一般采用语义网络表示高层知识,语义更能突出实体间的关系。

一些知识在判决时起决定性的作用,如几何知识;另一些知识则是作线索使用,如空间关系和纹理。一些知识对目标做出了精确的定量描述,另一些知识反映的则是定性的类别信息。应根据具体的应用问题,选择最简单实用的知识及表示方法。

人工智能研究复杂信息(多变量、非线性、不确定、不完全、变结构、分布式)的表示和处理问题。当前研究热点是知识表征、数据开发、智能控制、自然语言理解等,其核心是知识表征,即信息的处理问题,这也是人工智能研究的热点和核心。

常用的知识表征法有：

① 框架结构，由 M. Minsky 于 1975 年提出，是一个具有许多槽(slot)和目录的知识块。它结构规则，处理简单，便于用一般性知识去认识个别事物，已广泛运用于计算机视觉、自然语言理解中。

② 产生式系统，由 A. Newell 提出，广泛应用于已存在的专家系统和认知系统中，如 MYCIN，AM 等。使用"如果……，则……(否则)……"这类形式的结构来描述知识，使用灵活，便于在系统中修改，适于表示规则类的知识。

③ 语义网络，1968 年 R. Quillian 将其用于人类联想记忆，1970 年由西蒙正式提出。语义网络是由结点和弧组成的一个有向图，结点表示事物、概念和事件等，弧表示所连接点之间的关系。

④ 逻辑模式，广泛用于知识表征，目前常用的是一阶谓词逻辑和 PROLOG。难以处理变化的、不确定性的和不完全的知识，还受演绎推理的影响。

⑤ 空间状态搜索。不确定性知识的表征对知识的描述提出了新的要求。不确定性知识的表征要解决以下的问题：a. 怎样表示用自然语言表述的定性知识？b. 怎样反映自然语言中的模糊性和随机性？c. 怎样实现定性、定量知识的相互转换？d. 怎样体现语言思考中的软推理能力？不确定性产生于忽略了次要因素、相关性不确切或不完全、知识不成熟、证据本身可能是错误的。随机性和可能性都产生不确定性，但二者的原因不同：随机性指发生的条件不充分，使得在条件与事件之间不能出现决定性的因果关系，在事件的出现与否上表现不确定性质，由频率的稳定性给出；可能性指概念本身模糊，一个对象是否符合这个概念难以确定，由外延模糊引起不确定性，由隶属程度给出。

在不确定性知识表征的研究中，Shortliffe 等人提出了带可信度的不精确推理，之后由 Dempster 提出、Shafer 发展起来(1976 年)的证据理论引入了信任函数，满足比概率论弱的公理，有时称为广义概率论。先验概率很难获得时，证据理论可区分不确定性和不知道的差异，比概率论更合适，而当概率值已知时，证据理论就变成了概率论，这在专家系统的不精确推理中已广泛应用。模糊知识的表达思路是把原有的精确表示法以各种方式模糊化，如模糊谓词、模糊规则、模糊框架、模糊语义网等。

一般地，对由随机现象引起的不确定性，使用主观概率论较为合适；对由模糊现象引起的不确定性，使用可能性理论较为合适；对由不完全性引起的不确定性，使用证据理论更为合适。目前，不完全不确定性知识的表征还远不能满足实际需要。

2.1　区　间　灰　数

灰数是灰色系统理论的基础,它的理论体系完善与否直接关系到系统的建模、仿真和控制的相关理论构建是否成功。自从邓聚龙创建灰色系统理论以来,不少的学者对灰数下过定义。如王清印等在文献[66]中这样给出灰数的定义:

设 G 为实数集, $\bar{\mu}_G:R \to [0,1]$, $\underline{\mu}_G:R \to [0,1]$ 是 G 的上、下隶属函数($\bar{\mu}_G \geqslant \underline{\mu}_G$),则称 G 为上、下隶属度 $\bar{\mu}_G$, $\underline{\mu}_G$ 的灰数,记为 $G_{\underline{\mu}}^{\bar{\mu}}$ 。特别地,若取 G 为区间 $[a,b]$,而

$$\bar{\mu}_G(x) = \underline{\mu}_G(x) = \begin{cases} 1, & x \in [a,b] \\ 0, & x \notin [a,b] \end{cases}$$

则称 G 为区间灰数。

而刘思峰等[50]却是这样给灰数定义的:把只知道大概范围而不知其确切值的数称为灰数。

由于对灰数概念没有统一的认识,目前出现了一些相互矛盾的研究结果。因此,搞清灰数的定义是十分必要的。我们认为定义灰数应体现以下几个原则:

① 灰数是数,应该具有数的基本特征。因为在实际应用过程中的所谓灰数,不论是它的白化值还是真值都是数,尽管它有多个白化值,但其真值是客观存在并且是唯一的实数,只是人们对它的认识不够,还不能(可能是暂时的)确定它的真值。

② 灰数的部分信息是已知的,即知道它的大致取值范围。

③ 灰数不是随机数。因为它的真值只有一个,它落在可能的白化值之内。而它的白化值可由人们主观地去确定。

基于上述原则,我们来考虑灰数的一个适当的定义。

2.1.1　灰数的定义

为了定义灰数,先定义几个相关的概念:

定义 2.1　属于概念范畴,在意思上和实际上均不计具体数值的数,称为绝对概念数,如无穷大 ∞ ,无穷小 ε ;概念范围内的数,称为相对概念数。

绝对概念数是绝对不计及数值的概念数,相对概念数是可以不计及、也可以计及数值的概念数。概念数不是白化默认数,因为我们给它一个具体的白化数,如无穷大 $+\infty$ 和无穷小 ε ;概念数也不是潜默认数,因为潜默认数为意念上的默认数,既然概念数是一个在意念上也不计及其具体数值的数,因此概念数不是潜

默认数。

定义 2.2　设符号 $*$ 表示一种运算，x_i 为一任意数，$i\in\mathbf{N}$，a 为实数，若有

$$x_i * x_i = a, \quad \forall i \in \mathbf{N}$$

则称运算 $*$ 为公运算。

定义 2.3　具有公算性质的相对概念数称为潜数（potential number），记为 d°。这就是说，若 d° 为潜数，则尽管 d° 的具体数值不知道，但必有

$$d^\circ - d^\circ = 0$$
$$d^\circ/d^\circ = 1, \quad d^\circ \text{ 非零}$$

显然绝对概念数不是潜数。然而，概念数与潜数均为不确定数。

定义 2.4（默认灰数）　设 A 为命题，$A(\theta)$ 为命题 A 的信息域，D 为数域，$\otimes$ 为 A 意义下的不确定数，令 d° 为 $\otimes$ 的唯一潜真值，$\widetilde{\otimes}$ 为 $\otimes$ 的默认数，若 $\otimes$ 满足：

$$\forall \widetilde{\otimes} \in \otimes \Rightarrow \widetilde{\otimes} \in B$$

$$B = \{\widetilde{\otimes} | \widetilde{\otimes} \operatorname{Apr} A(\theta), \exists d^\circ \operatorname{Apr} A(\theta), d^\circ, \widetilde{\otimes} \in \widetilde{D} \subset D, d^* \in A(d^* \text{ 为真值}),$$

$$d^* \operatorname{Occur} \Rightarrow d^\circ = d^*, d^* \operatorname{Occur} \Rightarrow \widetilde{\otimes}, \otimes \operatorname{Vani}\}$$

则称 $\otimes$ 为 A 意义下的默认灰数，$\widetilde{\otimes}$ 为 $\otimes$ 的白化数，$\widetilde{D}$ 为 $\otimes$ 的数值覆盖，$A(\theta)$ 为灰数 $\otimes$ 的信息背景。其中，Apr 指 approach，Vani 指 vanish。

定义 2.5（实测灰数）　设 $A(\theta)$ 为命题 A 的信息域，D 为数域，$\otimes$ 为 A 意义下的不确定数，α 为判定真值 d^* 的准则，令 $\widetilde{\otimes}$ 为 A 下的实测数，若

$$\forall \widetilde{\otimes} \in \otimes \Rightarrow \widetilde{\otimes} \in B$$

$$B = \{\widetilde{\otimes} | \exists \widetilde{\otimes}_*, \exists d^\circ \to d^* \operatorname{FOR} \alpha, \widetilde{\otimes} \operatorname{Apr} A(\theta), d^\circ \operatorname{Apr} A(\theta),$$

$$\widetilde{\otimes} \in \widetilde{D}, \subset D, d^*, \widetilde{\otimes}_* \operatorname{Occur} \Rightarrow d^\circ \operatorname{Vani}, \widetilde{\otimes}_*, d^* \operatorname{Occur} \Rightarrow \otimes \operatorname{Vani}\}$$

则称 $\otimes$ 为 A 的实测灰数，$\widetilde{D}$ 为 $\otimes$ 的数值覆盖，$\widetilde{\otimes}$ 为 $\otimes$ 的白化数，$A(\theta)$，α 为 $\otimes$ 的信息背景，$\widetilde{\otimes}_*$ 为命题白化数，且 $\widetilde{\otimes}_*$ 必在白化数 $\widetilde{\otimes}$ 中。

定义 2.6　设 $\widetilde{D}$ 为灰数 $\otimes$ 的数值覆盖。若

① $\widetilde{D}$ 为离散集，则称 $\otimes$ 为离散灰数；

② $\widetilde{D}$ 为连续集，则称 $\otimes$ 为连续灰数。

如果从是否有界来划分灰数，灰数也可以分成：

① 仅有下界的灰数。有下界而无上界的灰数记为 $\otimes = [a, +\infty)$，其中 a 为灰数 $\otimes$ 的下确界，它是一个确定的数。称 $[a, +\infty)$ 为灰数 $\otimes$ 的域。

② 仅有上界的灰数。有上界而无下界的灰数记为 $\otimes = (-\infty, b]$，其中 b 是灰数的上确界，是一个确定的数。

③ 区间灰数。有上界且有下界的灰数称为区间灰数，记为 $\otimes = [a, b]$。区间灰数的灰域可根据需要取开区间、半开半闭区间或闭区间。

例如,海象的重量在 20～38 kg 之间,则可记成 $\otimes=[20,38]$。若一个区间灰数的上、下确界相等,则称之为白数;若其上、下确界均为无穷大,则称之为黑数。在定性仿真中使用的系统变量的取值域 $S=\{-,0,+\}$ 实际上也是 3 个灰数,即

$$S = \{(-\infty,0),[0,0],(0,+\infty)\}$$

在此,我们也简单地引入泛灰数的概念[67]。

定义 2.7　设论域 $U=\mathbf{R}$(实数集),则称 $\mathbf{R}$ 上的泛灰集为泛灰数集,记作 $g(\mathbf{R})$,且称 $g(\mathbf{R})$ 中的元素为泛灰数,记作

$$g = (x,[\underline{\mu},\overline{\mu}]), \quad x \in \mathbf{R}, \quad \underline{\mu},\overline{\mu} \in \mathbf{R}$$

称上式中 x 为观测值,$[\underline{\mu},\overline{\mu}]$ 为 x 的灰信息部。$g(0)=(0,[0,0])$ 与 $g(1)=(1,[1,1])$ 分别称为 $g(\mathbf{R})$ 中的零元和单位元。把观测部为零而灰信息部不为零的泛灰数记为 $g'(0)$,并称为亚零元,把零元和亚零元统称为泛零元,记为 $g''(0)$。

下面我们来考虑泛灰数与区间灰数的转化。

前面讲了泛灰数的定义,在实际应用时,泛灰数 $(x,[\underline{\mu},\overline{\mu}])$ 中的 $\underline{\mu},\overline{\mu}$ 可以理解为对 x 的最低(最高)信任程度,如 $\underline{\mu}=0.6,\overline{\mu}=0.8$,则 x 的可信值在 $0.6x$ 到 $0.8x$ 之间,用区间数表示为 $[0.6x,0.8x]$。因此,一个泛灰数可以表示为一个区间数,即

$$(x,[\underline{\mu},\overline{\mu}]) = (\underline{\mu}x,\overline{\mu}x)$$

当然,此时必须限制 $\underline{\mu},\overline{\mu} \in [-1,1]$。

$\forall [a,b] \in I(\mathbf{R})$(区间数集),都可以用一个泛灰数 $(x,[\underline{\mu},\overline{\mu}])$ 来表示。具体地说:

(1) 当 $a>0$ 时,有 $[a,b]=(b,[a/b,1])$;

(2) 当 $ab<0$ 且 $\max\{|a|,|b|\}=b$ 时,有 $[a,b]=(b,[a/b,1])$;

(3) 当 $ab<0$ 且 $\max\{|a|,|b|\}=|a|$ 时,有 $[a,b]=(a,[b/a,1])$;

(4) 当 $b<0$ 时,有 $[a,b]=(a,[b/a,1])$。

以上都有 $b/a, a/b \in [-1,1]$。

2.1.2　灰数的白化与测度

首先考虑连续型灰数的白化和测度。

有一类灰数是在某个基本值附近变动的,这类灰数白化比较容易,我们可以其基本值为主要白化值。以 a 为基本值的灰数可记为 $\otimes(a)=a+\delta_a$,其中 δ_a 为扰动灰元,此灰数的白化值为 $\widetilde{\otimes}(a)=a$。对于一般的区间灰数 $\otimes=[a,b]$,我们将白化

值$\widetilde{\otimes}$取为

$$\widetilde{\otimes}=\alpha a+(1-\alpha)b,\quad \alpha\in[0,1]$$

定义 2.8　形如$\widetilde{\otimes}=\alpha a+(1-\alpha)b,\alpha\in[0,1]$的白化称为等权白化。若取$\alpha=0.5$,则称对应的白化式为等权均值白化。

当区间灰数取值的分布信息缺乏时,常采用等权均值白化。

定义 2.9　设区间灰数$\otimes_1=[a,b]$,$\otimes_2=[c,d]$,$\widetilde{\otimes}_1=\alpha a+(1-\alpha)b,\alpha\in[0,1]$,$\widetilde{\otimes}_2=\beta c+(1-\beta)d,\beta\in[0,1]$。当$\alpha=\beta$时,我们称$\otimes_1$与$\otimes_2$取数一致;当$\alpha\neq\beta$时,我们称$\otimes_1$与$\otimes_2$取数非一致。

在灰数的分布信息已知时,往往采取非等权白化。例如,某人 2003 年的年龄可能是 40 岁到 60 岁,$\otimes\in[40,60]$是个灰数。根据了解,此人受初、中级教育 12 年,并且是在 20 世纪 60 年代中期考入大学的,故此人年龄为 58 岁左右的可能性较大,或者说在 56 岁到 60 岁之间的可能性较大。这样的灰数如果再作等权白化,显然是不合理的。为此,我们用白化权函数来描述一个灰数对其取值范围内不同数值的"偏爱"程度。

一般来说,一个灰数的白化权函数是研究人员根据系统已知的信息设计的,没有固定的模式,函数曲线的起点和终点一般都应有其含义。但对于不同的灰数类型,其白化权函数的形式有着各自的特点,下面分别进行介绍。

定义 2.10　区间灰数$\otimes=[a_1,a_2]$$(a_1>0)$的典型白化权函数为一起点、终点确定的左升、右降连续函数(图 2.1):

$$f_1(x)=\begin{cases}L(x),&x\in[a_1,b_1)\\1,&x\in[b_1,b_2]\\R(x),&x\in(b_2,a_2]\end{cases}$$

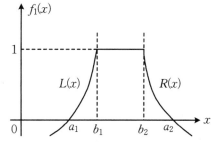

其中,左增函数$L(x)$和右减函数$R(x)$满足

$$\begin{cases}L(a_1)=R(a_2)=0\\L(b_1)=R(b_2)=1\end{cases}$$

图 2.1　区间灰数的典型白化权函数(1)

并称区间$[b_1,b_2]$为白化权函数的峰区。

在实际应用中,左增函数$L(x)$和右减函数$R(x)$可以取各种连续的函数,如正弦函数、指数函数和对数函数等。为了编程和计算方便,左增函数$L(x)$和右减函数$R(x)$常常简化为直线,对应的白化权函数变成(图 2.2)

$$f_2(x)=\begin{cases}L(x)=\dfrac{x-a_1}{b_1-a_1},&x\in[a_1,b_1)\\1,&x\in[b_1,b_2]\\R(x)=\dfrac{x-a_2}{b_2-a_2},&x\in(b_2,a_2]\end{cases}$$

对于有基本值的区间灰数$\otimes=[a_1,a_2]$,其白化权函数有更简单形式(图像见图2.3)

$$f_3(x)=\begin{cases} L(x)=\dfrac{x-a_1}{b-a_1}, & x\in[a_1,b) \\[2mm] R(x)=\dfrac{x-a_2}{b-a_2}, & x\in(b,a_2] \end{cases}$$

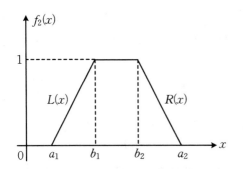

图 2.2　区间灰数的典型白化权函数(2)　　图 2.3　区间灰数的典型白化权函数(3)

对于有上界而无下界和有下界而无上界的灰数的白化权函数我们类似定义:

定义 2.11　单侧有限的灰数$\otimes_1=[a,+\infty),\otimes_2=(-\infty,b]$的典型白化权函数(图像见图2.4、图2.5)分别为

$$f_4(x)=\begin{cases} L(x)=\dfrac{x-a_1}{b_1-a_1}, & x\in[a_1,b_1) \\[2mm] 1, & x\in[b_1,+\infty) \end{cases}$$

$$f_5(x)=\begin{cases} 1, & x\in(-\infty,b_2] \\[2mm] R(x)=\dfrac{x-a_2}{b_2-a_2}, & x\in(b_2,a_2] \end{cases}$$

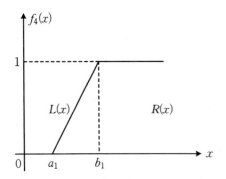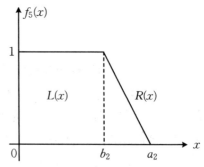

图 2.4　有下界而无上界的灰数的　　　　图 2.5　有上界而无下界的灰数的
　　　　典型白化权函数　　　　　　　　　　　　　典型白化权函数

作为灰数的白化权函数,它具有下列性质:

设 $\mathbf{R}$ 为实数域,$Y\subseteq[0,1]$,映射

$$f:\mathbf{R}\to Y, x\mapsto f(x)$$

满足白化权函数的条件,则映射 f 有

① $f(\varphi)=\varphi$;

② $f(\mathbf{R})=Y$;

③ $A,B\subseteq R,A\subseteq B$,则 $f(A)\subseteq f(B)$;

④ 若 $A\neq 0$,则 $f(A)\neq 0$;

⑤ $f(A\bigcup B)=f(A)\bigcup f(B)$;

⑥ $f(A\bigcap B)\subseteq f(A)\bigcap f(B)$。

定义 2.12　对于白化权函数的峰区为 $[b_1,b_2]$ 的区间灰数 $\bigotimes=[a_1,a_2]$,称

$$g=\frac{2\,|\,b_1-b_2\,|}{b_1+b_2}+\max\left\{\frac{|\,a_1-b_1\,|}{b_1},\frac{|\,a_2-b_2\,|}{b_2}\right\}$$

为灰数 $\bigotimes\in[a_1,a_2]$ 的测度,记为 $g(\bigotimes)$。

规定:有上界而无下界和有下界而无上界的灰数的测度为无穷大。

g 的表达式是两部分之和,其中第一部分代表峰区大小对灰度的影响,第二部分代表左增函数 $L(x)$ 和右减函数 $R(x)$ 覆盖面积大小对灰度的影响。一般来说,峰区越大,左增函数 $L(x)$ 和右减函数 $R(x)$ 的覆盖面积越大,g 越大。

当 $\max\left\{\dfrac{|\,a_1-b_1\,|}{b_1},\dfrac{|\,a_2-b_2\,|}{b_2}\right\}=0$ 时,$g=\dfrac{2\,|\,b_1-b_2\,|}{b_1+b_2}$,此时白化权函数为一条直线;当 $\dfrac{2\,|\,b_1-b_2\,|}{b_1+b_2}=0$ 时,灰数 $\bigotimes$ 为有基本值的灰数。

当 $g=0$ 时,灰数 $\bigotimes$ 即为白数。

灰数的测度在一定程度上反映了人们对灰色系统行为特征的未知程度,主要与相应定义的信息域及其基本值有关。显然,当两个灰数基本值相等时,其信息的长度越大,则对应的灰数的测度越大。根据灰数测度的定义,我们很容易推出下列结论:

命题 2.1　对于任一灰数 $\bigotimes=[a_1,a_2]$ $(a_1>0)$,有 $g(\bigotimes)\geqslant 0$。

命题 2.2　$g(k\bigotimes)=g(\bigotimes)$,$\forall k>0$($k\bigotimes$ 的定义见 2.1.3 节"灰数的运算")。

证明　对于有上界而无下界和有下界而无上界的灰数,结论显然成立。

下面考虑区间灰数的情况。设 $\bigotimes=[a_1,a_2]$ $(a_1>0)$,则 $k\bigotimes\in[ka_1,ka_2]$,进而有

$$\begin{aligned}g(k\bigotimes)&=\frac{2\,|\,kb_1-kb_2\,|}{kb_1+kb_2}+\max\left\{\frac{|\,ka_1-kb_1\,|}{kb_1},\frac{|\,ka_2-kb_2\,|}{kb_2}\right\}\\&=\frac{2\,|\,b_1-b_2\,|}{b_1+b_2}+\max\left\{\frac{|\,a_1-b_1\,|}{b_1},\frac{|\,a_2-b_2\,|}{b_2}\right\}\\&=g(\bigotimes)\end{aligned}$$

下面我们来介绍离散型灰数的白化和测度。

设灰数$\otimes$的信息定义域为$[a,b]$，$a_i \in [a,b]$($i=1,2,\cdots$)为灰数$\otimes$的所有可能的取值。则有

① 若已知灰数$\otimes$在a_i($i=1,2,\cdots$)处取值的概率为p_i($i=1,2,\cdots$)（$\sum\limits_i p_i = 1$），则称$\widetilde{\otimes} = \sum\limits_i a_i p_i$为灰数$\otimes$的均值白化数。

② 若不知灰数$\otimes$在a_i($i=1,2,\cdots$)处取值的概率，则称

$$\widetilde{\otimes} = \begin{cases} \dfrac{1}{n}\sum\limits_{i=1}^{n} a_i, & \otimes \text{ 有有限可能的取值} \\[4mm] \lim\limits_{n \to +\infty} \dfrac{1}{n}\sum\limits_{i=1}^{n} a_i, & \otimes \text{ 有多可能的取值} \end{cases}$$

为灰数$\otimes$的均值白化数。

③ 称$g(\otimes) = \dfrac{b-a}{|\widetilde{\otimes}|}$为灰数$\otimes$的测度。

2.1.3　灰数的运算

在本小节，首先介绍有限区间灰数的运算法则，然后再将其推广到一般情况。为此，我们记所有的区间灰数组成的集合为G。

区间灰数的运算法则是建立在文献[50]的基础之上的，根据此书中的合理法则，对其中的错误结论进行了修正。

法则 2.1（加法运算）　设区间灰数$\otimes_1 = [a,b]$，$\otimes_2 = [c,d]$，则区间灰数$\otimes_1$与区间灰数$\otimes_2$之和记为$\otimes_1 + \otimes_2$，且有
$$\otimes_1 + \otimes_2 = [a+c, b+d]$$

法则 2.2（负运算）　设区间灰数$\otimes = [a,b]$，则
$$-\otimes = [-b, -a]$$

法则 2.3（减法运算）　设区间灰数$\otimes_1 = [a,b]$，$\otimes_2 = [c,d]$，则
$$\otimes_1 - \otimes_2 = \otimes_1 + (-\otimes_2) = [a-d, b-c]$$

法则 2.4（倒数运算）　设区间灰数$\otimes = [a,b]$，且$ab>0$，则
$$\otimes^{-1} = \left[\frac{1}{b}, \frac{1}{a}\right]$$

法则 2.5（乘法运算）　设区间灰数$\otimes_1 = [a,b]$，$\otimes_2 = [c,d]$，则
$$\otimes_1 \cdot \otimes_2 = [\min\{ac, ad, bc, bd\}, \max\{ac, ad, bc, bd\}]$$

法则 2.6（除法运算）　设区间灰数$\otimes_1 = [a,b]$，$\otimes_2 = [c,d]$，且$cd>0$，则
$$\otimes_1 / \otimes_2 = \left[\min\left\{\frac{a}{c}, \frac{a}{d}, \frac{b}{c}, \frac{b}{d}\right\}, \max\left\{\frac{a}{c}, \frac{a}{d}, \frac{b}{c}, \frac{b}{d}\right\}\right]$$

法则 2.7（数乘运算）　设区间灰数$\otimes=[a,b]$，k 为正实数，则

$$k\cdot\otimes=[ka,kb]$$

根据上述区间灰数的运算法则，我们有下列结论：

命题 2.3　区间灰数不能相消、相约。

命题 2.4　在区间灰数集 G 上，区间灰数的加法、减法、乘法和除法（除灰数不含零）运算是封闭的。

命题 2.5　区间灰数的乘法对加法不具有分配律，即对于区间灰数$\otimes_1=[a,b]$，$\otimes_2=[c,d]$，$\otimes_3=[e,f]$，有$(\otimes_1+\otimes_2)\cdot\otimes_3\neq\otimes_1\cdot\otimes_3+\otimes_2\cdot\otimes_3$。

证明　因为

$$
\begin{aligned}
(\otimes_1+\otimes_2)\cdot\otimes_3 &= ([a,b]+[c,d])\cdot[e,f]\\
&= [a+c,b+d]\cdot[e,f]\\
&= [\min\{(a+c)\cdot e,(a+c)\cdot f,(b+d)\cdot e,(b+d)f\},\\
&\quad \max\{(a+c)\cdot e,(a+c)\cdot f,(b+d)\cdot e,(b+d)f\}]\\
&= [\min\{ae+ce,af+cf,be+de,bf+df\},\\
&\quad \max\{ae+ce,af+cf,be+de,bf+df\}]
\end{aligned}
$$

$$
\begin{aligned}
\otimes_1\cdot\otimes_3+\otimes_2\cdot\otimes_3 &= [a,b]\cdot[e,f]+[c,d]\cdot[e,f]\\
&= [\min\{ae,af,be,bf\},\max\{ae,af,be,bf\}]\\
&\quad +[\min\{ce,cf,de,df\},\max\{ce,cf,de,df\}]\\
&= [\min\{ae,af,be,bf\}+\min\{ce,cf,de,df\},\\
&\quad \max\{ae,af,be,bf\}+\max\{ce,cf,de,df\}]\\
&= [\min\{ae+ce,ae+cf,ae+de,ae+df,\cdots,\\
&\quad bf+ce,bf+cf,bf+de,bf+df\},\\
&\quad \max\{ae+ce,ae+cf,ae+de,ae+df,\cdots,\\
&\quad bf+ce,bf+cf,bf+de,bf+df\}]
\end{aligned}
$$

在一般情况下

$$
\begin{aligned}
&[\min\{ae+ce,ae+cf,ae+de,ae+df,\cdots,bf+ce,bf+cf,bf+de,bf+df\},\\
&\max\{ae+ce,ae+cf,ae+de,ae+df,\cdots,bf+ce,bf+cf,bf+de,bf+df\}]\\
&\neq [\min\{ae+ce,af+cf,be+de,bf+df\},\\
&\quad \max\{ae+ce,af+cf,be+de,bf+df\}]
\end{aligned}
$$

所以在区间灰数集 G 上区间灰数的乘法对加法不具有分配律。

虽然在一般区间灰数集 G 上区间灰数的乘法对加法不具有分配律，但在特定的区间灰数子集上区间灰数的乘法对加法具有分配律。我们有下列结论：

定义 2.13　设区间灰数集 G 的一个子集为

$$G_0=\{[a,b]\,|\,a\geqslant 0\}$$

则称 G_0 为子灰集。

命题 2.6　在子灰集 G_0 上，区间灰数的乘法对加法具有分配律，即对于子灰

集 G_0 上的区间灰数 $\otimes_1 = [a,b], \otimes_2 = [c,d], \otimes_3 = [e,f]$，有 $(\otimes_1 + \otimes_2) \cdot \otimes_3 = \otimes_1 \cdot \otimes_3 + \otimes_2 \cdot \otimes_3$。

证明　因为 $\otimes_1, \otimes_2, \otimes_3 \in G_0$，则 $0 \leqslant a \leqslant b, 0 \leqslant c \leqslant d, 0 \leqslant e \leqslant f$，从而

$$ae \leqslant \{af, be\} \leqslant bf, \quad ce \leqslant \{cf, de\} \leqslant df$$

$$
\begin{aligned}
\otimes_1 \cdot \otimes_3 + \otimes_2 \cdot \otimes_3 &= [a,b] \cdot [e,f] + [c,d] \cdot [e,f] \\
&= [\min\{ae, af, be, bf\}, \max\{ae, af, be, bf\}] \\
&\quad + [\min\{ce, cf, de, df\}, \max\{ce, cf, de, df\}] \\
&= [ae, bf] + [ce, df] \\
&= [ae + ce, bf + df]
\end{aligned}
$$

$$
\begin{aligned}
[(\otimes_1 + \otimes_2) \cdot \otimes_3] &= [\min\{ae + ce, af + cf, be + de, bf + df\}, \\
&\quad \max\{ae + ce, af + cf, be + de, bf + df\}] \\
&= [ae + ce, bf + df]
\end{aligned}
$$

所以 $(\otimes_1 + \otimes_2) \cdot \otimes_3 = \otimes_1 \cdot \otimes_3 + \otimes_2 \cdot \otimes_3$ 成立。

虽然由命题 2.4 我们能够保证在灰数集上其运算的封闭性，但是由命题 2.3 知道区间灰数不能相消，则等式 $\otimes - \otimes = 0$ 一般不成立，故区间灰数集 G 对于其加法和乘法运算不能构成欧氏线性空间。然而，对于取数一致的区间灰数集合我们有下面的结论：

定理 2.1　设 G^* 是灰集 G 上取数一致的区间灰数的全体，则代数结构 $\langle G^*, + \rangle$ 是一个群。

证明　要证明代数结构 $\langle G^*, + \rangle$ 是一个群，即要证明它满足群的定义中的条件。

(1) 根据区间灰数的加法的定义，是封闭的，并且区间灰数的加法显然满足结合律。

(2) 存在幺元 $[0,0] \in G^*$，使得对于 $\forall \otimes \in G^*$，有 $[0,0] + \otimes = \otimes$ 成立。

(3) 因为 G^* 是一个取数一致的区间灰数集，则对于 $\forall \otimes \in G^*$，$\exists (-\otimes) \in G^*$，使得 $\otimes + (-\otimes) = [0,0]$，即 $\otimes^{-1} = -\otimes$。

所以代数结构 $\langle G^*, + \rangle$ 是一个群。

我们称 $\langle G^*, + \rangle$ 为灰群。

2.2　模糊集合与模糊数

模糊集合是模糊集合论的理论基础，所谓模糊数就是在通常的数学中引入模糊集合、模糊测度等概念。

2.2.1　模糊集合运算

将普通集合论中特征函数的取值范围由 $\{0,1\}$ 推广到闭区间 $[0,l]$,得到模糊集合的定义。

定义 2.14　设在论域 U 上的集合 A,给定了一个映射

$$A:U \to [0,1]$$
$$u \mapsto A(u)$$

则称集合 A 为 U 上的模糊集,$A(u)$ 称为 A 的隶属函数(或称为 u 对 A 的隶属度)。

为简便计,"模糊(fuzzy)"记为"F",既"模糊集"写为"F 集"。对一个 F 集来说,最关键的问题是隶属函数的确定。

对于论域 U 上的模糊集合 A,常用的有以下三种表示方法:

① 当 U 为有限集合 $\{u_1,u_2,\cdots,u_n\}$ 时,通常有以下三种表示方法:

a. 扎德表示法。

$$A = \frac{A(u_1)}{u_1} + \frac{A(u_2)}{u_2} + \cdots + \frac{A(u_n)}{u_n}$$

式中,$A(u_i)/u_i(i=1,2,\cdots,n)$ 并不是表示"分数",而是表示论域中的元素 u_i 与其对应的隶属度出 $\mu_A(u_i)$ 之司的对应关系;"+"也不是表示"求和",而是表示模糊集在论域 U 上的整体。

例 2.1　设论域 $U=\{x_1(140),x_2(150),x_3(160),x_4(170),x_5(180),x_6(200)\}$（单位:cm)表示人的身高,求"高个子"$(A)$ 的表示方法。

解　A(高个子)表示为

$$x_1 \mapsto A(x_1) = 0, \quad x_2 \mapsto A(x_2) = 0.1$$
$$x_3 \mapsto A(x_3) = 0.4, \quad x_4 \mapsto A(x_4) = 0.5$$
$$x_5 \mapsto A(x_5) = 0.7, \quad x_6 \mapsto A(x_6) = 1$$

则"高个子"可用扎德表示法表示为

$$A = \frac{0}{x_1} + \frac{0.1}{x_2} + \frac{0.4}{x_3} + \frac{0.5}{x_4} + \frac{0.7}{x_5} + \frac{1}{x_6}$$

b. 序偶表示法。

$$A = \{(x_1,A(x_1)),(x_2,A(x_2)),(x_3,A(x_3)),\cdots,(x_n,A(x_n))\}$$

(这种方法把元素和其对应的隶属度写成一个序偶。)根据序偶表示法,上例中的 A（高个子)可表示为

$$A = \{(x_1,0),(x_2,0.1),(x_3,0.4),(x_4,0.5),(x_5,0.7),(x_6,1)\}$$

c. 向量表示法。

$$A:\{A(x_1),A(x_2),\cdots,A(x_n)\}$$

这种表示方法必须注意两点:其一是隶属度为 0 的项不能省略,其二是隶属度必须

按元素的顺序排列。

根据向量表示法,上例中的 A(高个子)可以表示为
$$A = \{0, 0.1, 0.4, 0.5, 0.7, 1\}$$

② 当论域 U 为无限集合且连续时,这种情况仍按扎德表示法给出的方法表示,记为
$$A = \int_U \frac{\mu_A(u)}{u}$$

同样,$\mu_A(u)/u$,并不表示"分数",它表示论域上的元素与隶属度 $\mu_A(u)$ 之间的对应关系;"$\int$"既不表示"积分"的意义,也不表示"求和"的符号,而是表示连续论域 U 上的元素与隶属度 $\mu_A(u)$ 一一对应关系的总体集合。

③ 用隶属函数的解析式表示法表示。

设以年龄作为论域 U,取 $U = [0, 100]$,扎德表示法给出了"老龄(O)"和"年轻(Y)"两个移糊集的隶属函数式,分别为

$$\mu_O(u) = \begin{cases} 0, & 0 \leqslant u \leqslant 50 \\ \left[1 + \left(\dfrac{u-50}{2}\right)^2\right]^{-1}, & 50 < u \leqslant 100 \end{cases}$$

$$\mu_Y(u) = \begin{cases} 1, & 0 \leqslant u \leqslant 25 \\ \left[1 + \left(\dfrac{u-50}{2}\right)^2\right]^{-1}, & 25 < u \leqslant 100 \end{cases}$$

在实际应用中,对于模糊现象常常要作出不模糊的判决。因此,需要有一种桥梁能把模糊子集与普通子集联系起来,即实现模糊子集与普通子集的互相转化。对于普通集合来说,只有当 $\mu_A(x) = 1$ 时,才说 x 是属于 A 的。对于模糊集来说,这样的水准太高了,需要将 1 改为 λ,$\lambda \in [0, 1]$。当且仅当 $\mu_A(x) \geqslant \lambda$ 时,才说 x 是 A"中"的元素。这样,对每个 λ,都能从 U 中确定一个普通子集,它是模糊集 A 在 λ 这个信任程度上的显像。由此引进如下的 λ 截集的概念:

定义 2.15 设有论域 U 上的模糊集 A 和实数 $\lambda \in [0, 1]$,则称普通集合
$$A_\lambda = \{x \mid x \in A, \mu_A(x) \geqslant \lambda\}$$

为集合 A 的 λ 截集,λ 称为阀值和置信水平。称
$$A_\lambda = \{x \mid x \in A, \mu_A(x) > \lambda\}$$

为集合 A 的 λ 强截集。

例 2.2 设 $A = \dfrac{0}{x_1} + \dfrac{0.1}{x_2} + \dfrac{0.4}{x_3} + \dfrac{0.5}{x_4} + \dfrac{0.7}{x_5} + \dfrac{1}{x_6}$,则有
$$A_{0.1} = \{x_2, x_3, x_4, x_5, x_6\}$$
$$A_{0.5} = \{x_4, x_5, x_6\}$$
$$A_1 = \{x_6\}$$

取一个集合 A 的 λ 截集 A_λ 就是将隶属函数转化为特征函数,即
$$\mu_{A_\lambda} = \begin{cases} 1, & \mu_A(x) \geqslant \lambda \\ 0, & \mu_A(x) < \lambda \end{cases}$$

模糊集作为一种特殊的集合,有其特殊的运算规则。

在给定论域 U 上可以有多个 F 集,记 U 上 F 集的全体为 $F(U)$,即

$$F(U) = \{A \mid A: U \to [0,1]\}$$

称 $F(U)$ 为 F 上的 F 幂集。

两个 F 子集间的运算,实际上就是逐点对隶属函数作相应运算。

定义 2.16　设 $A,B \in F(U)$,假若 $\forall u \in U, B(u) \leqslant A(u)$,则称 A 包含 B,记为 $B \subseteq A$。如果 $B \subseteq A$ 且 $A \subseteq B$,则称 A 与 B 相等,记为 $A = B$。

定义 2.17　设 $A,B \in F(U)$,分别称运算 $A \bigcup B, A \bigcap B$ 为 A 与 B 的并集、交集。A^C 为 A 的补集(余集)。

定义 2.18　设 $A_t \in F(U), t \in T, T$ 为指标集。

对任一 $u \in U$,规定:

$$\left(\bigcup_{t \in T} A_t\right)(u) = \bigvee_{t \in T} A_t(u) = \sup_{t \in T} A_t(u)$$

$$\left(\bigcap_{t \in T} A_t\right)(u) = \bigwedge_{t \in T} A_t(u) = \inf_{t \in T} A_t(u)$$

称 $\bigcup\limits_{t \in T} A_t$ 为 $\{A_t\}, t \in T$ 的并集,$\bigcap\limits_{t \in T} A_t$ 为 $\{A_t\}, t \in T$ 的交集。

定义 2.19　设 $A,B \in F(U), \forall u \in U$,规定:

$$(A \bigcup B)(u) = A(u) \bigvee^* B(u), \quad (A \bigcap B)(u) = A(u) \bigwedge^* B(u)$$

式中,$\bigvee^*, \bigwedge^*$ 是 $[0,l]$ 中的二元运输运算,即模糊算子。

针对各种不同的模糊现象,有各种不同的模糊算子;实际应用中以下几种算子较为常用:

代数和:$A \hat{+} B \Leftrightarrow \mu_{A\hat{+}B}(x) = \mu_A(x) + \mu_B(x) - \mu_A(x) \cdot \mu_B(x)$

代数积:$A \cdot B \Leftrightarrow \mu_{A \cdot B}(x) = \mu_A(x) \cdot \mu_B(x)$

有界和:$A \oplus B \Leftrightarrow \mu_{A \oplus B}(x) = [\mu_A(x) + \mu_B(x)] \bigwedge 1$

有界差:$A \otimes B \Leftrightarrow \mu_{A \otimes B}(x) = [\mu_A(x) - \mu_B(x)] \bigvee 0$

λ 补集:$A^\lambda \Leftrightarrow \mu_{A^\lambda}(x) = \dfrac{1 - \mu_A(x)}{1 + \lambda \mu_A(x)}; -1 < \lambda < +\infty$

F 集的运算不满足互补率,它比普通集合更能客观地反映实际中大量存在着的模棱两可的情况。

定义 2.20　给定模糊算子" $*$ ",称点集

$$\sigma(*) = \{(x,y) \mid x * y = 0, \text{或} x * y = 1\}$$

为模糊算子" $*$ "的清晰域。

模糊集隶属函数的确定是模糊集的基本结构,隶属函数的确定,至今尚无统一的方法可循,主要依据实践经验来探求对应法则,就是要建立从论域 U 到 $[0,1]$ 的映射,用来反映某对象具有某个模糊性质或属于某个模糊概念的程度。这种函数关系建立得正确与否,标准在于是否符合客观规律,以上就是确定隶属函数的基本

原则。

对于同一个模糊概念,不同的人由于认识水平的不同,会建立不同的隶属函数。校验隶属函数建立得是否合适,应根据基本原则看其是否符合实际,具体方法是:先初步确定粗略的隶属函数,再通过"学习"和"校验"逐步修正完善,使其达到主观与客观一致的程度。

综合人们的经验,确定隶属函数的方法常用的有以下几种:

1. 主观经验法

当论域离散时,根据个人主观经验,直接或间接给出元素隶属程度的具体值,由此确定隶属函数。具体有以下几种:

① 专家评分法。综合多数专家的评分来确定隶属函数的方法,广泛应用于经济与管理的各个领域。

② 因素加权综合法。若模糊概念由若干个因素相互作用而成,而每个因素本身又是模糊的,则可综合各因素的重要程度选择隶属函数。

③ 二元排序法。通过多个事物之间两两对比来确定某种特征下的顺序,由此来决定这些事物对该特征的隶属函数的大致形状。

2. 模糊统计法

这种方法应用了概率统计的基本原理,以调查统计试验结果所得出的经验曲线作为隶属函数曲线,根据曲线找出相应的函数表达式,这种方法一般包含以下四个要素:

① 论域 U。

② 试验所要处理的论域 U 的固定元素"0"。

③ 论域 U 中的一个随机运动子集 A^*(A^* 为经典集合)作为模糊集合 A 的弹性边界的反映,可由此得到每次试验中 u_0 是否符合 A 所刻画的模糊概念的一个判决。

④ 模糊统计试验的特点。

在每次的试验中,u_0 是固定的,而 A^* 在随机变动,做 n 次试验,计算出

$$u_0 \text{ 对 } A \text{ 的隶属频率} = \frac{u_0 \in A^* \text{ 的次数}}{n}$$

实践证明,随着 n 的增大,隶属频率呈现出稳定性,频率稳定值称为 u_0 对 A 的隶属度。

3. 指派法

所谓指派法,就是根据问题的性质套用现成的某些形式的模糊分布,然后根据测量数据确定分布中所含的参数。

2.2.2 模糊关系与模糊数

定义模糊关系如下:

定义 2.21 设 R 是 $U \times V$ 上的一个 F 子集合,它的隶属函数

$$R : U \times V \rightarrow [0,1]$$
$$(u,v) \mapsto R(u,v)$$

确定了 U 中的元素 u 与 V 中的元素 v 的关系程度,则称 R 为从 U 到 V 的一个 F 关系,记为

$$U \xrightarrow{R} V$$

对于所有从 U 到 V 的 F 关系,可记为 $F(U \times V)$。而 $F(U \times V)$ 表示 U 中的二元关系。F 关系具有对称性、自反性和传递性。

由凸 F 集可给出 F 数的概念。

定义 2.22 设 $\mathbf{R}$ 是实数域,$A \in F(\mathbf{R})$,若 $\forall x_1, x_2, x_3 \in \mathbf{R}$ 且 $x_1 > x_2 > x_3$,均有 $A(x_2) \geqslant A(x_1) \wedge A(x_3)$,则称 A 是凸 F 集。

定义 2.23 隶属函数的隶属度包含 l 的模糊集合,称为正则(normal)模糊集合。即

$$A \text{ 正则} \leftrightarrow \max_{u \in U} \mu_A(u) = 1$$

定义 2.24 设 A 为实数域 $\mathbf{R}$ 上的正规 F 集,且 $\forall \lambda \in (0,1]$,$A_\lambda$ 均为一闭区间,即 $A_\lambda = [a_\lambda, b_\lambda]$,则称 A 为一个 F 实数,简称 F 数。F 数的全体记为 $\check{R}$。

若 $A \in \check{R}$,且 $\forall \lambda \in (0,1]$,$A_\lambda$ 有界,则称 A 为有界 F 数。

定理 2.2 设 A 为有界 F 数的充要条件是存在区间 $[a,b]$ 使得

$$A(x) = \begin{cases} 1, & a \leqslant x \leqslant b \\ L(x), & x \leqslant a \\ R(x), & x > b \end{cases}$$

其中,$L(x)$ 为增函数,右连续,$0 \leqslant L(x) < 1$,且 $\lim\limits_{x \rightarrow -\infty} L(x) = 0$;$R(x)$ 为减函数,左连续,$0 \leqslant R(x) < 1$,且 $\lim\limits_{x \rightarrow +\infty} R(x) = 0$。

2.2.3 基于模糊 Petri 网的动态不确定性知识表示方法

模糊 Petri 网(Fuzzy-Petri Net,FPN) 不仅具有 Petri 网的图形描述能力,而且兼有模糊系统的推理功能,能促进知识分析、推理和决策,从而在知识库系统中得到广泛应用。

定义 2.25　一个 FPN 为十元组：

$$FPN = \{P, T, D, I, O, M, TH, W, f, \beta\}$$

其中，$P = \{p_1, p_2, \cdots, p_n\}$ 表示库所结点的有限集合；$T = \{t_1, t_2 \cdots, t_m\}$ 表示变迁结点的有限集；$D = \{d_1, d_2, \cdots, d_n\}$ 表示命题的有限集；$|P| = |D|, P \cap T \cap D = \varnothing$；$I : P \times T \to \{0, 1\}$ 表示位置 P 到变迁 T 的输入函数；$O : T \times P \to \{0, 1\}$ 表示位置 T 到变迁 P 的输出函数；$M : P \to [0, 1]$ 表示库所结点的某个值，一般为隶属函数值；$TH : T \to [0, 1]$ 表示变迁的阈值，$TH(t) = \lambda$；$W = \{w_1, w_2, \cdots, w_r\}$ 表示各个规则的权值；$f : T \to [0, 1]$ 是一个映射，表示变迁 t 的确信度 $f(t) = \mu$，$\beta : P \to D$ 是一个映射，表示命题和库所的对应关系。

　　基于 FPN 的知识表示有"与"和"或"两种基本形式（根据定义 2.25，表示为图 2.6），实际问题相关的知识都可转换成这两种基本表示的连接组合。

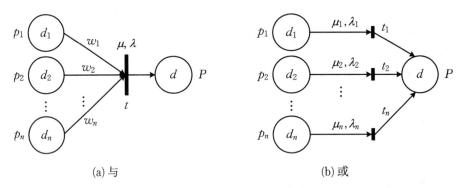

(a) 与　　　　　　　　　　　　　(b) 或

图 2.6　与、或规则的 FPN 模型

　　FPN 结合 Petri 网的图形描述能力和模糊系统的模糊描述能力，便于不确定性知识的表示、分析等，因而可采用 FPN 作为不确定知识的基本表示框架，具体如图 2.7 所示。

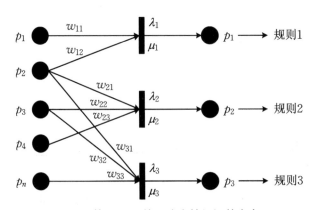

图 2.7　基于 FPN 的不确定性知识基本表示

　　基于 FPN 的不确定性知识基本表示如图 2.7 所示，其中，$p_i (i = 1, 2, \cdots, n)$ 是规则的模糊前提命题,P 是结论命题;μ 是规则的确信度,代表条件满足时结论的可信程度;λ 是规则的应用阈值,表示推理得以进行的最低可信度;w_{ij} 为权值,增强模糊规则对待分类示例的泛化能力,且

$$\sum w_{ij} = 1, 0 \leqslant w_{ij} \leqslant 1$$

下面介绍模型的误差代价函数。

定义 2.26　对于 $\forall t \in T$,若有

$$\forall\, p_{ij} \in I(t), \sum_{j=1}^{n} M(p_{ij}) w_{ij} \geqslant TH(t)$$

则称变迁 t 是使能的。

定义 2.27　若多个变迁 $t_i(i=1,2,\cdots,n)$ 的输出为库所 P,假设所有变迁 $t_i(i=1,2,\cdots,n)$ 都是使能的,则

$$M(P) = \max\left\{\mu_1 \sum_{j=1}^{j_1} P(p_{1j}) w_{1j}, \cdots, \mu_n \sum_{j=j_{n-1}}^{j_n} P(p_{nj}) w_{nj}\right\}$$

其中,$p_{nj} \in I(t_i)$。

① 变迁点燃函数为

$$y(X) = \frac{1}{1 + \exp[-b(X-k)]}$$

其中,b 为正实数;k 为变迁所对应的阈值;X 为变迁的输入量,通过引入变迁点燃函数计算变迁是否使能。

② 最大运算连续函数为

当 $b \to +\infty$,有

$$t = \max\{x_1, x_2\} \approx \frac{x_1}{1 + \exp[-b(x_1 - x_2)]} + \frac{x_2}{1 + \exp[-b(x_2 - x_1)]}$$

$$h = \max\{x_1, x_2, x_3\} = \max\{t, x_3\}$$

③ 误差代价函数为

$$E = \frac{1}{2} \sum_{i=1}^{r} \sum_{j=1}^{b} (M_i(p_j) - M_i^1(p_j))^2$$

其中,b 为最终的库所数目,r 为样本批数。

④ 误差代价函数最终可表示为

$$E = y(w_1, w_2, \cdots, w_n, \mu, \lambda)$$

其中,E 为 FPN 模型误差;μ 是模型的确信度;λ 是模型的应用阈值;$w_j(j=1, 2, \cdots, n)$ 为模型权值。

2.3　概　率　灰　数

研究人员在模拟人类智能的知识表达方式的时候,一方面要模拟人类存储不完备知识的方法,即表达信息不确定性;另一方面考虑到人类从外界获取的信息是具有随机不确定性的,人们会从多次获得的信息总结出相对稳定的知识来存储,而且人们在执行动作时反馈到客观世界时,也是具有随机不确定性的。概率灰数综合表达了主观不确定性和随机不确定性,建立了定性与定量相结合的数学表达方法。

2.3.1　概率灰数的概念

定义 2.28　概率灰数 $X_{[a,b]}$ 是实区间 $[a,b](a<b)$ 上的一个随机变量,其分布函数为:$N[0.5(a+b),\sigma^2]$,其中 σ^2 满足

$$\int_{-\infty}^{a} \frac{1}{\sqrt{2\pi}\sigma} e^{-\frac{[x-0.5(a+b)]^2}{2\sigma^2}} dx = \frac{\alpha}{2}$$

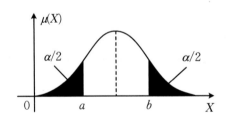

**图 2.8　测度为 $1-\alpha$ 的概率
灰数 $X_{[a,b]}$ 示意图**

并称 $1-\alpha$ 为概率灰数 $X_{[a,b]}$ 的测度,记作

$$\mu(X_{[a,b]}) = 1-\alpha, \quad \alpha \in [0,1]$$

由定义知道,一个概率灰数由三个要素确定。这三个要素分别是:区间 $[a,b]$、测度 $1-\alpha$ 和分布参数 σ。它们不是互相独立的,只要知道任意两个,第三个即可被确定。例如取 $a=0,b=1,\alpha=0.1$,则 $\sigma=0.304$,即 $X_{[a,b]}$ 的白化权函数为 $N(0.5,0.304^2)$,$\mu(X_{[a,b]})=0.9$。在不会引起混淆的前提下,概率灰数 $X_{[a,b]}$ 可简记为 X 或 $[a,b]$。当且仅当 $[a,b]=[c,d]$,$\mu(X)=\mu(Y)$ 时,概率灰数 $X_{[a,b]}$ 与 $Y_{[c,d]}$ 相等。

零作为一个特殊的概率灰数,规定其测度为 1。定义中的区间可根据需要采用开区间或半开半闭区间。

命题 2.7　设概率灰数 $X_{[a,b]}$ 的测度为 $1-\alpha$,则概率灰数 $X_{[a,b]}$ 的分布参数为

$$\sigma = \frac{b-a}{2z_{\alpha/2}}$$

其中,$z_{\alpha/2}$ 为标准正态分布 $N(0,1)$ 上的 $\alpha/2$ 分位点。

证明　由定义 2.28,知

$$\int_{-+\infty}^{a} \frac{1}{\sqrt{2\pi}\sigma} e^{-\frac{[x-0.5(a+b)]^2}{2\sigma^2}} dx = \frac{\alpha}{2}$$

作积分变换,并令 $y=[x-0.5(a+b)]/\sigma$,得

$$\int_{-+\infty}^{(a-b)/2\sigma} \frac{1}{\sqrt{2\pi}} e^{-\frac{y^2}{2}} dy = \frac{\alpha}{2}$$

根据正态分布的对称性,我们有

$$\int_{-+\infty}^{(b-a)/2\sigma} \frac{1}{\sqrt{2\pi}} e^{-\frac{y^2}{2}} dy = 1 - \frac{\alpha}{2}$$

所以 $(b-a)/2\sigma = z_{\frac{\alpha}{2}}$,即 $\sigma = (b-a)/(2z_{\alpha/2})$。

定义 2.29 设 $X_{[a,b]}$ 和 $Y_{[c,d]}$ 是两个概率灰数,如果 $b \leqslant c$,那么称概率灰数 X 小于 Y,记作 $X < Y$。如果概率灰数 X 小于 Y,且不存在概率灰数 Z 使得 $X < Z < Y$,那么称概率灰数 X 与 Y 是相邻的。

概率灰数是一种以概率密度函数为白化权函数的特殊区间灰数,其白化权函数的特殊性,使得后面的灰色定性仿真成为可能。概率灰数的测度与传统的概率结合起来,使得这种灰数与人们的直觉是一致的。例如说某人的年龄很可能在 32~35 岁之间,那么我们可用区间 [32,35] 上测度为 0.9 的概率灰数来表示此人的年龄。

2.3.2 灰色量空间

设 G 是全体概率灰数的集合,我们称之为灰色量空间。一般情况下,G 包含概率灰数零。下面我们来定义灰色量空间中的运算法则。

法则 2.8 设 $X_{[a,b]}$ 和 $Y_{[c,d]}$ 是 G 中的任意两个概率灰数,其测度分别为 $1-\alpha$,$1-\beta$。概率灰数 $X_{[a,b]}$ 与 $Y_{[c,d]}$ 的和 $X+Y$ 是区间 $[a+c,b+d]$ 上的随机变量,其分布函数为

$$N\left(\frac{a+b+c+d}{2}, \sigma^2\right)$$

其测度为 $2\Phi\left(\frac{b+d-a-c}{2\sigma}\right) - 1$,其中 $\sigma^2 = \frac{1}{4}\left[\left(\frac{b-a}{z_{\frac{\alpha}{2}}}\right)^2 + \left(\frac{d-c}{z_{\frac{\beta}{2}}}\right)^2\right]$。

法则 2.9 设概率灰数 $X_{[a,b]}$ 的测度为 $1-\alpha$,其相反数 $-X_{[a,b]}$ 是区间 $[-b,-a]$ 上的随机变量,其分布函数为

$$N\left(-\frac{1}{2}(a+b), \frac{(b-a)^2}{4z_{\frac{\alpha}{2}}^2}\right)$$

其测度为 $1-\alpha$。

由法则 2.8 和法则 2.9 可得以下两个概率灰数差的运算法则:

法则 2.10　设 $X_{[a,b]}$ 和 $Y_{[c,d]}$ 是 G 中任意两个概率灰数,且 $[a,b]\bigcap[c,d]\neq\varnothing$,则其交 $X_{[a,b]}\bigcap Y$ 是区间 $[a,b]\bigcap[c,d]$ 上的概率灰数,其测度为

$$\mu(X\bigcap Y)=\int_{[a,b]\bigcap[c,d]}f(x)\mathrm{d}x$$

其中

$$f(x)=\begin{cases}f_1(x),&f_1(x)<f_2(x)\\f_2(x),&f_2(x)<f_1(x)\end{cases}$$

$f_1(x)$,$f_2(x)$ 分别为概率灰数 $X_{[a,b]}$ 和 $Y_{[c,d]}$ 的白化权函数。

法则 2.11　设 $X_{[a,b]}$ 和 $Y_{[c,d]}$ 是 G 中任意两个概率灰数,其测度分别为 $1-\alpha$,$1-\beta$,两个概率灰数之积是区间 $[\min\{ac,ad,bc,bd\},\max\{ac,ad,bc,bd\}]$ 上的概率灰数,其测度为

$$\mu(X\times Y)=(1-\alpha)(1-\beta)$$

法则 2.12　设概率灰数 $X_{[a,b]}$ 的测度为 $1-\alpha$,且 $0\notin[a,b]$,则其倒数是区间 $[1/b,1/a]$ 上的概率灰数,其测度为 $1-\alpha$。

法则 2.13　设概率灰数 $X_{[a,b]}$ 的测度为 $1-\alpha$,k 为一非零正实数,则

$$k\times X_{[a,b]}=[ka,kb]$$

其测度仍为 $1-\alpha$。

通过上面六条法则得出的概率灰数 X 不一定恰好等于某个概率灰数,但必与一些概率灰数的交集非空,取与 X 交集测度最大的概率灰数为 X 的值。下面通过一个实例来说明上述法则。设灰色量空间由实区间 $[-10,10]$ 上的七个概率灰数组成 $G=\{-L,-M,-S,0,S,M,L\}$,其中

$$S=(0,2.5],\quad M=(2.5,7.5],\quad L=(7.5,10]$$

除零外,其他概率灰数的测度均为 0.8,相应地有 $z_{0.1}=1.28$。三个非零概率灰数的白化权函数分别为

$$f_S(x)=\frac{1}{\sqrt{2\pi}\sigma_S}\exp\left[-\frac{(x-1.25)^2}{2\sigma_S^2}\right],\quad \sigma_S=0.977$$

$$f_M(x)=\frac{1}{\sqrt{2\pi}\sigma_M}\exp\left[-\frac{(x-5)^2}{2\sigma_M^2}\right],\quad \sigma_M=1.95$$

$$f_L(x)=\frac{1}{\sqrt{2\pi}\sigma_L}\exp\left[-\frac{(x-8.75)^2}{2\sigma_L^2}\right],\quad \sigma_L=0.977$$

取 $X=S,Y=M$,则 $X+Y=(0,2.5]+(2.5,7.5]=(2.5,10]$,且

$$\mu(X+Y)=2\Phi\left(\frac{10-2.5}{2\sqrt{1.95^2+0.977^2}}\right)-1=0.91$$

其白化权函数为

$$f(x)=\frac{1}{\sqrt{2\pi}\times2.18}\exp\left[-\frac{(x-6.25)^2}{2\times2.18^2}\right]$$

　　注意到,$X+Y$ 与 M 和 L 的交集均非空集,我们用 $X+Y$ 与 M,L 的交的测度的大小来确定 $X+Y$ 的值。$f_M(x)$ 与 $f(x)$ 的交点为 5.96,则

$$\mu\big[(X+Y)\bigcap M\big]=\int_{2.5}^{5.96} f(x)\mathrm{d}x+\int_{5.96}^{7.5} f_M(x)\mathrm{d}x$$

$$=\int_{-+\infty}^{5.96} f(x)\mathrm{d}x-0.045+\int_{5.96}^{++\infty} f_M(x)\mathrm{d}x-0.1$$

$$=\Phi\Big(\frac{5.96-6.25}{2.18}\Big)-0.145+1-\Phi\Big(\frac{5.96-5}{1.95}\Big)$$

$$=0.5492$$

而 $f_L(x)$ 与 $f(x)$ 在区间 $[0,10]$ 内的交点为 7.38(<7.5),则

$$\mu\big[(X+Y)\bigcap L\big]=\int_{7.5}^{10} f(x)\mathrm{d}x$$

$$=\Phi\Big(\frac{10-6.25}{2.18}\Big)-\Phi\Big(\frac{7.5-6.25}{2.18}\Big)$$

$$=0.24$$

$$\mu\big[(X+Y)\bigcap M\big]>\mu\big[(X+Y)\bigcap L\big]$$

所以,$X+Y=M$。如果计算结果中,两个测度很接近,则 $X+Y$ 可取 M 和 L 两个值。

2.3.3　灰色关联矩阵

　　下面我们来考虑应用变量动态包络基础上实现系统变量间的半定量约束矩阵的构建。

　　设变量 X,Y 的数据观测流的上、下包络分别为 $f_1(x),f_2(x)$(图 2.9),其量空间分别为 $\{0,S_X,M_X,L_X\}$ 和 $\{0,S_Y,M_Y,L_Y\}$。

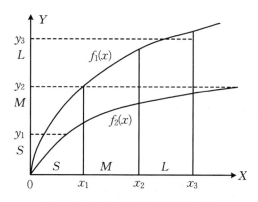

图 2.9　包络与关联测度的关系图

定义 2.30　设 A,B 分别是变量 X,Y 的任一值,其对应的区间分别为 $[a_1,a_2]$,
$[b_1,b_2]$,且记

$$S_{XA} = \{(x,y) \mid a_1 \leqslant x \leqslant a_2, \max\{b_1,f_1(x)\} \leqslant y \leqslant \min\{f_2(x),b_2\}\}$$

$$S_{YB} = \{(x,y) \mid b_1 \leqslant y \leqslant b_2, \max\{a_1,f_1^{-1}(y)\} \leqslant x \leqslant \min\{f_2^{-1}(y),a_2\}\}$$

则称

$$p_{AB} = \frac{2\rho(S_{XA} \bigcap S_{YB})}{\rho(S_{XA}) + \rho(S_{YB})}$$

为变量 X 取半定量值 A 与变量 Y 取半定量值 B 的关联测度。其中 $\rho(\cdot)$ 表示对应区域的测度。

对于特殊值 $(0,0)$ 的测度可根据包络是否包含它而定义为 0 或 1。由关联测度的定义,可得其如下性质:

性质 2.1　对于变量 X,Y 的任意取值: $X=A,Y=B$,有

$$0 \leqslant p_{AB} \leqslant 1$$

证明　因为有

$$0 \leqslant \rho(S_{XA} \bigcap S_{YB}) \leqslant \min\{\rho(S_{XA}),\rho(S_{YB})\}$$

所以有

$$0 \leqslant p_{AB} \leqslant 1$$

特别地,当 $S_{XA} \bigcap S_{YB} = \varnothing$ 时, $p_{AB}=0$;当 $S_{XA}=S_{YB}$ 时, $p_{AB} \leqslant 1$。

当关联度为 0 时,我们称变量间的对应值不关联,即它们不能同时取对应值。

由关联度的定义可直接得到:

性质 2.2　对于变量 X,Y 的任意取值: $X=A,Y=B$,有

$$p_{AB} = p_{BA}$$

性质 2.2 说明变量 X 取 A 与变量 Y 取 B 的关联测度与变量 Y 取 B 与变量 X 取 A 的关联测度相等。

性质 2.3　对于变量 X,Y 的任意取值: $X=A,D(A \neq D),Y=B$,有

$$p_{(A \cup D)B} \leqslant p_{AB} + p_{DB}$$

证明　注意到 S_{XA} 与 S_{XD} 的公共区域的测度为 0,则有

$$
\begin{aligned}
p_{(A \cup D)B} &= \frac{2\rho(S_{X(A \cup D)} \bigcap S_{YB})}{\rho(S_{X(A \cup D)}) + \rho(S_{YB})} \\
&= \frac{2\rho((S_{XA} \bigcup S_{XD}) \bigcap S_{YB})}{\rho(S_{XA} \bigcup S_{XD}) + \rho(S_{YB})} \\
&= \frac{2\rho((S_{XA} \bigcap S_{YB})}{\rho(S_{XA}) + \rho(S_{XD}) + \rho(S_{YB})} + \frac{2\rho(S_{XD} \bigcap S_{YB})}{\rho(S_{XA}) + \rho(S_{XD}) + \rho(S_{YB})} \\
&\leqslant p_{AB} + p_{DB}
\end{aligned}
$$

则由图 2.9 产生的系统关联矩阵如表 2.1 所示。

表 2.1　改进后的系统变量 X,Y 间的关联矩阵

X / Y	0	S	M	L
0	α_{00}	0	0	0
S	0	α_{SS}	α_{SM}	α_{MM}
M	0	α_{MS}	α_{MM}	α_{ML}
L	0	0	α_{LM}	α_{LL}

注:其中 $\alpha_{ij} \in (0,1)$,$i,j \in \{0,S,M,L\}$。

此关联矩阵与传统的关联矩阵相比较,更明确地反映了系统变量间关联性的强弱。

2.4　定　性　代　数

定性代数是基于系统变量定性符号表征的基础上的,是定性推理与约束传播的基础。

2.4.1　符号代数运算法则

定性符号集 $S=\{+,0,-\}$ 是一个特殊的灰数集合,它是区间灰数与无界灰数的一个混合集合,它在代数化简和定性运算方面起着重要的作用。定性符号集 $S=\{+,0,-\}$,实际上是将实数域划分为 $(-\infty,0)$,$[0,0]$,$(0,+\infty)$ 三个区间,用这三个符号来表示系统变量 X 的定性取值,即

$$[X] = \begin{cases} +, & X > 0 \\ 0, & X = 0 \\ -, & X < 0 \end{cases}$$

用来划分整个连续数域的值称为界标值,如此处的 0 点。界标值一般取在系统行为有明显变化的地方。

下面介绍 De Kleer 的定性符号代数。对于符号集合 $\{-,0,+,?\}$,其中"?"表示不确定,其运算法则定义如下:

加法:$[X]+[Y]$

[Y] \ [X]	+	0	−
+	+	+	?
0	+	0	−
−	?	−	−

减法:$[X]-[Y]$

[Y] \ [X]	+	0	−
+	?	−	?
0	+	0	−
−	+	+	?

乘法:$[X]\times[Y]$

[Y] \ [X]	+	0	−
+	+	0	−
0	0	0	0
−	−	0	+

负运算:$-[X]$

[X]	+	0	−
$-[X]$	−	0	+

定性等式:$[X]=[Y]$

[Y] \ [X]	+	0	−
+	T	F	F
0	F	T	F
−	F	F	T

定性不等式:$[X]>[Y]$

[Y] \ [X]	+	0	−
+	F	F	F
0	T	F	F
−	T	T	F

其中,T 表示成立,F 表示不成立。

从定性符号运算的法则容易看出,其加法和乘法都是可交换、可结合的。这种符号代数是传统定性仿真的基础,在应用定性微分方程进行约束过滤时,其理论基础就是这种符号代数。

2.4.2　定性代数的形式框架

定性代数的形式框架(Formal Frame of Qualitative Algebra,FAQA)把定性代数和量级推理统一其中,并从定量到定性的角度研究定性与定量的结合,从而推广 Wiliams 等人的研究结果。首先,介绍定性论域和定性运算的概念。

定义 2.31　设 D 是非空元素集,则 D 上的一个定性值 q 是 D 的一个非空子集。D 的一个定性论域 Q 是 D 上一些定性值 q 的集合,满足:

(1) $D \in Q$;

(2) 若 $q_i \in Q, i \in I$(I 是指标集)且 $\bigcap_{i \in I} q_i \neq \Phi$ 时, $\bigcap_{i \in I} q_i \in \Phi$;

(3) 若 $q_i \in Q, i \in I$,则 $\bigcup_{i \in I} q_i \in Q$。

同时称 D 为 Q 的定量论域。

定义 2.32　设" $*$ "是 D 上的 n 元运算符,则 Q 上相应的定性运算符" $q*$ "是使得 $q*(q_1, q_2, \cdots, q_n)$ 是 Q 上包含 $\{*(q_1, q_2, \cdots, q_n)\}$ 的最小(集合包含意义下)定性值的 n 元运算符。" $*$ "称为在 D 上的运算符。

在定性论域和定性运算的基础上有如下的定性代数的定义。

定义 2.33　设代数 $A = \langle D, \overline{*} \rangle, \overline{*} = \{ *_i | i \in I \}$,则 Q 上 A 的定性代数定义为

$$QA = \langle Q, q\overline{*} \rangle, q\overline{*} = \{ q*_i | i \in I \}$$

其中,$q*_i$ 是 $*_i$ 在 Q 上的定性运算符。

一个定量代数可以转化为定性代数问题。在代数 A 确定的前提下,定性论域 Q 的选择直接关系到定性代数的建立。

定义 2.34　设 P, Q 是 D 上的定性论域,如果 $\forall q \in Q, d \in q, \exists p \in P$,使得 $d \in p$ 且 $p \subset q$,则称 P 比 Q 细(或 Q 比 P 粗),Q 称作 P(关于 D)的定性子论域,记作 $P \geqslant Q$。

命题 2.8　设 P, Q 是 D 上的定性论域,$P \geqslant Q$,则

(1) $\forall q \in Q$,有 $q \in P$;

(2) $\forall q_1, q_2, \cdots, q_n \in Q$,有 $p*(q_1, q_2, \cdots, q_n) \subset q*(q_1, q_2, \cdots, q_n)$。

有了定性子论域的概念,可对定性运算和定性代数进行拓展。

定义 2.35　设 P, Q 是 D 上的定性论域,$P \geqslant Q$,则 Q 上的 $p*$ 的定性运算符 $q*_p$ 是 Q 上的 n 元运算符,使得 $q*_p(q_1, q_2, \cdots, q_n)$ 是 Q 上的包含 $\{p*(p_1, p_2, \cdots, p_n) | p_i \subset q_i\}$ 的最小定性值,$p*$ 称为 $q*_p$ 在 P 上的定量运算符。

命题 2.9 设 P,Q 是 D 上的定性论域，$P \geqslant Q$，则

(1) $\bigcup_{p_i \subset q_i} p * (p_1, p_2, \cdots, p_n) = p * (q_1, q_2, \cdots, q_n)$；

(2) $q *_p = q *$；

(3) 当 $p *$ 对 Q 运算封闭时，有 $p * |_Q = q * = q *_p$（其中 $p * |_Q$ 是 $p *$ 在 Q 上的限制）。

定义 2.36 设 $PA = \langle P, p \overline{*} \rangle$，$QA = \langle Q, q \overline{*} \rangle$ 是 $A = \langle D, \overline{*} \rangle$ 的定性代数，$P \geqslant Q$，则 QA 称为 PA 的定性（子）代数，PA 称为 QA（关于 A）的定量（父）代数。

定义 2.36 是非常重要的，它将定性/定量问题看作是在不同层次间的观察，在某一层次上定性的东西从另一层次上可视为定量的，反之亦然。图 2.10 描述了这种定性、定量层次关系。实际分析问题都是在这种层次空间中某个层次上进行的。通常定量问题是在 LEVEL$_1$ 这个层上研究，而定性分析则是在某个 LEVEL$_i$($i > 1$) 上进行。然而，原始层次的 LEVEL$_1$ 往往是无法确定的，实际应用是在不同定性、定量层次上进行讨论。命题 2.9 中的（2）为这种不同层次间的抽象提供了一致性的保证。

图 2.10　定性、定量关系图

定义 2.37 设 Q 是 D 上的定性论域，当 T 满足：

(1) $T \subset Q$；

(2) $\forall q \in Q, \exists S \subset T, q = \bigcup_{r \in S}$。

则称 T 为 Q 的定性基，Q 为由 T 生成的定性论域。

定义 2.38 设 T 是 Q 的一个定性基，如果 $\forall t_1 \in T, t_2 \in T$，当 $t_1 \neq t_2$ 时，有 $t_1 \bigcap t_2 = \varphi$，则称 T 是 Q 的一个严格定性基。

定性基是可以生成（对集合并）整个 Q 的子集，它不是唯一的。严格定性基并非总是存在的。例如，$D = R$，$Q = \{(-\infty, +1), (-1, +1), (-1, +\infty), ?\}$，$Q$ 有两个定性基：

$$T_1 = Q \backslash \{?\}, \quad T_2 = Q$$

它们都不是严格的定性基。

定义 2.39 设 T 是 Q 的定性基，$T' = T \bigcup \{D\}$，$*$ 是 D 上的 n 元运算符。定义 T' 上的相应 $*$ 的定性运算符 $t *$，规定 $t * (t_1, t_2, \cdots, t_n)$ 为：当 T' 中包含 $\{ * (d_1, d_2, \cdots, d_n) | d_i \in t_i \}$ 的最小定性值唯一时，即为该值；否则为 D。称 $TA = \langle T', t \overline{*} \rangle$ 为 $QA = \langle Q, q \overline{*} \rangle$ 相对 $A = \langle D, \overline{*} \rangle$ 的定性基代数，如果 T 是严格定性基，则称 TA 为严格定性基代数。

直观上，$t *$ 比 $q *$ 要粗，当 $q *$ 对运算封闭时，就有以下命题：

命题 2.10　设 $TA=\langle T',t\,\bar{*}\,\rangle$ 是 QA 相对 A 的定性基代数,则有
$$q*(t_1,t_2,\cdots,t_n)\subset t*(t_1,t_2,\cdots,t_n)$$
当 $q*$ 对 T' 运算封闭时,有
$$q*\big|_{T'}=t*$$

从两个角度可以理解定性基代数:由于定性基不具有对集合并封闭的性质,可以把它理解为定性论域结构要求放宽后的定性代数;还可以把它理解为由定性基生成的定性子代数。FAQA 中引入定性基代数有两个目的:一是使已有的一些工作在 FAQA 中得到体现;二是出自运算复杂度的考虑。

下面我们来介绍混合代数的相关知识。

对定量知识的定性抽取常丧失一些信息,有时会给问题的求解带来困难,反而回头要借助于(定量)信息。混合代数可以解决这类问题。

定义 2.40　设 P,Q 是 D 上的定性论域,$d\in D$,$p\in P$,则 d 在 Q 中的映像 q 是 Q 中包含 d 的最小定性值,映射 $f_{[D,Q]}:D\to Q$ 把 D 中每一个元素映射到 Q 中相应的映像;p 在 Q 中有映像 q 是 Q 中包含 p 的最小定性值;映射 $f_{[P,Q]}:P\to Q$ 把 P 中每一个元素映射到 Q 中相应的映像。f 称为映像映射。

命题 2.11　设 f 是 D 到 P 上的映像映射,则 $\forall d_1,d_2,\cdots,d_n\in D$,有
$$f[\,*(d_1,d_2,\cdots,d_n)]\subset q*[f(d_1),f(d_2),\cdots,f(d_n)]$$

在命题 2.11 的条件下,$q*[f(d_1),f(d_2),\cdots,f(d_n)]\subset f[\,*(d_1,d_2,\cdots,d_n)]$ 未必成立,说明先(定性)抽取再(定性)运算比先(定量)运算再(定性)抽取丢失更多的信息,只有细化定性论域或结合原型(定量)代数能解决这个问题。

定义 2.41　设 P,Q 是 D 上的定性论域,则 P,Q 的合成论域 R 是以 $\{p\cap q\mid p\in P,q\in Q\}$ 为基生成的定性论域,记作 $R=P\Theta Q$。

命题 2.12　设 $R=P\Theta Q$,则

(1) $R\geqslant P,R\geqslant Q$;

(2) 若 $P\geqslant Q$,则 $R=P$。

定义 2.42　设 Q 是 D 上的定性论域,则 Q 和 D 的混合论域 $H=Q\cup\hat{D}$,其中 $\hat{D}=\{\{d\}\mid d\in D\}$。$H$ 上相应于 $*$ 的混合运算符 $h*$ 使得 $h*(h_1,h_2,\cdots,h_n)$ 是 H 上包含 $\{*(d_1,d_2,\cdots,d_n)\mid d_i\in h_i\}$ 的最小元 $(h_1,h_2,\cdots,h_n\in H)$。

命题 2.13　在定义 2.41 的条件下,有
$$h*\big|_Q=q*,\quad h*\big|_{\hat{D}}=\hat{*}$$
其中,$\hat{*}(\hat{d}_1,\hat{d}_2,\cdots,\hat{d}_n)=\{*(d_1,d_2,\cdots,d_n)\}$。

定义 2.43　D 上关于 A 的混合代数 $HA=\langle H,h\,\bar{*}\,,f_{[D,Q]}\rangle$,其中 $h\,\bar{*}\,=\{h*_i\mid i\in I\}$,$h*_i$ 是混合论域 H 上相应于 $*_i$ 的混合运算符,$f_{[D,Q]}$ 是 D 到 Q 上的映像映射。

混合代数使得定性代数和定量代数统一起来,在定性方法不足时,可借助定量

手段。在一个混合代数表达式的计算过程中,尽可能先进行定量运算,结果通过 $f_{[D,Q]}$ 映射到相应的映像,再进行定性运算,尽可能减少信息损失。

2.5 定量函数和定性函数

在传统的函数定义中,函数是实数域到实数域上的一个单射,并且自变量每次都取一个确定的值,这在灰色数域上显然是不适用的。为此,我们将函数的定义推广到灰数域之上,以适应灰数运算的需要。

2.5.1 定性与半定性函数

定义 2.44 设 f 是实数域上的一个连续函数,对于任给的 $\otimes = [a,b] \in G$(G 为灰数域),定义

$$f(\otimes) = \left[\min_{x \in [a,b]} \{f(x)\}, \max_{x \in [a,b]} \{f(x)\} \right]$$

根据定义 2.41,我们容易得到下列结果:

命题 2.14 设函数 f 是实数域上的单调函数,则有

$$f(\otimes) = [\min\{f(a),f(b)\}, \max\{f(a),f(b)\}]$$

证明是显然的,在此略去。

对于定性论域 $S = \{-,0,+\}$,由定义 2.43 定义的灰数函数运算,其运算结果为:

命题 2.15 设实数域上的函数 $f \in M_0^+$,其中 $M_0^+ = \{f \mid f(0) = 0, f' \geqslant 0, |\{x \mid f'(x) = 0\}| < +\infty\}$,则有 $f(-) = -, f(0) = 0, f(+) = +$。

命题 2.16 设实数域上的函数 $f \in M_0^-$,其中 $M_0^- = \{f \mid f(0) = 0, f' \leqslant 0, |\{x \mid f'(x) = 0\}| < +\infty\}$,则有 $f(-) = +, f(0) = 0, f(+) = -$。

命题 2.15 和命题 2.16 的证明由定义 2.43 容易得出。

命题 2.15 和命题 2.16 给出了在符号集 $S = \{-,0,+\}$ 上,函数满足条件 $f \in M_0^+$ 和 $f \in M_0^-$ 下的运算结果。如果条件 $f \in M_0^+$,$f \in M_0^-$ 不能被满足,其运算结果一般难以确定。为此,我们介绍从定量函数到定性函数变换的一般理论。

2.5.2　从定量函数到定性函数

先定义定性范畴的概念。

范畴是指相互联系着的一组空间结构之间的关系,而且要求这些关系满足一定的条件。

设 $Q_{\text{hom}}(a,b)$ 表示定性空间 a 到 b 的同态映射的全体。

定义 2.45　定性范畴 Q^{C} 有一个定性对象集 $Q_{\text{ob}}^{\text{C}}=\{a,b,c,\cdots\}$,同态映射集

$$Q_{\text{mor}}^{\text{C}}(f,g,h,\cdots)=\bigcup\{Q_{\text{hom}}(a,b)\mid\forall a,b\in Q_{\text{ob}}^{\text{C}}\}$$

对每一个同态映射 f 存在两个对象 a,b,使得 $f\in Q_{\text{hom}}(a,b)$,表示为 $f:a{\to}b$。而且,对于 $\forall a,b,c,d\in Q_{\text{ob}}^{\text{C}}$,满足条件:

(1) $Q_{\text{hom}}(a,b)\cdot Q_{\text{hom}}(b,c){\to}Q_{\text{hom}}(a,c)$;

(2) 设 $f:a{\to}b,g:b{\to}c,h:c{\to}d$,则 $h\cdot(g\cdot f)=(h\cdot g)\cdot f$;

(3) $I_a:a{\to}a$。

可以看出,上述三个条件刻画了范畴具有幺半群结构,这在一般的问题讨论中很容易满足。但在定性对象中,还可以适当放宽。范畴的对象可以是定性集合,也可以是具有定性代数结构的空间。

在通常的定量范畴中,定量对象集 $\{D_i\}$ 指的是 $R^i,i\in N$。定量空间 R^n 到 R 的同态映射 $\theta:R^n{\to}R$ 可以描述物理过程,解释为物理量之间的数量关系。在相应的定性范畴中,定性空间可记为 S^n,可用映射 $\theta':S^n{\to}S$ 来表示定性物理过程。

在定量范畴 Q^{D} 中,所有同态映射特别是 $\theta:R^n{\to}R$ 描述了一定的物理过程。凡代表一定物理过程的函数集记为 $\Omega(D)$;相应地,在定性范畴 Q^{C} 中凡代表一定物理过程的定性函数集记为 $\Gamma(\Omega)$。定性函数集中,算子 $\text{d}/\text{d}t$ 定义的定性函数集称为定性微分算子集。

定义 2.46　在定量范畴到定性范畴的变换中,Q^{D} 到 Q^{C} 的映射有物理意义的部分称为从定量到定性的函数对应变换,记为 [ ]。

显然,对物理过程来说,不仅要研究从定量空间到定性空间的转换,还要研究从定量函数空间到定性函数空间的转换,即要研究 $f:\Omega(R^n){\to}\Gamma(S^n)$,又要研究图 2.11 所示的交换性。

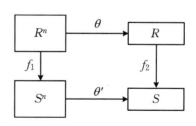

图 2.11　定量函数空间与定性函数空间的转换

定性空间 Q 是经过信息压缩的空间,因而运算相对较简单,建立定量空间中的运算到定性空间的运算之间的转换,可以根据要求适当放宽同态的条件,并不要求这种变换是线性的,只要能满足推理的要求

就可以了。

例如，定量空间 R 上的定量函数的空间 $\Omega(R)$ 上的微分方程为

$$\frac{\mathrm{d}x}{\mathrm{d}y} = c(x+y), \quad x,y \in R, 常数 c \in R$$

映射到相应的定性空间 $S=\langle\{-,0,+\},\oplus,\otimes\rangle$ 的定性函数空间 $\Gamma(S)$ 上的过程是

$$\left[\frac{\mathrm{d}x}{\mathrm{d}y} = c(x+y)\right]$$

假如映射是线性的，则相应的定性微分方程为

$$\left[\frac{\mathrm{d}x}{\mathrm{d}y}\right] = [c] \otimes ([x] \oplus [y])$$

定义 2.47 从定量空间 $D=(R,+,\cdot)$ 到定性空间 $Q=(S,\oplus,\otimes)$ 的同态映射 f 若满足 Q-条件，即映射 $f: D \to S$ 满足同态映射的条件：

$$f(x_1+x_2) = z_1 \oplus z_2 \quad f(x_1 \cdot x_2) = z_1 \otimes z_2$$

其中，$x_1,x_2 \in D, z_1,z_2 \in S, f(x_1)=z_1, f(x_2)=z_2$，则称之为从定量空间到定性空间的 Q-线性变换。

例 2.3 一个 U 形管由两个水槽和底部经一根小管连通。初始状态是两个水槽水位高度相同，处于平衡状态。如果 A 水槽中加入水后，系统将在比初始状态更高的水位达到平衡。其定性量空间表示如下：

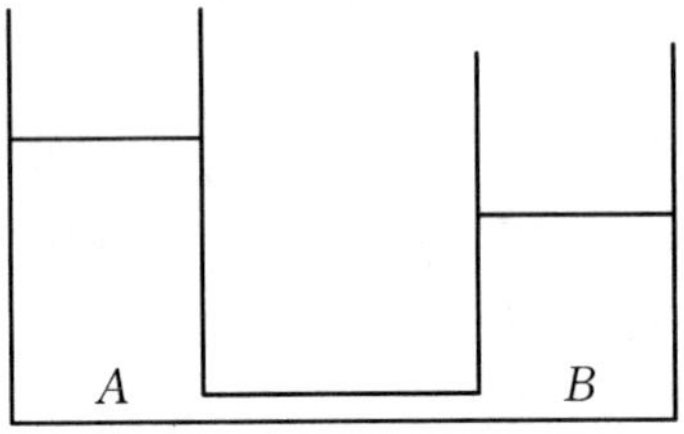

图 2.12 U 形管模型

$\mathrm{amt}A$：	0	AMAX	inf
$\mathrm{pressure}A$：	0		inf
$\mathrm{amt}B$：	0	BMAX	inf
$\mathrm{pressure}B$：	0		inf
P_{AB}：	0		inf
$\mathrm{flow}AB$：	0		inf
$-\mathrm{flow}AB$：	0		inf

其中，$\mathrm{amt}A, \mathrm{amt}B$ 分别表示 A, B 两水槽的水容量，AMAX 和 BMAX 分别为其最大容量，$\mathrm{pressure}A, \mathrm{pressure}B$ 分别表示 A, B 两水槽的压力，$\mathrm{flow}AB$ 表示水槽 A 流向水槽 B 的水流速，P_{AB} 表示 A, B 两水槽底部间的压力差。

第 3 章 定 性 仿 真

美国德州大学 B. J. Kuipers 是进行定性推理研究的先驱之一,他于 1986 年在国际《人工智能》杂志上发表了题为"定性仿真"(Qualitative Simulation, QSIM)的论文,为定性建模和定性仿真奠定了很好的研究与应用基础,定性分析也从此被简称为 QSIM。Kuipers 的方法总结了前人的思想,并以严格的形式定义了定性仿真的算法。它是一种面向约束的方法,从一个定性约束集和一个初始状态出发,预测系统未来所有可能的行为,作为微分方程的抽象,定性仿真有着精确的数学语义。

定性仿真是人工智能领域继专家系统之后解决知识不完备的复杂系统的仿真和控制问题的又一有力武器。专家系统常常是一个"表层模型",它的结论是直接来自于系统状态的可观测特征。许多科研工作者认为有必要对专家系统在系统中不能被观测的"深层模型"的知识进行检验。一种对深层模型表示研究的方法是定性因果模型。定性因果模型的研究不同于一般化的系统深层结构的定性描述和知识不完备系统行为结构的描述的研究。

定性因果推理由一系列不同的过程组成。通过对一个物理系统结构的检验可以推导一个描述系统结构的约束方程集,根据系统的约束方程和初始条件能够预测系统的所有可能行为,系统的行为描述进一步被用来解释其观测值和系统产生行为的方法。

系统的定性仿真是从已知的系统结构和一个初始状态出发,产生一个有向图。该有向图由系统未来可能的状态和状态之间的直接后继关系组成,系统的行为就是有向图中从初始状态出发的一条路径。

系统的结构由一个代表系统物理参数(连续、可微的实函数)的符号集合和描述这些物理参数间相互关系的一个约束方程集合组成。这些约束是两个或三个物理系统参数之间的关系,常见的约束有四个基本的数学关系:$ADD(X,Y,Z)$,$MULT(X,Y,Z)$,$DIVER(X,Y)$,$MINUS(X,Y)$,和两个函数间的单调定性关系:$M^+(X,Y)$(单调增加关系),$M^-(X,Y)$(单调减少关系)。约束方程可以从普通微分方程映射过来,也可以直接从系统的结构中得出。

每一个物理参数都是时间的连续、可微的实值函数,它在任何时间点上的值都是按照它和一个有序标界值集合的关系确定的。标界值可以是数字或符号,标界值之间的顺序关系是它们的本质特征。随着定性仿真的进行,可以发现和使用新的标界值。一个参数的定性状态由它与标界值的顺序关系(或等于一个标界值或在两个标界值之间）和它的变化方向两部分组成。

在定性仿真中，时间被表达为以符号表示的可区分时间点的集合。当前的时间，要么是在可区分时间点上，要么是在两个可区分时间点之间。所有的可区分时间点是在定性仿真过程中产生的。

在一个可区分的时间点上，如果在同一个约束中的几个系统参数有相同的标界值，则称这些参数有对应值，这些对应值能够在定性仿真中被发现和应用。对于具有对应值$(0,0)$的单调函数约束，我们分别记为$M_0^+(X,Y)$和$M_0^-(X,Y)$。

系统物理参数的约束集只在某些特定的运行区间有意义。这些运行区间是根据一些参数的合理取值范围定义的，而参数的合理取值范围是一个闭区间，区间的端点是参数的标界值。

以一个运行区间和一个物理系统参量的定性值的集合来定义系统的初始状态。定性仿真开始运行由系统所有参量可能产生的定性值决定，然后逐步地应用约束条件删除参量定性值的组合。如果仿真变化多于一个，则当前状态有多个后继状态，仿真出现分支。

两个定性状态相一致的充分必要条件是所有的参数都等于相同的标界值，而且两个状态中，所有的参数变化方向都一致。如果一个状态的后继状态与它的一个祖先状态一致，则导致一个系统行为的循环。

设方程$F[u(t),u'(t),\cdots]=0$是一个常微分方程，$u(t_0)=y_0,u'(t_1)=y_1,\cdots$是方程的初始值，$u:[a,b]\rightarrow R$是其满足初始值的解。设$C$是通过Kuipers方法从此方程导出的约束方程组，$QS(F,t_0)$是根据给定的初始值确定的系统初始定性状态，T为由QSIM算法从C和$QS(F,t_0)$产生的定性状态树，则u及从它导出的子函数必定满足T中的行为描述。所以QSIM算法保证产生系统所有的真实行为，即QSIM算法是充分的。

定性仿真可能产生多余的行为分支，这是由于定性模型里包含有系统的不完备知识。我们在建立系统的定性约束方程时，将实际系统进行了抽象，并且用M^+和M^-来约束描述系统的知识，而M^+和M^-约束是一种很弱的函数约束，会导致多余行为的产生。

QSIM算法保证产生实际系统的所有真实行为，但也会产生实际系统中不可能发生的行为；如果QSIM产生唯一的行为，则这个行为是系统的真实行为。总之，QSIM算法是充分的，但不是完备的。

3.1　系统定性建模

定性模型理论研究如何建立起不完备知识系统的模型——定性模型。定性模型必须能够描述系统的定量和定性两部分知识。定性推理则是研究如何用这种定性知识进行形式化推理,把定性推理应用于系统定性模型上,通过推理来产生和解释系统的行为便是定性仿真。定性仿真产生以后,众多研究学者为模拟自己的见解而提出了各自的建模和推理理论。当前定性仿真方法可分为三类,即"朴素物理"方法、模糊仿真方法和归纳推理法。

3.1.1　定性建模的原则

要建造定性模型需要遵循下列原则:

1. 可合成性

要求系统的行为描述必须从系统的结构描述中得出。通常把系统分解为子部件,先建立每个部件的结构描述,再建立部件之间的相互关系描述。这样,系统结构描述就由部件、部件行为和部件的联系组成。

每个部件都表现出一定的行为,且部件行为之间存在着相互关系,物理系统的整体行为能通过一定的方法从部件行为及它们之间的相互关系中推导出来。

2. 局部传播性

定性物理中,两个位置之间是否存在局部性是由它们之间是否存在直接的物理连接来确定的。

定性推理要求影响只能通过特殊的物理连接局部传播,也就是部件的行为和状态变化只与直接相邻或直接相关的部件有关。对这种局部传播规则的解释即所谓的因果性。

3. 功能性

定性推理设计出来的系统必须具备一定的功能,反映系统行为与人类目标之间的关系。

功能是不同于行为的更高层次,由系统部件的功能构成系统整体功能,对系统功能的推理,有利于对系统行为的理解以及系统设计的优化。

此外,De Kleer 和 Brown 在 Envision 中还提出了结构无功能原则:装置部件的描述不与整体功能发生联系。Simon 在因果顺序分析中提出了自适应原则:模型中方程数必须与变量数一样,而每个方程构成一个不同的机制模型。

以上原则在一定程度上保证了模型的有效性和可靠性。

3.1.2　定性建模的步骤

复杂的物理系统往往建立在许多定性空间上,这些定性空间又是相互联系着的。定性范畴可为这种相互关系提供结构描述。

物理系统可以分解成许多物理机制,而物理机制可以通过建立在定性空间上的定性方程描述,由复合关系将参量传递过程规定在定性范畴的态射复合限制内,便可以描述模型。

定性建模的要素:定性空间、物理机制、范畴的合成法则。

建模步骤如下:

(1) 分解系统:把系统分解成具有一定功能的部分,称之为物理机制;

(2) 定性空间的建立:建立一种定性空间来描述物理机制;

(3) 定性范畴分析:复杂的物理系统由许多物理机制有机地结合在一起,可在不同的定性空间上,通过分析不同定性空间的关系,确定它所属的范畴;

(4) 建立物理机制描述:在范畴的同一思维框架内,建立各机制的结构描述;

(5) 物理机制合成:把不同的机制通过范畴态射或函子,按照态射复合原则组合在一起,称为一个有机整体;

(6) 得到系统的结构描述:通过结构描述可以推出指定的功能。

通过上述步骤,可以推导出复杂物理系统的定性联立方程组、定性微分方程组或其他定性结构描述。

3.1.3　朴素物理建模方法

朴素物理方法兴起于一些人工智能专家对朴素物理系统的定性推理研究,在理论和应用上发展得最为成熟。根据数学工具和推理方法的不同,朴素物理建模方法可分为多种派别。根据对系统因果性的注重与否,可以将定性建模方法分为:非因果类方法与因果类方法[7]。非因果类方法在系统建模时不需要明确指出系统内状态变迁过程的因果方向。ENVISION、QSIM、QPT、时间约束传播(TCP)都属于这一类范畴。因果类方法则必须依赖于有向图(SDG),定性传递函数方法(QTF)即属于此类方法。至于约束影响理论则混合了这两类方法,在局部层上使用了因果图,全局层上使用了关于区间值的数学方程作为全局约束。

De Kleer 和 Brown 提出了基于流的概念,以组元为中心的定性物理理论,并据此建立了 ENVISION 系统。该理论认为一个系统可以用三种元素来描述:材料(materials)、组元(components)、通道(conduits)。组元作用于材料并改变其形式或特性;一个组元的材料经通道流到另一个组元;组元由一系列变量、流、连接点描述。流表示的是一种约束关系,这种约束关系决定着处在平衡点附近的变量的变化。

Fobus 以"过程"为中心的概念提出了 QPT 建模与仿真方法。该方法认为分析物理系统实际上就是确定该系统是由哪些过程组成的,并且,确定这些过程在何种情况下,是如何影响系统发展的。过程是与对象或个体视图(IV)相关联的,系统变量的值只能由与它关联的活动过程改变。

Williams 提出的时间约束传播(TCP)方法,主要是根据人们对连续物理系统的因果性、连续性、反馈等特性的直觉认知去分析系统行为,注重系统个体按局部、时间顺序的发展过程。TCP 是基于约束传播的定性推理技术,量值仅能通过关于区间的约束方程传播;系统输出的不仅仅包括变量的值,还给出了变量变化的历史,即变量为什么这样变化的推理过程。

上述的几种方法都没有说明因果关系,而 Beaumont-Feray 等人提出的 QTF 方法则给出了因果关系的精确描述。其系统模型是在有向图基础上建立的,有向图的结点代表系统变量,边代表一个变量对另一个变量的影响作用。此外,给出一个时序函数作为输入,而得出另一个时序函数作为输出。QTF 方法定义了入口变量与出口变量间的行为约束。

Bousson 和 Trave-Massuyes 提出了约束影响(constrained influences)理论并用该理论设计了 CA-EN 算法。CA-EN 方法结合了系统的因果关系和深层次知识,并分别用数学方程表示它们,已经应用到很多实际系统中。模型表示为两层约束:第一层是由因果图支持的局部约束层;第二层是由物理方程组成的全局约束层。分层表示知识的方法可以克服按照因果关系建模的一些明显局限,如无法表示全局性的约束关系。

3.1.4　Kuipers 的定性建模原理

3.1.4.1　基本概念

一个物理系统是通过一系列实值参数来标志的,定义每一个参数为一个函数 $f:[a,b] \rightarrow R*,R* = (-\infty, +\infty)$。用 $R*$ 代替传统的 R 是为了把 $+\infty$ 作为一个标界值处理。在定性仿真中,我们讨论的函数都是所谓的可推理函数(reasonable function)。

定义 3.1　对于 $[a,b] \in R*,f:[a,b] \rightarrow R*$ 是可推理函数的充分必要条件为:

(1) f 在区间 $[a,b]$ 上连续;

(2) f 在 (a,b) 上连续、可微;

(3) f 有有限个奇点;

(4) 极限 $\lim_{t \downarrow a} f'(t)$ 和 $\lim_{t \uparrow b} f'(t)$ 存在,并定义 $f'(a)$ 和 $f'(b)$ 等于这些极限值。

定义 3.2　标界值是可推理函数 f 的行为或状态上重要点的集合,函数 f 在这些点上的行为或状态将发生变化。

每个可推理函数 f 都和一个有限的标界值集合相联系,这些标界值应该包括

函数 f 为 0 时的点以及在区间 $[a,b]$ 边界上的点 $f(a)$ 和 $f(b)$。

定义 3.3 设 f 是可推理函数，$t \in [a,b]$ 且 $f(t) = x$，x 是 f 的标界值的边界元素，则称 $t \in [a,b]$ 是 f 的可区分时间点。即可区分时间点是函数值发生重要变化(或通过一个标界值或到达一个极限)的时间点。

一个推理函数有一个有限的可区分时间点集合：$a = t_0 < t_1 < \cdots < t_n = b$ 和一个有限的标界值集合：$l_1 < l_2 < \cdots < l_n$。下面我们根据参数值与标界值的顺序关系和它的变化方向来定义函数的定性状态。

定义 3.4 如果 $l_1 < l_2 < \cdots < l_n$ 是 $f: [a,b] \to R^*$ 的标界值，$t \in [a,b]$，f 在 t 时刻的定性状态 $QS(f,t)$ 是一个二元组 $\langle \text{qval}, \text{qdir} \rangle$：

$$\text{qval} = \begin{cases} l_j, & f(t) = l_j \\ (l_j, l_{j+1}), & f(t) \in (l_j, l_{j+1}) \end{cases}$$

$$\text{qdir} = \begin{cases} \text{inc}, & f'(t) > 0 \\ \text{std}, & f'(t) = 0 \\ \text{dec}, & f'(t) < 0 \end{cases}$$

例如：$QS(\text{temperature}, \text{now}) = \langle (32, 100), \text{dec} \rangle$ 表示当前时刻的温度是在 32 ℃ 与 100 ℃ 之间，且正在下降。由于在两个相邻的可区分时间点之间 f 不能通过标界值，$f'(t)$ 不会改变符号，所以在相邻的两个可区分时间点间，函数的定性状态为常量。

命题 3.1 设 $a = t_0 < t_1 < \cdots < t_n = b$ 是 f 的可区分时间序列，如果有 $s, t \in (a,b)$ 且 $t_i < s < t < t_{i+1}$，$i \in \{0,1,2,\cdots,n\}$，则有 $QS(f,s) = QS(f,t)$ 恒成立。

这样我们可以定义 f 在两个相邻的可区分时间点间 (t_i, t_{i+1}) 的定性状态 $QS(f, t_i, t_{i+1})$ 为 $QS(f,t)$，$t \in (t_i, t_{i+1})$。

定义 3.5 f 在 $[a,b]$ 上的定性行为是由 f 的定性状态系列：$QS(f, t_0), QS(f, t_0, t_1), \cdots, QS(f, t_{n-1}, t_n), QS(f, t_n)$ 组成。

定性状态系列包括可区分时间点上的定性状态和可区分时间点间的定性状态。由函数的定性状态可以定义系统定性状态。

定义 3.6 一个系统是由多个具有各自的标界值集合和可区分时间点集合的可推理函数组成，$F = \{f_1, f_2, \cdots, f_n\}$，推理函数向量 F 的可区分时间点是单个函数 $f_i (i = 1, 2, \cdots, n)$ 的可区分时间点的并集，系统的定性状态是由单个函数定性状态所组成的 n 元组：

$QS(F, t_i) = [QS(f_1, t_i), QS(f_2, t_i), \cdots, QS(f_n, t_i)]$

$QS(F, t_i, t_{i+1}) = [QS(f_1, t_i, t_{i+1}), QS(f_2, t_i, t_{i+1}), \cdots, QS(f_n, t_i, t_{i+1})]$

系统的定性行为是可推理函数 F 的定性状态系列：

$QS(F, t_0), QS(F, t_0, t_1), \cdots, QS(F, t_n)$。

一个定性行为是一系列定性状态，其中一个状态紧接上一个状态。由于是定性表示，一个有限定性状态序列可以表示系统从 $t = 0$ 到 $t = +\infty$ 的最终状态。

例如：在 U 形管模型中，一个可能的行为，开始时水槽 A 满，B 空，接下来是三个包括水槽 A、B 均有部分水的状态，并且新的临界值被定义进，新的标界值被引入量空间，即一个定性量值位于一个开区间内，但其变化的方向是 std。

3.1.4.2　定性模型

就像一个普通的微分方程，一个定性微分方程模型由一系列由约束相关的变量组成。如图 3.1 展示了定性微分方程的 QSIM 代码示例，它描述了一个简单的 U 形管道系统，由 A 和 B 两个容器组成，容器底部由一条小管道连接。在定性微分方程模型中，一个变量表示一个在实数轴上的连续可微函数，包括独立的时间变量在内，每一个变量的取值范围被定性地描述成在一个量空间中，这个量空间是一个有限的、有序的完全符号集，符号的标界值定性地表示在实轴上的重要值。每一个空间包括标界值：$0, +\infty, -\infty$。一个纯粹的定性模型是这些标界值的有序关联，只有半定性仿真可能规定某些实数值作为标界的边界。

t	t_0	(t_0, t_1)	t_1
amt$A$	$\langle \text{AMAX}, \text{dec} \rangle$	$\langle (0, \text{AMAX}), \text{dec} \rangle$	$\langle (0, \text{AMAX}), \text{std} \rangle$ $= \langle A_0, \text{std} \rangle$
pressure$A$	$\langle (0, +\infty), \text{dec} \rangle$	$\langle (0, +\infty), \text{dec} \rangle$	$\langle (0, +\infty), \text{std} \rangle$ $= \langle P_0, \text{std} \rangle$
amt$B$	$\langle 0, \text{inc} \rangle$	$\langle (0, \text{BMAX}), \text{inc} \rangle$	$\langle (0, +\infty), \text{std} \rangle$ $= \langle A_1, \text{std} \rangle$
pressure$B$	$\langle 0, \text{inc} \rangle$	$\langle \langle (0, +\infty), \text{inc} \rangle$	$\langle (0, +\infty), \text{std} \rangle$ $= \langle P_1, \text{std} \rangle$
P_{AB}	$\langle (0, +\infty), \text{dec} \rangle$	$\langle (0, +\infty), \text{dec} \rangle$	$\langle 0, \text{std} \rangle$
flowAB	$\langle \langle \langle \langle (0, +\infty), \text{dec} \rangle$	$\langle (0, +\infty), \text{dec} \rangle$	$\langle 0, \text{std} \rangle$
total	$\langle (0, +\infty), \text{std} \rangle$ $= \langle \text{TO}_0, \text{std} \rangle$	$\langle (0, +\infty), \text{std} \rangle$ $= \langle \text{TO}_0, \text{std} \rangle$	$\langle (0, +\infty), \text{std} \rangle$ $= \langle \text{TO}_0, \text{std} \rangle$

图 3.1　U 管模型定性行为

在定性微分方程中，代数和微分约束是简单的方程，常见约束定义如下：

定义 3.7　ADD(f, g, h) 为真的充分必要条件是 $f, g, h: [a, b] \rightarrow R*$ 满足
$$f(t) + g(t) = h(t), \quad t \in [a, b]$$

定义 3.8　MUIT(f, g, h) 为真的充分必要条件是 $f, g, h: [a, b] \rightarrow R*$ 满足
$$f(t) * g(t) = h(t), \quad t \in [a, b]$$

定义 3.9　MINUS(f, g) 为真的充分必要条件是 $f, g: [a, b] \rightarrow R*$ 满足
$$f(t) = -g(t), \quad t \in [a, b]$$

定义 3.10　DERIV(f, g) 为真的充分必要条件是 $f, g: [a, b] \rightarrow R*$ 满足
$$f'(t) = g(t), \quad t \in [a, b]$$

在系统中，一个物理参数和另一个物理参数可能具有某种函数关系，但具体的

函数我们并不知道，代数约束不能描述系统的这种不完备知识。在函数关系中，最常见和最重要的是函数间的单调关系，为此，我们引入两种定性约束，M^+表示函数间的单调增关系，而M^-则表示函数间的单调减关系。它们的定义如下：

定义 3.11　对于$f,g:[a,b]{\rightarrow}R^*$，$M^+(f,g)$为真的充分必要条件是存在函数$H(t)$，$H(t)$的定义域为$g[a,b]$，值域为$f[a,b]$，$H'(t)>0$且满足$f(t)=H[g(t)]$，对于任意$t\in[a,b]$。

定义 3.12　对于$f,g:[a,b]{\rightarrow}R^*$，$M^-(f,g)$为真的充分必要条件是存在函数$H(t)$，$H(t)$的定义域为$g[a,b]$，值域为$f[a,b]$，$H'(t)<0$且满足$f(t)=H[g(t)]$，对于任意$t\in[a,b]$。

由于M^+和M^-的约束特性，使得定性微分方程中能包含的具体形式未知，只知其单调性的函数存在。一个代数或函数约束可以说明满足约束条件对应的标界值对。一个定性微分方程也能通过特定的转换条件明确地描述它的应用范围，这些特定条件能使变量行为应用于不同的模型。

根据M^+和M^-约束的定义，我们可以得出以下两个定理：

定理 3.1　$M^+(f,g)$成立，则有下述关系：

$$f'(t)=0 \Leftrightarrow g'(t)=0$$
$$f'(t)<0 \Leftrightarrow g'(t)<0$$
$$f'(t)>0 \Leftrightarrow g'(t)>0$$

定理 3.2　$M^-(f,g)$成立，则有下述关系：

$$f'(t)=0 \Leftrightarrow g'(t)=0$$
$$f'(t)<0 \Leftrightarrow g'(t)>0$$
$$f'(t)>0 \Leftrightarrow g'(t)<0$$

易知：$M^+(f,g) \Leftrightarrow M^+(g,f)$，$M^-(f,g) \Leftrightarrow M^-(g,f)$。

注意　$M^+(f,g)$和$M^-(f,g)$并不要求f,g在$[a,b]$上是单调函数，例如：约束$M^+(2\sin t,\sin t)$在$[0,2\pi]$恒为真，其中$H(x)=2x$。

3.1.4.3　定性微分方程

由上面可以看出，M^+和M^-约束是精确数学关系的一种抽象，多个函数关系被抽象为一个定性约束关系M^+或M^-。正是M^+和M^-约束的引入，使我们有可能描述系统的定性知识。对应于数字仿真，把系统结构描述为一组常微分方程（ODE），定性仿真将系统抽象出的定性约束方程称为定性微分方程（QDE）。

我们可以直接从系统结构中得出 QDE，也可以通过 ODE 来得出相应的 QDE。从 ODE 到 QDE 的过程是通过引入新的变量来分解 ODE 实现的。下面用一个例子具体说明：

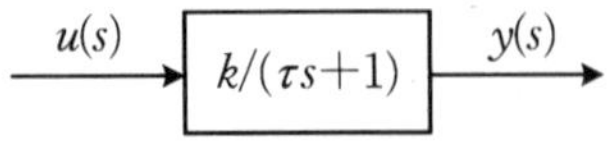

图 3.2　单输入-单输出系统图

例 3.1　考虑一个一阶单输入-单输出系统（SISO），如图 3.2 所示。

时间域内的微分方程是:

$$\tau \frac{\mathrm{d}y}{\mathrm{d}t} = ku - y$$

常微分方程和定性约束方程对应如下:

$$
\begin{array}{lcl}
\text{(A)} & & \text{(B)} \\
f_1 = \dfrac{\mathrm{d}y}{\mathrm{d}t} & \longrightarrow & \mathrm{DERIV}(f_1, y) \\
f_2 = \tau * f_1 & \longrightarrow & \mathrm{MULT}(\tau, f_1, f_2) \\
f_3 = k * u & \longrightarrow & \mathrm{MULT}(k, u, f_3) \\
f_4 = f_3 - y & \longrightarrow & \mathrm{ADD}(y, f_4, f_3)
\end{array}
$$

这样,便得到一组表示系统定性模型的定性微分方程:$\mathrm{DERIV}(f_1, y)$,$\mathrm{MULT}(\tau, f_1, f_2)$,$\mathrm{MULT}(k, u, f_3)$,$\mathrm{ADD}(y, f_4, f_3)$。我们也可以将系统的定性模型表达为一个定性约束图,如图 3.3 所示。

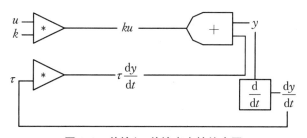

图 3.3 单输入-单输出定性约束图

在上面的例子中,常微分方程的解 $u(t)$ 和 $y(t)$ 唯一地确定了辅助函数 $f_1, f_2,$ f_3, f_4,即决定了(A)组中方程的解;除了约束 M^+ 和 M^- 外,(B)组中的每一个约束与(A)组中相应的方程在数学上是等价的,而 M^+ 和 M^- 比相应的数学方程约束更弱。所以常微分方程的解一定满足相应的 QDE;反之,由于无穷多个具体的函数关系可能映射到一个 M^+ 或 M^- 约束上,所以 QDE 的解未必满足相应的 ODE。

我们可以将上述讨论总结为以下定理:

定理 3.3 若 $F[u(t), u'(t), \cdots, u^{(n)}(t)] = 0$ 是一个 n 阶的常微分方程,则可以定义一个相应的定性微分方程,常微分方程的解一定满足此定性微分方程。

通过定性微分方程建立了系统的定性模型后,便可以在定性模型的基础上进行推理,实现系统的定性仿真。

3.1.4.4 定性状态转换

在 3.1.4.3 节我们提到过,定性仿真本质上是一种推理的过程,定性仿真过程就是通过由当前定性状态产生后继状态的一个不断推进的过程。由参数的定性状态描述可知,有两种类型的状态转换:

P-转换（从可区分时间点上到可区分时间点之间的定性状态转换）：

$$QS(f,t_i) \rightarrow QS(f,t_i,t_{i+1})$$

I-转换（从可区分时间点之间到可区分时间点上的定性状态转换）：

$$QS(f,t_i,t_{i+1}) \rightarrow QS(f,t_{i+1})$$

通过查找表 3.1 所示的通用函数状态转换表，可以求出系统中单个函数的后继状态。

表 3.1　在 {＋,0,－} 约束下的可能状态转移

	P-转换 $QS(f,t_i) \rightarrow QS(f,t_i,t_{i+1})$			I-转换 $QS(f,t_i,t_{i+1}) \rightarrow QS(f,t_{i+1})$	
Name	$QS(f,t_i)$ $\Rightarrow$	$QS(f,t_i,t_{i+1})$	Name	$QS(f,t_i,t_{i+1})$ $\Rightarrow$	$QS(f,t_{i+1})$
P1	$\langle l_j, \text{std} \rangle$	$\langle l_j, \text{std} \rangle$	I1	$\langle l_j, \text{std} \rangle$	$\langle l_j, \text{std} \rangle$
P2	$\langle l_j, \text{std} \rangle$	$\langle (l_j, l_{j+1}), \text{inc} \rangle$	I2	$\langle (l_j, l_{j+1}), \text{inc} \rangle$	$\langle l_{j+1}, \text{std} \rangle$
P3	$\langle l_j, \text{std} \rangle$	$\langle (l_{j-1}, l_j), \text{dec} \rangle$	I3	$\langle (l_j, l_{j+1}), \text{inc} \rangle$	$\langle l_{j+1}, \text{inc} \rangle$
P4	$\langle l_j, \text{inc} \rangle$	$\langle (l_j, l_{j+1}), \text{inc} \rangle$	I4	$\langle (l_j, l_{j+1}), \text{inc} \rangle$	$\langle (l_j, l_{j+1}), \text{inc} \rangle$
P5	$\langle (l_j, l_{j+1}), \text{inc} \rangle$	$\langle (l_j, l_{j+1}), \text{inc} \rangle$	I5	$\langle (l_j, l_{j+1}), \text{dec} \rangle$	$\langle l_j, \text{std} \rangle$
P6	$\langle l_j, \text{dec} \rangle$	$\langle (l_{j-1}, l_j), \text{dec} \rangle$	I6	$\langle (l_j, l_{j+1}), \text{dec} \rangle$	$\langle l_j, \text{dec} \rangle$
P7	$\langle (l_j, l_{j+1}), \text{std} \rangle$	$\langle (l_j, l_{j+1}), \text{dec} \rangle$	I7	$\langle (l_j, l_{j+1}), \text{dec} \rangle$	$\langle (l_j, l_{j+1}), \text{dec} \rangle$
Q8	$\langle (l_j, l_{j+1}), \text{std} \rangle$	$\langle (l_j, l_{j+1}), \text{std} \rangle$	J8	$\langle (l_j, l_{j+1}), \text{inc} \rangle$	$\langle (l_j, l_{j+1}), \text{std} \rangle$
Q9	$\langle (l_j, l_{j+1}), \text{std} \rangle$	$\langle (l_j, l_{j+1}), \text{inc} \rangle$	J9	$\langle (l_j, l_{j+1}), \text{dec} \rangle$	$\langle (l_j, l_{j+1}), \text{std} \rangle$
Q10	$\langle (l_{j-1}, l_j), \text{std} \rangle$	$\langle (l_{j-1}, l_j), \text{dec} \rangle$	J10	$\langle (l_j, l_{j+1}), \text{std} \rangle$	$\langle (l_j, l_{j+1}), \text{std} \rangle$

从表 3.1 可以看出，在 I8,I9 创建的新的标界值被淘汰，由被命名为 Q,J 的新状态补充，并改变了变化的方向。

3.2　Kuipers 的定性仿真

定性仿真算法是以描述系统定性结构的定性微分方程，系统的初始状态为输入，通过仿真输出系统的预测行为，即给定系统的定性微分方程和它在 t_0 时刻的状态。QSIM 算法以状态树的形式预测出系统可能的行为，系统的一个特定行为由这棵树的根结点（初始状态）到叶结点（终止状态）的路径上的所有状态组成，其形式为

$$\text{behavior} = \{\text{state}(t_0), \text{state}(t_0,t_1), \text{state}(t_1), \cdots, \text{state}(t_n)\}$$

3.2.1 QSIM 算法的输入和输出

QSIM 算法输入包括以下部分：

(1) 代表系统参数的一个函数集合 $\{f_1, f_2, \cdots, f_m\}$；

(2) 用 $M^+(f,g)$，$M^-(f,g)$，$ADD(f,g,h)$，$MUIT(f,g,h)$，$DERIV(f,g)$，$MINUS(f,g)$ 六个关系建立的约束方程集合；

(3) 每个参数有一个代表函数标界值的有序集合，其中至少包含 $\{-\infty, 0, +\infty\}$；

(4) 每个函数的上、下极限；

(5) 初始时间点 t_0 和每个函数 $f_i (i=1,2,\cdots,m)$ 在 t_0 时的定性状态。

QSIM 算法的输出是系统的一个或多个定性行为描述，每个定性行为由以下几部分组成：

(1) 表示系统可区分时间点的符号系列 $\{t_0, t_1, \cdots, t_n\}$；

(2) 每个函数的一个完整的、可能扩展了的有序标界值集合；

(3) 根据函数标界值描述的每一个函数在所有可区分时间点上和两个相邻可区分时间点间的定性状态。

3.2.2 QSIM 算法

QSIM 算法不断选取一个当前状态，然后产生其所有可能的后继状态，最后过滤掉与定性约束不一致的状态。由于可能产生多个后继状态，QSIM 算法将创建一棵系统状态树。具体过程如下：

首先将初始状态放入活动状态表中，重复以下步骤直至活动状态表为空或某个状态溢出。

步骤一：从活动状态表中取出一个状态作为当前状态。

步骤二：根据状态转换表，确定出每一个函数当前状态可能转换到的状态集合。

步骤三：对每一个约束，产生状态转换的二元或三元组集合，根据约束的限定，过滤掉与约束不一致的元组。

步骤四：对元组进行配对一致性过滤，即具有相同函数的两个元组，对同一个函数的转换必须一致。

步骤五：将经过上述过滤剩余的元组加以组合，产生系统状态的全局解释。如果不存在相应的全局解释，则作不一致标记，否则标记它们为当前状态的后继状态。

步骤六:对新产生的定性状态运用全局过滤法来决定是否将新状态加入活动状态表中。

3.2.3　QSIM 算法中的一致性检查和全局解释

QSIM 算法中步骤三、四中提出了约束过滤等删除冗余组元的方法,下面简要地介绍一下约束过滤、配对过滤、全局解释和全局过滤等有关方法。

3.2.3.1　约束一致性检查

在 QSIM 算法步骤三中,根据函数间的约束关系将各个函数的独立转换组合为相应的元组,这些元组将根据限定它们的约束方程加以检验。主要包括两方面的检验:定性值的一致性和变化方向的一致性。

例如:函数 f,g,h 通过约束 ADD(f,g,h) 联系着,如果某次转换产生了一个元组:

$$\text{ADD}(f,\quad g,\quad h)$$
$$I3,\quad I3,\quad I1$$

即 f 的后继状态是 $\langle l_j,\text{inc}\rangle$,$g$ 的后继状态是 $\langle l_j,\text{inc}\rangle$,$h$ 的后继状态是 $\langle l_j,\text{std}\rangle$。根据约束 ADD$(f,g,h)$,这个元组应该被过滤掉,因为 $f+g=h$,f 和 g 的变化方向都是增加(inc),h 的变化方向也应该是增加(inc)。

3.2.3.2　配对一致性检查

若两个约束有共同的函数,则称这两个约束是相邻的。配对一致性检查是为了保证相邻约束中的共享函数有一致的状态转换。下面是配对一致性检查的 Waltz 算法:

"依次访问每个约束,查看所有与它相邻的约束。由它们所联系着的元组组成元组对,应用下述规则:如果一个元组赋予共享函数的转换在和它相邻的一个约束的所有元组中不存在,则删除这个元组。"

通过配对一致性过滤,可以大大减少状态转换空间,对 QSIM 算法效率的提高有重要作用。

3.2.3.3　全局解释

全局解释的目的是把经过过滤剩余的函数转换赋给相应的函数,以产生系统新的状态。并不是所有元组的组合都是全局解释,例如,有如下的约束和元组:

$$M^+(f,g)\qquad M^-(g,h)$$
$$(I2,I2)\qquad (I2,I2)$$
$$(I3,I3)\qquad (I3,I3)$$

一个简单的组合将产生(f,g,h)的四个转换组合,其中显然只有转换$(I2,I2,I2)$和$(I3,I3,I3)$是合理的。全局解释是通过深度优先遍历元组空间来完成的。如果一个全局解释失败了,则当前状态的所有后继状态被删除,当前状态就是系统的结束状态。

3.2.3.4 全局过滤

在将全局解释产生的状态加入活动状态表之前,还需要执行全局过滤,包括以下三个方面:

(1) 删除新的状态,如果它的所有转换都是在集合$\{I1,I4,I7\}$中,那么新的状态和它的直接前驱状态是一致的。

(2) 如果新的状态和它前驱状态的某个祖先状态一致(所有函数有相同的标界值,所有函数的变化方向一致),则标记系统行为出现循环,新的状态不加入活动状态表中。

(3) 如果其中有一个函数取值为$+\infty$,则当前时间点是区间的终点,新的状态不加入活动状态表中。

这样,由系统的一个初始状态出发,通过查看通用函数状态转换表,得到每个参数当前状态的后继状态,把每个参数的后继状态组合起来就得到系统的后继状态;再删除不满足定性约束的系统状态,剩余的状态便是系统新的当前状态的集合。如此下去,最终形成一个由系统状态组成的有向图,从根结点到叶结点的路径就是系统的一个定性行为。

3.3 实 例 分 析

现在我们考虑一个 U 形管,如图 3.4 所示,这是一个简单的双液面系统。U 形管的结构很简单,它的行为很容易进行推理,而且它的复杂程度足以来说明定性仿真的特点。这种 U 形管可作为更复杂系统的模型抽象,因为,在一定意义上,它可以看成两个物理部件之间有相互联系的一种模拟。

U 形管由两个底部相连的水槽 A 和水槽 B 组成,每个槽都有一定量的水,水对槽的底部产生一定的压强。既然 U 形管是一个在时间上连续变化的系统,那么水位和压强都是时间的连续实值函数,记

height $A(t)$——水槽 A 中的水位

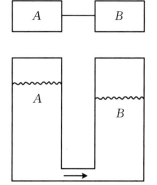

图 3.4 U 形水槽示意图

height $B(t)$——水槽 B 中的水位

pressure $A(t)$——水槽 A 中的水对底部的压强

pressure $B(t)$——水槽 B 中的水对底部的压强

虽然我们不知道每个水槽的确切性质,但是对于一个确定的水槽来说,通过定性推理,可以知道水槽底部的压强是随着水位的增高而增大的。由于不知道它们之间的确切关系,所以对这种不完全的知识可以采用某种非限定的单调增函数来描述水位和压强的关系:

$$pressureA = M^+(heightA) \tag{3.1}$$

同时,我们对参数值的认识也是不充分的,如 $heightA$ 和 $pressureA$ 在任意时间点上的取值。这里不采用实轴上的值而以量空间的形式定性地描述系统,每个量空间定义为标界值的集合,例如,$heightA$ 和 $pressureA$ 的量空间为

heightA	0	AMAX	$+\infty$
pressureA	0		$+\infty$

标界值 $-\infty,0,+\infty$ 可以用于所有的量空间中,其他标界值是定性符号值,表示特定的量空间值以及和其他值的关系,例如 AMAX 表示水槽 A 的最大高度,它位于 $(0,+\infty)$ 之间。既然 $heightA$ 和 $pressureA$ 都是非负的,那么量空间的最低界都是 0,负值是没有意义的。

对于 U 形管,在 M^+ 中对 $heightA$ 和 $pressureA$ 可以增加一些知识。我们知道 $heightA=0$ 对应 $pressureA=0$[在下面的应用中,我们用 $(0,0)$ 来表示这种对应],同理,$(+\infty,+\infty)$ 也是另一个对应关系。在 $heightB$ 和 $pressureB$ 之间也有相似的单调增的函数关系,可以写成:

$$pressureB = M^+(heightB) \tag{3.2}$$

这里,可以看出 M^+ 不是一个函数名,而是一类函数名。

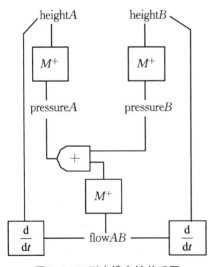

两个水槽中的压强差是另一个重要的连续函数:

$$P_{AB} = pressureA - pressureB \tag{3.3}$$

水槽 A 和 B 之间的流量是压强差的单调函数,它也有对应值 $(0,0)$,$(+\infty,+\infty)$,

$$flowAB = M^+(P_{AB}) \tag{3.4}$$

最后,$flowAB$ 描述了 $heightB$ 的变化率和 $heightA$ 的变化率,即

$$flowAB = \frac{d(heightB)}{dt} \tag{3.5}$$

$$flowAB = -\frac{d(heightA)}{dt} \tag{3.6}$$

图 3.5　U 形水槽定性关系图

定性约束方程 $(3.1)\sim(3.6)$ 和它们的

对应值以及参数的量空间描述了 U 形管系统的定性结构。图 3.5 是这种约束集的图形表示,因为以后的计算包括了信息在约束中的传递,图形化表示有利于说明这种问题。

该系统中参数的量空间是:

$height A$	0	AMAX	$+\infty$
$pressure A$	0		$+\infty$
$height B$	0	BMAX	$+\infty$
$pressure B$	0	$+\infty$	
P_{AB}	$-\infty$	0	$+\infty$
$flow AB$	$-\infty$	0	$+\infty$

正如我们将要讨论的,量空间至少在初始状态时定义了一种描述语言,它能描述模型的参数值所能表示的有定性区别的集合。

这样,我们对系统结构的描述所获得的定性约束及其对应值是:

$$pressure A = M^+(height A) \qquad (0,0) \qquad (+\infty,+\infty)$$
$$pressure B = M^+(height B) \qquad (0,0) \qquad (+\infty,+\infty)$$
$$P_{AB} = pressure A - pressure B$$
$$flow AB = M^+(P_{AB})$$
$$flow AB = \frac{\mathrm{d}(height B)}{\mathrm{d}t}$$
$$flow AB = -\frac{\mathrm{d}(height A)}{\mathrm{d}t}$$

当然,也可以用定性微分方程(QDE)的形式来考虑这些约束,它把约束方程组合起来,如下所示:

$$\frac{\mathrm{d}(height B)}{\mathrm{d}t} = f[g(height A) - h(height B)]$$

式中,f,g,h 是未知的单调增函数,也可以是非线性的。显然这种方程是不适合进行推理分析的。

1. 状态的定性知识

像结构知识一样(定性约束和量空间),在任意给定的时间,我们对 U 形管的状态的了解也是不完全的。它的状态是用参数 $height A$,$height B$,$pressure A$,$pressure B$,P_{AB} 和 $flow AB$ 的定性值来描述的。

定性状态是动态的,当系统随着时间变化,我们需要描述经过的定性状态。假设先不考虑水槽 B,向水槽 A 加水直至将它加满,参数 $height A$ 的定性值序列就是:

$$height A(t): 0 \quad \rightarrow \quad (0, AMAX) \quad \rightarrow \quad AMAX$$

它意味着,在 $height A(t) = 0$ 之后,直到 $height A(t) = AMAX$ 的时间内,$height(A)$ 的值都处在开区间 $(0, AMAX)$ 内。

　　为了预测 height 的行为,需要确定从一个定性状态向另一个定性状态的转换。除了量空间中的定性量值,还需要知道每个参数的变化方向,于是,对每个参数来说,其定性状态用量空间中的一个定性值和它的变化方向(inc,dec 或 std)来描述。

　　这样,在水槽 A 加水的过程中,它的状态是$[(0, \text{AMAX}), \text{inc}]$,当水槽 A 装满水的时候,可以进一步描述为

时间:　　　　　　　t_0　　　　　　　(t_0, t_1)　　　　　　　t_1

$\text{height}A(t)$:$\langle 0, \text{inc} \rangle \rightarrow \langle (0, \text{AMAX}), \text{inc} \rangle \rightarrow \langle \text{AMAX}, \text{inc} \rangle$

　　对于每一个系统的定性描述,欲获得系统的行为,我们必须定义其初始状态。

2. 从初始状态预测行为

　　在定性仿真中,采用参数及其量空间、约束和对应值来定义系统的结构,一旦给定了初始状态,就可以得到系统可能的行为。

　　假设开始时,水槽 A 是满的,而水槽 B 是空的,我们从下面的条件出发:

$$t = t_0 - [\text{height}A = \langle \text{AMAX}, ? \rangle, \text{height}B = \langle 0, ? \rangle]$$

为了进行仿真,需要知道系统当前的定性状态描述:即每个定性值和参数的变化方向。

　　(1) 传播完全的初始状态

　　在给出了初始状态的部分信息后,就可以通过约束传播来确定定性状态更多的知识(图 3.6)。现在我们完全可以定义 U 形管的初始状态。

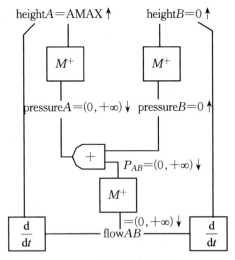

图 3.6　定性状态传播图

　　① 因为在$(0, 0)$处有对应值,于是有

$$\text{height}B:0 \quad \rightarrow \quad \text{pressure}B = 0$$

　　② 因为在$(0, 0)$和$(+\infty, +\infty)$处有对应值,于是有

$$\text{height}A = \text{AMAX} \quad \rightarrow \quad \text{pressure}A = (0, +\infty)$$

这里,由于在 0 和 $+\infty$ 之间缺少表示 pressure$A$ 的标界值,所以$(0,+\infty)$是 pressure$A$ 的值在量空间中最好的描述。

③ 图 3.6 中的加约束在$(0,0,0)$处有对应值的隐式集合,所以有

$$\text{pressure}A = (0,+\infty) \wedge \text{pressure}B = 0 \quad \rightarrow \quad P_{AB} = (0,+\infty)$$

④ flow$AB = M^+(P_{AB})$在$(0,0)$处有对应值,于是有

$$P_{AB} = (0,+\infty) \quad \rightarrow \quad \text{flow}AB(0,+\infty)$$

⑤ 导数约束可以确定 height$A$ 和 height$B$ 的变化方向:

$$\text{flow}AB = (0,+\infty) \quad \rightarrow \quad \text{qdir}(\text{height}A) = \text{dec} \wedge \text{qdir}(\text{height}B) = \text{inc}$$

⑥ 通过单调函数传播变化方向:

$$\text{qdir}(\text{height}A) = \text{dec} \quad \rightarrow \quad \text{qdir}(\text{pressure}A) = \text{dec}$$
$$\text{qdir}(\text{height}B) = \text{inc} \quad \rightarrow \quad \text{qdir}(\text{pressure}B) = \text{inc}$$

⑦ 通过加约束中也可以传播变化方向:

$$\text{qdir}(\text{pressure}A) = \text{dec} \wedge \text{qdir}(\text{pressure}B) = \text{inc} \quad \rightarrow \quad \text{qdir}(P_{AB}) = \text{dec}$$

⑧ 最后一个传播完成了对该初始状态的描述:

$$\text{qdir}(P_{AB}) = \text{dec} \quad \rightarrow \quad \text{qdir}(\text{flow}AB) = \text{dec}$$

初始状态在约束中传播的结果便获得了 U 形管在初始时间 t_0 的定性状态的完全描述:

$$\text{pressure}A = \langle (0,+\infty),\text{dec} \rangle$$
$$\text{height}B = \langle 0,\text{inc} \rangle$$
$$\text{pressure}B = \langle (0,+\infty),\text{inc} \rangle$$
$$P_{AB} = \langle (0,+\infty),\text{dec} \rangle$$
$$\text{flow}AB = \langle (0,+\infty),\text{dec} \rangle$$

尽管推理在约束网络中传播,但是它们还不能表达随时间的变化情况,而只是得出一个时间点上的状态,即从当前状态的部分知识推理出其余状态的全部信息。这一步仅仅为我们的仿真提供了一个完全的初始状态。所获得的定性描述告诉我们,某些定性参数正在变化,而且从它们的变化中,可以预测 U 形管系统随时间的演变。

(2) 预测下一个状态

各个参数是随时间连续变化的量,所以对每个给定状态,预测下一个状态相对来说是比较容易的。既然在初始时间 t_0 时,height$B=0$ 且处于增加之中,那么下一个状态 height$B>0$ 且仍旧增加。和 height$B$ 相似,用相同的办法处理 height$A$,得到 height$A=\langle \text{AMAX},\text{dec} \rangle$。但是 pressure$A$ 处在一个开区间内,所以需要一定的时间才能达到它的区间边界,而 height$A$ 或 height$B$ 可以立即离开标界值原点。于是,我们得到了下一步状态的定性描述(由于是定性值,所以参数必须处在 t_0 时刻后的开区间内)。

下面将给出 t 在 t_0 和 t_1 之间系统的状态:

$$heightA = \langle (0, \mathrm{AMAX}), \mathrm{dec} \rangle$$
$$pressureA = \langle (0, +\infty), \mathrm{dec} \rangle$$
$$heightB = \langle (0, +\infty), \mathrm{inc} \rangle$$
$$pressureB = \langle (0, \mathrm{BMAX}), \mathrm{inc} \rangle$$
$$P_{AB} = \langle (0, +\infty), \mathrm{dec} \rangle$$
$$flowAB = \langle (0, +\infty), \mathrm{dec} \rangle$$

在执行下一步的推理时,还需要考虑一些问题:

① 上述讨论中,实际上假设了参数值及其导数都是随着时间连续变化的量,即系统的参数是时间的连续可微函数。

② 尽管这里说到下一个状态,但是由于过程都是连续的,所以严格地说,不存在下一个状态。但是有区别的定性状态描述序列是离散的,所以下一个状态是指序列中下一个有明显区别的定性状态的描述。

在定性仿真中,定性时间被描述成时间点和时间区间的序列。上述关于 U 形管的第一个状态描述是指它在 t_0 时刻的定性状态,从当前的时间点变化到一个时间的开区间内的时候,定性状态是不变的,当到达可区分时间点 t_1 时,才发生定性变化。所以,第二个状态描述不是在一个时间点上,而是在一个时间区间内。

(3) 向极值移动

上述 U 形管的定性状态描述了系统在时间间隔 (t_0, t_1) 内任意点 t 上的状态,现在需要在 $t = t_1$ 时刻确定定性状态的变化。这里有以下几种类型的定性变化:

① 参数正移向一个可能达到的极值点;

② 参数等于一个可以越过的标界值;

③ 参数可能开始或停止变化。

在上述例子中,所有六个参数正移向各种极值点。从理论上讲,定性变化最多有 $4^6 - 1 = 4095$ 种可能的组合,加约束和单调增约束以及约束上的对应值大大地减少了这种组合,最后,只有一些需进一步考虑的模糊结果:即 $heightB \rightarrow \mathrm{BMAX}$ 和 $flowAB \rightarrow 0$ 的速度。这里没有哪一种约束可以解决这种模糊性,所以就产生了分支,这种分支在物理直觉上是合理的。

不确定的预测只是意味着系统的定性描述没有包括足够的信息来唯一限定将来的状态。因为我们不知道水槽 A 和水槽 B 液面的相对高度,所以在 t_1 时刻,可能有三种状态:

a. $heightB$ 和流量 $flowAB$ 一起到了极限点,所以水槽 B 满了,而且 U 形管平衡;

b. $heightB < \mathrm{BMAX}$ 而 $flowAB = 0$,所以水槽 B 未满,U 形管平衡,图 3.7(a)描述了这一行为;

c. $heightB = \mathrm{BMAX}$ 且 $flowAB > 0$,所以水槽 B 溢出了,这时候需要用一种新的模型来取代原先的模型进行推理,图 3.7(b)说明了这种情形。

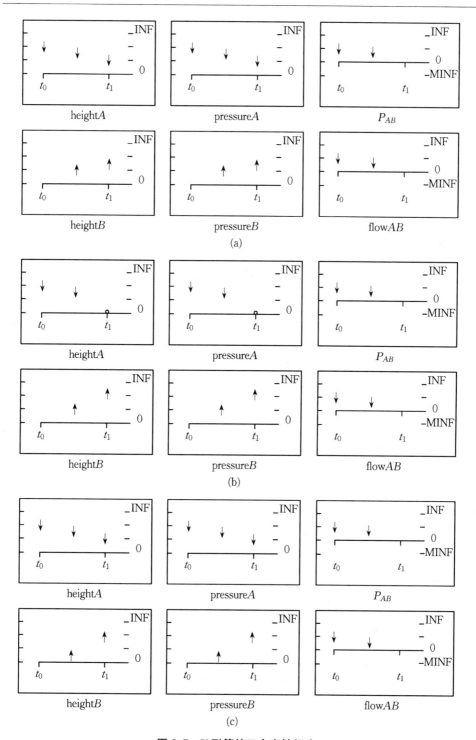

图 3.7 U 形管的三个定性行为

(a) 水槽 A 未满，B 未满；(b) 水槽 A 空，B 满；(c) 水槽 A 未空，B 满且溢出

上述这种不确定的预测可表达为一个定性状态分支树：

	情况 1	情况 2	情况 3
t	$t_1(a)$	$t_1(b)$	$t_1(c)$
$heightA$	$\langle(0,\mathrm{AMAX}),\mathrm{std}\rangle$	$\langle(0,\mathrm{AMAX}),\mathrm{std}\rangle$	$\langle(0,\mathrm{AMAX}),\mathrm{dec}\rangle$
$pressureA$	$\langle(0,+\infty),\mathrm{std}\rangle$	$\langle(0,+\infty),\mathrm{std}\rangle$	$\langle(0,+\infty),\mathrm{dec}\rangle$
$heightB$	$\langle\mathrm{BMAX},\mathrm{std}\rangle$	$\langle(0,\mathrm{BMAX}),\mathrm{std}\rangle$	$\langle\mathrm{BMAX},\mathrm{inc}\rangle$
$pressureB$	$\langle(0,+\infty),\mathrm{std}\rangle$	$\langle(0,+\infty),\mathrm{std}\rangle$	$\langle(0,+\infty),\mathrm{inc}\rangle$
P_{AB}	$\langle0,\mathrm{std}\rangle$	$\langle0,\mathrm{std}\rangle$	$\langle(0,+\infty),\mathrm{dec}\rangle$
$flowAB$	$\langle0,\mathrm{std}\rangle$	$\langle0,\mathrm{std}\rangle$	$\langle(0,+\infty),\mathrm{dec}\rangle$

不确定预测是目前定性仿真的一个重要特征。U 形管是一个确定的装置，不能主观选择哪种行为会发生。但是，由于定性描述是不完全的，所以没有足够的信息来确定哪个是真正的行为。实际上，有许多不同的 U 形管，它们都满足上述同一个初始条件，但却有不同的行为。人们希望定性仿真能给出和定性描述相一致的可能行为，也就是说，系统每一个满足约束的行为都应该被预测出来。

（4）生成新的标界值

对于上面所描述的第二种情况 $t_1(b)$，U 形管虽然到达了平衡，但 $heightB$ 仍然在区间（0，BMAX）中，所以定性状态可以描述为 $heightB[t_1(b)]=\langle(0,$ BMAX），std$\rangle$。

当 $t=t_1(b)$ 时，$heightB$ 的值是 $heightB(t)$ 的一个关键值，这时候，它的导数为 0。该关键值可能很重要，需要给它一个特殊记号，以至于能被以后引用，这就是我们所说的标界值。既然 $heightB[t_1(b)]$ 在两个标界值之间，用特殊记号 B^* 来表示，作为 $heightB$ 的一个新的路标值：

$$heightB \quad 0 \quad B^* \quad \mathrm{BMAX} \quad +\infty$$

用同样方法处理其他的参数，于是便扩充了 U 形管的量空间：

$$heightA \quad 0 \quad A^* \quad \mathrm{AMAX} \quad +\infty$$
$$pressureA \quad 0 \quad P_A^* \quad +\infty$$
$$heightB \quad 0 \quad B^* \quad \mathrm{BMAX} \quad +\infty$$
$$pressureB \quad 0 \quad P_B^* \quad +\infty$$
$$P_{AB} \quad -\infty \quad 0 \quad +\infty$$
$$flowAB \quad -\infty \quad 0 \quad +\infty$$

对应新的平衡状态，相关的约束就可以定义新的对应值，例如：

约束	新的对应值
$pressureA=M^+(heightA)$	(A^*,P_A^*)
$pressureB=M^+(heightB)$	(B^*,P_B^*)
$pressureA-pressureB=P_{AB}$	$(P_A^*,P_B^*,0)$

$$\text{flow}AB = M^{+}(P_{AB})$$

$$\text{flow}AB = \frac{\mathrm{d}(\text{height}B)}{\mathrm{d}t}$$

$$\text{flow}AB = -\frac{\mathrm{d}(\text{height}A)}{\mathrm{d}t}$$

沿着这个分支树的系统最终平衡状态,可以用新的标界值更精确地描述,当 $t = t_1(\text{b})$ 时,标界值为

$$\text{height}A = \langle A^{*}, \text{std} \rangle$$

$$\text{pressure}A = \langle P_A^{*}, \text{std} \rangle$$

$$\text{height}B = \langle B^{*}, \text{std} \rangle$$

$$\text{pressure}B = \langle P_B^{*}, \text{std} \rangle$$

$$P_{AB} = \langle 0, \text{std} \rangle$$

$$\text{flow}AB = \langle 0, \text{std} \rangle$$

新路标值和对应值只在它们自己树的分支中才有意义。

定性状态树的三条路径描述了系统三个可能的行为,每个定性描述图表示一个行为,所以我们用三个定性描述图来描述整个系统行为,如图 3.7 所示。其中图 3.7(a)显示了水槽 B 满之前,系统就已经平衡了;图 3.7(b)显示槽 A 空,槽 B 满时系统平衡了;图 3.7(c)显示了水槽 B 溢出的定性行为。

上例得出了系统所有可能的状态行为。但由于条件的不确定性存在,在一个复杂系统中 QSIM 的仿真结果中往往具有冗余的行为分支,不代表系统的真实行为。据此,我们有下面的命题:

命题 3.2　QSIM 算法是充分性但不完备性。

对命题 3.1 作如下说明,如果

$$F[u(t), u'(t), \cdots, u^{(n)}(t)] = 0 \tag{3.7}$$

是一个常微分方程,$u(t_0) = y_0, u'(t_0) = y_1, \cdots, u^{(n)}(t_0) = y_n$ 是方程的初始值,$u:[a,b] \rightarrow R$ 是满足上述初始值的方程(3.7)的解。设 C 是通过 Kuipers 方法从方程(3.7)导出的约束方程组,$QS(F, t_0)$ 是根据给定的初始值确定的系统初始定性状态,T 为由 QSIM 算法从 C 和 $QS(F, t_0)$ 产生的定性状态树,则 u 及从它导出的子函数必定满足 T 中的行为描述。所以,QSIM 算法保证产生系统所有的真实行为,即 QSIM 算法是充分的。

定性仿真可能产生多余的行为,这是由于定性模型里包含有系统的不完全知识所导致的。我们在建立系统的定性约束方程时,将实际系统进行了抽象,并且用 M^{+} 和 M^{-} 约束来描述系统的定性知识。由于 M^{+} 和 M^{-} 约束是一种弱的函数约束关系,从而导致了多余行为的产生。

例如在一个无阻尼的弹簧质量系统中,在建立定性模型时,将能量守恒定理抽象为 $M^{-}(X, A)$ 约束,它显然比能量守恒定理的限定条件宽松,所以满足 $M^{-}(X, A)$ 的行为并不一定满足能量守恒定理。既然定性仿真用于具有不完备知识系统的仿

真,定性模型中又包含有系统的不完全知识,那么仿真产生多余的行为是不可避免的。今后,定性仿真的研究重点之一将放在如何尽量减少这种实际系统中并不存在的虚假行为方面。

综上所述,QSIM 算法保证产生实际系统的所有真实行为,但也会产生实际系统中不可能发生的行为;如果 QSIM 产生唯一的行为,则这个行为是系统唯一的真实行为。总之,QSIM 算法是充分的,但是不完备的。

3.4　定性仿真的导数约束

在 Kuipers 的 QSIM 算法中,其预测结果包含了系统的所有与其 QDE 相容的行为,其中一部分是真实系统的行为,一部分是真实系统的潜在行为,另一部分是难以处理的行为分支,或者称为冗余行为分支。应用系统的已知知识对 QSIM 产生的预测行为分支进行精炼,可以删除系统的冗余行为分支,突出系统真实的行为分支,便于我们对系统进行分析和控制。1991 年,Kuipers 和 Chiu 在总结他们研究成果的基础上,介绍了两种克服变量摆动的方法:高阶导数约束(Higher-Order Derivative Constraints,HODC)和改变定性描述水平(changing level of description)。1994 年,Kuipers 和 Clancy 提出模型分解理论。1996 年,Kuipers 和 Clancy 又提出了两种处理摆动变量的方法:摆动箱分离(chatter box abstraction)和动态摆动分离(dynamic chatter abstraction)。除了高阶导数约束理论,其他几种理论的预测结果都降低了 QSIM 算法的描述能力,高阶导数约束理论在定性仿真中的理论和应用价值是其他方法所不能替代的。所以我们先简单介绍定性仿真中 Kuipers 的高阶导数约束理论。

由上节讨论可知,Kuipers 的定性仿真方法能够预测出由下列逻辑和表示的系统可能行为的集合:

$$\text{QDE} \wedge Q\text{state}(t_0) \text{ or } (B_1, B_2, \cdots, B_k)$$

上式的意思是:已知一个由定性微分方程 QDE 描述的系统以及该系统的初始状态 $Q\text{state}(t_0)$,QSIM 算法能够预测出系统的实际可能行为 $B_1, B_2, \cdots, B_k$ 中的一个或几个行为。然而实际情况是,定性仿真产生的行为集合中,一部分是代表了系统的真实可能性,而另一部分却是难以处理的行为分支树。产生这种难以处理的分支的重要原因,是缺乏对某些变量变化方向的约束,或者说,是由于缺少有关这些变量的高阶导数信息。这种信息的缺少导致某些变量发生摆动,即它们的行为不受连续性外的任何约束。于是,定性仿真必将在摆动变量的每一可能的量值和变化时间点上产生分叉,形成难以处理的分支树,最终带来一些无用的预测结果。

本节介绍应用高阶层数解决上述变量摆动问题的方法。

3.4.1 定性仿真中的高阶导数约束理论

假设变量 $v(t)$ 在 $t=t_i$ 达到某一临界点,于是有 $v'(t_i)=0$。由本章第二节中的定性状态转换(继承)规则可知,$v'(t_i)$ 在以后的均匀定性间隔 (t_i,t_{i+1}) 内可以为正、负或零,即变化方向 qdir(v) 可以是"inc""dec"或"std"。

如果 $v(t)$ 的导数没有直接或间接地受到约束,那么,图 3.8(a)所示的三种可能性都不能排除;然而,若确实知道 $v''(t)<0$,则如图 3.8(b)所示,上述三种可能性的两种可能被排除,导致在间隔 (t_i,t_{i+1}) 内定性状态的唯一一种描述。若 $v''(t_i)=v'(t_i)=0$,且 $v'''(t_i)>0$,那么,仅有一个相容的分支。可以看出,$v(t)$ 的三阶导数控制了定性传递。

为了表述方便,定义导数的简化表示方法如下:

$$\text{qdir}(v,t) = \text{sign}\left\{\frac{\mathrm{d}v(t)}{\mathrm{d}t}\right\}, \quad \text{sd2}(v,t) = \text{sign}\left\{\frac{\mathrm{d}^2 v(t)}{\mathrm{d}t^2}\right\}$$

$$\text{sdk}(v,t) = \text{sign}\left\{\frac{\mathrm{d}^k v(t)}{\mathrm{d}t^k}\right\}, \quad k = 2,3,\cdots$$

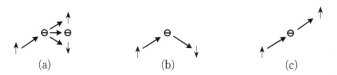

图 3.8　三个分支和一个分支的例子

(a) $v(t)$ 离开临界点 $v'(t_i)=0$ 有三个分支;

(b) 当已知 $v''(t_i)<0$ 时,三个分支中只有一个是相容的;

(c) 若 $v''(t_i)=v'(t_i)=0$,且 $v'''(t_i)>0$ 时,则只有一个分支相容

一般,利用高阶导数约束需要以下三个步骤:

(1) 从定性微分方程 QDE 中辨识出可能摆动的变量;

(2) 导出摆动变量的二阶或三阶表达式,并由此获得它们的符号;

(3) 利用高阶导数的符号去约束行为分支。

下面,我们将分别进行介绍。

1. 从定性微分方程 QDE 中辨别可能摆动的变量

定义 3.13　如果对于开区间 (t_i,t_j) 中的每一个时间 t,QDE 中的约束与任意定性值 qdir(v,t) 相容,那么,由定性时间 t_i 出发的 QDE 中的变量 $v(t)$ 是摆动的。

在定性仿真过程中,通过分析 QDE 的结构,可以得出哪些变量是可能摆动的。Kuipers 和 Chiu 给出了两条可能摆动变量的判据(1991):

判据 1　若变量 x 和 y 具有单调函数约束,则这两个变量要么都摆动,要么都不摆动。

判据 2　若变量 x 的导数 x' 能用显式在 QDE 中表达出来,且其系数不为零,则变量 x 不摆动。

Kuipers 给出了推荐候选摆动变量的算法,如下所示:

(1) 按照下列规则将 QDE 中的变量组合成等价类(equivalence classes):

$$\text{equiv}(x,y) \leftarrow M^+(x,y)$$

$$\text{equiv}(x,y) \leftarrow M^-(x,y)$$

我们可以利用这样的事实:在 QDE 中,其他的显式约束意味着是较弱的 M^+ 或 M^- 约束,例如:

$$\text{equiv}(x,y) \leftarrow \text{MINUS}(x,y)$$

$$\text{equiv}(y,z) \leftarrow \text{ADD}(x,y,z) \text{ 和 const}(x)$$

$$\text{equiv}(x,z) \leftarrow \text{ADD}(x,y,z) \text{ 和 const}(y)$$

$$\text{equiv}(x,y) \leftarrow \text{ADD}(x,y,z) \text{ 和 const}(z)$$

$$[\text{const}(\cdot) \text{ 表示变量为常数的一种约束}]$$

$$\text{equiv}(y,z) \leftarrow \text{MULT}(x,y,z) \text{ 和 const}(x)$$

$$\text{equiv}(x,z) \leftarrow \text{MULT}(x,y,z) \text{ 和 const}(y)$$

$$\text{equiv}(x,y) \leftarrow \text{MULT}(x,y,z) \text{ 和 const}(z)$$

$$\text{equiv}(w,z) \leftarrow \text{ADD}(x,y,z) \text{ 和 } M^+(w,x) \text{ 和 } M^+(w,y)$$

$$\text{equiv}(w,x) \leftarrow \text{ADD}(x,y,z) \text{ 和 } M^+(w,z) \text{ 和 } M^-(w,y)$$

(2) 如果 QDE 中包含有下列约束中的一个:

① x 是常数。

② 显式约束 $x' = \dfrac{\mathrm{d}x}{\mathrm{d}t}$。

则消去含有变量 x 的等价类。

(3) 在剩余的等价类中,变量可能摆动。

2. sd2(v,t) 和 sd3(v,t) 的推导

QDE 提供的一组代数和微分约束可用来求解 sd2(v,t)。实际上,求 sd2(v,t) 的显式,可借助有限的代数运算,或者搜索一个由"保持-等价"(equivalence-preserving)转换规则所产生的表达式空间而得到。

推导 sd2(v,t) 表达式的基本规则如下:

$$M^+(x,y) \quad \rightarrow \quad [\text{sd2}(x,t_i) = \text{sd2}(y,t_i)]$$

$$x = y + z \quad \rightarrow \quad [\text{sd2}(x,t_i) = \text{sd2}(y,t_i) + \text{sd2}(z,t_i)]$$

$$\text{const}(x) \quad \rightarrow \quad [\text{sd2}(x,t_i) = 0]$$

$$y = \frac{\mathrm{d}}{\mathrm{d}t}x \quad \rightarrow \quad [\text{sd2}(x,t_i) = \text{qdir}(y,t_i)]$$

$$\text{摆动变量}(x) \quad \rightarrow \quad [\text{qdir}(x,t_i) = 0]$$

推导 sd2(x) 表达式的算法:

```
(defparameter * transformation-rules *
```

$(((\mathrm{sd2}\ ?\ \mathrm{x})(\mathrm{M}+\ ?\ \mathrm{x}\ ?\ \mathrm{y})\to(\mathrm{sd2}\ ?\ \mathrm{y}))$

$((\mathrm{sd2}\ ?\ \mathrm{y})(\mathrm{M}+\ ?\ \mathrm{x}\ ?\ \mathrm{y})\to(\mathrm{sd2}\ ?\ \mathrm{x}))$

$((\mathrm{sd2}\ ?\ \mathrm{x})(\mathrm{M}-\ ?\ \mathrm{x}\ ?\ \mathrm{y})\to(-0\ (\mathrm{sd2}\ ?\ \mathrm{y})))$

$((\mathrm{sd2}\ ?\ \mathrm{y})(\mathrm{M}-\ ?\ \mathrm{x}\ ?\ \mathrm{y})\to(-0\ (\mathrm{sd2}\ ?\ \mathrm{x})))$

$((\mathrm{sd2}\ ?\ \mathrm{z})(\mathrm{add}\ ?\ \mathrm{x}\ ?\ \mathrm{y}\ ?\ \mathrm{z})\to(+(\mathrm{sd2}\ ?\ \mathrm{x})(\mathrm{sd2}\ ?\ \mathrm{y})))$

$((\mathrm{sd2}\ ?\ \mathrm{x})(\mathrm{add}\ ?\ \mathrm{x}\ ?\ \mathrm{y}\ ?\ \mathrm{z})\to(+(\mathrm{sd2}\ ?\ \mathrm{z})(\mathrm{sd2}\ ?\ \mathrm{y})))$

$((\mathrm{sd2}\ ?\ \mathrm{y})(\mathrm{add}\ ?\ \mathrm{x}\ ?\ \mathrm{y}\ ?\ \mathrm{z})\to(+(\mathrm{sd2}\ ?\ \mathrm{z})(\mathrm{sd2}\ ?\ \mathrm{x})))$

$((\mathrm{sd2}\ ?\ \mathrm{z})(\mathrm{mult}\ ?\ \mathrm{x}\ ?\ \mathrm{y}\ ?\ \mathrm{z})\to(+(\ast\ ?\ \mathrm{y}(\mathrm{sd2}\ ?\ \mathrm{x}))$

　　$(+(\ast\ ?\ \mathrm{x}(\mathrm{sd2}\ ?\ \mathrm{y}))$

　　　$(\ast\ 2(\ast(\mathrm{qdir?}\ \mathrm{x})(\mathrm{qdir?}\ \mathrm{y}))))))$

$((\mathrm{sd2}\ ?\ \mathrm{x})(\mathrm{mult}\ ?\ \mathrm{x}\ ?\ \mathrm{y}\ ?\ \mathrm{z})\to(-(/(\mathrm{sd2}\ ?\ \mathrm{z})\ ?\ \mathrm{y})$

　　$(-(\ast\ 2(\ast(\mathrm{qdir}\ ?\ \mathrm{z})(/(\mathrm{qdir}\ ?\ \mathrm{y})(\hat{\ }\ ?\ \mathrm{y}\ 2))))$

　　　$(-(\ast\ 2(\ast\ ?\ \mathrm{z}(/(\hat{\ }(\mathrm{qdir}\ ?\ \mathrm{y})2)(\hat{\ }?\ \mathrm{y}\ 3))))$

　　　　$(\ast\ ?\ \mathrm{z}(/(\mathrm{sd2}\ ?\ \mathrm{z})(\hat{\ }?\ \mathrm{y}\ 2))))))))$

$((\mathrm{sd2}\ ?\ \mathrm{y})(\mathrm{mult}\ ?\ \mathrm{x}\ ?\ \mathrm{y}\ ?\ \mathrm{z})\to(-(/(\mathrm{sd2}\ ?\ \mathrm{z})\ ?\ \mathrm{x})$

　　$(-(\ast\ 2(\ast(\mathrm{qdir}\ ?\ \mathrm{z})(/(\mathrm{qdir}\ ?\ \mathrm{x})(\hat{\ }\ ?\ \mathrm{x}\ 2))))$

　　　$(-(\ast\ 2(\ast\ ?\ \mathrm{z}(/(\hat{\ }(\mathrm{qdir}\ ?\ \mathrm{x})2)(\hat{\ }?\ \mathrm{x}\ 3))))$

　　　　$(\ast\ ?\ \mathrm{z}(/(\mathrm{sd2}\ ?\ \mathrm{z})(\hat{\ }?\ \mathrm{x}\ 2))))))))$

$((\mathrm{sd2}\ ?\ \mathrm{x})(\mathrm{minus}\ ?\ \mathrm{x}\ ?\ \mathrm{y})\to(-0(\mathrm{sd2}\ ?\ \mathrm{y})))$

$((\mathrm{sd2}\ ?\ \mathrm{y})(\mathrm{minus}\ ?\ \mathrm{x}\ ?\ \mathrm{y})\to(-0(\mathrm{sd2}\ ?\ \mathrm{x})))$

$((\mathrm{sd2}\ ?\ \mathrm{x})(\mathrm{d/dt}\ ?\ \mathrm{x}\ ?\ \mathrm{y})\to(\mathrm{qdir}\ ?\ \mathrm{y}))$

$((\mathrm{sd2}\ ?\ \mathrm{y})(\mathrm{independent}\ ?\ \mathrm{x})\to0)$

$((\mathrm{qdir}\ ?\ \mathrm{x})(\mathrm{chattering\text{-}variable}\ ?\ \mathrm{x})\to0)$

$))$

推导 $\mathrm{sd3}(v,t)$ 时,也可以构造一个类似于 $\mathrm{sd2}(v,t)$ 的转换表,但这将是非常复杂的,实际上也是没有必要的。因为只有当 $\mathrm{sd2}(v,t)=\mathrm{qdir}(x,t)=0$ 时,才需要 $\mathrm{sd3}(v,t)$。这时可以从已经导出并存储起来的 $\mathrm{sd2}(v,t)$ 的表达式来计算 $\mathrm{sd3}(v,t)$,即

$$\mathrm{sd3}(x,t)=\frac{\mathrm{d}}{\mathrm{d}t}\mathrm{sd2}(x,t) \tag{3.8}$$

3. 应用高阶导数约束精炼系统预测行为

在提出所有可能的定性状态转换的建议后,就可以运行 QSIM 算法。然后,再过滤掉那些与已有信息不相容的状态。如果仅过滤掉被证明是不相容的候选者,那么,对候选者集合的过滤是保守的。

只要每一个过滤都是保守的,QSIM 算法就能预测出所有的真实行为。在这种框架下,应用高阶导数约束滤掉某些定性状态序列,获得有用的仿真结果。需要指出的是,高阶导数约束实现的是一种全局过滤,它适用于围绕行为临界点的两个

不同时刻：

　　(1) 临界点正在生成的时刻(预过滤)；

　　(2) 后继状态正在生成的时刻(后过滤)。

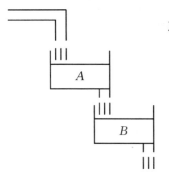

图 3.9　二级级联水箱

　　例 3.2　两个相级联的水槽由水槽 A 和 B 相级联构成的装置(图 3.9)是一个最简单的含有摆动变量的系统，其中：

inflow$A$——槽 A 的输入流量，简化表示为：in

height$A$——槽 A 的液面高度，简化表示为：A

outflow$A$——槽 A 的输出流量，简化表示为：$f(A)$

netflow$A$——槽 A 的净流量，简化表示为：A'

height$B$——槽 B 的液面高度，简化表示为：B

outflow$B$——槽 B 的输出流量，简化表示为：$g(B)$

netflow$B$——槽 B 的净流量，简化表示为：B'

系统的 QDE 为

$$A' = in - f(A), \quad B' = f(A) - g(B), \quad f, g \in M^+$$

　　(1) 辨识摆动变量

　　将此系统的 QDE 中的变量构成等价类，如果等价类中的任一变量有 QDE 中的显式导数，那么，在此等价类中没有一个变量摆动。变量的等价类为

$\{in\}$　　　　　　　　无摆动，因为输入流量 inflow$A$ 为常量

$\{A, f(A), A'\}$　　　　无摆动，因为 $A' = dA/dt$

$\{B, g(B)\}$　　　　　无摆动，因为 $B' = dB/dt$

$\{B'\}$　　　　　　　摆动

因此，水槽 B 的净流量 B' 摆动，所以需要应用 HOD 约束。

　　(2) 推导曲率约束

　　前面已指出，当 qdir$(B') = 0$ 时，我们只需用 sd2(B') 的值。而

$$\begin{aligned}
\mathrm{sd2}(B') &= \mathrm{sd2}[f(A)] - \mathrm{sd2}[g(B)] \\
&= \mathrm{sd2}(A) - \mathrm{sd2}(B) \\
&= \mathrm{qdir}(A') - \mathrm{qdir}(B') \\
&= \mathrm{qdir}(A')
\end{aligned}$$

因此，水槽 B 的净流量 B' 摆动，所以需要应用 HOD 约束。

　　(3) 应用曲率约束

　　采用二阶导数约束(曲率约束)，得到了唯一的预测行为(图 3.10)。

　　例 3.3　三槽相级联的情形：三槽 A、B 和 C 相级联的结构类似于两槽相级联的情况，但这时仅应用二阶导数不可能消除所有的冗余行为。

　　系统的 QDE 如下：

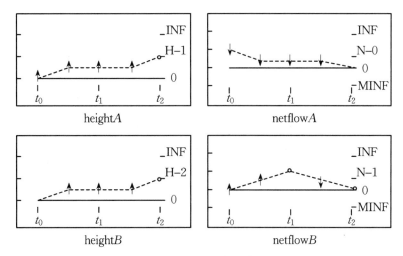

图 3.10　采用曲率约束下的唯一结果

$$\begin{cases} A' = in - f(A) \\ B' = f(A) - g(B) \\ C' = g(B) - h(C) \end{cases}$$

式中，$f,g,h \in M^+$。

（1）辨识摆动变量

变量的等价类为

$\{in\}$　　　　　　　无摆动，因为输入流量 inflow$A$ 为常量

$\{A,f(A),A'\}$　　　无摆动，因为 $A' = \mathrm{d}A/\mathrm{d}t$

$\{B,g(B)\}$　　　　　无摆动，因为 $B' = \mathrm{d}B/\mathrm{d}t$

$\{B'\}$　　　　　　　摆动

$\{C,h(C)\}$　　　　　无摆动，因为 $C' = \mathrm{d}C/\mathrm{d}t$

$\{C'\}$　　　　　　　摆动

因此，我们需要高阶导数 B' 和 C' 的表达式。

（2）导出和应用曲率约束

采用和两槽级联相同的方法，可以导出 sd2(B') 和 sd2(C')：

$$\mathrm{sd2(netflow}B) = \mathrm{qdir(netflow}A)$$

$$\mathrm{sd2(netflow}C) = \mathrm{qdir(netflow}B)$$

应用以上两个约束可消除许多分支，但仍然留下两个冗余行为（图 3.11）。

（3）计算 sd3 约束

对存储的表达式 sd2(netflow$C$,t) 微分，便得到 sd3(netflow$C$,t)：

$$\mathrm{sd3(netflow}C') = \frac{\mathrm{d}[\mathrm{sd2(netflow}C)]}{\mathrm{d}t} = \frac{\mathrm{d}[\mathrm{qdir(netflow}B)]}{\mathrm{d}t}$$

$$= \mathrm{sd2(netflow}B) = \mathrm{qdir(netflow}A)$$

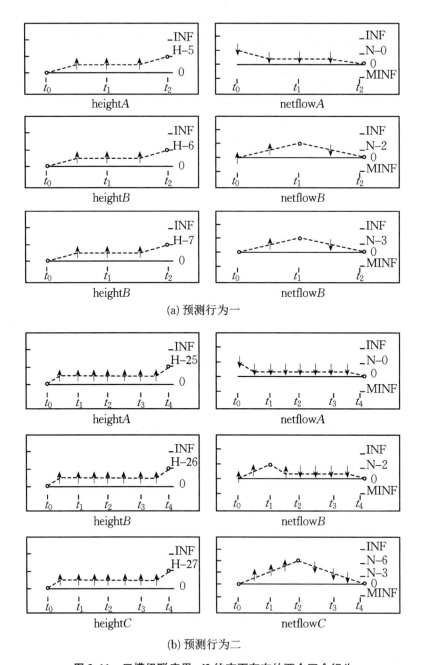

(a) 预测行为一

(b) 预测行为二

图 3.11　三槽级联应用 sd2 约束下存在的两个冗余行为

于是,通过过滤可以滤掉上述两个冗余行为。图 3.12 显示了采用 sd2 和 sd3 约束获得单一的预测行为。

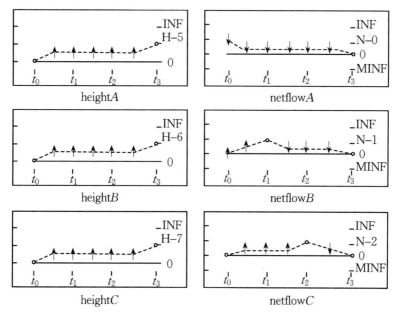

图 3.12 三槽级联应用 sd2 和 sd3 约束得到唯一的定性行为

3.4.2 高阶导数约束理论的改进

Kuipers 的高阶导数约束理论提出了一种精炼定性仿真中预测行为的可行方法,但是就其理论本身而言,存在着严重的理论缺陷,有待于进一步完善。

3.4.2.1 摆动变量判据的分析

下面我们来分析 Kuipers 的高阶导数约束理论中的摆动变量判定方法中的判据 2。

若 x' 的摆动不是发生在 0 附近,则 x' 摆动时,x' 的正负性不会发生变化,进而 x 不会摆动;但是当 x' 在 0 的附近摆动时,x' 的正负性将发生变化,从而 x 的变化方向也将随着 x' 的摆动而发生改变。所以变量 x 也是摆动的。特别地,变量 x 的摆动就是发生在 $x'=0$ 的地方,所以判据 2 仅当 x' 的摆动不发生在点 0 处时才是成立的,它的条件不是变量 x 不摆动的充分条件。

如果换一个角度,我们能更好地理解此判据的错误。若由变量 x 的导数 x' 有显式表达式 $x'=f(x)+g(y)$ 就可以判定变量 x 不摆动,则将此式两边再求一次导,可得

$$x'' = f'(x)x' + g'(y)y'$$

即 x' 的导数也可由显式表示,即 x' 也不摆动。这样下去,变量 x 的任意阶导数都不可能摆动。这显然是错误的。所以判据 2 不能用来判定变量是否摆动。然而,此判据是 Kuipers 的高阶导数约束理论(1991)及现行仿真理论用来判定变量摆动与否的根本依据,这就使仿真结果变得不可信。

造成第二条判据错误的根本原因是 x' 可能在 0 处摆动。因此我们若能判定 x' 在某区间内不变号,则无论 x' 是否有显式表示,我们均可判定变量 x 在区间内不会摆动。下面我们给出两种判定 x' 符号的方法:

① 根据 QDE 判定。

例如,在 QDE $x' = d + e^{f(x)}$ 中,其中 d 为正数,f 为非对数函数,则 $x' > 0$。

② 根据系统常识,结合 QDE,利用定性推理中的反证法,推导 x' 的符号约束,并将这种约束在 QDE 中扩散。

例如,我们有 QDE:

$$\begin{cases} x' = d - f(x), & f \in M^+ \\ y = x' + g(x), & g \in M^- \end{cases} \tag{3.9}$$

若根据系统知识,我们知道 $f(x) < d$,则有 $x' > 0$,从而由判据已知变量 x 不摆动,且上升,再由判据 1 知 x' 不摆动。同时注意到 $x'' = -f(x)x' < 0$,即 x' 单调下降,而 $g \in M^-$,则 $g(x)$ 也是单调下降的,两个单调下降函数求和之后也是单调下降的,所以 y 也是单调下降的。

综合上述分析,我们在判据 1 的基础上增加了两条判据,而得到三条判定系统变量摆动的判据:

判据 Ⅰ　若变量 x 和 y 具有单调函数约束,则这两个变量要么都摆动,要么都不摆动。

判据 Ⅱ　若变量 x 的导数 x' 在某区间内不变号,则变量 x 在此区间内不摆动。

判据 Ⅲ　若变量 x 的导数 x' 是单调的,则变量 x 不摆动。

3.4.2.2　摆动变量二、三阶导数的推导

在上节,推导 sd2(v,t) 和 sd3(v,t) 的理论基础是符号等式假设(sign-equality assumption)

$$\text{sd2}\{f(A)\} = \text{sd2}(A) \tag{3.10}$$

以及等式:

$$\text{sd2}(v,t) = \frac{\mathrm{d}}{\mathrm{d}t}\text{qdir}(v,t), \quad \text{sd3}(v,t) = \frac{\mathrm{d}}{\mathrm{d}t}\text{sd2}(v,t) \tag{3.11}$$

并且指出下列条件中的任一个被满足时,式(3.10)成立:

(1) 函数 $f \in M^+$ 是线性的;

(2) $\dfrac{\mathrm{d}A}{\mathrm{d}t} = 0$；

(3) $[A''(t)] = [f''(A)]$，这里 $[A] = \mathrm{sd}[A]$；

(4) $\left[\dfrac{\mathrm{d}^2 f}{\mathrm{d}t^2}\right] = -[f''(A)]$；

(5) $[A''(t)] = -[f''(A)]$ 和 $|f''(A)[A'(t)]2| < |f'(A)A''(t)|$。

在这五个条件中，第二个没有实际意义，因为当它成立时，A 为常数，进而 $f(A)$ 也是常数。其余四条中除第一条可能验证外，另外三条在定性论域中是难验证的。

A. C. Say(2002)构造了各种形态的水箱来说明符号等式假设不成立。其实从表达式的结构很容易看出这一点，$f''(A)$ 表示 f 与 A 的合成函数的凸性，A'' 表示变量 A 的凸性。一般来说，两者是不会相等的。例如：取

$$f(A) = \ln\ln A, \quad A = t(t > 1)$$

则

$$\frac{\mathrm{d}^2}{\mathrm{d}t^2} f(A) = -\frac{\ln t + 1}{(t\ln t)^2} < 0, \quad A'' = 0$$

然而，如果 f 是一个线性函数，我们有一般的结论：

命题 3.3　设 f 是线性函数，则对于任意的 $k \in \{1, 2, \cdots\}$，有

$$\mathrm{sd}k[f(A), t] = \begin{cases} \mathrm{sd}k(A, t), & f \in M^+ \\ -\mathrm{sd}k(A, t), & f \in M^- \end{cases} \tag{3.12}$$

证明　因为

$$\frac{\mathrm{d}^n}{\mathrm{d}t^n} f(A) = f^{(n)}(A)(A')n + f^{(n-1)}(A)g_1[A', \cdots, A^{(n-1)}] + \cdots$$
$$+ f''(A)g_{n-2}[A', \cdots, A^{(n-1)}] + f'(A)A^{(n)} \tag{3.13}$$

其中 $g_1, g_2, \cdots, g_{n-1}$ 为有理函数，$n \in \{1, 2, \cdots\}$。由于 f 是线性的，则

$$f^{(k)}(A) = 0, \quad k \in \{2, 3, \cdots, n\} \tag{3.14}$$

由式(3.13)和式(3.14)，我们有

$$\frac{\mathrm{d}^n}{\mathrm{d}t^n} f(A) = f'(A)A^{(n)} \tag{3.15}$$

注意到：

$$f' > 0 (f \in M^+), \quad f' < 0 (f \in M^-)$$

结合式(3.15)，即得式(3.12)。

命题 3.3 说明：f 是线性函数时，符号等式假设能在推导 $\mathrm{sd}2(v, t)$ 和 $\mathrm{sd}3(v, t)$ 的过程中被应用。

对于等式(3.11)，我们认为其意义不明确。因为 $\mathrm{sd}2(v, t)$ 和 $\mathrm{sd}3(v, t)$ 只是符号，不可能再对 t 求导，正确的表达式为 $\mathrm{sd}k[v^{(k-1)}, t](k = 2, 3, \cdots)$。但此式对推导 $\mathrm{sd}2(v, t)$ 和 $\mathrm{sd}3(v, t)$ 没有帮助。所以 Kuipers 的高阶导数约束理论中推导 $\mathrm{sd}2(v, t)$

和 sd3(v,t)没有合理的理论基础,相关结论均只对线性函数成立。

如果系统的 QDE 中的函数均为线性函数,则我们可用 Kuipers 的高阶导数约束理论去消除一些变量的摆动;若系统的 QDE 中的函数不全是线性函数,则上述理论不能使用。下面我们提出了应用定性推理结合系统常识来消除系统的部分行为分支的方法。具体方法我们通过下节内容来体现。

3.4.2.3 定性推理在消除变量摆动中的应用

在传统的定性仿真中,对于摆动变量的处理技术主要分两类:一类是高阶导数约束理论,另一类是降低描述程度。第二类方法使定性仿真的预测能力降低。而传统的高阶导数理论的应用范围主要是 QDE 中的函数为线性函数的模型,这极大地限制了定性仿真的应用范围。为了解决这个问题,我们将推导几个约束变量摆动的命题。

命题 3.4 已知 QDE 为 $x'=f(x)+d, f\in M, d=$const,若 $f(x)\geqslant-d$,且等号成立的点有限,则 x', x 单调,$f\in M^+$时,x', x 单调增加;$f\in M^-$时,x' 单调减少,x 单调增加。若 $f(x)<-d$,且等号成立的点有限,则 x', x 单调,$f\in M^+$时,x', x 单调减少;$f\in M^-$时,x' 单调增加,x 单调减少。

证明 因为 $f(x)\geqslant-d$,则 $x'=f(x)+d\geqslant0$,且等号成立的点有限。根据分析理论知道,变量 x 单调增加,而 f 是一个单调函数,所以 x 也是单调的,且 $f\in M^+$时,x 也单调增加;$f\in M^-$时,x' 单调减少。同理可证 $f(x)<-d$ 时的结论。

命题 3.5 已知 QDE 为 $x''=f(x)+d, f\in M, d=$const,若 $f(x)\geqslant-d$,且等号成立的点有限,则 x'', x', x 单调,x' 单调增加。若 $f(x)<-d$,且等号成立的点有限,则 x'', x', x 单调,x' 单调减少。

证明 因为 $f(x)\geqslant-d$,则 $x''=f(x)+d\geqslant0$,且等号成立的点有限,由分析理论知道,x' 单调增加,再根据判据 2,知变量 x 单调,进而知 x'' 单调。同理可证 $f(x)<-d$ 时,对应结论成立。

命题 3.6 已知 QDE 为 $y'=f(x)+g(x), f,g\in M$,记
$$A=\{t\,|\,f''(t)=+\infty\}, \quad B=\{t\,|\,g''(t)=+\infty\}$$
若 $f(x)\geqslant-g(x)$,且等号成立的点有限,则变量 y 单调增加。

(1) 若 $y'=f(x)+g(x)$,其中 $f,g\in M$ 是时间 t 的线性函数,则 y' 单调。

(2) 若 $y'=f(x)+g(x)$,其中 $f,g\in M$ 不是时间 t 的线性函数,如果 $y''(t_0)=0$,且对于 t_0,有 $t_0\notin A\cup B$ 和

$$\left.\frac{d^2}{dt^2}\{f(x)\}\right|_{t_0}\neq\left.\frac{d^2}{dt^2}\{-g(y)\}\right|_{t_0} \tag{3.16}$$

那么当变量 t 从 $(t_0-\varepsilon,t_0)$ 变化到 $(t_0,t_0+\varepsilon)$ 时(其中 ε 是一充分小的正数),qdir(y',t) 将改变符号。即若 qdir$(y',t)=+, t\in(t_0-\varepsilon,t_0)$,则当 $t\in(t_0,t_0+\varepsilon)$ 时,qdir$(y',t)=-$,反之亦然。

证明　因为 $f(x) \geqslant -g(x)$，且等号成立的点有限，则 $y' = f(x) + g(x) \geqslant 0$，且等号只在有限点成立，所以变量 y 单调增加。当 $y''(t_0) = 0$，而 $t_0 \notin A \bigcup B$ 时，函数 f, g 在 t 处有二阶导数，由 $y' = f(x) + g(x)$，知

$$y'' = f'(x)x' + g'(y)y' \tag{3.17}$$

设 $f'(x), x', g'(x)$ 和 y' 在 t_0 处的泰勒展开式分别为

$$f'(x) = a_0 + a_1(t - t_0) + o(t - t_0), \quad x' = b_0 + b_1(t - t_0) + o(t - t_0)$$

$$g'(y) = c_0 + c_1(t - t_0) + o(t - t_0), \quad y' = d_0 + d_1(t - t_0) + o(t - t_0)$$

$$\tag{3.18}$$

根据式(3.17)和式(3.18)，我们有

$$y'' = a_0 b_0 + c_0 d_0 + (a_0 b_1 + a_1 b_0 + c_0 d_1 + c_1 d_0)(t - t_0) + o(t - t_0) \tag{3.19}$$

由 $t = t_0$ 时，$y''(t_0) = 0$，知

$$a_0 b_0 + c_0 d_0 = 0$$

从而式(3.18)变为

$$y'' = (a_0 b_1 + a_1 b_0 + c_0 d_1 + c_1 d_0)(t - t_0) + o(t - t_0) \tag{3.20}$$

根据式(3.16)知，$a_0 b_1 + a_1 b_0 + c_0 d_1 + c_1 d_0$ 是一个非零常数。当 $t \in (t_0 - \varepsilon, t_0)$ 时，$t - t_0$ 为负；当 $t \in (t_0, t_0 + \varepsilon)$ 时，$t - t_0$ 为正。在 t_0 的充分小的邻域内，y'' 的符号取决于它的一次项，所以当变量 t 从 $(t_0 - \varepsilon, t_0)$ 变化到 $(t_0, t_0 + \varepsilon)$ 时，y'' 的符号将发生改变。故 $\mathrm{qdir}(y', t)$ 将改变符号。

3.4.2.4　条件不等式 $\dfrac{\mathrm{d}^2}{\mathrm{d}t^2}\{f(x)\}\Big|_{t_0} \neq \dfrac{\mathrm{d}^2}{\mathrm{d}t^2}\{-g(y)\}\Big|_{t_0}$ 的讨论

在一般情况下，两个不同函数的二阶导数在某一个特定点的值是不相等的，但不能排除在特殊情况下可能相等。下面我们就二级级联水箱情况讨论其成立的条件。

二级级联水箱是由两个水箱 A 和 B 相级联构成的装置，如图 3.12 所示。它是一个最简单的含有摆动变量的系统。其中

inflow$A$ ——水箱 A 的输入流量，简化表示为：in

amount$A$ ——水箱 A 的液体量，简化表示为：A

outflow$A$ ——水箱 A 的输出流量，简化表示为：$f(A)$

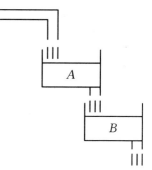

图 3.13　二级级联水箱

netflow$A$ ——水箱 A 的净流量，简化表示为：A'

amount$B$ ——水箱 B 的液体量，简化表示为：B

outflow$B$ ——水箱 B 的输出流量，简化表示为：$g(B)$

netflow$B$ ——水箱 B 的净流量，简化表示为：B'

系统的 QDE 为

$$A' = in - f(A)$$
$$B' = f(A) - g(B) \quad (f, g \in M^+) \tag{3.21}$$

下面,我们考虑不同水箱的函数形式。

对于单个水箱,由流体力学,我们有

$$outflow = out(amount) = K \sqrt{lev(amount)} \tag{3.22}$$

其中,K 是一个正常数,它与出水口横截面积、液体密度和重力加速度有关;$lev(amount)$ 是水箱中液体量和液面高度之间的函数,由水箱形状决定。

首先,很自然地有

$$lev(0) = 0$$

然后,由常理知,out'(即 $\dfrac{\mathrm{d}outflow}{\mathrm{d}level}$)是连续的,且大于 0,利用链式法则求导

$$\frac{\mathrm{d}outflow}{\mathrm{d}amount} = \frac{\mathrm{d}outflow}{\mathrm{d}level} \cdot \frac{\mathrm{d}level}{\mathrm{d}amount} > 0$$

由于 $\dfrac{\mathrm{d}outflow}{\mathrm{d}level} > 0$,则 $\dfrac{\mathrm{d}level}{\mathrm{d}amount}$(即 $level$)也是连续,且大于 0。因此,$lev \in M_0^+$。

$$amount = \rho \cdot volume(level) \tag{3.23}$$

其中,ρ 是液体的密度,$volume$ 为液体体积。

设 $CS(h)$ 是高度为 h 处水箱的横截面积,则

$$volume(level) = \int_0^{level} CS(h) \mathrm{d}h \tag{3.24}$$

$$CS(level) = \frac{1}{\rho} \cdot \frac{\mathrm{d}amount}{\mathrm{d}level}$$

$amount$ 和 $level$ 之间的 M_0^+ 约束意味着在水箱的整个高度内 $\dfrac{\mathrm{d}amount}{\mathrm{d}level}$ 是连续的。

由上式知,$CS(h)$ 是连续函数。又

$$in - outflow(amount) = \frac{\mathrm{d}}{\mathrm{d}t} amount \tag{3.25}$$

由式(3.22)~(3.25),我们便可根据不同水箱的 $CS(h)$,求出相应的 $amount(t)$ 和 $outflow(amount)$。例如:

(1) 柱形水箱(横截面积不变),即 $CS(h) = S(S > 0)$,则

$$amount = \rho \cdot \int_0^{level} S \mathrm{d}h = \rho \cdot S \cdot level$$

$$level = lev(amount) = \frac{amount}{\rho \cdot S}$$

$$outflow(amount) = K_1 \cdot \sqrt{amount} \tag{3.26}$$

(2) 设 $CS(h) = h + a, (a > 0)$,则

$$amount = \rho \cdot \int_0^{level} (h + a) \mathrm{d}h = \rho \left(\frac{1}{2} level^2 + a \cdot level \right)$$

$$level = lev(amount) = \sqrt{\frac{2amount}{\rho} + a^2} - a$$

$$outflow(amount) = K\left(\sqrt{\frac{2amount}{\rho} + a^2} - a\right)^{\frac{1}{2}} \tag{3.27}$$

(3) 设 $CS(h) = \dfrac{k}{\sqrt{h}}, (k>0)$, 则

$$amount = \rho \cdot \int_0^{level} \frac{k}{\sqrt{h}} \mathrm{d}h = 2\rho k \sqrt{level}$$

$$level = \left(\frac{amount}{2\rho k}\right)^2$$

$$outflow(amount) = K_1 amount \tag{3.28}$$

对于不同的水箱,其函数形式也是不同的。实际上,水箱的形式千变万化,函数形式也各不相同。这里我们举了几种水箱形式的例子来验证条件不等式的正确性。下面,我们将把这些水箱结构描述形式代入二级级联水箱中进行研究。

为书写方便,我们做如下标记:

$$A = amount_A, \quad f(A) = outflow(amount_A)$$

$$B = amount_B, \quad g(B) = outflow(amount_B)$$

对于二级级联水箱形式为 $CS_A(h) = \dfrac{k_1}{\sqrt{h}}, CS_B(h) = \dfrac{k_2}{\sqrt{h}}$ 时,

$$f(A) = K_1 A, \quad g(B) = K_2 B$$

由 $in - f(A) = in - K_1 A = A'$,得

$$A = Ce^{-K_1 \cdot t} + \frac{in}{K_1}$$

又 $A(0) = 0$,得

$$A = -\frac{in}{K_1} e^{-K_1 \cdot t} + \frac{in}{K_1} \tag{3.29}$$

$$f(A) = in - in \cdot e^{-K_1 \cdot t} \tag{3.30}$$

由

$$f(A) - g(B) = in - in \cdot e^{-K_1 \cdot t} - K_2 B = B'$$

求得

(1) $K_1 = K_2$ 时,有

$$B = Ce^{-K_2 \cdot t} - in \cdot e^{-K_2 \cdot t} \cdot t + \frac{in}{K_2}$$

又 $B(0) = 0$,得

$$B = -\frac{in}{K_2} e^{-K_2 \cdot t} - in \cdot e^{-K_2 \cdot t} \cdot t + \frac{in}{K_2} \tag{3.31}$$

$$g(B) = -in \cdot e^{-K_2 \cdot t} - K_2 in \cdot e^{-K_2 \cdot t} \cdot t + in \tag{3.32}$$

(2) $K_1 \neq K_2$ 时,有

$$B = Ce^{-K_2 \cdot t} - \frac{in}{K_2 - K_1} \cdot e^{-K_1 \cdot t} + \frac{in}{K_2}$$

又 $B(0) = 0$，得

$$B = \frac{K_1 in}{K_2(K_2 - K_1)} e^{-K_2 \cdot t} - \frac{in}{K_2 - K_1} \cdot e^{-K_1 \cdot t} + \frac{in}{K_2} \tag{3.33}$$

$$g(B) = \frac{K_1 in}{K_2 - K_1} e^{-K_2 \cdot t} - \frac{K_2 in}{K_2 - K_1} \cdot e^{-K_1 \cdot t} + in \tag{3.34}$$

至此，我们已推导出 $A, B, f(A)$ 和 $g(B)$ 关于时间 t 的表达式。接下来，我们将研究水箱中液体的变化趋势。

分别对 $f(A)$ 和 $g(B)$ 求关于时间 t 的二阶导数，得

$$\frac{d^2}{dt^2} f(A) = -K_1^2 in \cdot e^{-K_1 \cdot t} \tag{3.35}$$

$$\frac{d^2}{dt^2} g(B) = \begin{cases} -K_2^3 in \cdot e^{-K_2 \cdot t} \cdot t + K_2^2 in \cdot e^{-K_2 \cdot t}, & K_1 = K_2 \\ \dfrac{K_1 K_2^2 in}{K_2 - K_1} e^{-K_2 \cdot t} - \dfrac{K_1^2 K_2 in}{K_2 - K_1} e^{-K_1 \cdot t}, & K_1 \neq K_2 \end{cases} \tag{3.36}$$

可见

$$\frac{d^2}{dt^2} f(A) \bigg|_{t_1} \neq \frac{d^2}{dt^2} g(B) \bigg|_{t_1}$$

其中

$$t_1 = \begin{cases} \dfrac{1}{K_2}, & K_1 = K_2 \\ \dfrac{\ln K_2 - \ln K_1}{K_2 - K_1}, & K_1 \neq K_2 \end{cases}$$

为 $B'' = 0$ 的时刻。

由函数形式可知，A, B 单调上升，A' 单调下降；当 $t < t_1$ 时，B' 单调上升，根据命题 3.6 知，B' 在 t_1 之后将单调下降。而在 T 处系统达到新的平衡，所以 B' 下降至 0 后而不再上升。这一点我们可以通过其曲线看出，如图 3.14 所示[其中，(a) 取 $K_1 = 1, K_2 = 0.5$，(b) 取 $K_1 = 1 = K_2$]。

对于其他形式的二级级联水箱，我们很难通过解微分方程求出关于时间 t 的显式解。但是，我们可以通过 MATLAB 仿真得到函数曲线，如图 3.15 所示。其中，

(1) $f(A) = \sqrt{A}, g(B) = \sqrt{B}$；

(2) $f(A) = (\sqrt{2A+1} - 1)^{1/2}, g(B) = (\sqrt{2B+1} - 1)^{1/2}$；

(3) $f(A) = \sqrt{A}, g(B) = (\sqrt{2B+1} - 1)^{1/2}$；

(4) $f(A) = (\sqrt{2A+1} - 1)^{1/2}, g(B) = \sqrt{B}$。

由曲线我们可以看出，$f(A)$ 和 $g(B)$ 满足命题 3.5，即当 $B'' = 0$ 时，有

$$\frac{d^2}{dt^2} f(A) \neq \frac{d^2}{dt^2} g(B)$$

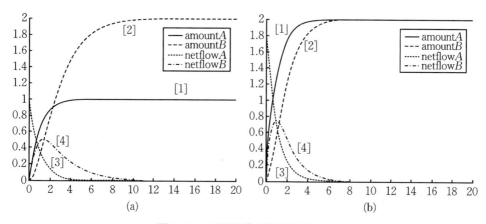

图 3.14 二级级联水箱的仿真(一)

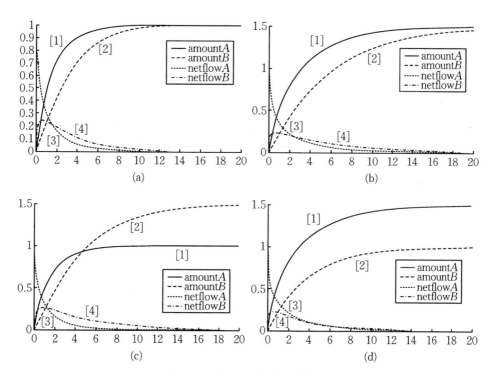

图 3.15 二级级联水箱的仿真(二)

因为,假设 $t=t_1$ 时,$B''=0$,若 $\dfrac{\mathrm{d}^2}{\mathrm{d}t^2}f(A)\bigg|_{t_1}=\dfrac{\mathrm{d}^2}{\mathrm{d}t^2}g(B)\bigg|_{t_1}$,则有

$$\frac{\mathrm{d}^2}{\mathrm{d}t^2}f(A)-\frac{\mathrm{d}^2}{\mathrm{d}t^2}g(B)=B''=0$$

那么,当 $t>t_1$ 时,仍有 $B''=0$,B' 值不变,这显然与曲线不符。

通过前面一系列的推导以及仿真,我们可以得出以下结论:

对于二级级联水箱系统,因为 $f(A),g(B)$ 与 A,B 的各自形状以及出水口的大小有关,并且 $A\neq B$,一般情况下,命题 3.6 中的不等式都能被满足。

3.5　改进约束理论的应用

在这一节,我们通过两级级联水箱和多级级联水箱的例子来说明前面一节的改进后的高阶导数约束理论在实际中的应用。

两个水箱相级联的系统是一含有摆动变量的最简单的系统之一,如图 3.12 所示,系统的 QDE 为

$$A' = in - f(A), \quad f \in M_0^+ \tag{3.37}$$

$$B' = f(A) - g(B), \quad g \in M_0^+ \tag{3.38}$$

首先,我们进行摆动变量的辨识。我们根据判据 I 将 QDE 中的变量分成摆动等价类,每一类中的变量要么摆动,要么不摆动。分类,得

$$\{in\} \quad \{A,f(A),A'\} \quad \{B,g(B)\} \quad \{B'\} \tag{3.39}$$

第一子类中的变量不是摆动的,因为 in 为常量,其余几个子类因无法辨别 A'、B' 和 B'' 是否不变号,故不能作出判定。下面我们利用定性推理的理论和系统常识来推导这些子类的摆动情况。根据系统常识,我们知道

$$in \geqslant f(A) \geqslant g(B), \quad t \in [0,T] \tag{3.40}$$

其中 T 为到达新平衡的时间,并且式(3.36)中的等号只有 $t=0$ 或 $t=T$ 时成立。所以当 $t\in(0,T)$ 时,我们有

$$in > f(A) > g(B) \tag{3.41}$$

由式(3.36)、(3.37)和(3.41)知,$A'>0,B'>0$。所以 A 和 B 不是摆动变量,进而第二、三子类中的变量也不是摆动的。最后,余下 B' 不能判定是否是不摆动的,可能是摆动变量。

下面我们应用上节中的高阶导数约束改进理论去消除变量的摆动。

由 QSIM 算法知,B' 在 t 和 T 处出现了 $B''=0$ 的情况。因为 $f(A),g(B)$ 与 A,B 的各自形状和出水口的大小有关,并且 $A\neq B$,在上节中我们对二级级联水箱系统进行了讨论,得出在一般情况下,不等式(3.16)能被满足。根据命题 3.6 知,B' 从 t_1 之后将单调下降。而在 T 处系统达到新的平衡,所以 B' 下降至 0 后不再上升(仿真结果如图 3.16 所示)。

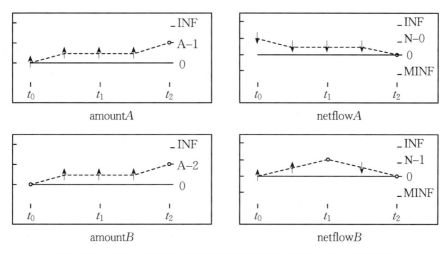

图 3.16 对于二级级联水箱应用二阶导数约束产生的唯一预测结果

3.6 行 为 抽 取

行为抽取是另一种解决不受约束的变量摆动问题的方法。这一方法的核心是改变定性描述的颗粒性,采用一种所谓"压缩描述"(collapsing descriptions),把无限大的可能行为集合压缩为单一行为的描述。

下面仍以两个水槽相级联的装置为例。我们知道,摆动变量 netflowB(t) 是另外两个变量的差:

$$\text{netflowB}(t) = \text{outflowA}(t) \text{-} \text{outflowB}(t)$$

而这两个变量都是随时间单调增加的。因此,netflowB(t) 的变化方向 qair[net-flowB(t)]仅受连续性的约束。对于这一特定模型,netflowB(t) 的行为细节由 inflowB(t)=outflowA(t) 和 outflowB(t) 的行为细节所决定。换句话说,是由以下约束:

$$\begin{cases} \text{outflowA}(t) = M^+[\text{heightA}(t)] \\ \text{outflowB}(t) = M^+[\text{heightB}(t)] \end{cases} \tag{3.42}$$

所描述的特定单调函数所决定。根据两个单调函数的相互关联情况,netflowB(t) 的实际行为可以任意上升和下降。因此,我们必须承认如下结论:难以处理的预测行为的分支树代表了一个无限大的真实可能性的集合。

然而,即使系统各个行为有本质上的不同,但是它们之间的差别对于问题的解决并无多大意义。在这种情况下,一种有效的办法是采用另一个描述层次,即把一个无限大的可能行为集合压缩为一个单一行为描述,并保持描述的正确性。

对于两槽相级联的情况,netflow$B(t)$是摆动变量,而各个行为之间的差别认为是 qdir(netflowB,t)的变化。如果我们引入一个单值 ign(即忽略变化方向)取代描述 netflow$B(t)$变化方向的"inc""dec"和"std"之间的差别,那么,无限大的难以处理的行为分支树会被压缩为一个单一的有限行为,如图 3.17 所示。比较图 3.10 和图 3.17,我们发现,后者这种描述捕捉到许多相同的定性特征,只不过图 3.17 代表了 netflow$B(t)$行为的一种更弱的描述。

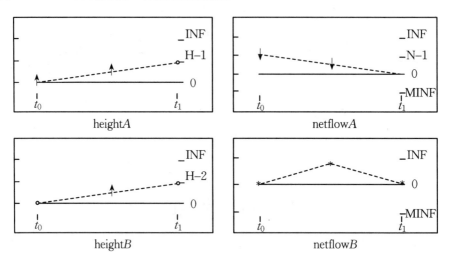

图 3.17　略去定性方向 qdir(netflowB,t)上的差别,得到两槽相级联装置的唯一行为

符号 ∗ 表示 ignore-qdir

从本质上看,这种"ignore-qdir"(忽略定性方向)描述意味着二元组⟨qval,qdir⟩描述的定性状态可仅用⟨qval⟩替代。需要指出的是,为了消除摆动,上述"ignore-qdir"描述必须用到以前所定义的等价类中的每一个变量。

为了说明在摆动时可能的定性传递,图 3.18 采用了在"0"处有单一路标值的

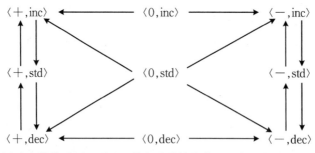

(a) 全定性传递图,适用于获得连续性约束,但允许有摆动行为

(b) 压缩后的传递图,忽略了变化方向,消除了摆动行为,但不能发觉断续变化

图 3.18　围绕路标值"0"的单个未约束定性变量的传递图

简化的量空间⟨＋,0,－⟩。借助于忽略 qdir 抽取行为的办法,把在⟨＋,inc⟩,⟨＋,std⟩和⟨＋,dec⟩中漫游的无限多个行为压缩为单一的定性描述⟨＋,ign⟩。

　　本节介绍的两种消除摆动的方法各有优缺点,但每一种方法都提出了定性推理方法的未来发展方向。究竟选用哪种方法,取决于对变量描述的详细程度。在复杂模型情况下,一种恰当的做法是,对某些变量求取高阶导数约束,而对另一些变量采用忽略 qdir 的方法。

第 4 章　定性定量仿真

实际物理系统的变化是非常复杂的,用来预测未来系统状态的以时间函数构成的方程和可分析解往往难以找到。对于给定系统结构和初始条件的模型,仿真决定了它在整个状态空间的轨迹。当系统结构的准确数据信息可以应用时,对系统仿真有许多数字仿真技术可以应用;当仅有一些模型的定性信息可以被应用时,一些有意义的文献研究了系统定性仿真的方法。在许多情况下,系统没有完全的数据信息,其数据信息只有部分可以被应用,传统的数字仿真技术不能应用,然而这提供了一种潜在的比纯粹的定性仿真技术的预测能力更强的预测可能性,即定性与定量集成的仿真技术。

4.1　定性仿真中存在的问题

定性仿真是对系统模型的抽象描述。它可以描述系统行为、验证系统功能、设置系统参数,是系统分析的有效手段。定性仿真已成功地应用于以下场合:

(1) 系统只有不完全知识,不能精确定义定量关系,无法给出准确的数字值;

(2) 用户对一类事物而不仅是一个实验感兴趣;

(3) 对原始数据进行更高层次的抽象,为决策层提供方便。

在许多工程应用中,系统行为的精确数字描述往往是不必要的,快捷方便的定性仿真就能够满足需要。但复杂系统的定性仿真会生成一个非常庞大的扩展解空间,这时系统行为的解释变得极其困难,定性仿真就失去了它的优势。系统可能达到非常多的状态,每个状态都有许多变量描述。这中间有许多状态反映的是系统可能性较小的行为,有的甚至是奇异行为。为解决这一问题,研究人员重新引入了定量知识来改进定性仿真,取得了可喜的成果,既可提高效率,又可优化结果。这就是本章讨论的定性和定量仿真的集成。

首先,定性与定量知识的集成提高了定性仿真的效率。由于定量知识的引入,定性仿真每一步由定性计算导致的模糊性大为减少,从而减少了许多不必要的仿真分支,节省了大量无谓的计算。其次,在定性模型中增加定量知识,可以构造不同层次的系统模型,形成智能系统,满足系统不同的应用需求。另外,在定性建模和仿真中增加定量知识,可以更精确地定义系统及其行为,这在诊断和预测中非常有用。

在定性定量仿真相集成方面,主要有两个研究方向:一是定性定量知识在微观上集成,就是用定量知识扩展定性描述,构造一种定性定量相集成的代数,如扩展路标值、量空间定义以及定量信息的传播等。该方向主要有两种方法,即区间化方法和模糊数学方法;二是定性定量知识在宏观上的集成,也就是定性模型与定量模型间的集成。此方向也有两种代表性的方法,一种以定性模型组织定量模型,另一种针对系统的不同部分分别建模,或者定性,或者定量。

D. Berleant 和 Kuipers 等人在研究定性和定量相集成的仿真方法方面做了大量的工作,先后推出了定性定量仿真器 Q_2 和 Q_3,在 Q_2 和 Q_3 中采用的最基本的定性定量知识集成的方法是:基于数值区间进行推理。

在许多情况下,系统是有可用的定量知识的,而且人们在进行推理时,也常常利用这些知识。例如,路标值的范围往往是一个较小的区间,而不是符号信息。基于数值区间的推理为定性定量知识集成提供了一种框架。定量信息在传播中可以进一步过滤奇异行为,减少定性路标值的取值区间。在基于以约束为中心的方法中,它进一步加强了量空间的描述。定量区间是可以在基本的约束中传播,在 Q_2 和 Q_3 中就是采用了这种方法。在定性方法与区间代数集成时,要求系统至少有两种定量信息可以利用:某些路标值的数值区间是可以知道的;对于单调约束,当已知某些路标值的数值区间时,可以得到它们的上下界关系,这里称为包络(envelops)。

当存在定量信息可以被应用时,仿真器 Q_3 通过结合定量推理与定性推理来改进纯粹的定性仿真理论。其主要结果在有效地删除系统行为分支和提供系统变量定性值的边界方面。一个重要的特征是在 Q_3 中定量信息是不完全的,它不要求系统变量的确切数字取值,其变量的量空间由一些有限的区间组成。

Q_3 建立在由 Q_2 生成的定性仿真行为树的基础之上。这种定性仿真行为树由一些约束系统变量的区间组成,应用这些区间能比纯粹的定性仿真更好地预测系统的行为和更有效地删除预测中产生的冗余行为分支。然而,Q_2 对于过大的推理区间进行推理时,效果是不理想的。

通过应用更成熟的方法拓展 Q_2 的简单的约束传播,如量格法、Q_3 和边界法等。然而应用这些成熟的方法时,一个关键的东西被保留下来,即在描述仿真行为的两个确切的时间点间的距离:步长。众所周知,在常微分方程的数字仿真中,步长是一个变量。在定量模型中,当步长较大时,传统的数字仿真的效果是很差的,并且其仿真效果随着步长的变小而变得越来越精确。仿真器 Q_3 的理论精髓是步长精炼法(Step Size Refinement,SSR)。应用步长精炼法,Berleant 和 Kuipers 等人对返回式火箭进行仿真获得成功。

在吸收了仿真器 Q_2 和 Q_3 的合理思想内核,结合定性定量系统辨识的理论,在灰色量空间的基础之上,一套新的定性定量相结合的仿真算法:灰色定性仿真,将在本章最后被介绍。下面我们阐述建立在优化 H-C 模型(见第 5 章)基础之上的定性定量系统辨识理论。

4.2　定性定量系统辨识

在传统的系统辨识理论中,系统辨识是根据黑箱的几个输入和输出数据开始的,其目的是构建系统的机械模型。这种方法一般分两步,第一步,结构辨识。在这步中包括通过系统的输入,观测其输出数据,进而决定系统的定性性质。其结果是系统模型的不精确的描述。第二步,参数辨识。在传统的系统辨识中,由第一步获得的系统模型是带有参数的常微分方程。在这步中通过对系统的输入输出数据的收集,分析其对模型的收敛性,再进行模型参数估计。

SQUID(Semi-Quantitative System Identification)是一种利用系统的观测值来对知识不完备的动态系统进行定性和半定量描述,进而精炼不精确系统模型的方法。一个不精确的模型实际上定义了一个模型空间,并且假设理想模型是在此模型空间中。当可以应用的新信息出现时,SQUID 通过删除与新信息不相容的部分模型空间来精炼模型空间。传统的系统辨识一次仅将模型空间中的一个模型与观测数据进行匹配,将模型空间看成是独立模型的集合;相反地,SQUID 是将模型空间看成一个模型集的集合(这些模型集由他们的轨迹的抽象性质联系在一起),匹配轨迹空间的抽象性质与观测值的对应特性。相对传统的原始数据匹配,我们称之为流匹配(trend matching)。

4.2.1　定性定量系统辨识概论

定性定量系统辨识(Qualitative-quantitative System Identification,QSID)是一种基于不精确的系统模型空间和受噪声污染的观测数据流的定性建模方法。在QSID 的基础上,H. Kay 和 Kuipers 于 2000 年提出了一种新的定性辨识方法:半定量系统辨识。这种方法在利用 H. Kay 和 L. Ungar 提出的单调函数包络(monotonic functions envelopes)观测数据流被分成定性单调区域的基础上,分别由神经网络构造各个单调区域数据流的包络而得到系统的模型空间;然后对模型空间进行精炼(refining),从而得到更为准确的模型空间。与以前的系统辨识方法相比,SQUID 具有下列优点:

(1) SQUID 是保守的(conservative)。因为它精炼掉的模型空间是可以证明不一致的部分。

（2）SQUID 能清楚地区分下列情形：

① 新的观测数据与模型一致，但没有新信息；

② 新的观测数据提供了新信息，并进一步缩小了现在的模型空间；

③ 新的观测数据提供了新信息，并可缩小现在的模型空间至空集，进而可删除相应的假设。

（3）SQUID 具有很强的不完全知识系统状态的表示能力。

SQUID 提供了一种可行的不完全知识系统辨识的方法，然而，遗憾的是该精炼模型的理论存在着错误，导致了模型空间的精炼结果的正确性得不到保证。如图 4.1 所示，H. Kay，R. Bernhard 和 K. Benjamin（2000）给出了对于任意的 $t \in (t_0, t_1)$，有

$$\max\left\{\frac{\bar{x}(t) - \underline{x}(t_2)}{t_2 - t}, 0\right\} < X' < \frac{\bar{x}(t_1) - \underline{x}(t)}{t_1 - t} \tag{4.1}$$

其中，$\bar{x}(t)$，$\underline{x}(t)$ 分别为 X 在时间区间内的上、下包络。

先考虑上界，注意到变量 X 的图像是一条曲线而非直线，则变量 X 从点 B 出发经过线段 AB 的左边区域后再进入右侧时，在点 B 附近的 X' 的值必然大于上述的上界（因为在 t_0 附近 X' 可以趋向无穷大），所以此上界不成立。再考虑下界，如图 4.1 所示，当 $t < t_1$，$\bar{X}(t) < \underline{X}(t_2)$ 时，有

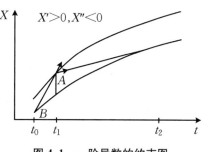

图 4.1　一阶导数的约束图

$$\frac{\bar{X}(t) - \underline{X}(t_2)}{t_2 - t} < 0$$

故下界恒为零。由于 $X' > 0$，所以此下界没有意义。

我们将在 SQUID 的基础上，以优化 H-C 模型为工具，借助于常见的离散序列算子来构造数据流单调区域的包络，并进一步进行模型空间的精炼研究。

4.2.2　基于优化 H-C 模型的定性定量系统辨识

传统系统辨识是通过结构辨识和参数估计将原始观测数据与一个系统模型相匹配，而基于优化 H-C 模型的定性定量系统辨识是根据相关数据流的轨迹特征将数据流与一个模型空间相匹配（图 4.2）。由于数据流的轨迹特征描述了一个模型集合，比严格的函数更简单，所以流匹配可以删除许多模型，也是比较简单的。

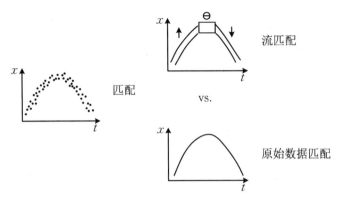

图 4.2　流匹配与原始数据匹配

基于优化 H-C 模型的定性定量系统辨识分三步：

第一步，借助于 H. Kay 的定性过滤原理，将观测数据流划分成单调区域；

第二步，应用优化 H-C 模型对各个单调区域的观测数据流建立其动态包络；

第三步，进行模型精炼。

下面我们将对每步的方法进行详细的阐述。

4.2.2.1　观测数据流单调区域的划分

为了能够顺利地辨识系统模型空间，我们作如下的假设

被辨识的 SQ(Semi-Quantitative)模型具有 SQDE(Semi-Quantitative Differential Equation)形式。

每个被测变量满足：

（1）测量信号能被看成一种"纯粹"的、被均值为 0 和确定方差的高斯噪声污染的信号；

（2）测量值是在足够快的频率下获得的，以致这种纯信号动态能被重构；

（3）噪声的方差是已知的。

形成观测变量的 SQ 流的方法是对观测数据流进行定性过滤，也就是将观测数据分成单调区域并插入极值点。每个区域被赋予一个符号（↑，↓或⊙），它们分别表示对应区域的 SQ 流是单调上升的（↑）、单调下降的（↓）或者单调性不确定（⊙）。

为了确定划分观测数据的单调区域，一种定性核函数被应用到一个确定宽度的窗口，通过这个窗口滑过观测数据流来计算在此窗口内的数据的最小二乘拟合的斜率，其计算公式为

$$\lambda_i = \frac{\sum\limits_{k=1}^{n_i} (t_k - \bar{t})(y_k - \bar{y})}{\sum\limits_{k=1}^{n_i} (t_k - \bar{t})^2} \tag{4.2}$$

其中,(t_k, y_k) 为第 i 窗口 w_i 内的第 k 个数据点,$\bar{t}, \bar{y}$ 分别为其平均值,n_i 为其数据数。

因为测量的数据流包含有噪声,直接应用由核函数产生的斜率来确定数据流的符号是不充分的,所以需要进一步考虑该斜率是否明确地不等于零,例如,它是否落入预先定义的置信区间内。为此定义第 i 窗口 w_i 内的数据的斜率的标准协方差为

$$\sigma = \frac{\sigma_i}{\sqrt{\sum_{k=1}^{n_i} (t_k - \bar{t})^2}}$$

$$\sigma_i = \sqrt{\frac{1}{n_i - 1} \sum_{k=1}^{n_i} (y_i - \bar{y})^2} \tag{4.3}$$

将 3.5σ 作为置信度为 99.9% 的置信界,如果

(1) $\lambda_i > 3.5\sigma$,则赋予第 i 窗口 w_i 内的数据斜率的符号为 ↑,记为 $k(w_i) = $ ↑;

(2) $\lambda_i < -3.5\sigma$,则赋予第 i 窗口 w_i 内的数据斜率的符号为 ↓,记为 $k(w_i) = $ ↓;

(3) $|\lambda_i| < 3.5\sigma$,则赋予第 i 窗口 w_i 内的数据斜率的符号为 ⊙,记为 $k(w_i) = $ ⊙。

注意到 $k(w_i)$ 描述的是第 i 窗口 w_i 内的所有数据的斜率,而不是某一点的斜率,所以要确定一个窗口的符号还需要将该窗口的核函数的符号与相邻窗口的核函数的符号进行比较。这有四种情况(图 4.3):

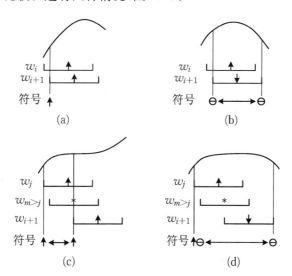

图 4.3　根据核函数的符号确定窗口的符号

(1) 如果 $k(w_i) = k(w_{i+1}) = $ ↑ 或 ↓,那么赋予第 $i+1$ 窗口 w_{i+1} 的符号为 $S(w_{i+1}) = k(w_{i+1})$,这是因为在第 $i+1$ 窗口 w_{i+1} 内不会出现极值。

(2) 如果 $k(w_i) = $ ↑ 且 $k(w_{i+1}) = $ ↓ [或 $k(w_i) = $ ↓ 且 $k(w_{i+1}) = $ ↑],因为在第 $i+1$ 窗口 w_{i+1} 内其斜率变号,所以其中一定存在一个极值点。

（3）如果 $k(w_{i+1})=\odot$，在第 $i+1$ 窗口 w_{i+1} 内可能包含极值点，不能赋予该窗口符号。

（4）如果 $k(w_i)=\odot$ 且 $k(w_{i+1})=\uparrow$ 或 $\downarrow$，设存在最后的赋予符号的数据窗口 w_j，$j<i$，则有两种可能的情况：

① 若 $S(w_j)=k(w_{i+1})$，则在第 j 窗口 w_j 和第 $i+1$ 窗口 w_{i+1} 之间没有明显的符号变化，认为它们具有相同的符号；

② 若 $S(w_j)\neq k(w_{i+1})$，则在第 j 窗口 w_j 和第 $i+1$ 窗口 w_{i+1} 之间存在一个极值。

定性过滤算法如下：

```
1    new(ubin);new(cbin)
2    i←1;sign(cbin)←*
3    while (i≤n−N+1) do
4       if (k(w_i)≠*) ∧ (sign(cbin)=*) then
5          sign(cbin)←k(w_i)
6       end if
7       if k(w_i)=* then
8          ubin←ubin+data(i)
9       else if k(w_i)=sign(cbin) then
10         cbin←cbin+ubin+data(i)
11         ubin←∅
12      else
13         output(cbin)
14         new(cbin);sign(cbin)←⊖
15         cbin←ubin+w_i
16         ubin←∅
17         output(cbin)
18         new(cbin);sign(cbin)←k(w_i)
19         i←i+(N−1)
20      end if
21      i←i+1
22   end
```

根据上述方法，可以对观测数据流进行定性过滤，将其化成各个单调区域和单调性未知的区域。在进行划分的过程中，开始可以选择较小的窗口宽度，再根据需要适应地扩大其宽度。在图 4.4 中，一个带有高斯噪声的观测数据流被分成了三个区域，分别是单调上升区间、不确定区域和单调下降区域。

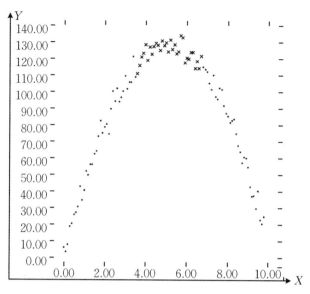

图 4.4 划分后的数据流

$y'' = -9.8, y(0) = 0, y'(0) = 50$ 加上了方差为 5 的高斯噪声

4.2.2.2 构建动态包络

定性划分决定了观测数据流的定性描述,下一步将决定数据流的定量描述,如事件(event)和动态包络(dynamic envelope)等。事件对应着 $\odot$ 区域,它表示变量在这个区域内的某一点达到极值。事件的宽度由区域的起点和终点决定,高度由该区域内数据的最大值和最小值决定。动态包络对应着两个极值区域间的单调区域,下面我们来阐述由优化 H-C 模型构造的变量动态包络理论。

利用优化 H-C 模型建立变量动态包络的步骤:

(1) 获取建模数据。在定性过滤的过程中,我们在过滤中增加一个功能,即在计算第 i 个窗口内数据的线性最小二乘拟合的斜率时,同时求得该窗口内数据的最大值和最小值,并记作

$$c_i = \min\{w_i\}, \quad d_i = \max\{w_i\}, \quad i = 1, 2, \cdots, m \qquad (4.4)$$

这样我们得到两个序列

$$X = (c_1, c_2, \cdots, c_m), \quad Y = (d_1, d_2, \cdots, d_m) \qquad (4.5)$$

(2) 数据优化。如果在一个单调区间内出现了 $c_i = c_{i+1} = \cdots = c_j$,或 $d_i = d_{i+1} = \cdots = d_j$,那么重新赋值给 c_k, d_k:

$$\begin{cases} c_k = c_{i-1} + \dfrac{c_j - c_{i-1}}{j - i + 1}(k - i + 1), & k = i, \cdots, j - 1 \\[2mm] d_k = d_{i-1} + \dfrac{d_j - d_{i-1}}{j - i + 1}(k - i + 1), & k = i, \cdots, j - 1 \end{cases} \qquad (4.6)$$

(3) 建立优化 H-C 模型。对第(1)、(2)步得到的数据进行分析,根据需要施加

合适序列算子使其满足建模要求,然后对各个单调区域上的数据分别建立其优化 H-C 模型:

$$M_i: \hat{x}_{ik} = b_i\left[e^{ka_i} - e^{(k-1)a_i}\right], \quad k = 1,\cdots,n_i, i = 1,2,\cdots \tag{4.7}$$

(4) 将模型 M_i 从 $[1,n_i]$ 映射到单调区间 $[h_i,g_i]$。作映射函数:

$$t = h_i - \frac{g_i - h_i}{n_i - 1} + \frac{g_i - h_i}{n_i - 1}x, \quad x \in [1,n_i], i = 1,2,\cdots \tag{4.8}$$

从而得到变量的动态包络:

$$M_i: \hat{x}_{it} = b_i\left[e^{u_i(t)} - e^{u_i(t-1)}\right], \quad t \in [h_i,g_i], i = 1,2,\cdots \tag{4.9}$$

其中

$$u_i = \left[\left(t - h_i + \frac{g_i - h_i}{n_i - 1}\right)(n_i - 1)a_i\right] \times (g_i - h_i)^{-1}, \quad i = 1,2,\cdots$$

根据以上步骤和常用序列算子,我们得到图 4.4 的两个单调区域的包络(图 4.5)。

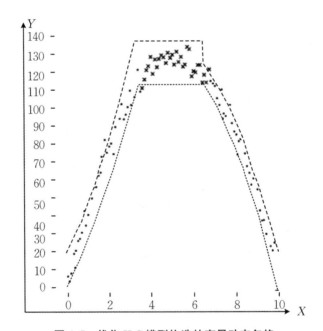

图 4.5   优化 H-C 模型构造的变量动态包络

完成数据流向 SQ 流的转化后,就可以映射 SQ 流到对应的 SQ 行为,这些 SQ 行为是通过 SQIM 从 SQDE 产生的。由于 SQ 流和 SQ 行为描述的是同一物理系统,所以我们期望 SQ 流的像能与 SQ 行为重叠,重叠部分表示两种描述一致的轨迹空间部分,通常它比由 SQ 行为确定的轨迹空间要小。

根据两种描述的一致性,定性描述必须是匹配的,这种匹配应满足 SQ 流的单调区间和 SQ 行为的变化方向一一对应。

同时事件映射确保了 SQ 流和 SQ 行为之间对应事件的一致性,这种一致性可以通过它们对应的边界进行检验。而动态包络的映射可以确保 SQ 流和 SQ 行为对应动态包络的一致性。

4.2.2.3　精炼模型

模型精炼是将轨迹空间映射回到产生它的模型空间,从而达到精炼空间的目的,这是因为此时轨迹空间的像一般要比原模型空间小。在这里,我们主要考虑通过变量动态模型的精炼来达到精炼变量不确定性的目的。

首先,我们考虑已知变量 X 的一阶和二阶导数的情形:不妨设 $X'>0, X''<0$。由优化 H-C 模型产生的动态包络具有确定的数学表达式,有利于包络的精炼。对于由优化 H-C 产生的包络,若它具有下列形式:

$$f(t) = b\big[\mathrm{e}^{g(t)} - \mathrm{e}^{g(t-1)}\big], \quad t \in [c,d] \tag{4.10}$$

那么我们有

$$\begin{cases} f'(t) = \dfrac{b(n-1)}{d-c}\big[\mathrm{e}^{g(t)} - \mathrm{e}^{g(t-1)}\big] > 0, \quad t \in [c,d] \\[3mm] f''(t) = \dfrac{b(n-1)^2}{(d-c)^2}\big[\mathrm{e}^{g(t)} - \mathrm{e}^{g(t-1)}\big] > 0, \quad t \in [c,d] \end{cases} \tag{4.11}$$

即包络函数均为单调增加的,且是上凹的。

下面我们对这种情形的包络进行精炼。

如图 4.6 所示,在区间 $[0,T]$ 内,自下包络的端点分别作上包络的切线切点,分别为 t_1, t_2,连接下包络的两端点线段与下包络围成区域 D,区域 D 是变量 X 的不可达区域。事实上,如果变量 X 从开始就进入区域 D,由 $X''<0$,即 X' 的值将越来越小,则 X 将不可能再与区域 D 的直线边界相交,最后只能与曲线边界相交而离开包络带;如果变量 X 超过 $(0,T)$ 区间进入区域 D,不妨设在点 t_0 与直线边界相交,则 $X'(t_0)$ 小于边界直线的斜率。

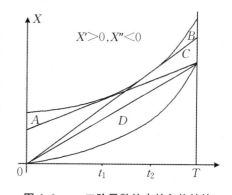

图 4.6　一、二阶导数约束的包络精炼

若 $X'(t)$ 是单调减小的,则 $X'(t) < X'(t_0), t \in (t_0, T)$ 成立,从而变量 X 也只可能与边界曲线相交而离开包络带。所以区域 D 是变量 X 的不可达区域,进而可以将其从包络带中划掉。同理,区域 A,B(如果它们存在)也可以从包络带中划掉,其中 t_1, t_2 是两条直线与上包络曲线相切的时间。对于 $X'<0, X''>0$,且 $f'(t)<0$,$f''(t)<0$ 的情形可类似处理。对于 $X'<0, X''<0$,且 $f'(t)<0, f''(t)<0$ 及 $X'>0$,$X''>0$,且 $f'(t)>0, f''(t)>0$ 的情形,优化 H-C 模型产生的包络已经与数据流的边界吻合很好,一般不需要再精炼,只在单调区域的始点和终点处存在对变量的一阶导数的约束,这种约束在下面的讨论中将会出现,这里不再单独叙述。图 4.5 中的包络被精炼后变成了图 4.7 中的形式。由图 4.7 可知,变量 X 的一阶导数在起点处的下限由 21 提高到 31.4。

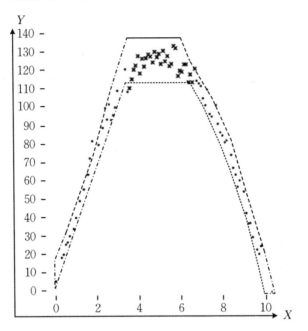

图 4.7　重力模型的仿真数据流在精炼后的轨迹空间

再考虑变量 X 的二阶导数符号未知的情况,由于定性过滤只能辨识变量 X 的单调性,而不能辨识 X' 的单调性。因此在一个单调区域内,X'' 的单调性是可能改变的。特别地,当图 4.6 中的区域 C 被区域 D 包含时,$X''<0$ 在整个单调区域上是不成立的。下面我们来考虑 X'' 在单调区域内变号时,变量动态包络的精炼。设 $X'>0,t\in[t_1,t_2]$ 且存在 $t^*\in(t_1,t_2)$,使 $X''=0$ 或 $+\infty$,而 $t\neq t^*$ 时,$X''\neq 0$ 或 $+\infty$。则出现两种情况:

(1) $X''>0,t\in(t_1,t^*)$ 且 $X''<0,t\in(t^*,t_2)$。设包络带的上、下界函数分别为 $f_1(t),f_2(t)$,则图 4.8 中的阴影区域可删除,且在点 t_1,t^* 有

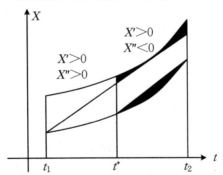

图 4.8　X'' 在单调区域内变号时,变量动态包络的精炼

$$X'(t_1) < \frac{f_2(t^*) - f_1(t)}{t^* - t_1}, \quad X'(t^*) > \max\left\{\frac{f_2(t_2) - f_1(t^*)}{t_2 - t^*}\right\} \quad (4.12)$$

（2）$X'' < 0, t \in (t_1, t^*)$ 且 $X'' > 0, t \in (t^*, t_2)$。可类似于（1）处理。

对于一个单调区域内变量有几个拐点的情形，可分段进行类似的精炼，这里不一一详细叙述。

由优化 H-C 模型构造的变量的动态包络具有明确的数学表达式，为包络的精炼提供了方便，且精炼后的包络仍具有数学表达式，这为进一步的研究提供了可能。由于在形成优化 H-C 模型时，可能使用了各种序列算子，所以最后的包络函数已不是纯粹的指数形式。它可能是一个多项式与一个指数表达式的积，也可能是一个常数与一个指数函数的差，从而其单调性和凹性都可能发生变化。总之，它们的形式是多样的，从而它们的适应性更强。对于不同的序列，我们可以选择不同的方式构造拟合函数，所以，以优化 H-C 模型为基础构造变量的动态包络为精炼系统模型提供了一种可行的方法，并为精炼模型的数学化提供了一种可能的理论基础，具有较好的发展空间。

4.3　定量信息在定性约束中的传播

在不同的定性行为约束中，定量信息的传播方法是不同的。下面主要介绍 Q_2 算法中的四种约束传播方法。

4.3.1　在算术约束中传播定量信息

数值区间表示的定量信息，在算术约束中的传播基于区间代数运算规则。例如约束 $A + B = C$ 或 $A = C - B$，知道 A 和 B 的区间值，就可以得到 C 的区间值。

下面给出区间数上的算术运算规则以及一个定量信息在加法中传播的例子。

$[a, b] + [c, d] = [a + c, b + d]$

$[a, b] - [c, d] = [a - d, b - c]$

$[a, b] \times [c, d] = [p, q], \quad p = \min\{ac, bc, ad, bd\}, \quad q = \max\{ac, bc, ad, bd\}$

$[a, b] \div [c, d] = [a, b] \times [1/d, 1/c], 0 \notin [c, d]$

$-[a, b] = [-b, -a]$

（1）设有一个 ADD（加）约束：$A = B - C$；

（2）它们在 t_l 时刻的路标值记为：$A(t_l) = B(t_l) - C(t_l)$；

（3）已知它们当前的取值区间：$[0.051, 0.146] = [1, 1.01] - [0, 9999]$；

（4）ADD 约束可以进一步减小它们的区间：$[0.051, 0.146] = [1, 1.01] - [0.854, 0.959]$。

4.3.2   在单调函数中传播定量信息

在定性建模中，用于描述不完全单调关系的重要函数是 $M^{\pm}$。$M^{\pm}$ 表示变量之间是单调增 M^{+} 和单调减 M^{-} 的关系。我们能从系统中获得单调函数的上下界信息，所以可以在单调函数中传播这种信息。图 4.9 给出了 $M^{+}(x, y)$ 的例子。

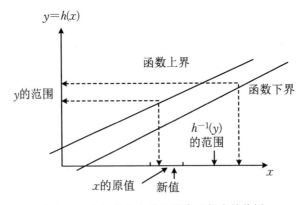

图 4.9   定量信息在单调约束函数中的传播

在图 4.9 中，x 的原值和函数 $y = h(x)$ 的上下界 $h^{-1}(y)$ 所隐含的区间相交，就得到了 x 的新值。从图上可以看出，x 取值区间的宽度明显缩小。

4.3.3   在微分运算中传播定量信息

在一个行为的两个状态间，也有定量信息的流动。这些信息的流动发生在微分约束 $\mathrm{d}/\mathrm{d}t$ 中。例如：

$$\frac{\mathrm{d}(\text{amount})}{\mathrm{d}t} = \text{flow}$$

通过观察相邻时间的积分、导数和时间值，就可以知道其中任意变量的值。对于微分约束，利用中值定理可以知道，存在 $t \in (t_1, t_2)$，有

$$y(t) = \frac{\mathrm{d}x(t)}{\mathrm{d}t} = \frac{x(t_2) - x(t_1)}{t_2 - t_1}$$

其中，$x(t_1)$ 和 $x(t_2)$ 是 x 在相邻时间点上的值。

　　定量信息可以对 $y(t)$，$x(t_1)$，$x(t_2)$，t_1 和 t_2 的值进一步约束，这样信息传播就可以在算术约束中进行。这种方法还可以计算状态和转换的持续时间。例如，可以重写上面的约束如下：

$$x(t_2) = x(t_1) + (t_2 - t_1) \times y(t_1)$$

或

$$\Delta t = \frac{x(t_2) - x(t_1)}{y(t)}$$

假设 $x(t_2) = [a, a]$，$x(t_1) = [b, a]$，$y(t_1) = [c, d]$，有

$$\Delta t = [t_3, t_4] = \frac{[a', b']}{[c, d]}$$

其中，$0 < a' < a - b$ 且 $0 < b' < a - b$ 且 $a' < b'$；a' 非常小，趋近于 0，b' 近似于 x 的区间宽度。当 $0 \notin [c, d]$ 时，有

$$\Delta t = [t_3, t_4] = \left[\min\left(\frac{a'}{c}, \frac{b'}{c}, \frac{a'}{d}, \frac{b'}{d}\right), \max\left(\frac{a'}{c}, \frac{b'}{c}, \frac{a'}{d}, \frac{b'}{d}\right) \right]$$

即

$$t_3 = \min\left(\frac{a'}{c}, \frac{b'}{c}, \frac{a'}{d}, \frac{b'}{d}\right)$$

$$t_4 = \max\left(\frac{a'}{c}, \frac{b'}{c}, \frac{a'}{d}, \frac{b'}{d}\right)$$

　　这里获得的时间信息可以改进系统的行为描述，还可以改进仿真的过滤算法。当两个状态变量 x 和 y 都可能要改变时，如果 x 的状态持续时间比 y 短，即 $\Delta t_x < \Delta t_y$，可以忽略 y 的变化而优先考虑 x 的变化。

4.3.4　在量空间中传播定量信息

　　在量空间中，利用关系运算符可以进一步传播定量信息。Simmons 曾提出一种量关系，见图 4.10。图中变量的数值区间或数值描述为节点，节点之间的关系是量的顺序关系。

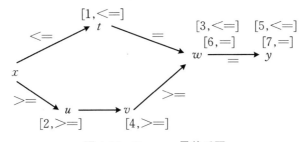

图 4.10　Simmons 量关系图

图 4.10 是一个用于推导 x 和 y 之间关系的量关系图。推理从 x 开始，经过若干中间节点，到第 6 步得出 $x \leqslant w$ 且 $x \geqslant w$，于是 $x = w$，结果 $x = y$。图中的边给出了已知两个量之间的关系，节点旁括号中的数字表示节点被访问的顺序，括号中的符号表示起始节点与本节点的关系。

量的关系运算可以把算术运算和关系运算结合起来。例如，在上图中增加一个节点 $x+1$，表示 $y = x+1$，下面是这些混合运算规则：

1. 关系运算

设 $\text{rel} \in \{<, \leqslant, >, \geqslant, \neq\}$，$x = [a, b]$，且 $a \leqslant b$，$y = [c, d]$，$c \leqslant d$。则

$$x \text{ rel } 0 \rightarrow (x+y) \text{ rel } y$$
$$y \text{ rel } 0 \rightarrow (x+y) \text{ rel } x$$
$$x \text{ rel } y \rightarrow (x-y) \text{ rel } 0$$

2. 关于常数的运算

设 $\text{rel} \in \{<, \leqslant, >, \geqslant, \neq\}$，$x = [a, b]$，且 $a \leqslant b$，$y = [c, d]$，$c \leqslant d$，$z \in R$。则

$$x \text{ rel } y \rightarrow (x+z) \text{ rel } (y+z)$$
$$x \text{ rel } y \rightarrow (x-z) \text{ rel } (y-z)$$
$$x \text{ rel } y \rightarrow (z-y) \text{ rel } (z-x)$$

这些规则构成了数值区间化的约束传播算法的基础。下面将详细讨论这个算法。

4.3.5 约束传播算法

约束传播算法对每个变量的取值不断地进行求精，直到这种求精过程无法再缩小任何一个区间值为止。在下面的过程中，我们假设 C 是变量集 $\{X\}$ 上的约束，L_i 是某个节点 x_i 的值。$\text{REFINE}(C, x_j)$ 是对 x_j 路标值集的求精，它通过检查约束 C 中 x_j 与其他变量的一致性来进行。算法的输入是估计的初始值，如果初始值与约束不一致，则返回一个空集。

设 L_i 是 x_i 当前的值，REVISE 过程对约束 C 中所有的变量 $x_1, x_2, \cdots, x_n$ 求精，并返回所有发生改变的变量的集合。过程 CONSTRAINTPROPAGATION 是约束传播过程，当某变量的值发生改变时，该过程把定量信息传播给与它相关的所有约束。

下面用一个例子来说明这种传播。设有两个约束 $a+b=c$ 和 $b \leqslant a$，分别称为约束 1 和约束 2，已知 $a \in [2, 8]$，$b \in [3, 9]$ 且 $c \in [1, 10]$。将约束 1 和约束 2 放入队列 K 中，先检查约束 1。

因为 $a \geqslant 2$，$b \geqslant 3$，所以由约束 1 可得 $c \geqslant 5$，则 $c \in [5, 10]$。

因为 $c \leqslant 10$，$b \geqslant 3$，所以由约束 1 可得 $a \leqslant 7$，则 $a \in [2, 7]$。

因为 a 和 c 的值都已经变化，a 又是约束 2 的变量，所以约束 2 被加入到队列 K 中。

从队列中取约束 2。

因为 $a \leqslant 7$，所以由约束 2 可以得到 $b \leqslant 7$，则 $b \in [3, 7]$。

因为 $b \geqslant 3$，所以由约束 2 可以得到 $a \geqslant 3$，则 $a \in [3, 7]$。

因为 a 和 b 的值都已经变化，所以约束 1 被加入到队列 K 中。

从队列中取约束 1。

因为 $a \geqslant 3, b \geqslant 3$，所以由约束 1 可得 $c > 16$，则 $c \in [6, 10]$。

虽然 c 已经变化，但 c 不属于其他约束，所以 K 变为空。于是，最后的结果是 $a \in [3, 7], b \in [3, 7], c \in [6, 10]$。

由这个例子可以看出，基于区间化的传播算法缩小了数值区间，明确了路标值的含义。定量的知识不仅改进了定性仿真的传播算法，减少了奇异行为，而且使我们能够更精确地描述系统的行为，增加定性描述的内容。

约束传播算法如下：

```
        Procedure REVISE(C(x₁,…,xₙ))
    Begin
        CHANGED←{};
        For each argumentxᵢ∈{X} do
            Begin
                L←REFINE(C,xᵢ);
                If L={}then stop
                else if L≠Lᵢ then
                    begin
                        Lᵢ←L;
                        Add xᵢ to CHANGED;
                    end
            end
        return CHANGED;
    end
        Procedure CONSTRAINTPROPAGATION
        Begin
            K←queue of all constraints;
            while K≠{}do
                begin
                    remove constraint from K;
                    CHANGED←REVISED(C);
```

```
        for each xi in CHANGED do
            for each constraint C′≠C which has xi in its domain do
            add C′ to K：

    end
end
```

4.3.6 固定迟滞问题离散化求解

在实际系统分析中,经常涉及系统的延时特性,即变量的值不仅依赖当前点的情况,还依赖某些变量在过去时间点的值。这些系统涉及延时、惯性和累计量,在生物医学中经常见到。例如考虑由兴奋性神经元 E、抑制性神经元 I 和星形胶质细胞 G 组成的模拟生物神经网络,E 的活性状态可以用如下的差分方程来表示:

$$\frac{\mathrm{d}E}{\mathrm{d}t} = -E(t) + a_1 f[b_1 G(t-\tau)] - a_2 f[b_2 I(t-\tau)] \qquad (4.13)$$

其中,$a_i, b_i (i=1,2)$ 是常数;$f(u)=\tanh(u)$;$E(t), G(t), I(t)$ 分别表示 E, G, I 在时刻 t 的活性状态。

在处理这类问题的时候,时间是需要加以考虑的关键信息。但是,以 Q_2 算法为代表的定性推理方法以时间区间为基础,不能对时间加以精确分析。

对固定迟滞问题,直观的方法是离散化处理,简化成处理在离散时间点上系统的状态,避免了连续时间上分析的困难。

下面证明存在一种离散化尺度 d,使得延迟时间 S 是 d 的整数倍,且利用定性仿真算法(QSIM)导出的可区分时间点 $(t_1, t_2, \cdots, t_n)$ 也在整数点上。为简单处理,考虑系统中只涉及一个延迟函数 $f(t-S)$ 的情况。

在系统中,用函数 g 代替 $f(t-S)$。先假定 g 与 f 无关,使用 QSIM 算法进行定性推理。

由 QSIM 算法的充分性可知,产生的结果中包含了原系统的解和引入 g 产生的虚假解。对结果进行 f 与 g 的匹配,就可以得到原系统的解。

对产生的结果仅考虑与 f, g 有关的内容,得到与 f, g 相关的定性状态序列如下,其中 $t_1, t_2, \cdots, t_n$ 为系统的可区分时间点。

$$QS(f,t_1), QS(f,t_1,t_2), \cdots, QS(f,t_n)$$
$$QS(g,t_1), QS(g,t_1,t_2), \cdots, QS(g,t_n)$$

不失一般性,考虑在 t_i, t_{i+1} 这一段的情况。令

$$a_1 = QS(g,t_i), \quad b_1 = QS(g,t_i,t_{i+1}), \quad c_1 = QS(g,t_{i+1}), \quad d_1 = QS(g,t_{i+1},t_{i+2})$$
$$a_2 = QS(f,t_i), \quad b_2 = QS(f,t_i,t_{i+1}), \quad c_2 = QS(f,t_{i+1}), \quad d_2 = QS(f,t_{i+1},t_{i+2})$$

当 $\tau < t_{i+1} - t_i$ 时,如图 4.11 所示。根据 f,g 之间的延迟关系和定性状态的性质(在相邻两个可区分时间点间,函数的定性状态为常量),容易得到

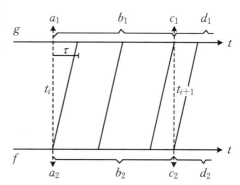

$$QS(g, t_i, t_{i+1}) = QS(f, t_i)$$

$$QS(g, t_i, t_{i+1}) = QS(f, t_i, t_{i+1})$$

$$QS(g, t_{i+1}) = QS(f, t_i, t_{i+1})$$

$$\cdots$$

从而得到

$$QS(f, t_i) = QS(f, t_i, t_{i+1})$$
$$= QS(f, t_{i+1})$$

图 4.11 $\tau < t_{i+1} - t_i$ 时的 f, g 关系图

当 $\tau > t_{i+1} - t_i$ 时,和情况 1 相似,将得到同样的结果。

当 $\tau = t_{i+1} - t_i$ 时,得到

$$QS(g, t_{i+1}) = QS(f, t_i)$$
$$QS(g, t_{i+1}, t_{i+2}) = QS(f, t_i, t_{i+1})$$

综合考虑以上三种情况并加以推广,可得到如下两条结论:

结论 1 如果对任意的 $t_i, t_j (t_1 \leqslant t_i, t_j \leqslant t_n)$,都有 $\tau \neq t_j - t_i$,则

$$QS(f, t_1) = QS(f, t_1, t_2) = \cdots = QS(f, t_n)$$

这是一个平凡解,而通常情况下,系统不可能表现为这种状态。

结论 2 f 的定性状态发生变化时,必然存在 $t_i, t_j (t_1 \leqslant t_i, t_j \leqslant t_n)$,满足 $\tau = t_j - t_i$。

由结论 2 可推出:如果针对各时间点 $(t_1, t_2, \cdots, t_n)$ 离散化系统,则离散化尺度 (d) 满足 $d \mid (t_j - t_i)$ 对任意 i, j 均成立。显然可得,$d \mid \tau$。

至此为止,构造了满足要求的离散化尺度 d。从而证明了固定迟滞问题的可离散化。

下面进行固定迟滞系统的离散化求解。

固定迟滞系统中,参数的定性状态除了和当前其他参数状态有关,还和某些参数的以前的状态(past states)有关。为了方便描述,进行以下定义:

定义 4.1 离散化后的固定迟滞系统的输出具有下列形式的功能变量集。

$$A_j(t), t \in T = \{t_1, t_2, \cdots, t_n\}, i = \{1, 2, \cdots, n\}, j = \{1, 2, \cdots, m\}$$

$$A_j(t_i) \in E_{ij}, E_{ij} = [\inf[A_j(t_i)], \sup[A_j(t_i)]]$$

定义 4.2 离散化后的固定迟滞系统的定性函数包括当前约束和过去约束。

当前约束:对于 $A_j(t_i)$,有 $A_j(t_i) = f[A_p(t_i)], 1 \leqslant p \leqslant n, p \neq j$

过去约束:对于 $A_j(t_i)$,有 $A_j(t_i) = f[A_p(t_q)], 1 \leqslant p \leqslant n, 0 \leqslant q \leqslant n-1$

即在时刻 t_i,一定的 A_j 是过去和当前的一些或全部的 A_p 在时刻 t_q 的函数。

定义 4.3 离散化后的固定迟滞系统的定性仿真模型是由当前约束和过去约束组成的定性差分方程。

与 Q_2 一样，$A_j(t_i)$ 的区间值可以在当前约束和过去约束中传播。

例如对已有规则 $A_1(t_i) = A_2(t_{i-1}) + 5$，若 $i = 2$ 且 $E_{21} = [10, 12]$，$E_{12} = [6, 90]$，则由约束传播后，有

$$E_{21} = [11, 12], \quad E_{12} = [6, 7]$$

经此定义的系统，可以将其视为一个分层的网络结构。

$$\text{层 0} \quad E_{01}, E_{02}, \cdots, E_{0m}$$
$$\text{层 1} \quad E_{11}, E_{12}, \cdots, E_{1m}$$
$$\cdots\cdots$$
$$\text{层 } n \quad E_{n1}, E_{n2}, \cdots, E_{nm}$$

各层的结点之间由当前约束连接，各层之间由过去约束连接。系统定性行为求解从层 0 开始，通过状态转换来增加新的层。在层内部和层与层之间传播区间值 E_{ij}。

系统的定性行为是随着时间 t_i 的渐进，初始时间段变量状态集 $\{E_{01}, E_{02}, \cdots, E_{0m}\}$ 不断演化的过程。具体的算法是：

(1) 循环次数，$i = 0$；

(2) 对每一个参数，由当前定性状态按约束决定状态转换；

(3) $i = i + 1$，约束传播并精炼定性状态集，并用新的状态集更新定性状态集；

(4) 满足以下条件时结束，否则转(2)循环。

系统达到平衡，即任意 j，$E_{ij} = E_{i,j-1}$；系统达到循环，即任意 i, j 和 $p \leqslant i - 1$，$E_{ij} = E_{pj}$；与模型表示相矛盾的状态出现或者达到指定循环次数。

离散化求解方法是在 Q_2 算法上的改进。增加过去约束，可以处理固定迟滞问题。同时，在进行区间传播时，要处理的变量数目有了很大程度的增加。

在离散化求解方法中处理时刻 k 时，由于有过去约束的存在，所以不能只考虑当前变量状态集 $\{E_{kj}\}$（$1 \leqslant j \leqslant m$），而需要在变量状态集 $\{E_{ij}\}$（$1 \leqslant i \leqslant k, 1 \leqslant j \leqslant m$）中进行区间传递。随着时间的增加，要处理的变量状态集 $\{E_{ij}\}$ 中元素的个数也相应增加。一般情况下，离散化求解方法的时间复杂度为相同规模 Q_2 算法的平方量级。

4.4　Q_3 仿真器和步长精炼法

在仿真器 Q_2 中，采用在基本约束中传播定量区间的方法来改进纯定性仿真算法的某些不足，但是它们的仿真结果仅包括定性行为发生重大变化的数个时间点，因此它所提供的定量推论结果远远不够。在 Q_2 的基础上，Kuipers 和 Berleant 又开发了一种新的定性-数字仿真器 Q_3。Q_3 使定性和定量知识的集成达到一个较高

的层次。它可以看作是加入了大量的定量信息的定性仿真,也可以看作是加入了大量的定性信息的数字仿真。Q_3 提供了一种创造和使用中间状态的方法,其作用有两个:通过减少仿真步长(step size)来提高数字仿真的质量;表示出以前无法表示的系统状态,使行为预测更加有效。

Q_3 仿真器的仿真方法的精髓是步长精炼法(step size refinement),该算法由六个步骤构成:

(1) 定性仿真:在给定系统的 QDE 和初始状态的前提下,采用 QSIM 定性仿真器或其他仿真器得出在定性时间点上的模型变量的值,推理出不同的定性行为。

(2) 传播定量信息:在各仿真状态中加入关于模型变量的定量信息,然后在仿真行为的各状态的其他模型变量中传播该信息。

(3) 设置间隙:在相邻状态的时间的定量值中找到一个间隙(gap)。例如,仿真的初始时间 $T_0=0$,下一个状态的时间区间为 $T_l=[305,+\infty)$。那么,T_0 和 T_1 之间就存在一个间隙,宽度为 305。

(4) 插入一个新状态:为了缩减仿真的平均步长,在已有的一对有间隙的相邻状态 S_1 和 S_2 之间插入一个新的状态 S_i,可以将 S_i 的时间值设置为间隙上的任何值。

(5) 提炼定量区间:利用 Q_2 中的 Waltz 过滤法来传播定量区间和设置新的约束网络。

(6) 循环:回到第(3)步,再设置一个间隙,重复执行下去,直至达到一个希望的精度。

下面我们用一个引力场中的返回式火箭的例子来验证 Q_3 仿真器的仿真能力。

建立火箭所受引力场的定性模型:

```
;A model of gravity that decreases with distance.
(define-QDE escape-velocity
(text"Gravity decreases with height as r″=-GM/r^2")
;Define model variables and their qualitative values.
(quantity-spaces
    (r          (0 sea-level inf    )"meters from Earth'S core"    )
    (r^2        (0 inf             )"distance squared"            )
    (h          (0 inf             )"meters above surface"        )
    (km         (0 inf             )"kilometers above surface"    )
    (surface    (0 s*              )"depth of Earth"              )
    (dr/dt      (minf 0 r* inf     )"velocity,m/s"                )
    (d2r/dt2    (minf 0 inf        )"accelaration,m/s^2"          )
    (G          (0 G*              )"Gravitational constant G"    )
```

```
(earth-M    (0  M*                )"Mass of Earth M"            )
(K          (0    K*              )"K(=G*M)"                    )
(—K         (—K*   0              )"—K"                         )
(=1000   (0 1000                  )"Thousand"                   ))
;The model defines these constraint templates.
(constraints
    ((mult km=1000 h              )                             )
    ((add surface h r             )(s*        sea. level     ) )
    ((mult r r r^2                )                             )
    ((mult G earth-M K            )(g*    m*    k*)             )
    ((minus k   —k                )(k*    —k*)                  )
    ((mult d²r/dt² r^2   —K        )                            )
    ((d/dt    r    dr/dt          )                             )
    ((d/dt dr/dt d²r/dt²          )                             )
    ((constant surface            )                             )
    ((constant G                  )                             )
    ((constant earth-M            )                             )
    ((constant k                  )                             )
    ((constant   —k               )                             )
    ((constant   =1000            )                          )))
```

根据标准的非线性二阶微分方程 $d^2r/dt^2 = -GM/r^2$,引力随着距离的增大而减小。

根据返回式火箭模型。给定初始速度 3000 m/s(小于逃逸速度,所以它要返回地球),同时给出关于地球的某些已知参数。设 T_1 是火箭升到最高点的时刻,T_2 是火箭返回后落地的时刻。仿真得出火箭在 T_1 时刻的高度和加速度,T_2 时刻的速度,结果见表 4.1 和图 4.12。

首先看一下 Q_2 仿真器的仿真结果(表 4.1,a 行)。注意到,仿真仅得出一些粗略的区间值。尽管定性地说 $T_2 - T_1 > 0$,然而由于 $\text{lowBound}(T_2) = 305 < \text{height-Bound}(T_1) = +\infty$,所以 T_1 和 T_2 之间无间隙。Q_2 仿真结果不能排除掉火箭升向无穷远的行为,实际上该行为是不可能的。

Q_3 仿真法是在 Q_2 的基础上进行可能的步长精炼(如果找不到间隙,首先要创造一个)。在每个行为中插入一个新的时间点 $t = 153$ 以后,仿真结果并没有多少改观(表 4.1,b 行),有些定性行为仍没有排除掉。然而插入两个时间点后(表 4.1,c 行),仅剩下火箭返回地球这一个定性行为,如图 4.12 所示。

表 4.1　返回式火箭在仿真精炼过程中的不同步骤

可变时间 阶段	加速度		速度		高度		时间	
	153	T_1	153	T_2	153	T_1	T_1	T_2
a. After Q_2		$[-9.83,$ $0)$		$(-\infty,0)$		$(0,+\infty)$	$[305,$ $+\infty)$	$[305,$ $+\infty)$
b. After 1 interp.	$[-9.16,$ $-8.55]$	$[-9.16,$ $0)$	$[1496,$ $1691]$	$(-\infty,0)$	$[229,$ $459]$	$[229,$ $+\infty)$	$[316,$ $+\infty)$	$[316,$ $+\infty)$
c. After 2 interp.	$[-9.16,$ $-8.55]$	$[-8.99,$ $0)$	$[1496,$ $1691]$	$(-\infty,0)$	$[229,$ $459]$	$[290,$ $+\infty)$	$[318,$ $+\infty)$	$[318,$ $+\infty)$
d. After TIP	$[-9.16,$ $-8.55]$	$[-8.99,$ $0)$	$[1496,$ $1691]$	$(-\infty,0)$	$[229,$ $459]$	$[290,$ $+\infty)$	$[318,$ $+\infty)$	$[489,$ $+\infty)$
e. After beh. split	$[-9.16,$ $-8.55]$	$[-8.99,$ $-0.00038]$	$[1496,$ $1691]$	$(-\infty,0)$	$[229,$ $459]$	$[290,$ $10206]$	$[318,$ $106]$	$[489,$ $+\infty)$
f. After 4 interp.	$[-8.99,$ $-8.96]$	$[-8.77,$ $-8.16]$	$[1535,$ $1635]$	$(-\infty,$ $-1129)]$	$[289,$ $405]$	$[373,$ $623]$	$[326,$ $351]$	$[489,$ $+\infty)$
g. After 6 interp.	$[-8.99,$ $-8.96]$	$[-8.73,$ $-9.19]$	$[1535,$ $1635]$	$[-11142,$ $-1147]$	$[289,$ $405]$	$[389,$ $607]$	$[327,$ $349]$	$[489,$ $1469]$
h. After 17 interp.	$[-8.91,$ $-8.76]$	$[-8.62,$ $-8.31]$	$[1558,$ $1608]$	$[-3993,$ $-2255]$	$[319,$ $377]$	$[432,$ $557]$	$[331,$ $344]$	$[610,$ $759]$

在确定火箭返回地球这一行为之后,为了得到关于数值边界的更精确的信息,需要在 T_1 和 T_2 之间创造一个间隙来进行步长精炼。首先须作出 lowBound(T_2) 增大和 height-Bound(T_1) 减小的推论。Q_3 采用的两种技术是 TIP 法和行为分裂法。

首先尝试 TIP 法,因为行为分裂法将在行为树中产生新的分支,从而使计算的复杂度大大提高。TIP 法假设 $T_2 \in [318,449]$,仿真采用 Waltz 过滤法,发现最后的结果导致不一致。既然推论出 $T_2 \notin [318,449]$,那么 $T_2 \in [449,+\infty)$,TIP 法继续尝试筛选出 $[449,469]$,……范围越来越小,直至推论出 $T_2 \in [489,+\infty)$(表 4.1,d 行)。注意,对于 T_1 来说,TIP 法尽管尝试筛出某一个子区间 $[x,+\infty)$,但是没有成功,因此 heightBound(T_1) 没有减小。故 T_1 和 T_2 之间仍没有间隙。

TIP 法失败后,尝试用行为分裂法。行为分裂指将一个行为"分裂"成两个定性相等,数值不等且独立表示的行为,再对每个行为进行处理。在该例中,$T_1 = [318,+\infty)$ 被分裂成两种情形:$[318,106]$ 和 $[106,+\infty)$。因为无限区间边界在定量推论中常得到无用的结果,所以在两种行为中传播 T_1 的新区间最终仅剩下 $[318,106]$ 行为(表 4.1,e 行)。

此时 T_1 和 T_2 之间仍无间隙,现在有三种选择:再次尝试 TIP 法;在 T_1 或 T_2 上进行行为分裂以产生间隙;继续时间步长精炼。TIP 法以前已尝试过,行为分裂法将产生更多的行为,故选择步长精炼。

当在 $[106,+\infty)$ 中加入两个新的时间点后,发现了不一致,所以,我们得出 T_1

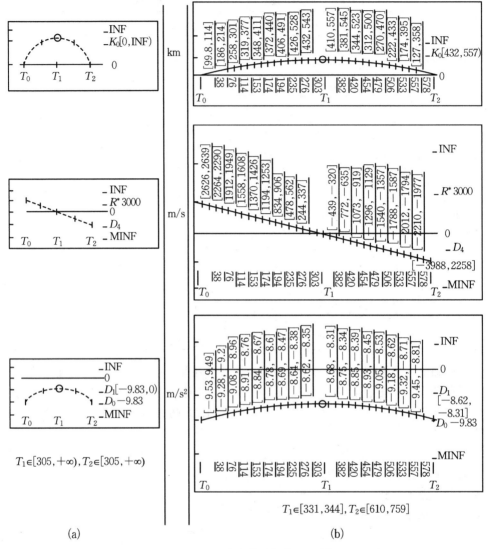

图 4.12　返回式火箭运行轨迹仿真图

火箭以 3000 m/s 的初始速度发射,小于逃逸速度

必在[318,106]中的结论(表 4.1,e 行)。

此时,我们可以继续用步长精炼法。在 T_1 和 T_2 之间再加入两个新的状态以后(总共 4 个),变化产生了(表 4.1,f 行)。现在 heightBound(T_1)<lowBound(T_2),T_1 和 T_2 之间有间隙。此时是最大间隙,将下一个时间点 $t=420$ 加入间隙中。随着插入时间点的增多,推论不断被改进(表 4.1,g 行)。

在使用者插入总共 17 个值以后,Q_3 算法结束,如图 4.12 所示。Q_3 算法的结束条件有两种:使用者加上运行时间约束或精度约束;机器运算出现死循环,无法再次优化结果。从表 4.1,h 行可以看出,仿真结果的区间值相当精确,可见 Q_3 的仿真能力非常强。

4.5　模糊定性仿真方法

定性描述的目的之一是寻求一种定性数学方法,能够从最小的系统信息量中推导出系统的重要结论。实际上,系统中总有一些定量的知识可以利用,这种定量的知识往往是模糊的。区间化的描述可以部分改善这种情况,但要求区间有明确的边界。当实际对象变量的取值边界是模糊的时候,区间化方法就不如模糊数学法方便。

模糊集合是处理物理系统复杂性的灵活有效的方法,其主要应用之一是解决常规方法不易解决的复杂性和模糊性。模糊集合处理的对象关系是介于属于和不属于之间的问题。

实际应用中,常有一些系统变量的属性是模糊的,它们的取值与相邻值之间的界线不明显,其隶属关系是可调整的。在某些情况下有现成的精确模型,但采用模糊集合可以减少复杂性,是一种可取的折中方式。

模糊数学可以更容易地描述物理系统的知识,它比区间化的描述更接近于人的直觉。因为在相邻的区间中,许多描述是没有明显分界的。例如,一个数值,往往很难主观判定是大还是小,这时候就需要一个共享的边界。

本节将介绍 Q. Shen 和 R. Leitch 的模糊定性仿真。这种方法为定性仿真提供了一种准定量描述,既集成了定量的知识,又解决了系统描述的不确定性问题。

4.5.1　模糊定性建模

定性建模中如何表达物理量是非常关键的。所有的定性仿真技术都用一个很小的符号集来描述定性值,这些定性值来自对物理量实际取值的抽象,该符号集常称为支持集(support set)。模糊定性值为系统变量的量值和导数值提供了一种准定量的扩展。模糊数是从正凸模糊数集合中选择的,是对变量取值范围进行有限划分得到的,有少许主观性。把系统每个变量所取的模糊值集合进行综合,得到的集合称为模糊量空间 Q_F,实数 0 属于 Q_F。

以一般形式定义的模糊量空间,运算上有许多困难。实际上,正凸模糊数的隶属函数可以用 4 元组参数 $[a,b,\alpha,\beta]$ 来近似,如图 4.13 所示,它被定义为

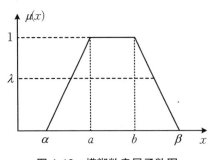

图 4.13　模糊数隶属函数图

$$\mu_A(x) = \begin{cases} 0, & x < \alpha \\ \dfrac{x-\alpha}{a-\alpha}, & \alpha \leqslant x < a \\ 1, & a \leqslant x < b \quad (4.14) \\ \dfrac{\beta-x}{\beta-b}, & b \leqslant x < \beta \\ 0, & x \geqslant \beta \end{cases}$$

采取这种描述构成模糊量空间,可以在集合与值之间构成一种联系。因为该描述对实数、实数区间、模糊数、模糊区间都适用,可以很自然地把定性分类描述和常规描述结合起来。例如 4 可以描述为实区间 $[4,4]$,也可以描述为 $[4,4,0,0]$;相似地,实数区间 $[3.8,4]$ 可以模糊表示为 $[3.8,4,0,0]$;模糊数"大约是 4"可以表示为 $[4,4,3,3]$。这样就不存在有精确的定性区别的路标值,即使路标值是不完全知道的,也可以考虑它的上界和下界,仍然可以用一个四元组表示。下面定义模糊集的偏序 $<_\alpha$:

定义 4.4　对于 $A,B \in Q_F,A \neq B$,如果对任意的 $a \in A_\alpha$,存在 $b \in B_\alpha$,使得 $a < b$,则称 A 为 α 小于 B,记为 $A <_\alpha B$,A_α 和 B_α 对应于 A 和 B 的 α-截。

模糊定性仿真和传统定性仿真相同,需要执行三种运算,即代数、导数和函数运算。采用模糊数的半定量描述提供了更多更灵活的手段,来获得函数依赖的强度与符号信息。这三种运算构成了模糊建模的基础。

模糊定性仿真也是一种以约束为中心的建模仿真方法,系统的定性模型可以由微分方程导出,也可以从系统的物理结构导出。系统变量的值由变量间的代数运算、微分运算和函数运算来限制。

我们把

$$Q(z) = f[Q(x),Q(y)], \quad Q(x),Q(y),Q(z) \in Q_F$$

称为系统变量 x,y,z 上的相关约束,x 和 y 称为约束变量,z 称为被约束变量。约束变量和被约束变量都从 Q_F 中取值,这些值分别为 $A(x),B(y),C(z)$。应该强调的是,在模糊定性仿真中,约束变量和被约束变量并没有必然的因果关系,只是用来确定变量在模糊量空间中的取值位置。

当 f 是一个代数运算时,Q_F 上的运算也就是模糊数集上的基本算术运算。正如前面所讨论的,为了减少计算的困难,用 4 元组表示模糊量空间的模糊数。在 4 元组模糊数中,偏序 $<_\alpha$ 定义为

定义 4.5　对于 $A,B \in Q_F,A \neq B$,称 A 为 α 小于 B,记为 $A <_\alpha B$,当且仅当 $a < b$,$a \in A_\alpha,b \in B_\alpha$,$A_\alpha$ 和 B_α 对应于 A 和 B 的 α-截。

需要指出的是,对于用不同的 4 元组模糊数构造的不同的模糊量空间,其基本运算法则是一样的。对于任何特定的模糊定性仿真,基本的代数系统是固定的,它不依赖于特定的量空间。

　　和其他的定性仿真一样,由于定性描述的模糊性,奇异行为仍然存在,所以在模糊定性仿真中,用近似原理可以选择最佳的后继状态。

　　在运用近似原理的时候,为了确定一个模糊数和量空间 Q_F 中的哪一项最接近,距离测量担负着重要的作用。设 Q_F 是一个量空间,Q'_F 是另一个量空间,Q'_F 是由 Q_F 中两个模糊数的运算结果组成,Q'_F 中的元素也是用 4 元组表示的模糊数,故而可以定义其距离。

　　定义 4.6　对于 $\forall A \in Q_F, A' \in Q'_F$,定义模糊数 A 和 A' 的距离为

$$d(A, A') = \frac{[Power(A) - Power(A')]^2 + [Center(A) - Center(A')]^2}{2}$$

$$(4.15)$$

其中,$Power(A) = (\alpha + \beta)/2, Center(A) = (a + b)/2$。

　　有了距离测量的方程,就可以选取最小的距离来确定从 A' 到 A 的近似。确定的过程中,为减少不必要的计算,首先检查 A' 与 A 是否相交。如果相交,则测量 A 与 A' 的距离;否则,A 与 A' 不可能近似。如果在 Q_F 中有与 A' 的距离最小的值,就把它作为计算结果的近似值。

　　近似原理使变量取可能性最大的结果,有效地减少了奇异行为,提高了仿真效率。有必要指出,由于这种近似,使仿真的正确性得不到充分保证,生成的仿真行为并不覆盖系统的正确行为。由于近似原理传播的是最为可能的信息,所以在这种情况下,首先产生的是最有可能的行为。若高一级的结果失败,最终产生所有正确行为,就保证了模糊仿真算法的正确性。

　　以一个简单的例子来说明这种情况。假设有三个变量 x、y 和 z,它们满足 $Q(z) = Q(x) + Q(y)$。假设这些变量有相同的数值区间 $[-1, 1]$,在模糊量空间 Q_F 中取值,Q_F 量空间是 $\{-large, -medium, -small, zero, small, medium, large\}$,如图 4.14 所示。定性值定义为 4 元组形式的正凸模糊数 $[a, b, \alpha, \beta]$,并且

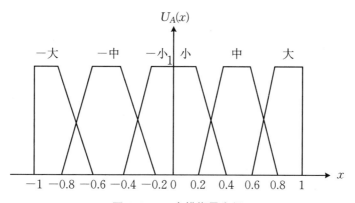

图 4.14　一个模糊量空间

$$zero = [0,0,0,0]$$
$$small = [0,0.2,0,0.2]$$
$$medium = [0.4,0.7,0.1,0.2]$$
$$large = [0.9,1,0.1,0]$$
$$-[a,b,\alpha,\beta] = [-b,-a,-\beta,-\alpha]$$

设开始时,约束变量 x,y 的值为 $Q(x)=small,Q(y)=large$,此时被约束变量 z 可取量空间 Q_F 中任何值。通过约束计算,得到

$$Q(z) = [0,0.2,0,0.2] + [0.9,1,0.1,0] = [0.9,1.2,0.1,0.2]$$

在 Q_F 中,检查和 $A'=[0.9,1.2,0.1,0.2]$ 相交的元素,可以得到

$$A'Q_F = \{[0.4,0.7,0.1,0.2],[0.9,1,0.1,0]\}$$

这意味着 $[0.4,0.7,0.1,0.2]$ 和 $[0.9,1,0.1,0]$ 都可能是 z 的值。传统方法不能决定 z 取什么值,用近似原理却可以区别这些相交值。实际上,A' 到 Q_F 中此二元素的距离 d 分别为 1 与 0.63。0.63 比 1 小,故认定 $[0.9,1.2,0.1,0.2]$ 是 $[0.9,1,0.1,0]$ 中的值,结果是

$$Q(z) = Q(x) + Q(y) = [0.9,1,0.1,0] = large$$

从以上结果可以看出,被约束变量 z 本来可以取 $medium$ 或 $large$,这与常识计算相同。对有序量信息进行推理时,可以通过检查定性值在给定代数约束中的一致性来获得结论。在上例中,如果 x 取的定性值是 $-small$,那么

$$Q(z) = -small + large = [0.7,1,0.3,0]$$

与以上求解过程类似,生成集合 $A'Q_F=\{small,medium,large\}$。这里 A' 和 $A(A \in Q_F)$ 距离 d 分别为 $1.53,0.6$ 和 0063,故得到 $-small+large=medium$。

这个例子说明,在扩展的量空间中,模糊性已大为减少。在该例中,若难以确定 0.6 和 0.63 之间有什么实质区别,可粗略认定 $-small+large$ 为 $medium$ 或 $large$,这与我们的直觉相符。

和其他动态仿真语言一样,在模糊定性仿真中,微分运算对于确定系统的暂态行为是极其重要的。它提供一种记忆操作,反映系统存储的能量。此处微分约束有如下形式:

$$Q(y) = \mathrm{DERIV}Q(x), \quad Q(x),Q(y) \in Q_F$$

我们以相同的形式表示定性的量值和定性的变化速率,微分约束反映出:y 的定性量值和 x 的定性变化速率一致。与别的约束一样,并不用微分约束去求解未知值,而是用它检查约束中给定值的一致性。

对量值和变化速率采用相同的描述,比只用符号信息的定性仿真系统有许多的优越性。在模糊定性模型中,导数约束可以取 Q_F 中预先定义好的值,因此可以描述变化速率的信息。在模糊定性仿真中,这种信息可用来推导状态的持续时间与可能的状态转换,进而可以建立有效的时序过滤技术。

目前的定性仿真技术把函数依赖建模成单调增和单调减,表示 y 的变化符号

和 x 的变化符号相同或相反。这种函数可以描述知识不完全的变量关系。但是，在许多应用中，它们实在是太弱了，除了使用对应值外，不能利用任何其他信息，无法对两个函数关系进行比较。模糊量空间的运用，可以把定性函数约束描述成模糊关系，可以在函数依赖中利用部分数值信息，因此，它比简单函数关系的描述能力更强。

约束变量和被约束变量之间的关系，可以描述为一系列的模糊规则。可以用这些模糊规则对定性关系进行近似推理。例如：如果压力出错信号是正大或正中，且压力出错信号的变化是负小，那么输入变化是负中。这里，正大、正中和负小是约束变量的定性值，负中是被约束变量的定性值。这条规则形式如下：

$$\text{if } x \text{ is } A_i, \text{and } y \text{ is } B_i, \text{then } z \text{ is } C_i, A_i, B_i, C_i \in Q_F \tag{4.16}$$

这是一个条件推理，可转化为模糊规则：

$$\mu_{Li}(x, y, z) = \min[\mu_{Ai}(x), \mu_{Bi}(y), \mu_{Ci}(z)]$$

如果有 n 个模糊规则，结果关系 L 就是这 n 个模糊关系的并集：

$$\mu_L(x, y, z) = \max\{\min[\mu_{Ai}(x), \mu_{Bi}(y), \mu_{Ci}(z)]\}, \quad i \in \{l, 2, \cdots, n\}$$

一般地，如果约束变量 x 和 y 分别取模糊值 A' 和 B'，则 z 的模糊值 C' 可用如下合成规则推导：

$$C' = (A' \times B') o L \quad \text{或} \quad \mu_{C'}(z) = \max\{\min[\mu_{A'}(x), \mu_{B'}(y), \mu_L(x, y, z)]\}$$

因为每个变量的取值空间是已知的，故和其他的定性仿真算法一样，规则不用来产生新值而是做函数一致性检查。这样有许多好处，可以使约束变量和被约束变量以准定量的方式进行映射，并且尽可能利用函数的有关知识。

考虑一个简单的双液面系统，两个液面在底部由一个小孔相连，如图 4.15 所示。孔的流速方程有以下的形式：

$$c = cd \times a \times \text{sqrt}(2gl_{12})$$

其中，cd 是孔的排放系数，a 是小孔的截面积，g 是重力加速度常数，l_{12} 是两个液面差，c 是槽 1 到槽 2 的流速。这个模型描述了 c 和 l_{12} 之间的非线性函数关系。因为 cd 是液面 l_{12} 与小孔的形状和长度的函数，很难精确测量，所以很难获得这个方程的精确数值描述，特别是在工业环境中。因此，需要对这个部分进行定性建模。通过对小孔的测试，得到一些特征曲线，如图 4.16 所示。

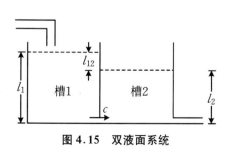

图 4.15　双液面系统

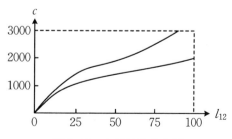

图 4.16　小孔的特征曲线

　　在传统的定性仿真如 QSIM 中,孔的特征方程和实验曲线是用单调增函数来反映的,如 $M^+(c, l_{12})$。或者,描述为 $\text{sign}(\text{d}c/\text{d}t) = \text{sign}(\text{d}l_{12}/\text{d}t)$,并有对应值 $(0,0)$。相关的部分模糊定性值如图 4.17 所示。

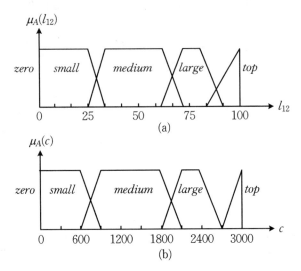

图 4.17　l_{12} 和 c 之间的部分模糊定性值

　　如果用模糊约束描述 c 和 l_{12} 之间的函数关系,则有以下规则:

if l_{12} is zero then c is zero

if l_{12} is medium then c is medium or large

if l_{12} is large then c is large or top

这些规则可以进一步表述为模糊关系。本例子中模糊关系表示成二元矩阵,形式如下:

　　在模糊定性仿真中,我们用这种矩阵来删除不可能的定性值组合。

　　用这种方法,模糊定性仿真极大地扩展了普通定性函数约束 M^+, M^- 的能力。在 Q_2 算法中,Kuipers 和 Berleant 用上下界的方法试图达到同样的目的,然而 Q_2 只能处理二元函数关系,而模糊定性仿真却可以描述多元关系。

　　以模糊量空间和模糊建模为基础,下面介绍模糊仿真算法。

4.5.2　模糊仿真算法

　　在模糊仿真算法中,假设系统变量是时间的连续可微函数。基于这种假设,算法以一组系统参数、参数间的约束和参数的初始值为出发点,产生一棵状态树,树上任一条路经称为系统的可能行为。这一点和 QSIM 很相似,但模糊仿真算法可以大大减少奇异行为的数量,还可以生成关于系统行为的时间序列,从而估计出系统在某一状态停留的时间以及何时定性状态发生转换。

4.5.2.1 状态描述

模糊量空间是所有系统变量定性取值的空间,用于定义变量在某一给定时间点或时间间隔上的定性值。

系统变量 x 在一段时间 ΔT_P 内的模糊定性状态 $QS(x, \Delta T_P)$ 是一个二元组 $\langle A, B \rangle, A, B \in Q_F$。其中,$A$ 是模糊量值,B 是模糊变化速率,ΔT_P 称为 x 在该定性状态的持续时间。持续时间由状态的定性量值及其变化速率的范围确定。变化速率 B 从 Q_F 中而不是 $\{-\infty, 0, +\infty\}$ 中取值,所以 B 具有时序信息,从而可以计算它在时间上的变化。在下面的公式中,$W(A)$ 表示模糊数 A_α 的宽度,B_α 表示 B 的 α 截。

(1) 如果 $0 \notin B_\alpha$,那么

$$\Delta T_P \in \alpha [W(A) / |B|]_\alpha$$

这里

$$|B| = \begin{cases} B, & B >_\alpha 0 \\ -B, & B <_\alpha 0 \end{cases}$$

(2) 如果 $0 \in B_\alpha$,那么 ΔT_P 没有定义,可以是任意长度。

α 截用来测量模糊数的宽度,$A = [p_1, p_2, p_3, p_4]$ 的 α 截 A_α 为 $[(1-\alpha)p_3 + \alpha p_1, \alpha p_2 + (1-\alpha)p_4, 0, 0]$,也就是区间 $[(1-\alpha)p_3 + \alpha p_1, \alpha p_2 + (1-\alpha)p_4]$。于是,有

$$W(A) = \text{length}(A_\alpha) = \alpha(p_2 - p_1) + (1-\alpha)(p_4 - p_3)$$

对于特定的仿真过程,α 截是常数,第(1)条中的系数 α 可以省略,这条规则可以简化为

如果 $0 \notin B_\alpha$,那么

$$\Delta T_P \in \frac{\alpha(p_2 - p_1) + (1-\alpha)(p_4 - p_3)}{|B_\alpha|} \tag{4.17}$$

如果 $B = [q_1, q_2, q_3, q_4]$,那么 $|B|_\alpha$ 定义为

$$|B|_\alpha = \begin{cases} [(1-\alpha)q_3 + \alpha q_1, \alpha q_2 + (1-\alpha)q_4], & B >_\alpha 0 \\ [-(\alpha q_2 + (1-\alpha)q_4), -((1-\alpha)q_3 + \alpha q_1)], & B <_\alpha 0 \end{cases}$$

设有量空间 $Q_F = \{zero, small, medium, large\}$,其中 $zero = 0, small = [0.1, 0.2, 0.1, 0.15], medium = [0.4, 0.7, 0.1, 0.1], large = [0.85, 1, 0.15, 0]$。

选择 $\alpha = 0.5$,已知 x 的状态是 $\langle small, medium \rangle$,$y$ 的状态是 $\langle medium, zero \rangle$,那么 x 在该状态的持续时间为

$$\left[\frac{W(small)}{medium} \right]_\alpha = \frac{0.25}{[0.35, 0.75]} = [0.33, 0.71]$$

因为 y 的变化速率是 $zero$,所以它将一直停留在这个状态,直到相关的约束强迫它变化。

由这种方法得到的持续时间是描述参数在某一状态可能持续的时间。即使参数的初始值是一个不确定的值，只要它与一个定性状态的定性值一致，这种方法就至少能估计出描述参数在此状态的最长停留时间。这是模糊定性仿真的优点之一。

4.5.2.2　状态转换

状态转换是指系统参数变量 x 从状态 $QS(x,\Delta TP_1)=\langle A_1,B_1\rangle$ 变化到 $QS(x,\Delta TP_2)=\langle A_2,B_2\rangle,A_1,A_2,B_1,B_2\in Q_F$。在模糊定性仿真中，有四种可能的转换：

(1) $A_1=A_2,B_1=B_2,N$ 转换；

(2) $A_1\neq A_2,B_1=B_2,M$ 转换；

(3) $A_1=A_2,B_1\neq B_2,R$ 转换；

(4) $A_1\neq A_2,B_1\neq B_2,MR$ 转换。

假设系统变量连续可微，故而 x 从 $QS(x,\Delta TP_1)$ 到 $QS(x,\Delta TP_2)$ 的转换可描述为一组规则，与其他定性仿真一样，称之为可能的状态转换规则，规则中 $<_a$ 是偏序。

先引入 a 相邻的概念。在特定的模糊集中，当且仅当该模糊集中不存在值 C 满足：如果 $A<_aB,A<_aC<_aB$，称 A 和 B 是 a 相邻定性值。

下面给出可能的转换规则，从中值定理和极值定理推导而得，其中，A_1 和 A_2、B_1 和 B_2 都是 a 相邻的。

(1) if $B_1>_a0(B_1<_a0)$, then

　　if $A_1\in R$ then $A_2>_aA_1(A_2<_aA_1)$

　　else $A_2\geqslant_aA_1(A_2\leqslant_aA_1)$

(2) if $B_1=0$ then

　　if $A_1\in R$ then

　　　if $A_2>_aA_1(A_2<_aA_1$,or $A_2=A_1)$ then

　　　$B_2>_a0(B_2<_a0$,or $B_2=0)$

　　else

　　　if $A_2\geqslant_aA_1(A_2\leqslant_aA_1)$ then $B_2>_a0(B_2<_a0)$

　　　else　if $A_2=A_1$ then $B_2\in\{0,X,Y\}$　　（X 和 Y 是 0 的 a 相邻定性值）

这些转换规则从一个给定的状态推导出它可能的后继状态，可以重复这种过程，直到生成一个新的状态。

变量 x 从一个状态到另一个状态的时间称为到达时间，记为 ΔT_a。和持续时间一样，到达时间也应该是模糊数，其计算与持续时间类似。下面简单讨论一下两个状态之间的转换：从 $\langle A_1,B_1\rangle$ 到 $\langle A_2,B_2\rangle$。假设 A_1 和 A_2 满足 $A_2\geqslant_aA_1,a\in[0,1]$，根据对称性，$A_2\leqslant_aA_1$ 时，也一样计算。

首先需要找到关键点,又称为交叉点,它是变量的两个状态的定性量值 A_1,A_2 的隶属度相交的点。对于 N 转换和 R 转换,$A_1=A_2$,所以不存在交叉点。对于 MR 转换和 M 转换,$A_1=[p_1,p_2,p_3,p_4]$,$A_2=[q_1,q_2,q_3,q_4]$,交叉点 (u,v) 定义为:u 是 A_1 和 A_2 的隶属度相交点处的实值点,v 是该点的隶属度。

$$\text{cross\_point}(u,v)=\begin{cases}u=\dfrac{q_1 p_4-q_3 p_2}{p_4-p_2+q_1-q_3}\\[2mm]v=\dfrac{p_4+q_3}{p_4-p_2+q_1-q_3}\end{cases}\tag{4.18}$$

交叉点的隶属度简称为交叉度,记为 c_degree。对于特定的量空间而言,交叉点是预知的。

交叉点可用于确定两个推导到达时间的规则:

(1) 对于 N 转换和 R 转换,即 $\langle A,B_1\rangle$ 到 $\langle A,B_2\rangle$,$B_1=B_2$,或 $B_1\neq B_2$,$\Delta T_a=0$;

(2) 对于 M 转换和 MR 转换,如果 $\alpha\leqslant$ c_degree,则 $\alpha T_a=0$;否则用下述子规则计算到达时间。$\Delta(A_1,A_2)_a$ 是 A_1 与 A_2 的 α 距离。α 距离是两个模糊数在 α-截内隶属度最大的两个实数间的最短距离。这两个子规则是:

① 对于 M 转换,$\langle A_1,B\rangle$ 到 $\langle A_2,B\rangle$,$A_1\neq A_2$,ΔT_a 的计算规则是:

a. 如果 $0\notin B_a$,那么

$$\Delta(A_1,A_2)_a=\alpha(q_2-p_2)+(1-\alpha)(q_4-p_4)\tag{4.19}$$

这里

$$B=[b_1,b_2,b_3,b_4]$$
$$|B|_a=\begin{cases}[(1-\alpha)b_3+\alpha b_1,\alpha b_2+(1-\alpha)b_4],&B>_a 0\\[-[\alpha b_2+(1-\alpha)b_4],-[(1-\alpha)b_3+\alpha b_1]],&B<_a 0\end{cases}$$

b. 如果 $0\in B_a$,那么 ΔT_P 没有定义,可以是任意长度。

② 对于 MR 转换,$\langle A_1,B_1\rangle$ 到 $\langle A_2,B_2\rangle$,且 $A_1\neq A_2$,$B_1\neq B_2$,让 $B=B_2-B_1$,然后用规则(2.1)计算 ΔT_a。严格地,规则 $(2.1)\alpha$ 中 ΔT_a 应写成:

$$\Delta T_P\in\alpha\left[\frac{W(A_{2L}-A_{1R})_{\text{c\_degree}}-W(A_{2L}-A_{1R})}{|B|_a}\right]_a$$

可进一步简化为

$$\Delta T_a\in\frac{\alpha(q_2-p_2)+(1-\alpha)(q_4-p_4)}{|B|_a}\tag{4.20}$$

区间化描述的情况下,没有到达时间。实际上,到达时间是由于模糊定性值的软边界而形成的。例如在区间化的表示中,$A_1=[p_1,p_2]$,$A_2=[q_1,q_2]$,$p_1<p_2=q_1<q_2$,B_1,B_2 也是区间,如果 $0\notin B_1\bigcup B_2$,那么 $[\Delta(A_1,A_2)]_a=0$,所以 $\Delta T_a=0$。

4.5.2.3 过滤技术

对于每一个给定的初始状态,可能的状态转换规则确定一系列后继状态集合,

这是由于系统参数变化的连续性。为了对产生的后继状态进一步限制,模糊定性仿真可以采用三种过滤技术:一是采用参数间的约束进行约束过滤;二是利用持续时间和到达时间进行时序过滤;三是利用系统模型的其他知识进行全局过滤。下面介绍这三种过滤技术。

1. 约束过滤

模糊仿真算法(FQS)采用了以约束为中心的方法,所以约束过滤规则与QSIM特别相似。实际上,对每个约束的每个变量,通过可能的状态转换规则生成一个可能的定性值集合。该变量通过检查约束定义的一致性和共享该变量的约束的一致性进行过滤,结果滤去了不合法的后继状态。

一般都有一个给定的相关约束 $Q(z)=f[Q(x),Q(y)]$,y 可能和 x 相同。约束中每个参数都有一组可能的定性值。这些定性值在下一个状态可能是变量的定性量值,也可能是变量的定性变化速率,这正是由约束确定的。把这三个集合分别表示成 S_x,S_y 和 S_z,该约束一致性过滤规则可简述为:

对于任意 $(Q_0(x),Q_0(y),Q_0(z)) \in S_x \times S_y \times S_z$,如果 $\{Q_0(z)\} \cap \{f[Q_0(x),Q_0(y)]\}=\Phi$,则从 $S_x \times S_y \times S_z$ 中滤去 $(Q_0(x),Q_0(y),Q_0(z))$。

以上过滤只满足一条约束过滤规则。若有两个约束 $Q(u)=f(Q(y),Q(z))$ 和 $Q(z)=\mathrm{DERIV}(Q(x))$,$z$ 的定性值分别是 S_{z1} 和 S_{z2},那么 z 的定性值可能在 $S_{z1} \cap S_{z2}$ 中。

经过约束过滤,奇异行为大大减少,但共享变量的定性值集缩小。这就要求重新检查与此变量有相关约束的其他变量,直到约束过滤规则不再生成新的状态。这个过程称为精炼(refine),可以定义为

$$\mathrm{refine}[C,Q(x_i)] = \{A_i \in S_i \mid (A_i \in S_j, j=1,2,3, j \neq i), C(A_1,A_2,A_3)\}$$

其中,C 即 $C[Q(x_i)]$,$i=1,2,3$,是三个参数 $Q(x_i)$ 的相关约束;S_i 是参数 $Q(x_i)$ 的定性值集;$C(A_1,A_2,A_3)$ 表示 A_1,A_2,A_3 是满足约束 C 中一致性的模糊定性值。

2. 时序过滤

进一步,采用时序过滤的方法,通过对变量的持续时间与到达时间的估计,可以有效减少奇异行为。时序过滤主要来源于对状态的时间观察。除了初始状态以外,变量在进入现状态之前,在上一个状态有一个持续时间,还有一个转换时间。这一观察适用于系统的所有变量,因此有如下的过滤规则:

任意两个系统变量 x 和 y,如果在某状态中的持续时间 $\Delta T_P(x)$ 和 $\Delta T_P(y)$ 分别为 $[p_{1x},p_{2x}]$ 和 $[p_{1y},p_{2y}]$,到达时间 $\Delta T_a(x)$ 和 $\Delta T_a(y)$ 分别为 $[a_{1x},a_{2x}]$ 和 $[a_{1y},a_{2y}]$,则它们满足下面的时间约束:

$$\mathrm{if}[p_{1x},p_{2x}] = [p_{1y},p_{2y}] (\mathrm{or}[a_{1x},a_{1x}] = [a_{1y},a_{2y}])$$
$$\mathrm{then}[a_{1x},a_{2x}] \cap [a_{1y},a_{2y}] \neq \Phi (\mathrm{or}[p_{1x},p_{2x}] \cap [p_{1y},p_{2y}] \neq \Phi)$$
$$\mathrm{else}[p_{1x},p_{2x}] + [a_{1x},a_{2x}] \cap [p_{1y},p_{2y}] + [a_{1y},a_{2y}] \neq \Phi$$

因为利用了变量变化速率的时序信息,时间过滤规则很有效。实际上,模糊定性变化速率的时序关系反映了高阶微分($\geqslant 2$)的额外知识。高阶微分信息可以进

一步减少奇异行为,已被人们广泛认同。模糊定性仿真中,由于采用模糊量空间描述变量的变化速率,有效地反映了变化速率的时序信息,比传统定性仿真方法用 $\{-\infty, 0, +\infty\}$ 来描述更有表现力,从而能够计算时间。从这一点看,时序过滤将传统的定性仿真算法推进了一大步。

3. 全局过滤

经过约束过滤和时序过滤,生成完全状态。所谓完全状态是当前系统状态的合理后继状态,即与约束过滤规则和时序过滤规则都没有冲突的状态。为了进一步减少系统的奇异行为,还需要全局过滤。全局过滤主要利用实际系统的原理性知识、启发性知识或外部知识。

模糊量空间结合了特别的信息,如变化速率的时序信息、函数依赖的强度信息等,从根本上减少了奇异行为的数量,也避免了对全局过滤的过分需求,特别是对二阶导数的需求。

和 QSIM 类似,模糊定性仿真算法也是先给出系统变量的描述、模糊量空间、系统的结构模型和系统的初始状态,然后产生可能的后继状态,并利用过滤方法滤去不合理的状态。

模糊定性仿真与传统定性仿真的不同在于采用了时序过滤,进一步减少了奇异行为。模糊定性仿真与区间化法不同,能较好地解决不确定问题,给出系统最可能的结论。

4.6　灰色定性仿真

目前的定性仿真的基本思想是从某一状态开始产生所有的后继状态,然后通过约束过滤、时序过滤和全局过滤等方法消除一部分系统的行为分支。这些算法都需要占用大量的空间并消耗大量的时间。灰色定性仿真的基本思想是从初始状态开始,在指导规则的指导下,结合系统常识,根据系统各变量的持续时间进行定性推理。先推导出持续时间短的变量的后继状态,并将这些变量的后继状态在 QDE 和关系矩阵中传播,消除一部分这些变量的奇异状态并产生别的变量的可能状态,再进行全局检验。灰色定性仿真不会盲目地产生所有后继状态,而是在一定指导规则下,产生合理的后继状态,这样既可以减少系统的奇异行为数量,又可以节省定性推理的时间和空间。这种算法不能保证产生系统的所有可能行为,但得到的是系统最有可能发生的行为。

4.6.1　状态描述和指导规则

一个物理系统中的变量 X 在某一给定时间点或区间上的灰色定性状态是一对有序概率灰数对 $\langle A,B \rangle$，$A,B \in G$，其中 A 是变量 X 的半定量值，B 是其变化速率，它们的测度分别为 $1-\alpha$ 和 $1-\beta$。变量 X 在此状态持续时间为

$$t_X = \frac{\|A\|}{|B|}, \quad (0 \notin B) \tag{4.21}$$

其中，$\|A\|$ 表示区间 A 的长度，若灰数 B 的区间为 $[a,b]$，则

$$|B| = [\min\{|a|,|b|\}, \max\{|a|,|b|\}]$$

例如 $X = \langle (0,2.5],(2.5,7.5] \rangle$，则有 $t_X = [0.3,1)$，表示变量 X 在时间 $(0,0.3)$ 内不会变化，在时间 $[0.3,1]$ 内可能变化，在时间 $[1,+\infty)$ 内将发生变化。因为在定义一个灰色量空间时，可以将 0 单独定义为一个概率灰数，当 $B=0$ 时，变量 X 在状态 $\langle A,0 \rangle$ 上的持续时间可以任意延长，直到其他变量的变化迫使它转移到新的状态。当 $B \neq 0$ 时，式(4.21)有意义。如果 $0 \in B \neq$ 且 $B \neq 0$，则变量 X 可能在此状态内发生摆动，其持续时间也无法估计。

如果概率灰数 A 的区间为 $[a,b]$，B 的区间为 $[c,d]$，则对于变量 X 的当前状态 $\langle A,B \rangle$ 的变化有下列**指导规则**：

(1) **相邻性规则**：如果变量 X 的后继状态为 $\langle C,D \rangle$，那么 A 与 C，B 与 D 分别是相邻的。

(2) **单调性规则**：若 $c>0$，则变量 X 的后继状态为 $\langle C,D \rangle$，满足：$A \leqslant C$；若 $d<0$，则变量 X 的后继状态为 $\langle C,D \rangle$，满足：$A \geqslant C$。

(3) **守恒规则**：若 $c=d=0$，则状态 $\langle A,B \rangle$ 保持不变。

(4) **连续性规则**：如果变量 X 的后继状态为 $\langle C,D \rangle$，且 $C>A(C<A)$，那么 $D \geqslant 0(D \leqslant 0)$。

在应用定性推理产生变量的后继状态时，遵循指导规则，可以减少不必要的系统行为分支，节省仿真时间，提高仿真效率。

4.6.2　约束传播

在灰色定性仿真中约束关系分方程约束和关系矩阵约束。记运算集合为

$$\nabla = \{+, -, k, const, '\} \tag{4.21}$$

其中，"$+$""$-$"和"k"是运算法则 1,2,6 中定义的运算，"$const$"是常数运算，"$'$"是求导运算。

定义 4.7 设函数 f 是集合 ∇ 中的一个元素或者是集合 ∇ 中有限的元素复合而成的运算,若

$$Z = f(X,Y) \quad \text{或} \quad Z = f(X) \tag{4.22}$$

则称变量 X,Y,Z 或 X,Z 间存在方程约束,并称 X,Y 为约束变量,Z 为被约束变量。

约束变量和被约束变量是相对的,不是绝对的,可以相互转化。变量状态之间的运算可认为是对应向量间的运算。例如变量 X,Y 的当前状态分别为 $\langle A,B \rangle$ 和 $\langle C,D \rangle$,则 $X+Y=\langle A+C,B+D \rangle$,$\mathrm{DERIV}(X)=\langle B,* \rangle$,这里"$*$"表示不确定。

当变量间的约束不是方程约束时,可利用动态和静态包络产生变量间的关系矩阵约束。一旦约束变量的当前状态确定,被约束变量的状态自然被确定。

例如,设灰色量空间由实区间 $[-10,10]$ 上的七个概率灰数组成 $G=\{-L, -M,-S,0,S,M,L\}$,其中,$S=(0,2.5],M=(2.5,7.5],L=(7.5,10]$。$Z=X+Y$,且 $X=\langle -S,S \rangle,Y=\langle L,M \rangle$,则 $Z=\langle L,M \rangle$,又如有约束规则:

$$\text{if } X \text{ is } S \text{ then } Y \text{ is} -M$$

且已知 X 取 S,则 $Y=-M$。约束传播不仅可以用来产生变量的后继状态,也可用来消除不合理的当前状态。例如在指导规则下产生的变量 X 的当前状态为 $\langle \{S,M\},S \rangle$,其中 $\{S,M\}$ 表示变量 X 可取 S 或 M 中之一,变量 X、Y 和 Z 之间存在约束 $Z=X+Y$,且 X,Z 的当前取值均为 S,由于 $S+M=M$,则变量 X 的当前状态只能是 $\langle S,S \rangle$。

4.6.3 相容性检验

由于概率灰数仍具有不确定性,在指导规则下产生的变量的后继状态也存在模糊性。虽然经过约束传播删除了变量的部分奇异状态,变量的奇异状态大大减少,但仍需对完全状态进行全局检验。所谓完全状态是指系统在指导规则下产生的状态,经过约束传播,得到的所有变量的当前状态。为了进一步减少系统的奇异行为,应用实际系统的原理性知识、启发性知识和外部知识对系统的完全状态进行全局检验,使仿真结果与实际情况更吻合。

灰色定性仿真的步骤如下:

(1) 先将初始状态置入当前状态。

(2) 计算当前状态中各变量的持续时间。

(3) 比较各变量的持续时间,求出持续时间上界最小的变量。若变量的持续时间上界均为无限,结束仿真。

(4) 在指导规则指导下,产生持续时间上界最小变量的后继状态。

(5) 将(3)中的后继状态进行约束传播,产生系统的完全状态。

（6）全局检验，然后回到（2）。

灰色定性仿真流程图如图 4.18 所示。

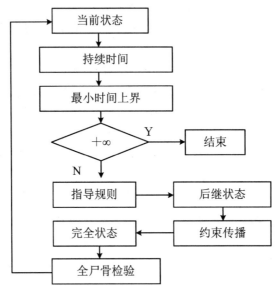

图 4.18　灰色定性仿真流程图

4.6.4　灰色定性仿真示例

考虑一个底部有一小孔相连的双液面系统（图 4.19）。在这个系统中，有八个变量，其方程约束为

$$h_1 = h_{12} + h_2, \quad h_1' = h_{12}' + h_2'$$
$$I = C + r_1, \quad I' = C' + r_1'$$
$$C = O + r_2, \quad C' = O' + r_2'$$
$$r_1 = h_1', \quad r_2 = h_2'$$

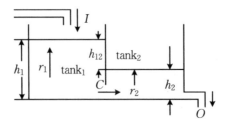

图 4.19　底部有孔相连的双液面系统

其中,h_1,h_2 分别为水箱 1,2 的水面高度;h_{12} 为水箱 1,2 的水面高度之差;I,C,O 为液体的输入、流过、输出的速率;r_1,r_2 分别为水箱 1,2 内部液体的流速。

系统的灰色量空间为 $G=\{-T,-L,-M,-S,0,S,M,L,T\}$,其中

$$S=(0,2.5],\quad M=(2.5,6.5],\quad L=(6.5,9],\quad T=(9,10]$$

其测度均为 0.8,系统除了方程约束之外,还有关系矩阵约束:

$$\begin{bmatrix} C\sim h_{12} & 0 & S & M & L & T \\ 0 & 1 & 0 & 0 & 0 & 0 \\ S & 0 & 1 & 0 & 0 & 0 \\ M & 0 & 0 & 1 & 1 & 0 \\ L & 0 & 0 & 1 & 1 & 1 \\ T & 0 & 0 & 0 & 0 & 1 \end{bmatrix} \quad \begin{bmatrix} O\sim h_{12} & 0 & S & M & L & T \\ 0 & 1 & 0 & 0 & 0 & 0 \\ S & 0 & 1 & 1 & 0 & 0 \\ M & 0 & 0 & 1 & 0 & 0 \\ L & 0 & 0 & 1 & 1 & 0 \\ T & 0 & 0 & 1 & 1 & 1 \end{bmatrix}$$

系统各变量的取值范围分别为

$$h_1,h_2,h_{12},r_1,r_2,C,O\in\{0,S,M,L,T\},\quad I\in\{M\}$$

系统的初始状态为

$$h_1:\langle S,M\rangle,\qquad h_2:\langle 0,S\rangle$$
$$h_{12}:\langle S,M\rangle,\qquad I:\langle M,0\rangle$$
$$O:\langle 0,S\rangle,\qquad C:\langle S,S\rangle$$
$$r_1:\langle M,-S\rangle,\quad r_2:\langle S,S\rangle$$

下面通过定性推理,产生系统的预测行为。其过程如下:

第一步,计算初始状态各变量的持续时间。

h_1	h_2	h_{12}	r_1	r_2	I	C	O
$[0.38,1)$	0	$[0.38,1)$	$[1.6,+\infty)$	$[1,+\infty)$	$+\infty$	$[1,+\infty)$	0

第二步,求持续时间上界最小的变量。显然变量 O 和 h_2 的持续时间最短,其上界也是最小的。

第三步,在指导规则下,产生变量 O 和 h_2 的可能后继状态。

$$h_2:\langle S,\{S,M\}\rangle,\quad O:\langle S,\{S,M\}\rangle$$

第四步,将 h_2,O 的可能后继状态在约束中传播。

由方程约束 $h_2'=r_2$,而 r_2 的当前取值为 S,则 $h_2'=r_2=S$。h_2' 的后继状态为 $\langle S,S\rangle$,在此状态的持续时间为 $[1,+\infty)$。由方程约束,可知

$$O'+r_2'=C',\quad C'=S,r_2'=S$$

所以,$O'=S$。即 O 的后继状态为 $\langle S,S\rangle$,其持续时间为 $[1,+\infty)$。

第五步,进行全局检验。由两个变量新的状态和别的变量的当前状态构成的完全状态与各约束条件和客观存在不矛盾。

上述过程完成了灰色定性仿真的一个流程,反复执行上述过程,直到各变量的当前状态的持续时间的上界都为无穷大,各变量不再有新的状态产生,结束仿真。

为了更好地说明灰色定性仿真的简明快捷性,我们将系统状态再向前推几步。

在当前完全状态下,持续时间上界最小的是变量 h_1,h_2。在指导规则下,它们的可能后继状态为

$$h_1:\langle\{S,M\},\{S,M,L\}\rangle,\quad h_{12}:\langle\{S,M\},\{S,M,L\}\rangle$$

由方程约束 $h_1=h_{12}+h_2$,且 $h_2=S$,知

若 $h_{12}=S$,则 $h_1=S$;

若 $h_{12}=M$,则 $h_1=M$。

注意到 $h_1'=r_1=M$,若 $h_1=S$,则其状态仍为 $\langle S,M\rangle$,没有发生改变。故在时间 $[0.38,1)$ 之后,变量 h_1 的状态应为 $\langle M,M\rangle$,持续时间为 $[0.62,1.6]$。即变量 h_1 的后继状态 $\langle M,M\rangle$ 将持续到时间

$$[0.38,1]+[0.621,1.6)=[1,2.6)$$

之后。再根据 $h_1'=h_2'+h_{12}'$,且 $h_1'=M$,$h_2'=S$,得 $h_{12}'=M$。

所以变量 h_{12} 的后继状态为 $\langle M,M\rangle$,且此状态将延续至时间 $[1,2.6)$ 之后。经约束传播后,变量 h_1,h_{12} 的合理后继状态为

$$h_1:\langle M,M\rangle,\quad h_{12}:\langle M,M\rangle$$

由关系矩阵约束知道,在时间 $[0.38,1)$ 之后,变量 h_{12} 的状态变化必然引起变量 C 和 O 状态的变化。根据关系矩阵和指导规则,变量 C 和 O 的可能后继状态为

$$C:\langle M,\{S,M\}\rangle,\quad O:\langle\{S,M\},\{S,M\}\rangle$$

注意到

$$C'=I'-r_1'=-r_1'=S$$

所以 C 的后继状态为 $\langle M,S\rangle$,此状态将持续至 $[2.6,+\infty)$。

由方程约束 $O+r_2=C$,且 $C=M$,$r_2=S$,知 $O=M$。

由方程约束 $O'+r_2'=C'$,及 $C'=S$,$r_2'=S$ 知,$O'=S$,即变量 O 的后继状态为 $\langle M,S\rangle$,此状态将持续至 $[2.6,+\infty)$。所以在时间 $[0.38,1)$ 之后,变量 C 和 O 的后继状态为

$$C:\langle M,S\rangle,\quad O:\langle M,S\rangle$$

在时间点 1.6 后,由方程约束 $C+r_1=I$,及 $I=M$,$C=M$ 知,$r_1=S$。

而 $r_1'=-C=-S$,所以变量 r_1 的后继状态为 $\langle S,-S\rangle$,此状态将持续至 $[2.6,+\infty)$。

变量 r_1 的状态变化,直接引起变量 h_1,h_{12} 的状态变化,产生相同的后继状态 $\langle M,S\rangle$,此状态将持续至 $[3.2,+\infty)$。

至此,每个变量持续时间的上界均为无穷大,定性推理结束,仿真结果如图 4.20 所示。

由于灰色定性仿真产生的后继状态是遵循指导规则,并且只是超过持续时间的变量才自动地产生后继状态,所以一部分变量的后继状态是在约束传播中产生的。一个变量在约束传播中产生的后继状态往往是唯一的,这样得到的后继状态的数量远远小于 QSIM 算法产生的后继状态的数量。状态之间没有过渡时间,满

足系统的连续性假设。由于持续时间不一样的变量开始状态变化的时间自然是不相同的,灰色定性仿真有效地利用这一原理,使得系统变量的状态转移更合理,没有人为地迫使一些不会发生状态变化的变量转移状态。同时,这些没有发生状态变化的变量对发生了状态转移的变量起到了有效的约束作用,减少了系统不合理的行为分支。

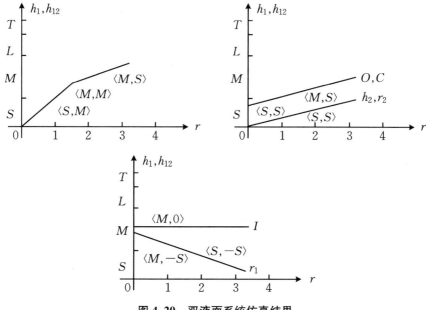

图 4.20　双液面系统仿真结果

由于变量导数的取值只是在一定范围内,故在灰色定性仿真中,对系统变量不要求处处可导,只要求其各点的左右导数存在。而一般取有限值的变量都能满足这一点,这使得灰色定性仿真适用的模型范围非常广泛。然而由于概率灰数仍具有不确定性,灰色定性仿真的结果仍不能保证是唯一的,这与实际情况是相符的。要以不确定的条件保证产生唯一的仿真结果的思想是脱离实际的。灰色定性仿真继承传统定性仿真处理系统变量不确定理论的合理点,发展了一种处理知识贫乏系统的新方法,促进了定性定量知识在仿真中的结合,推动了仿真技术的向前发展。

第 5 章　基于模型的不确定性分析

5.1　粗糙集原理

粗糙集理论是波兰数学家 Z. Pawlak 在 1982 年提出的。它是一种处理含糊和不确定性信息的新型数学工具，近年来引起了人工智能界的极大关注。Pawlak 针对 G. Frege 的边界区域思想提出了粗糙集，把那些无法确定的个体都归属于边界区域，而这种边界区域被定义为上近似集与下近似集之差集。粗糙集理论建立在分类机制的基础上，将分类理解为在特定空间上的等价关系，而等价关系构成了对该空间的划分。粗糙集理论将知识理解为对数据的划分，每一个被划分的集合称为概念。粗糙集理论的主要思想是利用已知的知识库，将不精确或不确定的知识用已知的知识库中的知识来（近似）描述。

粗糙集理论主要有以下特点：

（1）粗糙集理论是不需要先验知识的。它是完全由数据驱动的，不需要像几率统计方法那样要预先假定几率分布，也不需要像模糊集理论那样要假设模糊隶属函数的结构。粗糙集分析方法仅利用数据本身提供的信息，无需任何先验知识。

（2）粗糙集理论是一种数据分析工具。它能表达和处理不完备的信息；能在保留关键信息的前提下，对数据进行化简并求得知识的最小表达；能够评估数据之间的依赖关系，揭示概念的简单模式，能从经验数据中获取易于证实的规则知识。

（3）粗糙集理论是一种软计算方法。软计算的概念是由模糊集创始人 Zadeh 提出的。传统的计算方法即"硬"计算，使用精确、固定和不变的算法来表达和解决问题，而软计算的指导原则是利用所允许的不精确性、不确定性和部分真实性以得到易于处理、鲁棒性强和成本较低的解决方案，以便更好地与现实系统相协调。

目前，对粗糙集理论的研究主要集中在其数学性质、粗糙集理论的扩展与其他智能方法的融合及有效算法等方面。

粗糙集数学性质方面的研究主要是对粗糙集理论中知识的不确定性问题进行理论研究，包括讨论粗糙集代数结构、拓扑结构和粗糙逻辑以及粗糙集的收敛性等问题。

随着粗糙集研究的不断深入，它与其他数学分支的联系也更加紧密。从算子的观点看粗糙集,与之关系比较紧密的有拓扑空间、数理逻辑、模式逻辑、格与布尔代数、算子代数等;从构造性和集合的观点看,它与几率论、模糊数学、证据理论、图论、信息理论等联系较为密切。粗糙集的理论研究需要以这些理论为基础,同时也相应地带动了这些理论的发展。纯数学理论与粗糙集结合的研究导致了新的数学概念的出现,例如"粗糙逻辑"和"粗糙半群"等。随着粗糙结构与代数结构、拓扑结构、序结构等各种结构的不断整合,必将推动粗糙集的快速发展。

1. 粗糙集理论的扩展

粗糙集理论的扩展主要有两种方法:构造性方法和代数(公理化)方法。

(1) 构造性方法

构造性方法是对粗糙集模型的一般推广,其主要思路是从给定的近似空间出发去研究粗糙集和近似算子。它将论域上的二元关系或布尔代数作为基本要素,然后导出粗糙集代数系统。这种方法所研究的问题往往来源于实际,所建立的模型具有很强的应用价值,其主要缺点是不易深刻了解近似算子的代数结构。

在粗糙集理论中有三个最基本的要素:论域 U、U 上的二元等价关系 R 构成的近似空间和被近似描述的集合。这样,推广的形式主要也有三个方向,即论域方向、关系方向(包括近似空间)和集合方向。

从论域方向推广,目前只有一种,就是双论域的情况,当然这时的二元关系就变成两个论域笛卡儿乘积的一个子集。

从关系方向的推广,一种是将论域上的二元等价关系推广成由任意的二元关系得到的一般关系下的粗糙集模型;也有将由关系导出的划分推广成为一般的布尔代数,并以此出发去定义粗糙集和近似算子;更一般的是将普通关系推广成模糊关系或模糊划分,而获得模糊粗糙集模型。

对于不可分辨关系的经典粗糙集方法不能解决的带有偏好顺序的多准则决策问题,Greco 等提出了基于优势关系的粗糙集模型,该模型用优势关系代替原来的不可分辨关系,在多准则决策分析中得到了广泛的应用。为加强粗糙集的性能,R. Slowiski 阐述了相似关系模型的定义和性质,提出用相似关系来代替不可分辨关系。梁吉业等人证明在相似模型中,粗糙熵随着知识粒度减小而单调递减,有助于寻找针对不完备信息系统的新的知识约简算法。王国胤把相似关系模型应用于不完备信息系统的处理,进一步改进相似关系模型,提高了粗糙集对噪声数据的容错能力。

从集合和近似空间方向的推广,有学者提出了几率粗糙集模型。变精度粗糙集模型实质上也可以归入这类模型,变精度粗糙集模型具有一定的容错性;Aijun 提出了一种变精度粗糙集模型,引入了 $\beta(0.5<\beta\leqslant1)$ 作为正确率。Katzberg 和 Ziarko 提出了不对称边界的变精度粗糙集模型,即存在两个参数 l 和 u,从而使粗糙集模型更加一般化。陈湘晖等构造了一种新的扩展粗糙集模型,在知识表示系统和决策表中引入数据对象的权值函数和属性的特征函数,表示数据对象的重要

性和属性的特性,寻求具有最小风险的 Bayes 决策问题也可转化为这类模型。这一类模型在数据分析的增量式机器学习中有着重要应用。基于随机集的粗糙集模型既是对基于邻域算子的粗糙集模型的推广,又适用于双论域情形,同时也是对统计粗糙集模型的推广。

(2) 代数方法

代数方法也称公理化方法(有时也称为算子方法),这种方法不以二元关系为基本要素,它的基本要素是一对满足某些公理的一元近似算子 $L, H: 2^u \rightarrow 2^u$,即粗糙代数系统$(2^u, U, \bigcup, \bigcap, L, H)$中近似算子是事先给定的。这种方法的优点是能够深刻了解近似算子的代数结构,其缺点是应用性不够强。

粗糙集对代数方法的研究还包括其代数结构、拓扑结构、收敛性、集合和分类近似的性质等问题,粗糙集的逻辑性质是不确定性推理的基础,其研究也引起了学界的广泛兴趣。

2. 粗糙集与其他智能方法的融合

各种智能方法取长补短,相互结合,可以实现不同的应用目的。

Dubois 和 Prade 于 1992 年把模糊集引入了粗糙集,提出了模糊粗糙集理论。模糊粗糙集理论最重要的问题是在给定的论域和模糊相似关系下推演出概念(清晰的和模糊的)的模糊粗糙近似。根据模糊粗糙近似推演方式的不同,主要形成了三种从不同角度研究的模糊粗糙集:基于形式逻辑的模糊粗糙集,基于三角模的模糊粗糙集,基于 a-截集的模糊粗糙集。模糊粗糙集避免了粗糙集进行数据离散化过程引起的不确定性问题。

粗糙集和神经网络作为不确定性分析的两种重要方法,它们都能有效地处理不确定和不精确信息,都不依赖于数学模型,都是基于样本(对象)学习的,等等。粗糙集和神经网络的区别主要存在于它们对样本的利用方式和对样本输入输出之间关系的表达方式不同。这两种不确定性计算的特性具有较好的互补性,可以利用粗糙集构造神经网络,减小网络规模,提高网络训练速度,简化神经网络学习样本。粗糙集和神经网络之间还可以互相转换。两种方法结合使用,能够取得非常好的数据分类效果。

遗传算法作为优化算法能够结合粗糙集的约简计算,可以快速搜索得到决策系统的约简。Lingras 和 Davies 研究了粗糙集和遗传算法的结合,提出了一种粗糙遗传算法。此外粗糙集与概念格、粗糙集与证据理论等多种智能方法相互融合,取长补短。

3. 有效算法

粗糙集有效算法方面的研究包括如何求等价类、上近似、下近似、边界区域、核、属性约简等。由于约简是粗糙集理论的核心内容之一,所以目前粗糙集有效算法方面的研究主要集中在属性和规则的约简。

S. K. Wong 和 W. Ziarko 等已经从计算复杂性的角度证明了寻找最小约简是

NP-hard 问题。不少学者研究了不同信息系统下的属性约简理论和方法,解决这类问题的方法一般采用启发式搜索,即通过在算法中加入启发式信息,缩小问题的搜索空间,进而获得最优解或近似最优解。最初提出启发式算法思想的是 X. Hu,使用核作为约简计算的基础,以属性重要性作为启发信息,按属性重要性的大小逐个将属性加入约简集合,直到该集合是一个约简集为止。按照加入属性的不同,可以计算出多个属性约简集,最终得到一个较好的或满意的约简。Skowron 引进了辨识矩阵的概念,使之成为信息系统中寻求约简的主要工具。G. Tsang 等将粗糙集理论与模糊数学相结合探讨属性的约简问题;从变精度方面扩充粗糙集理论及其计算公式,用于优化属性约简结果,将覆盖属性代替属性分类(分区),给出新的上近似、下近似计算公式,改进属性约简中属性的知识量。

5.1.1　粗糙集的基本概念

定义 5.1　给定一个有限的非空集合 U 称为论域,R 为 U 上的等价关系,R 将 U 划分为互不相交的基本等价类,二元对 $S=(U,R)$ 构成一个近似空间;若 R 是 U 上的模糊集,且满足自反性,则称 R 为一个模糊自反关系,并称 $S=(U,R)$ 为模糊近似空间;设 X 为 U 的一个子集,当 X 为某些 R 的基本等价类的并时,称 X 是 R 可定义的,否则 X 是 R 不可定义的。

R 可定义集是论域的子集,它可在 K 中被精确地定义,而 R 不可定义集不能在 K 中定义。R 可定义集也称为 R 精确集,R 不可定义集也称为非精确集或 R 粗糙集。

定义 5.2　给定一个论域 U,子集 $X\subseteq U$ 表示 U 中的一个概念,U 中的知识即表现为概念的族集,一个 U 上的分类族定义为 U 上的知识库,它构成了一个特定的分类。在 U 与 R 的定义下,知识库可定义为属于 R 中的关系对 U 中元素的划分,记为 $S=(U,R)$。

定义 5.3　若 $P\subset R$ 且 $P\neq Q$,则 $\bigcap P$(P 中全部等价关系的交集)也是一个等价关系,称为 P 上的不可分辨关系,记为 $IND(P)$。有

$$[x]_{IND(P)} = \bigcap R \in P[x]_R \tag{5.1}$$

对于 $x\in U$,它的 B 等价类定义为

$$[x]_B = \{y \in U \mid (x,y) \in IND(B)\}$$

不可分辨关系把 U 划分为有限个集合,这些集合称为等价类。在每个等价集合中,对象间是不可分辨的。$IND(B)$ 的所有等价类族 $U/IND(B)$ 定义为等价关系 B 的族相关的知识,称为 B 基本知识或基本集合,记为 U/B。

一个知识表达系统 S 可表达为四元组,即 $S=(U,A,V,f)$。其中,U 是对象的非空有限集合,称为论域;$A=C\bigcap D$ 是属性集合,C 是条件属性,D 是决策属性;

$V=\bigcup_a\in V_a$ 是属性值的集合，V_a 是属性 a 的值域；$f:U\times A\rightarrow V$ 是一个信息函数，它指定 u 中每一对象 x 的属性值。在粗糙集理论中，知识表达系统又称为信息系统，通常用 $S=(U,A)$ 来表示。

具有条件属性和决策属性的知识表达系统称为决策表。

定义 5.4　令 X 为 U 的非空子集，$B\subseteq A$ 且 $B\neq\varnothing$，集合 X 的 B-下近似 $\underline{B}(X)$ 和上近似 $\overline{B}(X)$ 分别定义如下：

$$\underline{B}(X)=U\{x\in U:I_B(x)\subseteq X\}\quad(5.2)$$

$$\overline{B}(X)=U\{x\in U:I_B(x)\bigcap X\neq\varnothing\}\quad(5.3)$$

集合 X 的 B-边界域为

$$BN_B(X)=\overline{B}(X)-\underline{B}(X)\quad(5.4)$$

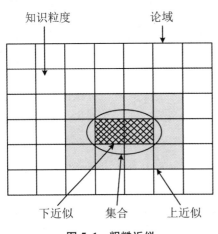

图 5.1　粗糙近似

下近似可以解释为由那些根据现有知识判断出肯定属于 x 的对象组成的最大集合；上近似可以解释为由那些根据现有的知识判断可能属于 x 的最小集合；对于由那些根据现有知识判断出可能属于 X 但不能完全肯定是否一定属于 X 的对象所组成的集合称为 x 的边界域，记为 $BN_B(X)$，粗糙近似如图 5.1 所示。

5.1.2　粗糙集约简与核

属性约简就是在保持信息系统分类能力不变的条件下，删除其中不相关或不重要的属性。

令 A 为一属性集，$a\in A$，如果 $IND(A)=IND(A-\{a\})$，则称 a 为 A 中不必要的；否则称 a 为 A 中必要的。

如果 $a\in A$ 都为 A 中必要的，则称 A 是独立的；否则称 A 是依赖的。

定理 5.1　如果 A 是独立的，$P\subseteq A$，则 P 也是独立的。

定义 5.5　设 $Q\subseteq P$，如果 Q 是独立的，且 $IND(Q)=IND(P)$，则称 Q 为 P 的一个约简。

显然，P 可以有多个约简。P 中所有的必要属性组成的集合称为 P 的核，记作 $core(P)$。

定理 5.2　$core(P)=\bigcap red(P)$。其中，$red(P)$ 表示 P 的所有约简的集合，且 $\bigcap red(P)=\bigcap_{Q\in red(P)}Q$。

可以看出,核这个概念的用处有两个方面:首先可以作为所有约简的计算基础,因为核包含在所有的约简之中,并且计算可以直接进行;其次可解释为在属性约简时它是不能消去的知识特征部分的集合。

启发式算法是一种近似求解算法,实际上它在一定程度上是以牺牲寻优的质量来换取计算量的减少。尽管计算量可以成倍减少,但启发式算法不是全局搜索算法,有时得到的仅是局部极值,难以达到全局最优解。有研究表明,粗糙集的相对约简中的属性在对数据对象的分类和预测中并不一定是必需的,在一些实际的应用中,只选择相对核的一个子集可能会得到更好的分类和预测性能。以近似度作为不确定性量度,往往只反映了规则或决策模型的不确定性的某个方面,而忽略了其他方面。基于决策属性依赖度的属性约简算法具有一定的片面性和局限性。

数据分析的一个重要问题是发现属性集之间的依赖性。如果属性集 D 的所有属性值唯一地被属性集 C 的所有属性值决定,则称 D 完全依赖于 C。属性的部分依赖性是完全依赖性的一般化,部分依赖性表示 D 中只有某些属性值是由 C 中的属性值决定的。

定义 5.6　令 $C, D \subseteq A, X \in U/D$,定义

$$POS_C(D) = \bigcup_{X \in U/D} \underline{B}(X) \tag{5.5}$$

为等价类 U/D 关于 C 的正域。

定义 5.7　令 $C, D \subseteq A$,定义两个属性集 C 与 D 之间的依赖程度 $\gamma_C(D)$ 为

$$\gamma_C(D) = \frac{card(POS_C(D))}{card(U)} \tag{5.6}$$

式中,$card(\cdot)$ 表示集合的势。$\gamma_C(D)$ 表示由条件属性 C 的取值能准确判定出属于某个决策属性 D 的等价类的对象所占系统的比例,即表示条件属性 C 能区分决策属性等价类的能力。

$\gamma_C(D)$ 具有以下特性:

(1) $\gamma_C(D) \in [0,1]$。若 $\gamma_C(D) = 0$,表示根据条件 C 的取值无法将任何对象准确分类。若 $\gamma_C(D) = 1$,表示根据条件 C 的取值可以对 U 中所有对象准确分类。

(2) 若 $C = \varnothing, D = \varnothing$,则 $POS_C(D) = \varnothing, \gamma_C(D) = 0$。

不同的条件属性对决策可能具有不同的重要性。这里引入条件属性对决策重要性的定义如下:

定义 5.8　设 $S = (U, A, V, f)$ 是一个决策表,$A = C \cup D, C \cap D = \varnothing, C$ 为条件属性集,D 为决策属性集。根据属性依赖度的定义,任意属性 $c \in C$ 在 C 中对 D 的重要性定义为

$$sig_{C-\{c\}}^{D} = \gamma(C, D) - y(c - \{c\}, D) \tag{5.7}$$

以上定义表明,属性 $c \in C$ 在 C 中对决策 U/D 的重要性可由 C 中去掉 c 后所引起的决策属性依赖度变化的大小来度量。

$sig_{C-\{c\}}^{D}(c)$ 的值越大,说明属性 c 关于属性集 C 就越重要。把 $sig_{C-\{c\}}^{D}(c)$ 作为

寻找最小属性约简的启发式信息,可以减少搜索空间。

性质 5.1 $0 \leqslant sig_{C-\{c\}}^{D}(c) \leqslant 1$。

性质 5.2 属性 $c \in C$ 在 C 中对 D 是必要的当且仅当 $sig_{C-\{c\}}^{D}(c) > 0$。

性质 5.3 $core_D(C) = \{c \in C \mid sig_{C-\{c\}}^{D}(c) > 0\}$。

利用定理 5.2 和性质 5.2 可以得到定理 5.3。

定理 5.3 设 $S = (U, A, V, f)$ 是一个决策表,$A = C \cup D, C \cap D = \varnothing, C$ 为条件属性集,D 为决策属性集。若 $C' \subseteq C, K_C(D) = K_{C'}(D)$ 而且对任意 $c \in C'$ 有 $sig_{C-\{c\}}^{D}(c) > 0$,则 C' 为 C 的一个 D 约简。

定理 5.3 从决策属性依赖度的角度提供了条件属性对决策属性相对约简的定义,为相对属性约简算法提供了理论依据。

由性质 5.3 可以很容易地求出条件属性 C 对于决策属性 D 的相对核 $core_D(C)$。由于核是唯一的,且核为任何约简的子集,因此,相对核可作为求最小相对约简的起点。依照定义 5.6 中定义的属性重要性,逐次选择重要的属性添加到相对核中,直到其属性对 C 的依赖度等于整个决策属性集 D 对 C 的依赖度时为止。

算法:基于决策属性依赖度的求取相对核与相对属性约简算法。

输入:决策表 $T = (U, C, d, V, f)$。

输出:相对核和一个最小相对属性约简(所含属性最少的约简)。

① 首先由式(5.1)计算出决策属性 D 关于条件属性 C 的依赖度 $\gamma_C(D)$。

② 由式(5.2)计算每个属性 $c \in C$ 在 C 中对 D 的重要性 $sig_{C-\{c\}}^{D}(c)$ 且令 $core_D(C) = \varnothing$。若 $sig_{C-\{c\}}^{D}(c)$ 不为 0,则 $core_D(C) = core_D(C) \bigcup \{c\}$,最后得到 $core_D(C)$ 为 C 相对于 D 的相对核;若 $\gamma_{core_D(C)}(D) = \gamma_C(D)$,则终止计算(此时 $core_D(C)$ 为 C 对 D 的最小相对约简);否则 $\gamma_{core_D(C)}(D) < \gamma_C(D)$,执行③。

③ 取 $E = core_D(C)$,对属性集 $C - E$ 重复执行:

a. 每个属性 $c \in C - E$,由式(5.5)计算属性 c 关于 E 对 D 的重要性 $sig_E^D(c)$;

b. 选择属性 c 使其满足 $sig_E^D(c) = \max\limits_{c' \in C-E} sig_E^D(c'), E = E \bigcup \{c\}$;

c. 若 $\gamma_E(D) = \gamma_C(D)$,则终止(此时 E 为 C 的一个约简);否则转①。

可以看出,属性依赖度与粗糙规则集合的近似度是对同一数量关系从不同角度给出的定义,属性依赖度体现的是决策属性分类对条件属性分类的依赖程度,而近似度是从规则集合的一致性角度给出的定义,尽管两者侧重点不同,但却反映了相同的数量关系。因此,本算法的寻优目标可以理解为寻求保持条件属性对决策属性分类能力不变的最小属性子集,或者理解为寻求保持粗糙规则集合总体一致性不变的最小属性子集。

5.1.3　粗糙集理论不确定性分析

粗糙集理论是一种能够处理不确定性和含糊性的数学工具,实际上是指粗糙集能够使用依据等价关系形成的知识颗粒或知识"块"(等价类)去对应地描述或涵盖一些不精确或不完整的信息。

粗糙集理论对"不确定性"的处理能力体现在以下两个方面:

(1) 在较低层次上,粗糙集理论利用等价类("知识颗粒")掩盖了包含在等价类颗粒内部的那些不确定性和模糊性,对这部分不确定性和模糊性的处理方式却与模糊集理论恰好相反——加以掩盖,而不是细化。

这正如粗糙集理论中对数值型连续属性的区间离散化一样,包含噪声的原始数据经离散化后,就被取代为某一"抽象"水平,如整数"1""2"…,噪声不再外显(图 5.2)。

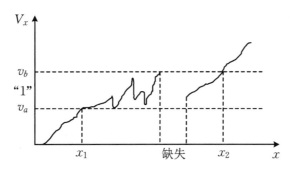

图 5.2　粗糙集对不确定的处理

设 $v_a = \inf\{v_x : x \in [x_1, x_2]\}$,$v_b = \sup\{v_x : x \in [x_1, x_2]\}$,值域$[v_a, v_b]$被离散化为"1",则当变量 x 在$[x_1, x_2]$变化时,在其值域$[v_a, v_b]$上的所有不确定的噪声或缺失的数据,均由于离散值"1"的使用而不显现,从而使得系统能够以确定、清晰的概念和推理方式进行分析和研究。

(2) 粗糙集在较高层次上处理不确定性和模糊性表现:利用不可分辨关系形成的等价类,通过上、下近似从内外两侧去逼近一个建立在等价类上的不确定的概念,尽量地"压缩"此模糊概念的不确定性,并试图给出"确定性"信息。

从上面的分析可以看出,粗糙集理论对不确定性的处理能力本质上依赖于其论域颗粒结构的"细度"。对粗糙集理论有了这种认识,我们就不会再去盲目地夸大粗糙集理论对"不确定性"的处理能力,实事求是地根据粗糙集理论的特点和适用性来研究和处理有关的问题。

下面分析粗糙集的不确定性量度。

设 (U,R) 是一个近似空间，U 是非空有限论域，R 是 U 上的等价关系，$X \subseteq U$，则

（1）近似精度

$$\alpha_R(X) = \frac{card[\underline{R}(X)]}{card[\overline{R}(X)]} \tag{5.8}$$

式中，$card(\cdot)$ 为集合的势，近似精度 $\alpha_R(X)$ 表示通过等价关系 R 对集合 X 描述的精确程度，是一种信任测度。

（2）粗糙度

$$\beta_R(X) = 1 - \frac{card[\underline{R}(X)]}{card[\overline{R}(X)]} \tag{5.9}$$

粗糙度 $\beta_R(X)$ 表示集合 X 在等价关系 R 下的粗糙程度，是对集合的不确定性边界的一种度量，是一种似然测度。显然 $0 \leqslant \alpha_R(X) \leqslant 1, 0 \leqslant \beta_R(X) \leqslant 1$。

当等价关系 R 对论域 U 的划分越"精细"，集合 X 的近似精度越高，粗糙程度就越下降；当 R 对 U 的划分足够精细时，使 $\underline{R}(X) = \overline{R}(X)$，此时 $\alpha_R(X) = 1, \beta_R(X) = 0$，粗糙集就不再"粗糙"了。

5.1.4　粗糙集最小属性集选择

粗糙集的一个重要应用是找出多余（不必要）的属性。在属性集中去掉多余属性后的属性集称为最小属性集。

定义 5.9　设 C,D 分别是信息系统的条件属性和决策属性。属性 P 是 C 的一个最小属性集，当且仅当 $\gamma_P(D) = \gamma_C(D)$，并且 $\forall P' \subseteq P, \gamma_{P'}(D) \neq \gamma_P(D)$，说明若 P 是 C 的最小属性集，则 P 具有与 C 同样区分决策类的能力。

需要注意的是，C 的最小属性集一般是不唯一的，而要找到所有最小属性集是一个 NP 完备问题。在大多数应用中，没有必要找到所有的最小属性集。用户可以根据不同的原则来选择一个最好的最小属性集。比如，选择具有最少属性个数的最小属性集，或为每一个属性定义一个费用函数，从而选择具有最小费用的最小属性集等。

属性集选择是指在初始的 N 个属性中选择出一个有 $m(m<N)$ 个属性的子集，这 m 个属性可以像原来的 N 个属性一样用来正确区分数据集中的每一个数据对象。

属性集选择算法由四个基本步骤组成：子集产生、子集评估、停止准则和结果有效性验证（图 5.3）。

子集产生是一个搜索过程，它产生用于评估的属性子集。子集产生算法如下：

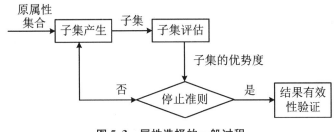

图 5.3　属性选择的一般过程

1. 搜索方向

搜索方向有以下几种选择：

（1）向前选择。该过程由空属性集合开始，选择原属性集合中最好的属性，并将它添加到该集合中。在其后的每一次迭代中，将原属性集合剩下的属性中最好的属性添加到该集合中。只有达到原属性的全集或停止标准时，子集才停止增长。

（2）向后删除。该过程由整个属性集开始，在每一步，删除尚在属性集中的最坏属性。

（3）向前选择和向后删除的结合。向前选择和向后删除方法可以结合在一起，每一步选择一个最好的属性，并在剩余属性中删除一个最坏的属性。

2. 搜索策略

搜索策略有三种：完全式搜索、启发式搜索和随机搜索。

（1）完全式搜索。完全式搜索也称为穷尽式搜索，它可以确保找到最优的属性子集。但由于全部可能的属性子集的数量是 2^N，当属性数量变大时。这种搜索策略是不可行的。

（2）启发式搜索。由于穷尽式搜索受到限制，人们考虑利用启发式来引导搜索。它避免了全部的搜索，但同时也冒着丢失最优子集的风险。由启发式指导进行的深度优先的搜索排序的空间复杂度可能是 $O(N^2)$ 或更低。利用启发式搜索策略的算法非常易于实现，并且产生子集的过程非常快，因为搜索空间仅仅是属性数量的平方关系。

最初提出启发式算法思想的 X. Hu 把核作为约简计算的基础，以属性重要性作为启发信息，按属性重要性的大小逐个将属性加入约简集合，直到该集合是一个约简为止。按照加入属性的不同，可以计算出多个属性约简集，最终得到一个较好的或满意的约简。

（3）随机搜索。与前面介绍的两种搜索策略不同，这种策略在搜索下一个集合时是随机的，即当前集合没有根据任何先前的集合按照确定的规则有方向地增长或删减。

子集的选择存在优劣，最优子集总是与确定的评价准则相关，也就是说，使用一个评价准则所选择的最优子集可能与使用另一个评价准则所选择的最优子集是不同的。

属性选择算法在广义上可分为两类：过滤模型（filter model）和包装模型（wrapper model）。过滤模型依靠训练数据的一般特征来选择一些属性，而不涉及任何学习算法。包装模型需要在属性选择中预先设定学习算法并利用它的性能来评估和决定选择哪些属性。

对于每个新的属性子集，包装模型需要学习假说或分类。它能够较好地发现适合预定学习算法的属性，以获得较高的学习性能，但是包装模型比过滤模型有更多的计算开销。当属性的数量变得非常大时，通常由于过滤模型的计算效率而选择它。为结合两个模型的优点，最近提出了混合模型的算法用于处理高维数据。在这些算法中，首先利用基于数据特征的属性子集的优势度，在候选的子集中挑选最好子集，然后通过不同候选子集进行交叉有效性验证确定最终最优的子集。

子集搜索算法在预先设定的评估度量指导下对候选属性子集进行搜索。当搜索停止时，选择一个最优或次优的子集。

5.1.5　属性集选择的贪心算法

贪心算法的主要思想是在被选择的子集尽可能小的条件下，把非核属性根据某种启发信息依次添加到核属性集中，直至获得一个属性约简。算法的运行过程是一个属性个数由少到多的过程，将各属性依据约束条件依次加入到约简属性集中，直到满足约简条件为止。其特点是简单、容易实现，特别是在条件属性较多的情况下，往往能够迅速求得一个属性约简。

设 R 是要获得的一个约简，P 是尚未选择的条件属性集，X 是去除相容性例子的实例集合，$EXPECT$ 是属性依赖度的终止条件，有如下算法：

初始化，令 $R=core(C)$，$P=C-core(C)$，$k=1$。

① 去除 U 所有相容的实例，即 $X=U-POS_R(D)$；

② 计算

$$k = \frac{card[POS_R(D)]}{card(U)} \tag{5.10}$$

若 $k \geqslant EXPECT$，算法终止；否则，若

$$POS_R(D) = POS_C(D), \quad k = \frac{card[POS_C(D)]}{card(U)} \tag{5.11}$$

算法终止；

③ 对任意的 $p \in P$，计算

$$v_p = card[POS_{R \cup \{p\}}(D)]$$

和

$$m_p = \frac{\text{max\_size}\left[POS_{R \cup \{p\}}(D)\right]}{(R \bigcup \{P\} \bigcup D)}$$

④ 所有的 $p \in P$,计算具有最大值的 $v_p \times m_p$,并且令 $R = R \cup \{P\}, P = P - \{p\}$;

⑤ 返回到①。

例 5.1　设论域 $U = \{x_1, x_2, x_3, x_4, x_5, x_6, x_7\}$, a, b, c, d 是条件属性,E 是决策属性(表 5.1)。

表 5.1　采样数据集

U	a	b	c	d	E
x_1	1	0	2	1	1
x_2	1	0	2	0	1
x_3	1	2	0	0	2
x_4	1	2	2	1	0
x_5	2	1	0	0	2
x_6	2	1	1	0	2
x_7	2	1	2	1	1

从表 5.1 可以看出,属性 b 是必不可少的,如果删除 b,数据表将是不一致的,即 $\{a_1 c_2 d_1\} \to e_1$ 和 $\{a_1 c_2 d_1\} \to e_0$。可分别求得条件属性 b 的等价类 $U/\{b\}$ 和决策属性 E 的等价类 U/E。决策属性 E 对条件属性 b 的相对正域 $POS_{\{b\}}(\{E\})$ 为

$$U/\{b\} = \{\{x_1, x_2\}, \{x_3, x_4\}, \{x_5, x_6, x_7\}\}$$
$$U/E = \{\{x_4\}, \{x_1, x_2, x_7\}, \{x_3, x_5, x_6\}\}$$
$$POS_{\{b\}}(\{E\}) = \{x_1, x_2\}$$

因此,初始条件为 $R = \{b\}$, $P = \{a, c, d\}$, $X = \{x_3, x_4, x_5, x_6, x_7\}$,设 $EXPECT\_k = 1$,终止条件为 $k \geqslant 1$($R = \{b\}$ 时,$k = 2/7 < 1$)。

依次将 a, c 和 d 加入,计算 $\text{max\_size}(\cdot)$。

$$U/E = \{\{x_3, x_5, x_6\}, \{x_4\}, \{x_7\}\}$$
$$U/\{a, b\} = \{\{x_3, x_4\}, \{x_5, x_6, x_7\}\}$$
$$U/\{b, c\} = \{\{x_3\}, \{x_4\}, \{x_5\}, \{x_6\}, \{x_7\}\}$$
$$U/\{b, d\} = \{\{x_3\}, \{x_4\}, \{x_5, x_6\}, \{x_7\}\}$$
$$POS_{\{a, b\}}(E) = \varnothing$$
$$POS_{\{b, c\}}(E) = POS_{\{b, d\}}(E) = \{x_3, x_4, x_5, x_6, x_7\}$$
$$\text{max\_size}(POS_{\{b, c\}}(E))/(b, c, E) = 1$$
$$\text{max\_size}(POS_{\{b, d\}}(E))/(b, d, E) = card\{x_5, x_6\} = 2$$

依据贪心算法,属性 d 被选取。

$R=\{b,d\}$时，$k=1$，$\{b,d\}$是选取的特征子集。

5.2　模糊粗糙集

　　粗糙集理论和模糊集理论都是研究信息系统中知识的不完善、不准确问题，将二者结合形成了模糊粗糙集。

　　Pawlak 粗糙集模型的推广，是粗糙集研究的一个主要课题。模糊集和粗糙集理论在处理不确定性和不精确性问题方面推广了经典集合论，两个理论的比较和融合一直是人们感兴趣的话题。模糊粗糙集理论模型的建立和发展，成为粗糙集理论推广的主要方向之一。从 Dubois 和 Prade(1990)提出模糊粗糙集理论，到后来的各种广义模糊粗糙集理论、公理化的模糊粗糙集理论，其中 Greco,Matarazzo 和 Slowinski(1998)提出的模型，特别是 Radzikowska(2002)提出的模型，可以说在一个论域的框架下，已经使该理论的发展达到了一个相对完善的状态。

　　Dubois 模型起源于 Willaeys 和 Malvache 对模糊等价关系与模糊分类的讨论。目前模糊粗糙集概念大多是指 Dubois 和 Prade 定义的概念。与 Pawlak 粗糙集相比，其不同之处在于：

　　(1) 被近似对象由 crisp 集 X 换为模糊集 F；

　　(2) 等价关系 R 推广为模糊等价关系 R（满足自反性、对称性、传递性）。

　　定义 5.10　设 R 为粗糙集，$X=(X_L,X_U)\in R$，则 X 中的一个模糊粗糙集（FR 集）$A=(A_L,A_U)$由一对映射 $\underline{A}_L,\underline{A}_U$ 来刻画：

$$\underline{A}_L:X_L\rightarrow[0,1],\quad \underline{A}_U:X_U\rightarrow[0,1] \tag{5.12}$$

且

$$\underline{A}_L\leqslant\underline{A}_U$$

　　定义 5.11　称映射 $d:FR\rightarrow[0,1]$为 FR 上的模糊程度定量化函数，若满足：

① $d(A)=d_L(A)\vee d_U(A)=0$，A 为普通粗糙集；

② $d(A)$达最大值$\Leftrightarrow\forall(X_L,X_U)\in R,\underline{A}_L(X_L)=0.5$，且 $\underline{A}_U(X_L)=0.5$；

③ $\forall(X_L,X_U)\in R,A=(A_L,A_U),B=(B_L,B_U)$均为模糊粗糙集，若

$$B_L(X_L)\leqslant A_L(X_L)<0.5,\quad 且 B_U(X_U)\geqslant A_U(X_U)>0.5$$

或

$$B_L(X_L)\geqslant A_L(X_L)>0.5,\quad 且 B_U(X_U)\leqslant A_U(X_U)<0.5$$

则

$$d(A)\geqslant d(B)$$

④ $d(A)\geqslant d(A^c)$。

以上特性表明：

(1) 普通粗糙集具有非模糊性;

(2) 隶属度处处等于 0.5 的 FR 集是最模糊的;

(3) 隶属函数的值越靠近 0.5 时,FR 集就越模糊,离 0.5 越远越清晰;

(4) A 与 A^C 模糊程度相同。称 $d(A)=dL(A) \vee dU(A)$ 为 A 的模糊度。

定理 5.4　设 A 是 $R=\{X_1,X_2,\cdots,X_n\}$ 上的 FR 集[其中 $X_i=(X_{i_L},X_{i_U})$],又 $c_i(i=1,2,\cdots,n)$ 是正实数,若映射 $f_i:[0,1]\to[0,+\ +\infty)$ 满足条件:

① $f_i(0)=0$;

② $f_i(x)=f_i(1-x)$;

③ f_i 在 $[0,1/2]$ 严格递增,又映射 $g:[0,a]\to[0,1]$,严格递增,其中 $a=c_1f_1(0.5)+\cdots+c_nf_n(0.5)$ 且 $g(0)=0$,则

$$d(A)=d_L(A) \vee d_U(A)$$

$$=g\Big\{\sum_{i=1}^n c_if_i[A_L(X_{i_L})]\Big\} \vee g\Big\{\sum_{i=1}^n c_if_i[A_U(X_{i_U})]\Big\} \tag{5.13}$$

则称 f_i 是 FR 集 A 的模糊度。

定义 5.12　设 $A,B\in FR,R=\{X_1,X_2,\cdots,X_n\}$,$p$ 为实数,称

$$M(A,B)=M_L(A,B) \vee M_U(A,B)$$

$$=\Big[\sum_{i=1}^n \mid A_L(X_{i_L})-B_L(X_{i_L}) \mid^p\Big]^{\frac{1}{p}} \vee \Big[\sum_{i=1}^n \mid A_U(X_{i_U})-B_U(X_{i_U}) \mid^p\Big]^{\frac{1}{p}}$$

$$\tag{5.14}$$

为 A 与 B 之间的明可夫斯基距离。称

$$M'(A,B)=M'_L(A,B) \vee M'_U(A,B)$$

$$=\Big[\frac{1}{n}\sum_{i=1}^n \mid A_L(X_{i_L})-B_L(X_{i_L}) \mid^p\Big]^{\frac{1}{p}} \vee \Big[\frac{1}{n}\sum_{i=1}^n \mid A_U(X_{i_U})-B_U(X_{i_U}) \mid^p\Big]^{\frac{1}{p}}$$

$$\tag{5.15}$$

为 A 与 B 之间的相对明可夫斯基距离。

定义 5.13　$p=1,2$ 时,明可夫斯基距离分别称为 Hamming 距离和欧几里得距离。

在定理 5.4 中,令 $c_i=1$,则

$$f_i(x)=\begin{cases} x^p, & 0 \leqslant x < 0.5 \\ (1-x)^p, & 0.5 \leqslant x \leqslant 1 \end{cases}$$

取

$$g(x)=2\Big(\frac{x}{n}\Big)^{1/p}, \quad 0 \leqslant x \leqslant a,a=\sum_{i=1}^n c_if_i(0.5)$$

其中,c_i,f_i,g 满足定理 5.4 的全部条件,在此基础上可定义模糊粗糙集 A 的模糊度。

定义 5.14(明可夫斯基模糊度)　设 $A\in FR,A$ 的模糊度为

$$d(A) = d_L(A) \vee d_U(A)$$

$$= g \sum_{i=1}^{n} \{c_i f_i [A_L(X_{i_L})]\} \vee g \sum_{i=1}^{n} \{c_i f_i [A_U(X_{i_U})]\}$$

$$= 2 \Big\{ \frac{1}{n} \sum_{i=1}^{n} f_i [A_L(X_{i_L})] \Big\}^{1/p} \vee 2 \Big\{ \frac{1}{n} \sum_{i=1}^{n} f_i [A_U(X_{i_U})] \Big\}^{1/p}$$

当 $A_L(X_{iL}) < 0.5$ 时, $f_i[A_L(X_{i_L})] = [A_L(X_{i_L})]^p = |A_L(X_{i_L}) - A_{0.5_L}(X_{i_L})|^p$;

当 $A_U(X_{i_L}) < 0.5$ 时, $f_i[A_U(X_{i_U})] = [A_U(X_{i_U})]^p = |A_U(X_{i_U}) - A_{0.5_U}(X_{i_U})|^p$;

当 $A_L(X_{i_L}) \geqslant 0.5$ 时, $f_i[A_L(X_{i_L})] = [1 - A_L(X_{i_L})]^p = |A_L(X_{i_L}) - A_{0.5_L}(X_{i_L})|^p$;

当 $A_U(X_{i_L}) \geqslant 0.5$ 时, $f_i[A_U(X_{i_U})] = [1 - A_U(X_{i_U})]^p = |A_U(X_{i_U}) - A_{0.5_U}(X_{i_U})|^p$。所以

$$d(A) = \frac{2}{n^{1/p}} \Big[\sum_{i=1}^{n} |A_L(X_{i_L}) - A_{0.5_L}(X_{i_L})|^p \Big]^{1/p}$$

$$\vee \frac{2}{n^{1/p}} \Big[\sum_{i=1}^{n} |A_U(X_{i_U}) - A_{0.5_U}(X_{i_U})|^p \Big]^{1/p}$$

它的实质是 A 与 $A_{0.5}$ 之间的明可夫斯基,因此通常称为 A 的明可夫斯基模糊度。

定义 5.15 $p = 1, 2$ 时,明可夫斯基模糊度分别称为 Hamming 模糊度和欧几里得模糊度。

定义 5.16(Shannon 模糊度) Shannon 函数 $S: [0,1] \to [0, +\infty)$,

$$S(x) = -x\ln x - (1-x)\ln(1-x)$$

约定

$$S(0) = \lim_{x \to 0^+} S(x) = 0, \quad S(1) = \lim_{x \to 1^-} S(x) = 0$$

此函数具有以下性质:

① 在 $[0,1]$ 处处连续;

② $S(x) = S(1-x)$;

③ $[0, 1/2]$ 上严格递增。

在定理 5.4 中,取 $c_i = 1, f_i(x) = S(x)$,令

$$g(x) = \frac{x}{n\ln 2}, \quad 0 \leqslant x \leqslant a, a = \sum_{i=1}^{n} c_i f_i(0.5) n\ln 2$$

则

$$d(A) = d_L(A) \vee d_U(A)$$

$$= g \sum_{i=1}^{n} \{c_i f_i [A_L(X_{i_L})]\} \vee g \sum_{i=1}^{n} \{c_i f_i [A_U(X_{i_U})]\}$$

$$= \frac{1}{n\ln2} \sum_{i=1}^{n} \left[A_L(X_{i_L}) \ln A_L(X_{i_L}) - A_L^C(X_{i_L}) \ln A_L^C(X_{i_L}) \right]$$

$$\vee \frac{1}{n\ln2} \sum_{i=1}^{n} \left[A_L(X_{i_L}) \ln A_U(X_{i_U}) - A_U^C(X_{i_U}) \ln A_U^C(X_{i_U}) \right]$$

则称如上形式的 $d(A)$ 为 Shannon 模糊度。

5.2.1　模糊粗糙集的模糊熵

在模糊粗糙集理论中,模糊指标经常用来度量模糊粗糙集的不确定性。

定义 5.17　令 A 是一个模糊集,离 A 最近的分明集(精确集) $\underline{A}$ 定义为

$$\mu_{\underline{A}} = \begin{cases} 0, & \mu_A(x) < 0.5 \\ 1, & \mu_A(x) \geqslant 0.5 \end{cases} \tag{5.16}$$

显然, $\underline{A}$ 为 A 的 0.5-截集。在此基础上,可以用距离度量模糊集的模糊性。

定义 5.18　模糊集 F_X^a 的模糊性指标定义为

$$f_X^a = \frac{2}{n^k} d(F_X^a, F_{\underline{X}}^a) \tag{5.17}$$

式中, n 为 U 中元素的个数; $F_{\underline{X}}^a$ 为离 F_X^a 最近的分明集; $d(F_X^a, F_{\underline{X}}^a)$ 表示 2 个集合间的距离;2 和正常数 k 是为了使指标规范化,即 $0 \leqslant F_X^a \leqslant 1$。例如,当 d 为 Hamming 距离时,有

$$f_X^a = \frac{2}{n^k} |\mu_X^a(x) - \mu_{\underline{X}}^a(x)|$$

另一种度量模糊集不确定性的方法是用模糊集的模糊度。模糊度也被称为模糊集的模糊熵。令 $F(U)$ 是 U 模糊集的全体,下面给出模糊度的公理化定义。

定义 5.19　设 $A,B \in F(U)$,若映射 $H: F(U) \to [0,1]$ 满足:

① $H(A)=0 \Leftrightarrow A(x)=0$ 或 $A(x)=1, \forall x \in U$;

② $H(A)=1 \Leftrightarrow A(x)=0.5, \forall x \in U$;

③ 若 $|A(x)-0.5| \geqslant |B(x)-0.5|$,则 $H(B) \geqslant H(A)$;

④ $H(B) \geqslant H(A^C)$,其中 $A^C(x)=1-A(x), \forall x \in U$。

则称 $H(A)$ 是 A 的模糊熵。

为了使用这些指标,下面在模糊近似空间中给出模糊粗糙集粗隶属函数的定义。

定义 5.20　设 (U,R) 为模糊近似空间, $U=\{x_1,x_2,\cdots,x_n\}$ 是有限非空论域, R 是 U 上的模糊自反关系, $R_a(0 \leqslant \alpha \leqslant 1)$ 是 R 的 α-截集,对任意 $X \subseteq U$,定义 X 的粗隶属函数为

$$\mu_X^a(x) = \frac{|X \cap [x]_{R_a}|}{|[x]_{R_a}|}$$

式中,$|X|$ 为 X 中元素的个数。由此可以产生 U 上的模糊集:

$$F_X^\alpha = \left\{ [x, \mu_X^\alpha(x)] : x \in U, \mu_X^\alpha(x) = \frac{|X \bigcap [x]_{R_\alpha}|}{|[x]_{R_\alpha}|} \right\}$$

定义 5.21　设 (U, R) 为模糊近似空间,$U = \{x_1, x_2, \cdots, x_n\}$ 是有限非空论域,R 是 U 上的模糊自反关系,$R_\alpha (0 \leqslant \alpha \leqslant 1)$ 是 R 的 α-截集,对任意 $X \subseteq U$,记

$$H_\alpha(X) = K \sum_{x \in U} S[\mu_X^\alpha(x)], \quad K \in R^+ \tag{5.18}$$

称 $H_\alpha(X)$ 为 X 的模糊熵,其中熵函数 $S: [0,1] \to [0,1]$ 在 $[0,1/2]$ 上单调递增,在 $[1/2,1]$ 上单调递减。通常使用下列熵函数:

$$S_1(x) = -x \log_2 x - (1-x) \log_2 (1-x) \tag{5.19}$$

$$S_2(x) = 4x(1-x) \tag{5.20}$$

$$S_3(x) = \begin{cases} 2x, & x \in [0,1/2] \\ 2(1-x), & x \in [1/2,1] \end{cases} \tag{5.21}$$

显然,$H_\alpha(X)$ 满足定义 5.19 给出的 4 条性质。

5.2.2　模糊粗糙集的粗糙熵

信息熵表示信源提供的平均信息量的大小,即信源提供的平均信息量越大,信源的不确定性也越大。但从知识的粗糙性来看,知识的粗糙性越小,其不确定性越小。如果用信息熵作为知识粗糙性的度量就会得到相反的结论。为此,下面给出知识的粗糙熵的定义:

定义 5.22　设 (U, R) 为模糊近似空间,$U = \{x_1, x_2, \cdots, x_n\}$ 是有限非空论域,R 是 U 上的模糊自反关系,$R_\alpha (0 \leqslant \alpha \leqslant 1)$ 是 R 的 α-截集,R_α 在 U 上的覆盖为

$$L_{R_\alpha} = \{[x_1]_{R_\alpha}, [x_2]_{R_\alpha}, \cdots, [x_n]_{R_\alpha}\}$$

则 R_α 的粗糙熵定义为

$$E(R_\alpha) = -\sum_{i=1}^n \frac{|[x_i]_{R_\alpha}|}{|U|} \log_2 |[x_i]_{R_\alpha}| \tag{5.22}$$

由定义 5.22 给出的粗糙熵满足下述定理:

定理 5.5　设 (U, R) 为模糊近似空间,$U = \{x_1, x_2, \cdots, x_n\}$ 是有限非空论域,R,S 均为 U 上的模糊自反关系,R_α,S_α 分别为 R,S 的 α-截集。若 $S \subseteq R$,对任意 $0 \leqslant \alpha \leqslant 1$,有 $E(R_\alpha) \leqslant E(S_\alpha)$。

证明　设 $L_{S_\alpha} = \{[x_1]_{S_\alpha}, [x_2]_{S_\alpha}, \cdots, [x_n]_{S_\alpha}\}$,$L_{R_\alpha} = \{[x_1]_{R_\alpha}, [x_2]_{R_\alpha}, \cdots, [x_n]_{R_\alpha}\}$,因为 $S \subseteq R$,所以对任意 $0 \leqslant \alpha \leqslant 1$,均有 $S_\alpha \subseteq R_\alpha$,从而

$$\forall x_i \in U, [x_i]_{S_\alpha} \subseteq [x_i]_{R_\alpha}$$

即

$$|[x_i]_{S_\alpha}| \log_2 |[x_i]_{S_\alpha}| \leqslant |[x_i]_{R_\alpha}| \log_2 |[x_i]_{R_\alpha}|$$

因此

$$\sum_{i=1}^{n} \mid [x_i]_{S_\alpha} \mid \log_2 \mid [x_i]_{S_\alpha} \mid \leqslant \sum_{i=1}^{n} \mid [x_i]_{R_\alpha} \mid \log_2 \mid [x_i]_{R_\alpha} \mid$$

由定理 5.5 可知,知识的粗糙熵随着知识粒度的变小而减小。

定理 5.6　设 (U,R) 为模糊近似空间,$U=\{x_1,x_2,\cdots,x_n\}$ 是有限非空论域,R, S 是 U 上的模糊自反关系,R_α,S_α 分别为 R,S 的 α-截集。若 $0\leqslant\alpha\leqslant1$,$L_{S_\alpha}=L_{R_\alpha}$,则 $E(R_\alpha)=E(S_\alpha)$。

证明　由 $L_{S_\alpha}=L_{R_\alpha}$ 可知,$x_i\in U$,$[x_i]_{S_\alpha}=[x_i]_{R_\alpha}$,所以 $E(R_\alpha)=E(S_\alpha)$。

由定理 5.6 可知,知识粒度相同,知识粗糙熵相等。

定理 5.7　设 (U,R) 为模糊近似空间,$U=\{x_1,x_2,\cdots,x_n\}$ 是有限非空论域,R, S 是 U 上的模糊自反关系,R_α,S_α 分别为 R,S 的 α-截集,当 $S\subseteq R$ 时,若 $L_{S_\alpha}\subseteq L_{R_\alpha}$,且对任意 $0\leqslant\alpha\leqslant1$,都有 $E(R_\alpha)=E(S_\alpha)$,则 $L_{S_\alpha}=L_{R_\alpha}$。

证明　由 $E(R_\alpha)=E(S_\alpha)$,可得

$$\sum_{i=1}^{n} \mid [x_i]_{S_\alpha} \mid \log_2 \mid [x_i]_{S_\alpha} \mid = \sum_{i=1}^{n} \mid [x_i]_{R_\alpha} \mid \log_2 \mid [x_i]_{R_\alpha} \mid$$

因为 $0\leqslant\alpha\leqslant1$,有 $S_\alpha\subseteq R_\alpha$,所以 $x_i\in U$,有

$$[x_i]_{S_\alpha} \subseteq [x_i]_{R_\alpha}, 1\leqslant \mid [x_i]_{S_\alpha} \mid \leqslant \mid [x_i]_{R_\alpha} \mid$$

因此

$$\mid [x_i]_{S_\alpha} \mid \log_2 \mid [x_i]_{S_\alpha} \mid \leqslant \mid [x_i]_{R_\alpha} \mid \log_2 \mid [x_i]_{R_\alpha} \mid$$

由定理 5.6,可得

$$\sum_{i=1}^{n} \mid [x_i]_{S_\alpha} \mid \log_2 \mid [x_i]_{S_\alpha} \mid = \sum_{i=1}^{n} \mid [x_i]_{R_\alpha} \mid \log_2 \mid [x_i]_{R_\alpha} \mid$$

进而

$$[x_i]_{S_\alpha} = [x_i]_{R_\alpha}$$

从而

$$[X_i]_{S_\alpha} = [X_i]_{R_\alpha}$$

所以

$$L_{S_\alpha} = L_{R_\alpha}$$

定理 5.7 表明,如果两个模糊近似空间存在包含关系且它们关于知识的粗糙熵相等,则这两个近似空间是等价的。

设 (U,R) 和 (U,S) 为两个模糊近似空间,其中 $R=(r_{ij},i,j\leqslant n)$,$S=(s_{ij},i,j\leqslant n)$ 分别为其上的模糊自反关系。建立复合运算 $R\circ S=(t_{ij},i,j\leqslant n)$,其中 $t_{ij}=\bigvee_{k=1}^{n}(r_{ik}\wedge s_{kj})$,则 $(U,R\circ S)$ 也是模糊近似空间,且 $R\subseteq R\circ S$,$S\subseteq R\circ S$。因此,对任意 $0\leqslant\alpha\leqslant1$ 都有 $R_\alpha\subseteq(R\circ S)_\alpha$,$S_\alpha\subseteq(R\circ S)_\alpha$。

定理 5.8　设 (U,R) 和 (U,S) 为两个模糊近似空间,$U=\{x_1,x_2,\cdots,x_n\}$ 是有限非空论域,$R\circ S$ 是 R 与 S 的模糊关系复合运算,$0\leqslant\alpha\leqslant\beta\leqslant1$,则 $E[(R\circ S)_\alpha]\geqslant \max\{E(R_\alpha),E(S_\alpha)\}$。

证明　因为 $R \sqsubseteq R \circ S, S \sqsubseteq R \circ S$, 由定理 5.5 可得

$$E[(R \circ S)_a] \geqslant E(R_a), \quad E[(R \circ S)_a] \geqslant E(S_a)$$

从而

$$E[(R \circ S)_a] \geqslant \max\{E(R_a), E(S_a)\}$$

定理 5.8 表明, 在模糊关系复合运算下知识的信息熵不减。

5.3　广义模糊粗糙集

5.3.1　广义模糊粗糙集的构造

设论域 U 是一个非空有限集合, 用 $P(U)$ 表示 U 的幂集, $F(U)$ 表示 U 的模糊子集全体, A^c 表示集合 A 的补集。设 U 和 W 是两个非空有限论域, 若 $R \in F(U \times W)$, 则称 R 为由 U 到 W 的模糊关系。$R(x, y)$ 表示对象 x 与 y 具有关系 R 的程度。当 $W = U$ 时, 称 R 为 U 上的模糊关系。

定义 5.23　设 U, W 是两个非空有限论域, R 是从 U 到 W 的一个二元模糊关系, 称三元组 (U, W, R) 为 (广义) 模糊近似空间。$A \in F(W)$, A 关于 (U, W, R) 的一对下近似 $\underline{R}(A)$ 和上近似 $\overline{R}(A)$ 是 U 上的一对模糊集合, 其隶属函数分别定义为

$$\underline{R}(A)(x) = \min_{y \in W} \max\{1 - R(x, y), A(y)\}, \quad x \in U \tag{5.23}$$

$$\overline{R}(A)(x) = \min_{y \in W} \max\{R(x, y), A(y)\}, \quad x \in U \tag{5.24}$$

算子 $\underline{R}$ 与 $\overline{R}: F(W) \to F(U)$ 分别称为模糊粗糙下近似算子和模糊粗糙上近似算子, 序对 $[\underline{R}(A), \overline{R}(A)]$ 称为 (广义) 模糊粗糙集。

若 $\underline{R}(A) = \overline{R}(A)$, 则称 A 是可定义的, 否则称 A 是不可定义的。

注意到: 当 A 是经典集合时, 容易知道:

$$\underline{R}(A)(x) = \min_{y \notin W}\{1 - R(x, y)\}, \quad x \in U$$

$$\overline{R}(A)(x) = \max_{y \in A}\{R(x, y)\}, \quad x \in U$$

如果 R 是由 U 到 W 的经典关系, $\forall x \in U$, 记 $R_s(x) = \{y \in W : (x, y) \in R\}$, $R_s(x)$ 称为 x 关于关系 R 的后继邻域。则 $A \in P(W)$, $x \in U$, 有

$$\underline{R}(A)(x) = 1 \Leftrightarrow R(x, y) = 0 \Leftrightarrow \forall y \in R_s(x), y \in A \Leftrightarrow R_s(x) \subseteq A$$

类似地, $\overline{R}(A)(x) = 1 \Leftrightarrow R_s(x) \cap A \neq \varnothing$。

因此, 模糊粗糙近似算子是祝峰和何华灿定义的近似算子的推广, 从而当 R 是

经典等价关系时,它们就是 Pawlak 近似算子。

5.3.2　广义模糊粗糙集的不确定性度量

定义 5.24　设 U 是论域,R 是 U 上的一个模糊关系,$A \in F(U)$,$x \in U$,x 关于 A 的粗糙隶属程度定义为 $R(A)(x)$:

$$R(A)(x) = \frac{\sum\limits_{y \in U} \min\{R(x,y), A(y)\}}{\sum\limits_{y \in U} R(x,y)} \tag{5.25}$$

容易验证,当 R 是 U 上的经典等价关系,$A \in P(U)$ 时,上述定义就退化为 Pawlak 的相应定义。

定理 5.9　设 U 是论域,R 是 U 上的一个模糊关系,则

(1) $A, B \in F(U)$,若 $A \subseteq B$,则 $R(A) \subseteq R(B)$;

(2) $A \in P(U)$,有 $R(A^c) = (R(A))^c$。

证明　(1) $\forall A, B \in F(U)$,若 $A \subseteq B$,则 $\forall x \in U, A(x) \leqslant B(x)$,故

$$R(A)(x) = \frac{\sum\limits_{y \in U} \min\{R(x,y), A(y)\}}{\sum\limits_{y \in U} R(x,y)}$$

$$\leqslant \frac{\sum\limits_{y \in U} \min\{R(x,y), B(y)\}}{\sum\limits_{y \in U} R(x,y)} = R(B)(x)$$

因此 $R(A) \subseteq R(B)$。

(2) 若 $A \in P(U)$,则 $\forall x \in U$,有

$$R(\sim A)(x) + R(A)(x)$$

$$= \frac{\sum\limits_{y \in U} \min\{R(x,y), \sim A(y)\}}{\sum\limits_{y \in U} R(x,y)} + \frac{\sum\limits_{y \in U} \min\{R(x,y), A(y)\}}{\sum\limits_{y \in U} R(x,y)}$$

$$= \frac{\sum\limits_{y \in U} \min\{R(x,y), 1 - A(y)\}}{\sum\limits_{y \in U} R(x,y)} + \frac{\sum\limits_{y \in U} \min\{R(x,y), A(y)\}}{\sum\limits_{y \in U} R(x,y)}$$

$$= \frac{\sum\limits_{y \in U} \min\{R(x,y), 1 - 0\}}{\sum\limits_{y \in U} R(x,y)} + \frac{\sum\limits_{y \in U} \min\{R(x,y), 1\}}{\sum\limits_{y \in U} R(x,y)}$$

$$= 1$$

故 $R(A^c) = [R(A)]^c$。

利用上述推广的模糊粗糙隶属函数和定义 5.24,定义模糊粗糙集的不确定性度量如下:

定义 5.25　设 U 是论域,R 是 U 上的一个模糊关系,n 是论域 U 的基数,$A \in F(U)$,则模糊粗糙集 $(\underline{R}(A),\overline{R}(A))$ 的模糊性度量 $FR(A)$ 定义为

$$FR(R) = \frac{4}{n}\sum_{x \in U}R(A)(x)[1-R(A)(x)] \qquad (5.26)$$

模糊粗糙集的不确定性来自两个方面:一是近似空间,一是被近似的集合本身。下面的结果说明什么样的模糊粗糙集是"确定的"。

定理 5.10　设 U 是论域,R 是 U 上的自反的模糊关系,$A \in F(U)$,则 $FR(A)=0$,当且仅当 $A \in P(U)$ 且 A 是可定义的。

证明　充分性。若 $A \in P(U)$,且 A 是可定义的,则 $\underline{R}(A)=A=\overline{R}(A)$。

(1) $\forall x \in A, y \notin A$,有

$$1 = A(x) = \underline{R}(A)(x) = \min_{y \notin A}\{1-R(x,y)\} \leqslant 1$$

因此

$$R(A)(x) = \frac{\sum\limits_{y \in U}\min\{R(x,y),A(y)\}}{\sum\limits_{y \in U}R(x,y)}$$

$$= \frac{\sum\limits_{y \in U}\min\{R(x,y),1\}}{\sum\limits_{y \in U}R(x,y)} = 1$$

(2) $\forall x \notin A, y \in A$,有

$$0 = A(x) = \overline{R}(A)(x) = \max_{y \notin A}\{1-R(x,y)\} \geqslant 0$$

$$R(A)(x) = \frac{\sum\limits_{y \in U}\min\{R(x,y),A(y)\}}{\sum\limits_{y \in U}R(x,y)}$$

$$= \frac{\sum\limits_{y \in U}\min\{R(x,y),0\}}{\sum\limits_{y \in U}R(x,y)} = 0$$

由(1)和(2)可知,$x \in U,R(A)(x)[1-R(A)(x)]=0$,故 $FR(A)=0$。

必要性。由 $FR(A)=0$ 及定义 5.25 可知,$x \in U,R(A)(x)=0$ 或 1。

(3) 对 $x \in U$,当 $R(A)(x)=0$ 时,有

$$\sum_{y \in U}\min\{R(x,y),A(y)\} = 0$$

但 R 是自反的,$R(x,x)=1$,从而 $A(x)=0$。

(4) 对 $x \in U$,当 $R(A)(x)=1$ 时,$y \in U,R(x,y) \leqslant A(y)$。

特别地,$R(x,x) \leqslant A(x)$,但 R 是自反的,故 $A(x)=1$。

综合(3)和(4),即得 $A \in P(U)$。

下面证明 A 是可定义的。

由以上证明知,当 $FR(A)=0$ 时,$A \in P(U)$。故 $x \in U, A(x)=1$ 或 $A(x)=0$。

(5) 如果 $A(x)=1$,由定义 5.24 知,$\overline{R}(A)(x) \neq 0$,故 $\overline{R}(A)(x)=1$。

再利用定义 5.25,$y \in U, R(x,y) \leqslant A(y)$,即 $y \notin A, R(x,y)=0$。因此

$$\underline{R}(A)(x) = 1 = A(X)$$

但 R 是自的,$\underline{R}(A)(x) \leqslant A(x) \leqslant \overline{R}(A)$。因此 $\underline{R}(A)(x)=A(x)=\overline{R}(A)$。

(6) 如果 $A(x)=0$,由下近似定义可得

$$\underline{R}(A)(x) = \min_{y \notin A}\{1-R(x,y)\} \leqslant 1-R(x,x)$$
$$= 0 = A(x)$$

但

$$R(A)(x) = \frac{\sum\limits_{y \in U} \min\{R(x,y), A(y)\}}{\sum\limits_{y \in U} R(x,y)}$$
$$= \frac{\sum\limits_{y \neq x} \min\{R(x,y), A(y)\}}{\sum\limits_{y \neq x} R(x,y)+1} < 1$$

由 $FR(A)=0$,得 $\overline{R}(A)(x)=0$,即 $y \in U, A(y)=0$,或者 $R(x,y)=0$,因此 $y \in A$,$R(x,y)=0$ 成立。再由上近似定义得

$$\overline{R}(A)(x) = \min_{y \in A} R(x,y) = 0$$

所以

$$\overline{R}(A)(x) = 0 = A(x)$$

这样利用 R 的自反性得 $\underline{R}(A)(x)=A(x)=\overline{R}(A)(x)$。

综合(5)和(6)可知,A 是可定义的。

据此,得到了广义模糊粗糙集的不确定性度量等于 0 的充分必要条件。由定理 5.10 可知,即使在 Pawlak 粗糙集模型下,对于经典的集合,其模糊粗糙集的模糊性仍可能不为 0。

定理 5.11　设 U 是论域,R 是 U 上的一个模糊关系,若 $A \in P(U)$,则有 $FR(A^c)=FR(A)$。

证明　由定理 5.9 可知,$A \in P(U), R(A^c)=(R(A))^c$。故 $\forall x \in U$,有

$$R(A^c)(x)[1-R(A^c)(x)] = [1-R(A)(x)]\{1-[R(A)(x)]^c\}$$
$$= [1-R(A)(x)]R(A)(x)$$

因此 $FR(A^c)=FR(A)$。

5.4　灰色系统理论

　　灰色系统理论是以灰色集合为基础,在 1982 年由我国著名学者邓聚龙教授创立的,它是横断学科群中升起的又一颗光彩夺目的新星。与研究"随机不确定性"的概率统计和研究"认知不确定性"的模糊数学不同,灰色系统理论的研究对象是"部分信息已知,部分信息未知"的"小样本""贫信息"不确定性系统。它通过对"部分"已知信息的生成、开发去了解认识现实世界,实现对系统运行行为和演化规律的正确把握和描述。灰色系统模型对试验观测数据及其分布没有什么特殊的要求和限制,作为一种十分简便、易学好用的新理论,灰色系统理论具有十分宽广的应用领域,并深受各领域研究人员和实际工作者的喜爱。

5.4.1　灰色系统理论的产生与发展动态

5.4.1.1　灰色系统理论的产生与发展动态

　　1982 年,北荷兰出版公司出版的《Systems & Control Letters》期刊发表了我国学者邓聚龙教授的第一篇灰色系统论文《灰色系统的控制问题》(《The Control Problems of Grey Systems》),1982 年《华中工学院学报》第三期发表了邓聚龙教授的第一篇中文灰色系统论文《灰色控制系统》,标志着灰色系统理论这一新兴横断学科经过其创始人邓聚龙教授多年卓有成效的努力开始问世,这一新理论刚一诞生,就受到国内外学术界和广大实际工作者的极大关注,不少著名学者和专家给予了充分肯定和支持,许多中青年学者纷纷加入灰色系统理论研究行列,以极大的热情开展理论探索及在不同领域中的应用研究工作。目前,英国、美国、德国、日本、澳大利亚、加拿大、奥地利、俄罗斯、中国等国家已有许多知名学者从事灰色系统的研究和应用;海内外 84 所高校开设了灰色系统课程,数百名博士、硕士研究生运用灰色系统的思想方法开展科学研究,撰写学位论文;国际、国内 200 多种学术期刊发表灰色系统论文,许多国际会议把灰色系统列为讨论专题。据不完全统计,近年来,SCI(科学引文索引)、EI(工程索引)、ISTP(科技会议索引)以及 SA(英国科学文摘)、MR(美国数字评论)、MA(德国数学文摘)等国际权威性检索杂志跟踪、检索我国学者的灰色系统论著 500 多次(其中邓聚龙教授的论著被检索、摘录 100 多次)。1997 年,中国建立了自己的科学引文数据库(CSCD),据 1997 年 11 月 26 日《中国科学报》报道:"华中理工大学邓聚龙先生的灰色系统理论被引用 533 次,居全国第一"。灰色系统理论的应用范围已拓展到工业、农业、社会、经济、能源、交通、地理、地质、石油、地震、气象、水利、环境、生态、医学、体育、教育、军事、法学、金融等众多科学领域,成功地解决了生产、生活和科学研究中的大量实际问题,我国科技工作者主持的一大批灰色系统理论研究课题获得了国家和省市科学基金资助,已有 200 多项灰色系统理论及应用成果获得国家和省部级奖励。

1985 年,国防工业出版社出版了邓聚龙教授的第一部灰色系统专著《灰色系统(社会·经济)》。1985 年至 1992 年,华中理工大学出版社先后出版发行了邓聚龙教授有关灰色系统的六部著作:《灰色控制系统》《灰色预测与决策》《灰色系统基本方法》《多维灰色规划》《灰色系统理论教程》和《灰数学引论——灰色朦胧集》。其中《灰色控制系统》和《灰色系统理论教程》等被多次重印、再版,成为畅销科技图书。国内其他出版单位以及美国 IIGSS 学术出版社也都编辑出版了灰色系统的著作,1989 年,英国科技信息服务中心和万国学术出版社联合创办了国际性刊物《The Journal of Grey System》(《灰色系统学报》),该刊被英国科学文摘(SA)等权威性检索机构列为核心期刊。

从 1982 年至今,灰色系统理论问世仅有十多年时间,就以其强大的生命力自立于科学之林,奠定了其作为一门新兴横断学科的学术地位,在 1992 年召开的第七次全国灰色系统学术会议上,中国科学院院士陈克强教授指出:"自然科学各学科诞生之初,能在 10 年内迅速突破,获得重大发展的为数不多,灰色系统理论就是其中之一。"

灰色系统理论的蓬勃生机和广阔前景正日益广泛地被国际、国内各界所认识、所重视。

5.4.1.2　几种不确定性方法的比较

模糊数学、概率统计和灰色系统理论是三种最常用的不确定性系统的研究方法。研究对象都具有某种不确定性,这是三者的共同点。正是研究对象在不确定性上的区别派生出三种各具特色的不确定性学科。

模糊数学着重研究"认知不确定"问题,其研究对象具有"内涵明确,外延不明确"的特点。比如"年轻人"就是一个模糊概念,因为每一个人都十分清楚年轻人的内涵,但要让你划定一个确切的范围,在这个范围之内的是年轻人,范围之外的都不是年轻人,则很难办到,因为年轻人这个概念外延不明确。对于这类内涵明确、外延不明确的"认知不确定"问题,模糊数学主要是凭经验借助于隶属函数进行处理。

概率统计研究"随机不确定"现象,着重于考察"随机不确定"现象的历史统计规律,考察具有多种可能发生的结果随"随机不确定"现象中每一种结果发生的可能性大小。其出发点是大样本,并要求对象服从某种典型分布。

灰色系统着重研究概率统计、模糊数学所不能解决的"小样本、贫信息不确定"问题,并依据信息覆盖,通过序列生成寻求现实规律。其特点是"少数据建模",与模糊数学不同的是,灰色系统理论着重研究"外延明确、内涵不明确"的对象。比如说到 2050 年,中国要将总人口控制在 15 亿到 16 亿之间,这"15 亿到 16 亿之间"就是一个灰概念,其外延是非常明确的,但如果进一步要问到底是哪个具体值,则不清楚。

综上所述,我们可以把三者之间的区别进行归纳,如表 5.2 所示。

表 5.2　三种不确定方法的区别

项目	灰色系统	概率统计	模糊数学
研究对象	贫信息不确定	随机不确定	认知不确定
基础集合	灰色朦胧集	康托集	模糊集
方法依据	信息覆盖	映射	映射
途径手段	灰序列生成	频率统计	截集
数据要求	任意分布	典型分布	隶属度可知
侧重	内涵	内涵	外延
目标	现实规律	历史统计规律	认知表达
特色	小样本	大样本	凭经验

5.4.2　灰色系统的概念与基本原理

5.4.2.1　灰色系统的基本概念

社会、经济、农业、工业、生态、生物等许多系统,是根据研究对象所属的领域和范围命名的,而灰色系统却是按颜色命名的。在控制论中,人们常用颜色的深浅形容信息的明确程度,如艾什比(Ashby)将内部信息未知的对象称为黑箱(black box)。这种称谓已为人们普遍接受。再如在政治生活中,人民群众希望了解决策及其形成过程的有关信息,就提出要增加"透明度"。我们用"黑"表示信息未知,用"白"表示信息完全明确,用"灰"表示部分信息明确、部分信息不明确。相应地,信息完全明确的系统称为白色系统,信息未知的系统称为黑色系统,部分信息明确、部分信息不明确的系统称为灰色系统。

请注意"系统"与"箱"这两个概念的区别。通常,"箱"侧重于对象外部特征而不重视其内部信息的开发利用,往往通过输入、输出关系或因果关系研究对象的功能和特征。"系统"则通过对象、要素、环境三者之间的有机联系和变化规律研究其结构和功能。

灰色系统理论的研究对象是"部分信息已知,部分信息未知"的"贫信息"不确定性系统,它通过对"部分"已知信息的生成、开发,实现对现实世界的确切描述和认识。

人们在社会、经济活动或科研活动中,会经常遇到信息不完全的情况。如在农业生产中,即使是播种面积、种子、化肥、灌溉等信息完全明确,但由于劳动力技术水平、自然环境、气候条件、市场行情等信息不明确,仍难以准确地预计出产量、产值;再如生物防治系统,虽然害虫与其天敌之间的关系十分明确,但却往往因人们对害虫与饵料、天敌与饵料、某一天敌与别的天敌、某一害虫与别的害虫之间的关联信息了解不够,生物防治难以收到预期效果;价格体系的调整或改革,常常因缺乏民众心理承受力的信息,以及某些商品价格变动对其他商品价格影响的确切信息而举步维艰;在证券市场上,即使最高明的系统分析人员亦难以稳操胜券,因为测不准金融政策、利率政策,企业改革、国际市场变化及某些板块价格波动对其他板块影响的确切信息;一般的社会经济系统,由于其没有明确的"内""外"关系,系统本身与系统环境、系统内部与系统外部的边界若明若暗,难以分析输入(投入)对输出(产出)的影响。而同一个经济变量,有的研究者把它视为内生变量,有的研究者却把它视为外生变量,这是由于缺乏系统结构、系统模型及系统功能信息。

综上所述,可以把系统信息不完全的情况分为以下四种:

(1) 元素(参数)信息不完全;

(2) 结构信息不完全;

(3) 边界信息不完全;

(4) 运行行为信息不完全。

"信息不完全"是"灰"的基本含义。从不同场合、不同角度看,还可以将"灰"的含义加以引申(表5.3)。

表 5.3　"灰"概念的引申

场合 概念	黑	灰	白
从信息上看	未知	不完全	完全
从表象上看	暗	若明若暗	明朗
在过程上	新	新旧交替	旧
在性质上	混沌	多种成分	纯
在方法上	否定	扬弃	肯定
在态度上	放纵	宽容	严厉
从结果看	无解	非唯一解	唯一解

5.4.2.2　灰色系统的基本原理

在灰色系统理论创立和发展过程中,邓聚龙教授发现并提炼出灰色系统的基本原理,不难看出,这些基本原理,具有十分深刻的哲学内涵。

公理 5.1(差异信息原理) "差异"是信息,凡信息必有差异。

我们说"事物 A 不同于事物 B",即存在事物 A 相对于事物 B 之特殊性的有关信息,客观世界中万事万物之间的"差异"为我们提供了认识世界的基本信息。

信息 I 改变了我们对某一复杂事物的看法或认识,信息 I 与人们对该事物的原认识信息有差异。科学研究中的重大突破为人们提供了认识世界和改造世界的重要信息,这类信息与原来的信息必有差异。信息 I 的信息含量越大,它与原信息的差异就越大。

公理 5.2(解的非唯一性原理) 信息不完全、不确定的解是非唯一的。

"解的非唯一性原理"是灰色系统理论解决实际问题所遵循的基本法则,它在决策上的体现是灰靶思想。灰靶是目标非唯一与目标可约束的统一。比如升学填报志愿,一个认定了"非某校不上"的考生,如果考分不具绝对优势,其愿望就很可能落空,相同条件对于愿意退而求其"次",多目标、多选择的考生,其升学的机会就更多。

"解的非唯一性原理"也是目标可接近、信息可补充、方案可完善、关系可协调、思维可多向、认识可深化、途径可优化的具体体现。在面对多种可能的解时,它能够通过定性分析,补充信息,确定出一个或几个满意解,因此,"非唯一性"的求解途径是定性分析与定量分析相结合的求解途径。

公理 5.3(最少信息原理) 灰色系统理论的特点是充分开发利用已占有的"最少信息"。

"最少信息原理"是"少"与"多"的辩证统一,灰色系统理论的特色是研究"小样本""贫信息"不确定性问题。其立足点是"有限信息空间","最少信息"是灰色系统的基本准则,所能获得的信息"量"是判别"灰"与"非灰"的分水岭,充分开发利用已占有的"最少信息"是灰色系统理论解决问题的基本思路。

公理 5.4(认知根据原理) 信息是认知的根据。

认知必须以信息为依据,没有信息,无以认知。以完全、确定的信息为根据,可以获得完全确定的认知,以不完全、不确定的信息为根据,只能得到不完全、不确定的灰认知。

公理 5.5(新信息优先原理) 新信息对认知的作用大于老信息。

"新信息优先原理"是灰色系统理论的信息观,赋予新信息较大的权重可以提高灰色建模、灰色预测、灰色分析、灰色评估、灰色决策等的功效。"新陈代谢"模型体现了"新信息优先原理"。新信息的补充为灰元白化提供了基本动力。"新信息优先原理"是信息时效性的具体体现。

公理 5.6(灰性不灭原理) "信息不完全"(灰)是绝对的。

信息不完全、不确定具有普遍性。信息完全是相对的、暂时的。原有的不确定性消失,新的不确定性很快就会出现。人类对客观世界的认识,通过信息的不断补充而一次又一次地升华,信息无穷尽,认知无穷尽,灰性永不灭。

5.4.3 灰数测度的公理及若干定理

本节着重讨论灰数的测度,即灰度。灰数的灰度在一定程度上反映了人们对灰色系统之行为特征的未知程度。2.1.2 节中给出了白化权函数已知的区间灰数的灰度的定义。在实际应用中,我们会遇到大量的白化权函数未知的灰数,例如由一般灰色系统的行为特征预测值构成的灰数,就难以给出其白化权函数。

我们认为,灰数的灰度主要与相应定义信息域的长度及其基本值有关。如果考虑一个 4000 左右的灰数,给出其估计值的两个灰数 $\otimes_1 \in [3998, 4002]$ 和 $\otimes_2 \in [3900, 4100]$,显然 $\otimes_1$ 比 $\otimes_2$ 更有价值,亦即 $\otimes_1$ 比 $\otimes_2$ 灰度小,若再考虑一个基本值为 4 的灰数,给出灰数 $\otimes_3 \in [2, 6]$,虽然 $\otimes_1$ 与 $\otimes_3$ 的长度都是 4,但 $\otimes_1$ 比 $\otimes_3$ 的灰度小是显而易见的。

定义 5.26 设灰数 $\otimes_1$ 的定义信息域为 $[a, b]$,即 $\otimes \in [a, b], a < b$,则 $l(\otimes) = |b - a|$,称之为灰数 $\otimes$ 的定义信息域的长度。

显然,当两个灰数的基本值相等时,定义信息域长度越大,灰度越大。

定义 5.27 设灰数 $\otimes$ 的定义信息域为 $[a, b]$,即 $\otimes \in [a, b], a < b$。

(1) 当 $\otimes$ 的白化权函数已知时,称 $\hat{\otimes} = E(\otimes)$ 为灰数 $\otimes$ 的均值白化数。此处 $E(\otimes)$ 为随机型灰数的数学期望。

(2) 当 $\otimes$ 的白化权函数未知时:

① 若 $\otimes$ 是一个连续型灰数,则称 $\hat{\otimes} = \frac{1}{2}(a + b)$ 为灰数 $\otimes$ 的均值白化数。

② 若 $\otimes$ 是一个离散型灰数,$a_i \in [a, b]$($i = 1, 2, \cdots$)为 $\otimes$ 的所有可能取值,则称

$$\hat{\otimes} = \begin{cases} \dfrac{1}{n}\displaystyle\sum_{i=1}^{n} a_i, & \otimes \text{ 有有限可能取值} \\[3mm] \displaystyle\lim_{n \to +\infty} \dfrac{1}{n}\sum_{i=1}^{n} a_i, & \otimes \text{ 有多可能取值} \end{cases}$$

为灰数 $\otimes$ 的均值白化数。

注:如果 $a_i(\otimes)$ 为次级灰数,$a_i(\otimes) \in [a_i, b_i], a_i < b_i$,则取 $a_i = \hat{a}_i(\otimes)$。

仍以 $g^\circ(\otimes)$ 记灰数 $\otimes$ 的灰度,下面我们按照直观合理性的原则建立关于灰数灰度的公理系统。

公理 5.7 对任一灰数 $\otimes \in [a, b], a < b$,有 $g^\circ(\otimes) \geqslant 0$。

公理 5.8 当 $a = b$,即 $l(\otimes) = 0$ 时,$g^\circ(\otimes_1) = 0$,即白数的灰度为零。

公理 5.9 当 $a \to -\infty$ 或 $b \to +\infty$ 时,$g^\circ(\otimes) = +\infty$,即黑数的灰度为 $+\infty$。

公理 5.10　$g°(k\bigotimes)=g°(\bigotimes)$。

灰数被普通数乘,不影响其不确定性,因此灰度不变。

公理 5.11　$g°(\bigotimes)$与$l(\bigotimes)$成正比,与$\hat{\bigotimes}$成反比。

定义 5.28　设灰数$\bigotimes\in[a,b],a<b$,则

$$g°(\bigotimes)=\frac{l(\bigotimes)}{|\hat{\bigotimes}|} \tag{5.27}$$

称为灰数$\bigotimes$的灰度,其中$l(\bigotimes)$为$\bigotimes$的定义信息域的长度,$\hat{\bigotimes}$为$\bigotimes$的均值白化数。

定理 5.12　定义 5.28 中给出的灰度定义满足灰度的五个公理。

定义 5.29　当$\hat{\bigotimes}=0$时,称$\bigotimes$为零心灰数。

由定义可知,零心灰数的灰度为$+\infty$。

以下给出灰数合成及合成灰数灰度之关系的若干定理。

定理 5.13　设灰数$\bigotimes_1\in[a,b],a<b;\bigotimes_2\in[c,d],c<d$ 且 $a\geqslant0,c\geqslant0$ 或 $b\leqslant0,d\leqslant0$,则

$$g°(\bigotimes_1+\bigotimes_2)\leqslant g°(\bigotimes_1)+g°(\bigotimes_2)$$

证明　
$$g°(\bigotimes_1+\bigotimes_2)=\frac{l(\bigotimes_1+\bigotimes_2)}{|\bigotimes_1+\bigotimes_2|}=\frac{2|b+d-a-c|}{|b+d+a+c|}$$
$$\leqslant\frac{2|b-a|+2|d-c|}{|b+d+a+c|}$$
$$\leqslant\frac{2|b-a|}{|b+a|}+\frac{2|d-c|}{|d+c|}$$
$$=\frac{l(\bigotimes_1)}{|\hat{\bigotimes}_1|}+\frac{l(\bigotimes_2)}{|\hat{\bigotimes}_2|}$$
$$=g°(\bigotimes_1)+g°(\bigotimes_2)$$

定理 5.14　设$\bigotimes_1\in[a,b],a<b;\bigotimes_2\in[c,d],c<d$。若下列情形之一满足:

(1) $a\geqslant0,c\geqslant0$;

(2) $a\geqslant0,d\leqslant0$;

(3) $b\leqslant0,c\geqslant0$;

(4) $b\leqslant0,d\leqslant0$。

则有

$$g°(\bigotimes_1\cdot\bigotimes_2)\geqslant g°(\bigotimes_1) \tag{5.28}$$
$$g°(\bigotimes_1\cdot\bigotimes_2)\geqslant g°(\bigotimes_2) \tag{5.29}$$

证明　对于情形(1),有$\bigotimes_1\cdot\bigotimes_2\in[ac,bd]$;对于情形(2),有$\bigotimes_1\cdot\bigotimes_2\in[bc,ad]$;对于情形(3),有$\bigotimes_1\cdot\bigotimes_2\in[ad,bc]$;对于情形(4),有$\bigotimes_1\cdot\bigotimes_2\in[bd,ac]$。

此处只给出情形(1)的证明,其余情形的证明类似。

在情形(1)下,有

$$g^\circ(\otimes_1 \cdot \otimes_2) = \frac{l(\otimes_1 + \otimes_2)}{|(\otimes_1 \cdot \otimes_2)|} = \frac{2|bd - ac|}{|bd + ac|}$$

$$\geqslant \frac{2|bd - ad|}{|bd + ad|} = \frac{2|b - a|}{|b + a|} = \frac{l(\otimes_1)}{|(\hat{\otimes}_1)|} = g^\circ(\otimes_1)$$

同理可证

$$g^\circ(\otimes_1 \cdot \otimes_2) = \frac{2|bd - ac|}{|bd + ac|} \geqslant \frac{2|bd - bc|}{|bd + bc|}$$

$$= \frac{2|d - c|}{|d + c|} = \frac{l(\otimes_2)}{|(\hat{\otimes}_2)|} = g^\circ(\otimes_2)$$

定理 5.15　设 $\otimes_1 \in [a,b], a < b; \otimes_2 \in [c,d], c < d$。若下列情形之一发生：

(1) $a > 0, cd < 0$；

(2) $b \leqslant 0, cd < 0$；

(3) $ab < 0, cd < 0$，且 $\dfrac{|a|}{b} \geqslant \max\left\{\dfrac{|c|}{d}, \dfrac{d}{|c|}\right\}$；

(4) $ab < 0, cd < 0$，且 $\dfrac{b}{|a|} \geqslant \max\left\{\dfrac{|c|}{d}, \dfrac{d}{|c|}\right\}$。

则

$$g^\circ(\otimes_1 \div \otimes_2) g^\circ(\otimes_1 \cdot \otimes_2) = g^\circ(\otimes_2) \tag{5.30}$$

证明　对于情形(1)和情形(4)，有 $\otimes_1 \cdot \otimes_2 \in [c,d]$；对于情形(2)和情形(3)，有 $\otimes_1 \cdot \otimes_2 \in a[c,d]$，因此对所有 4 种不同情形，均有 $\otimes_1 \cdot \otimes_2 = k\otimes_2$。故

$$g^\circ(\otimes_1 \cdot \otimes_2) = g^\circ(k\otimes_2) = g^\circ(\otimes_2)$$

类似地，可以证明定理 5.16。

定理 5.16　设 $\otimes_1 \in [a,b], a < b; \otimes_2 \in [c,d], c < d$。若下列情形之一发生：

(1) $c > 0, ab < 0$；

(2) $d \leqslant 0, ab < 0$；

(3) $ab < 0, cd < 0$，且 $\dfrac{|c|}{d} \geqslant \max\left\{\dfrac{|a|}{b}, \dfrac{b}{|a|}\right\}$；

(4) $ab < 0, cd < 0$，且 $\dfrac{d}{|c|} \geqslant \max\left\{\dfrac{|a|}{b}, \dfrac{b}{|a|}\right\}$。

则

$$g^\circ(\otimes_1 \cdot \otimes_2) = g^\circ(\otimes_1)$$

定理 5.17　设 $\otimes_1 \in [a,b], a < b; \otimes_2 \in [c,d], c < d$。若下列情形之一发生：

(1) $a \geqslant 0, c > 0$；

(2) $a \geqslant 0, d < 0$；

(3) $b \leqslant 0, c > 0$；

(4) $b \leqslant 0, d < 0$。

则

$$g°(\otimes_1 \div \otimes_2) \geqslant g°(\otimes_1)$$

$$g°(\otimes_1 \div \otimes_2) \geqslant g°(\otimes_2)$$

证明　对于情形(1),有 $\otimes_1 \div \otimes_2 \in \left[\dfrac{a}{d}, \dfrac{b}{c}\right]$;对于情形(2),有 $\otimes_1 \div \otimes_2 \in$

$\left[\dfrac{b}{d}, \dfrac{a}{c}\right]$;对于情形(3),有 $\otimes_1 \div \otimes_2 \in \left[\dfrac{a}{c}, \dfrac{b}{d}\right]$;对于情形(4),有 $\otimes_1 \div \otimes_2 \in$

$\left[\dfrac{b}{c}, \dfrac{a}{d}\right]$。

此处仅证明情形(1),其余情形可类似证明。

在情形(1)中,有

$$g°(\otimes_1 \div \otimes_2) = \frac{l(\otimes_1 \div \otimes_2)}{|\otimes_1 \div \otimes_2|} = \frac{2\left|\dfrac{b}{c} - \dfrac{a}{d}\right|}{\left|\dfrac{b}{c} + \dfrac{a}{d}\right|}$$

$$= \frac{2\,|\,bd - ac\,|}{|\,bd + ac\,|} = \frac{l(\otimes_1 \cdot \otimes_2)}{|\,(\otimes_1 \cdot \otimes_2)\,|} = g°(\otimes_1 \cdot \otimes_2)$$

由定理 5.14,易知 $g°(\otimes_1 \div \otimes_2) \geqslant g°(\otimes_1)$, $g°(\otimes_1 \div \otimes_2) \geqslant g°(\otimes_2)$。

定理 5.18　设 $\otimes_1 \in [a, b]$, $a < b$, $\otimes_2 \in [c, d]$, $c < d$。若

(1) $ab < 0, c > 0$;

(2) $ab < 0, d < 0$。

有一个成立,则

$$g°(\otimes_1 \div \otimes_2) = g°(\otimes_1) \tag{5.31}$$

证明　对于情形(1),有 $\otimes_1 \div \otimes_2 \in \left[\dfrac{a}{c}, \dfrac{b}{c}\right]$;对于情形(2),有 $\otimes_1 \div \otimes_2 \in$

$\left[\dfrac{b}{d}, \dfrac{a}{d}\right]$。二者皆满足:

$$\otimes_1 \div \otimes_2 = k \otimes_1$$

从而

$$g°(\otimes_1 \div \otimes_2) = g°(k \otimes_1) = g°(\otimes_1)$$

定理 5.19　设 $\otimes_1 \in [a, b]$, $a < b$, $\otimes_2 \in [c, d]$, $c < d$。若 $cd < 0$,则 $g°(\otimes_1 \div \otimes_2) = +\infty$。

证明　(1) $a \geqslant 0$ 时, $\otimes_1 \div \otimes_2 \in \left(-\infty, \dfrac{a}{c}\right] \cup \left[\dfrac{a}{d}, +\infty\right)$;

(2) $b \leqslant 0$ 时, $\otimes_1 \div \otimes_2 \in \left(-\infty, \dfrac{b}{d}\right] \cup \left[\dfrac{b}{c}, +\infty\right)$;

(3) $ab < 0$ 时, $\otimes_1 \div \otimes_2 \in (-\infty, +\infty)$。

即 $\otimes_1 \div \otimes_2$ 为黑数或黑数之并,故 $g°(\otimes_1 \div \otimes_2) = +\infty$。

5.4.4　灰数的信息含量测度

物质、能量、信息是推动自然界和人类社会发展的三大基本要素。人类征服自然的能力随着对信息驾驭能力的增强而迅速提高。在 19 世纪末美国内战期间,人们使用电报机传递信息,速度为每分钟 30 个字,这时要实现对 10 公里面积的控制需要 38830 个士兵;20 世纪初第一次世界大战时期,电报机的性能改进,信息传递的速度和准确性有所提高,实现对 10 平方公里面积的控制需要 4040 人;20 世纪中叶第二次世界大战时期,人们已掌握了电传技术,每分钟可传递 66 个字,这时实现对 10 平方公里面积的控制需要 360 人;在 1991 年发生的海湾战争期间,多国部队采用电子计算机传递新信息,速度达到每分钟 19.2 万字,实现对 10 平方公里面积的控制需要 23.4 人。

1948 年,Shannon(香农)给出了在随机离散系统构成的信息空间中,信息测度的公式:

$$I = -\sum_{i=1}^{n} P_i \lg P_i, \quad \sum_{i=1}^{n} P_i = 1$$

一般称为香农信息熵。

1996 年,张歧山利用结构映像序列 $Y = (y_1, y_2, \cdots, y_s)$,给出了差异信息序列 $X = (x_1, x_2, \cdots, x_s)$ 的信息熵:

$$I(X) = -\sum_{j=1}^{s} y_j * \ln y_j, \quad j \in J \tag{5.32}$$

灰数是系统行为特征的一种表现形式。灰数的信息含量反映了人们对灰色系统的认识程度。它的大小与灰数的产生背景有着不可分割的联系。如果对一个灰数的产生背景、论域及它所表征的灰色系统不加说明,我们将无法讨论其信息含量的大小。例如,对于灰数 $\otimes \in [160, 200]$,不说明其产生背景,就很难说它包含多少信息。当它表达的是某成年男子的身高(厘米)时,其信息含量微乎其微。因为 $[160, 200]$ 几乎与成人身高的论域重合。倘若公安机关搜捕一名罪犯,有人提供信息说罪犯身高为 $160 \sim 200$ cm,这种信息几乎没有任何价值。而当 $\otimes_1 \in [160, 200]$ 表示血压(收缩压)时,它就能为医生提供有用信息。

定义 5.30　设灰数 $\otimes$ 的发生背景为 Ω,$\otimes \subset \Omega$,则称 $\overline{\otimes} = \Omega - \otimes$ 为 $\otimes$ 的余集。

以 $\mu(\otimes)$ 表示灰数 $\otimes$ 的取数域的测度,$I(\otimes)$ 表示灰数的信息含量,则 $I(\otimes)$ 符合以下公理:

公理 5.12　$0 \leqslant I(\otimes) \leqslant 1$。

公理 5.13　$I(\Omega) = 0$。

公理 5.14　$I(\otimes)$ 与 $\mu(\overline{\otimes})$ 成正比,与 $\mu(\Omega)$ 成反比。

这里,公理 5.12 将灰数的信息含量取值范围限制在[0,1]之间。$I(\otimes)$越接近于零,灰数$\otimes$所含的信息越少;$I(\otimes)$越接近于 1,$\otimes$所含的信息越多。公理 5.13 规定灰数发生背景 Ω 的信息含量为零。因为背景 Ω 一般为人所共知或覆盖了灰数的论域,故不含有用的信息。比如"火车的载重量大于零"这个命题就不含什么有用的信息,因为$\Omega=(0,+\infty)$是重量的背景。公理 5.14 表明了当背景一定时,余集$\overline{\otimes}$的测度 $\mu(\overline{\otimes})$越大,灰数$\otimes$的信息含量越大,亦即灰数自身的测度越小,其信息含量越大,如估计某一实数真值的灰数$\otimes$,在可靠程度一定时,$\otimes$的测度越小,这种估计的意义越大。

定义 5.31　设灰数$\otimes$的发生背景为 Ω,则称

$$I(\otimes) = \mu(\overline{\otimes})/\mu(\Omega) \tag{5.33}$$

为$\otimes$的信息量。

定理 5.20　定义 5.31 给出的灰数信息量定义式满足灰数信息量测度的 3 个公理。

证明　(1) 由$\otimes\subset\Omega$ 及测度的性质,有 $0\leqslant\mu(\overline{\otimes})\leqslant\mu(\Omega)$,从而 $0\leqslant I(\otimes)\leqslant1$。

(2) 当$\otimes=\Omega$ 时,$\overline{\otimes}=\Phi$,从而 $\mu(\overline{\otimes})=\mu(\Phi)=0$,故 $I(\Omega)=0$。

(3) 显然。

定理 5.21　若$\otimes_1\subset\otimes_2$,则 $I(\otimes_1)\geqslant I(\otimes_2)$。

证明　由$\otimes_1\subset\otimes_2$ 及测度的性质,有 $\mu(\otimes_1)\leqslant\mu(\otimes_2)$。故

$$\mu(\overline{\otimes_1}) = \mu(\Omega) - \mu(\otimes_1) \geqslant \mu(\Omega) - \mu(\otimes_2) = \mu(\overline{\otimes_2})$$
$$I(\otimes_1) \geqslant I(\otimes_2)$$

由于灰数具有可构造性,因此我们有必要研究"合成"灰数的信息含量。

定义 5.32　设$\otimes_1\in[a,b],a<b;\otimes_2\in[c,d],c<d$,则称

$$\otimes_1\cup\otimes_2 = \{\xi\mid\xi\in[a,b]\text{ 或 }\xi\in[c,d]\} \tag{5.34}$$

为灰数 $\otimes_1$ 与 $\otimes_2$ 的并。

灰数的并相当于对若干灰色信息进行"无序堆积"或"简单归并",其结果是信息越来越弱。

定理 5.22　$I(\otimes_1\cup\otimes_2)\leqslant I(\otimes_k),k=1,2$。

证明　由$\otimes_1\cup\otimes_2\supset\otimes_k,k=1,2$ 和定理 5.21 易知,定理 5.22 成立。

定义 5.33　设$\otimes_1\in[a,b],a<b;\otimes_2\in[c,d],c<d$,则称

$$\otimes_1\cap\otimes_2 = \{\xi\mid\xi\in[a,b]\text{ 且 }\xi\in[c,d]\} \tag{5.35}$$

为两个灰数$\otimes_1$ 与 $\otimes_2$ 的交。

灰数的交相当于对若干灰色信息进行综合加工,提取有用信息,使人们对问题的认识逐步深化。

定理 5.23　$I(\otimes_1\cap\otimes_2)\geqslant I(\otimes_k),k=1,2$。

证明　由定理 5.19 和$\otimes_1\cap\otimes_2\subset\otimes_k,k=1,2$ 易知,定理 5.23 显然成立。

定理 5.24　设 $\otimes_1 \subset \otimes_2$，则 $I(\otimes_1 \bigcup \otimes_2) = I(\otimes_2)$，$I(\otimes_1 \bigcap \otimes_2) = I(\otimes_1)$。

证明　由 $\otimes_1 \subset \otimes_2$，得 $\otimes_1 \bigcup \otimes_2 = \otimes_2$，$\otimes_1 \bigcap \otimes_2 = \otimes_1$。因此

$$I(\otimes_1 \bigcup \otimes_2) = I(\otimes_2), \quad I(\otimes_1 \bigcap \otimes_2) = I(\otimes_1)$$

当灰数 $\otimes_1$，$\otimes_2$ 关于测度 μ 独立时，还可以得到更加令人满意的结果。

定理 5.25　设 $\mu(\Omega) = l$，灰数 $\otimes_1$，$\otimes_2$ 关于测度 μ 独立，则有

(1) $I(\otimes_1 \bigcup \otimes_2) = I(\otimes_1) I(\otimes_2)$；

(2) $I(\otimes_1 \bigcap \otimes_2) = I(\otimes_1) + I(\otimes_2) - I(\otimes_1) I(\otimes_2)$。

证明　（1）由 $\mu(\Omega) = l$，有

$$
\begin{aligned}
I(\otimes_1 \bigcup \otimes_2) &= \mu(\overline{\otimes_1 \bigcup \otimes_2}) = \mu(\overline{\otimes_1} \bigcap \overline{\otimes_2}) \\
&= \mu(\overline{\otimes_1}) \mu(\overline{\otimes_2}) = I(\otimes_1) I(\otimes_2)
\end{aligned}
$$

（2）

$$
\begin{aligned}
I(\otimes_1 \bigcap \otimes_2) &= \mu(\overline{\otimes_1 \bigcap \otimes_2}) = \mu(\overline{\otimes_1} \bigcup \overline{\otimes_2}) \\
&= \mu(\overline{\otimes_1}) + \mu(\overline{\otimes_2}) - \mu(\overline{\otimes_1} \bigcap \overline{\otimes_2}) \\
&= \mu(\overline{\otimes_1}) + \mu(\overline{\otimes_2}) - \mu(\overline{\otimes_1}) \mu(\overline{\otimes_2}) \\
&= I(\otimes_1) + I(\otimes_2) - I(\otimes_1) I(\otimes_2)
\end{aligned}
$$

例如，考虑掷一均匀六面体骰子所得的点数，此时 $\Omega = \{1, 2, 3, 4, 5, 6\}$，设灰数 $\otimes_1 \in \{1, 2\}$，$\otimes_2 \in \{2, 3, 4\}$，$\mu$ 为概率测度，则 $\mu(\otimes_1) = \frac{1}{3}$，$\mu(\otimes_2) = \frac{1}{2}$，$\mu(\otimes_1 \bigcap \otimes_2) = \frac{1}{6}$，满足独立性条件，而

$$I(\otimes_1 \bigcup \otimes_2) = \frac{1}{3} = I(\otimes_1) I(\otimes_2)$$

$$I(\otimes_1 \bigcap \otimes_2) = \frac{5}{6} = I(\otimes_1) + I(\otimes_2) - I(\otimes_1) I(\otimes_2)$$

与定理 5.25 中的结论吻合。

本节中的定理 5.22～定理 5.25 都可以推广到有限个或可数个灰数之交或并的情形。

灰数的构造方式将对合成灰数的信息含量及合成信息的可靠程度造成一定影响。一般地，灰数相"并"后信息含量降低，而合成信息的可靠程度会有所提高；灰数相"交"后信息含量提高，而合成信息的可靠程度往往会降低。在解决实际问题的过程中，当需要对大量灰数进行筛选、加工、合成时，可以考虑在若干个不同的层次上进行合成，逐层提取信息。在合成过程中，采用间层交叉进行"并""交"合成，使得最后筛选出的信息在可靠程度和信息含量上都能达到一定要求。

5.4.5 序列算子与灰色序列生成

灰色系统是通过对原始数据的整理来寻求其变化规律的,这是一种就数据寻找数据的现实规律的途径,我们称为灰色序列生成。灰色系统理论认为,尽管客观系统表象复杂,数据离乱,但它总是有整体功能的,因此必然蕴含某种内在规律。关键在于如何选择适当的方式去挖掘和利用它。一切灰色序列都能通过某种生成弱化其随机性,显现其规律性。

例如,已给原始数列

$$X^{(0)} = (1,2,1.5,3)$$

它没有明显的规律。将上述数据在图中表示,结果如图 5.4 所示。

由图 5.4 可以看出,原始数列 $X^{(0)}$ 的曲线是摆动的,起伏变化幅度较大。对原始数据做一次累加生成,将所得新序列记为 $X^{(1)}$,则

$$X^{(1)} = (1,3,4,5,7,5)$$

$X^{(1)}$ 已呈现明显的增长规律性,如图 5.5 所示。

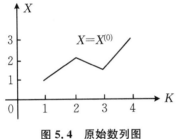

图 5.4 原始数列图

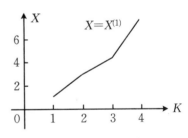

图 5.5 一次累加生成数列图

下面介绍序列算子。

5.4.5.1 冲击扰动系统预测陷阱

冲击扰动系统预测是一个历来令预测专家棘手的问题。对于冲击扰动系统预测,模型选择理论也将失去其应有的功效。因为问题的症结不在模型的优劣,而是由于系统行为数据因系统本身受到某种冲击波的干扰而造成的失真。这时候,系统行为数据已不能正确地反映系统的真实变化规律。

定义 5.34 设

$$X^{(0)} = (x^{(0)}(1), x^{(0)}(2), \cdots, x^{(0)}(n))$$

为系统真实行为序列,而观测到的系统行为数据序列为

$$\begin{aligned} X^{(0)} &= (x^{(0)}(1), x^{(0)}(2), \cdots, x^{(0)}(n)) \\ &= (x^{(0)}(1)+\varepsilon_1, x^{(0)}(2)+\varepsilon_2, \cdots, x^{(0)}(n)+\varepsilon_n) = X^{(0)} + \varepsilon \end{aligned}$$

其中，$\varepsilon=(\varepsilon_1,\varepsilon_2,\cdots,\varepsilon_n)$ 为冲击扰动项，称 X 为冲击扰动序列。

要从冲击扰动序列 X 出发，实现对真实行为序列 $X^{(0)}$ 的系统之变化规律的正确把握和认识，必须首先跨越障碍 ε。如果不事先排除干扰，而用失真的数据 x 直接建模、预测，则会因模型所描述的并非由 $X^{(0)}$ 所反映的系统真实变化规律而导致预测失败。

冲击扰动系统的大量存在导致定量预测结果与人们直观地定性分析结论大相径庭的现象经常发生。因此，寻求定量预测与定性分析的结合点，设法排除系统行为数据所受到的冲击波干扰，还数据以本来面目，从而提高预测的命中率，乃是摆在每一位预测工作者面前的一个首要问题。

5.4.5.2　缓冲算子公理

定义 5.35　设系统行为数据序列为 $X=x(1),x(2),\cdots,x(n))$，若

(1) $\forall k=2,3,\cdots,n,x(k)-x(k-1)>0$，则称 X 为单调增长序列；

(2) 若(1)中不等号反过来成立，则称 X 为单调衰减序列；

(3) 存在 $k,k'\in[2,3,\cdots,n]$，有

$$x(k)-x(k-1)>0,\quad x(k')-x(k'-1)<0$$

则称 X 为随机振荡序列。设

$$M=\max\{x(k)\mid k=1,2,\cdots,n\},\quad m=\min\{x(k)\mid k=1,2,\cdots,n\}$$

称 $M-m$ 为序列 X 的振幅。

定义 5.36　设 X 为系统行为数据序列，D 为作用于 X 的算子，X 经过算子 D 作用后所得序列记为

$$XD=(x(1)d,x(2)d,\cdots,x(n)d) \tag{5.36}$$

称 D 为序列算子，称 XD 为一阶算子作用序列。

序列算子的作用可以进行多次，相应地，若 D_1,D_2,D_3 皆为序列算子，我们称 D_1D_2 为二阶算子，并称

$$XD_1D_2=(x(1)d_1d_2,x(2)d_1d_2,\cdots,x(n)d_1d_2) \tag{5.37}$$

为二阶算子作用序列。同理称 $D_1D_2D_3$ 为三阶序列算子，并称

$$XD_1D_2D_3=(x(1)d_1d_2d_3,x(2)\,d_1d_2d_3,\cdots,x(n)\,d_1d_2d_3) \tag{5.38}$$

为三阶算子作用序列，等等。

公理 5.15(不动点公理)　设 X 为系统行为数据序列，D 为序列算子，则 D 满足：

$$x(n)d=x(n)$$

不动点公理限定在序列算子作用下，系统行为数据序列中的数据 $x(n)$ 保持不变，即运用序列算子对系统行为数据进行调整，不改变 $x(n)$ 这一既成事实。

根据定性分析的结论，亦可使 $x(n)$ 以前的若干个数据在序列算子作用下保持不变。例如，令

$$x(j)d \neq x(j) \text{ 且 } x(i)d = x(i)$$

其中,$j=1,2,\cdots,k-1$;$i=k,k+1,\cdots,n$。

公理 5.16(信息充分利用公理)　系统行为数据序列 X 中的每一个数据$x(k)$,$k=1,2,\cdots,n$ 都应充分地参与算子作用的全过程。

信息充分利用公理限定任何序列算子都应以现有序列中的信息为基础进行定义,不允许抛开原始数据另搞一套。

公理 5.17(解析化、规范化公理)　任意的 $x(k)d,k=1,2,\cdots,n$,皆可由一个统一的 $x(1),x(2),\cdots,x(n)$ 的初等解析式表达。

公理 5.17 要求由系统行为数据序列得到算子作用序列的程序清晰、规范、统一且尽可能简化,以便于计算出算子作用序列并使计算易于在计算机上实现。

定义 5.37　称上述三个公理为缓冲算子三公理,满足缓冲算子三公理的序列算子称为缓冲算子,一阶、二阶、三阶……缓冲算子作用序列称为一阶、二阶、三阶……缓冲序列。

定义 5.38　设 X 为原始数据序列,D 为缓冲算子,当 X 分别为增长序列、衰减序列或振荡序列时:

(1) 若缓冲序列 XD 比原始序列 X 的增长速度(或衰减速度)减缓或振幅减小,我们称缓冲算子 D 为弱化算子;

(2) 若缓冲序列 XD 比原始序列 X 的增长速度(或衰减速度)加快或振幅增大,则称缓冲算子 D 为强化算子。

5.4.5.3　缓冲算子的性质

定理 5.26　设 X 为单调增长序列,XD 为其缓冲序列,则有

(1) D 为弱化算子 $\Leftrightarrow x(k) \leqslant x(k)d,k=1,2,\cdots,n$;

(2) D 为强化算子 $\Leftrightarrow x(k) \geqslant x(k)d,k=1,2,\cdots,n$。

即单调增长序列在弱化算子作用下数据膨胀,在强化算子作用下数据萎缩。

证明　设 $r(k)=\dfrac{x(n)-x(k)}{n-k+1}(k=1,2,\cdots,n)$ 为原始序列 X 中 $x(k)$ 到 $x(n)$ 的平均增长率,则

$$r(k)d = \frac{x(n)d-x(k)d}{n-k+1}, \quad k=1,2,\cdots,n$$

为缓冲序列 XD 中 $x(k)d$ 到 $x(n)d$ 的平均增长率。则由 $x(n)d=x(n)$,有

$$r(k)-r(k)d = \frac{[x(n)-x(k)]-[x(n)-x(k)d]}{n-k+1} = \frac{x(k)d-x(k)}{n-k+1}$$

若 D 为弱化算子,则 $r(k) \geqslant r(k)d$,即 $r(k)-r(k)d \geqslant 0$,于是 $x(k)d-x(k) \geqslant 0$,即 $x(k)d \geqslant x(k)$;反之亦然;

若 D 为强化算子,则 $r(k) \leqslant r(k)d$,即 $r(k)-r(k)d \leqslant 0$,于是 $x(k)d-x(k) \leqslant 0$,即 $x(k)d \leqslant x(k)$;反之亦然。证毕。

定理 5.27　设 X 为单调衰减序列，XD 为其缓冲序列，则有

(1) D 为弱化算子 $\Leftrightarrow x(k) \geqslant x(k)d; k = 1, 2, \cdots, n$。

(2) D 为强化算子 $\Leftrightarrow x(k) \leqslant x(k)d; k = 1, 2, \cdots, n$。

即单调衰减序列在弱化算子作用下数据萎缩，在强化算子作用下数据膨胀。

证明与定理 5.26 类似，从略。

定理 5.28　设 X 为振荡序列，XD 为其缓冲序列，则有

(1) 若 D 为弱化算子，则

$$\max_{1 \leqslant k \leqslant n} \{x(k)\} \geqslant \max_{1 \leqslant k \leqslant n} \{x(k)d\}$$

$$\min_{1 \leqslant k \leqslant n} \{x(k)\} \leqslant \min_{1 \leqslant k \leqslant n} \{x(k)d\}$$

(2) 若 D 为强化算子，则

$$\max_{1 \leqslant k \leqslant n} \{x(k)\} \leqslant \max_{1 \leqslant k \leqslant n} \{x(k)d\}$$

$$\min_{1 \leqslant k \leqslant n} \{x(k)\} \geqslant \min_{1 \leqslant k \leqslant n} \{x(k)d\}$$

5.4.5.4　实用缓冲算子的构造

定理 5.29　设原始数据序列

$$X = (x(1), x(2), \cdots, x(n))$$

令

$$XD = (x(1)d, x(2)d, \cdots, x(n)d)$$

其中

$$x(k)d = \frac{1}{n-k+1}[x(k) + x(k+1) + \cdots + x(n)], \quad k = 1, 2, \cdots, n$$

则当 X 为单调增长序列、单调衰减序列或振荡序列时，D 皆为弱化算子。

证明　直接利用 $x(k)d$ 的定义，可知定理结论成立。

下面的推论进一步刻画了弱化算子 D 的性质：

推论 5.1　对于定理 5.29 中定义的弱化算子 D，令

$$XD^2 = XDD = (x(1)d^2, x(2)d^2, \cdots, x(n)d^2)$$

$$x(k)d^2 = \frac{1}{n-k+1}[x(k)d + x(k+1)d + \cdots + x(n)d], \quad k = 1, 2, \cdots, n$$

则 D^2 对于单调增长、单调衰减或振荡序列，皆为二阶弱化算子。

定理 5.30　设原始序列和其缓冲序列分别为

$$X = (x(1), x(2), \cdots, x(n))$$

$$XD = (x(1)d, x(2)d, \cdots, x(n)d)$$

其中

$$x(k)d = \frac{x(1) + x(2) + \cdots + x(k-1) + kx(k)}{2k-1}, \quad k = 1, 2, \cdots, n-1$$

$$x(n)d = x(n)$$

则当 X 为单调增长序列或单调衰减序列时，D 皆为强化算子。

证明 按照单调增长序列或单调衰减序列分别讨论，易知结论成立，详细推导略去。

推论 5.2 设 D 为定理 5.30 中定义的强化算子，令
$$XD^2 = XDD = (x(1)d^2, x(2)d^2, \cdots, x(n)d^2)$$
其中
$$x(n)d^2 = x(n)d = x(n)$$
$$x(k)d^2 = \frac{x(1)d + x(2)d + \cdots + x(k-1)d + kx(k)d}{2k-1}, \quad k = 1, 2, \cdots, n-1$$
则 D^2 对于单调增长序列和单调衰减序列皆为二阶强化算子。

定理 5.31 设 $X = (x(1), x(2), \cdots, x(n))$，令
$$XD_i = (x(1)d_i, x(2)d_i, \cdots, x(n)d_i)$$
其中
$$x(k)d_i = \frac{x(k-1) + x(k)}{2}, \quad k = 2, 3, \cdots, n; i = 1, 2$$
$$x(1)d_1 = \alpha x(1), \quad \alpha \in [0, 1]$$
$$x(1)d_2 = (1 + \alpha)x(1), \quad \alpha \in [0, 1]$$
则 D_1 对单调增长序列为强化算子，D_2 对单调衰减序列为强化算子。

推论 5.3 对于定理 5.31 中定义的 D_1, D_2，则 D_1^2, D_2^2 分别为单调增长、单调衰减序列的二阶强化算子。

当然，我们还可以考虑构造其他形式的实用缓冲算子。缓冲算子不仅可以用于灰色系统建模，而且还可以用于其他各种模型建模。通常在建模之前根据定性分析结论对原始数据序列施以缓冲算子，淡化或消除冲击扰动对系统行为数据序列的影响，往往会收到预期的效果。

例 5.2 河南省长葛县乡镇企业产值数据(1983～1986 年)为
$$X = (10155, 12588, 23480, 35388)$$
其增长势头很猛，1983～1986 年每年平均递增 51.6%，尤其是 1984～1986 年，平均每年递增 67.7%。参与该县发展规划编制工作的各阶层人士(包括领导层、专家层、群众层)普遍认为该县乡镇企业产值今后不可能一直保持这么高的发展速度。用现有数据直接建模预测，预测结果人们根本无法接受。经过认真分析和讨论，大家认识到增长速度高主要是由于基数低，而基数低的原因则是过去对有利于乡镇企业发展的政策没有用足、用活、用好。要弱化序列增长趋势，就需要将对乡镇企业发展比较有利的现行政策因素附加到过去的年份中。为此引入推论 5.1 所示的二阶弱化算子，得到二阶缓冲序列
$$XD^2 = (27260, 29547, 32411, 35388)$$
用 XD^2 建模预测得，1986～2000 年该县乡镇企业产值平均每年递增 9.4%，这一结果是 1987 年得到的，与近年来该县乡镇企业发展实际基本吻合。

5.4.5.5　均值生成

在搜集数据时,常常由于一些不易克服的困难导致数据序列出现空缺(也称空穴)。也有一些数据序列虽然数据完整,但由于系统行为在某个时点上发生突变而形成异常数据,给研究工作带来很大困难,这时如果剔除异常数据就会留下空穴。因此,如何有效地填补空穴,自然成为数据处理过程中首先需要解决的问题。均值生成是常用的构造新数据、填补老序列空穴、生成新序列的方法。

定义 5.39　设序列

$$X = (x(1), x(2), \cdots, x(k), x(k+1), \cdots, x(n))$$

其中,$x(k)$ 与 $x(k+1)$ 为 X 的一对紧邻值,$x(k)$ 称为前值,$x(k+1)$ 称为后值,若 $x(n)$ 为新信息,则对任意 $k \leqslant n-1$,$x(k)$ 为老信息。

定义 5.40　设序列 X 在 k 处有空穴,记为 $\varnothing(k)$,即

$$X = (x(1), x(2), \cdots, x(k-1), \varnothing(k), x(k+1), \cdots, x(n))$$

则称 $x(k-1)$ 和 $x(k+1)$ 为 $\varnothing(k)$ 的界值,$x(k-1)$ 为前界,$x(k+1)$ 为后界,当 $\varnothing(k)$ 由 $x(k-1)$ 与 $x(k+1)$ 生成时,称生成值 $x(k)$ 为 $[x(k-1), x(k+1)]$ 的内点。

定义 5.41　设 $x(k)$ 和 $x(k-1)$ 为序列 X 中的一对紧邻值,若有

(1) $x(k-1)$ 为老信息,$x(k)$ 为新信息;

(2) $x^*(k) = \alpha x(k) + (1-\alpha)x(k-1), \alpha \in [0,1]$。

则称 $x^*(k)$ 为由新信息与老信息在生成系数(权)α 下的生成值,当 $\alpha > 0.5$ 时,称 $x^*(k)$ 的生成是"重新信息、轻老信息"生成;当 $\alpha < 0.5$ 时,称 $x^*(k)$ 的生成是"重老信息、轻新信息"生成;当 $\alpha = 0.5$ 时,称 $x^*(k)$ 的生成是非偏生成。

我们在时间序列预测中经常使用的指数平滑方法,就是一种"重老信息、轻新信息"的有偏生成。因其中平滑值

$$s_k^{(1)} = \alpha x_k + (1-\alpha)s_{k-1}^{(1)}$$

为新信息与老信息平滑值的加权和,且 α 限定在 $0.01 \sim 0.3$ 之间取值。

定义 5.42　设序列 $X = (x(1), x(2), \cdots, x(k-1), \varnothing(k), x(k+1), \cdots, x(n))$ 为在 k 处有空穴 $\varnothing(k)$ 的序列,而 $x^*(k) = 0.5x(k-1) + 0.5x(k+1)$ 为非紧邻均值生成数,用非紧邻均值生成数填补空穴所得的序列称为非紧邻均值生成序列。

当 $x(k+1)$ 为新信息时,非紧邻均值生成是新老信息等权的生成。在信息缺乏难以衡量新老信息的可靠程度时,往往采用等权生成。

定义 5.43　设序列 $X = (x(1), x(2), \cdots, x(n))$,若

$$x^*(k) = 0.5x(k) + 0.5x(k-1) \tag{5.39}$$

则称 $x^*(k)$ 为紧邻均值生成数。由紧邻均值生成数构成的序列称为紧邻均值生成序列。

在 GM 建模中,常用紧邻信息的均值生成。它是以原始序列为基础构造新序列的方法。

设 $X=(x(1),x(2),\cdots,x(n))$ 为 n 元序列,Z 是 X 的紧邻均值生成序列,则 Z 为 $n-1$ 元序列:

$$Z=(z(2),z(3),\cdots,z(n)) \tag{5.40}$$

事实上,我们无法由 X 生成 $z(1)$。因为按紧邻均值生成的定义,应有 $z(1)=0.5x(1)+0.5x(0)$,但 $x(0)=\varnothing(0)$ 为空穴,若不作信息扩充,我们只有以下三种选择:

(1) 视 $x(0)$ 为灰数,不赋予确切数值;

(2) 赋零或任意赋值;

(3) 赋予一个与 $x(1)$ 有关的值。

其中,选择(2)没有任何科学依据,而且选择(2)中的赋零和选择(1)、选择(3)都已不是等权均值生成的范畴。

5.4.5.6　累加生成算子与累减生成算子

累加生成是使灰色过程由灰变白的一种方法,它在灰色系统理论中占有极其重要的地位。通过累加可以看出灰量积累过程的发展态势,使离乱的原始数据中蕴含的积分特性或规律充分显露出来。一个家庭的支出,若按日计算,可能没有什么明显的规律,若按月计算,支出的规律性就可能体现出来,它大体与月工资收入成某种关系;一种农作物的单粒重,一般来说没有什么规律,人们常用千粒重作为农作物品种的评估指标;一个生产重型机械设备的厂家,由于产品生产周期长,其产量、产值若按天计算,就没有规律,若按年计算,则规律显著。

累减生成是在获取增量信息时常用的生成,累减生成对累加生成起还原作用。累减生成与累加生成是一对互逆的序列算子。

定义 5.44　设 $X^{(0)}$ 为原始序列,$X^{(0)}=(x^{(0)}(1),x^{(0)}(2),\cdots,x^{(0)}(n))$,$D$ 为序列算子,$X^{(0)}D=(x^{(0)}(1)d,x^{(0)}(2)d,\cdots,x^{(0)}(n)d)$,其中

$$x^{(0)}(k)d=\sum_{i=1}^{k}x^{(0)}(i),\quad k=1,2,\cdots,n$$

则称 D 为 $X^{(0)}$ 的一次累加生成算子,记为 1-AGO(Accumulating Generation Operator)。称 r 阶算子 D^r 为 $X^{(0)}$ 的 r 次累加生成算子,记为 r-AGO。习惯上,我们记

$$X^{(0)}D=X^{(1)}=(x^{(1)}(1),x^{(1)}(2),\cdots,x^{(1)}(n))$$
$$X^{(0)}D^r=X^{(r)}=(x^{(r)}(1),x^{(r)}(2),\cdots,x^{(r)}(n))$$

其中

$$x^{(r)}(k)d=\sum_{i=1}^{k}x^{(r)}(i),\quad k=1,2,\cdots,n$$

定义 5.45　设 $X^{(0)}$ 为原始序列,$X^{(0)}=(x^{(0)}(1),x^{(0)}(2),\cdots,x^{(0)}(n))$,$D$ 为序列算子,$X^{(0)}D=(x^{(0)}(1)d,x^{(0)}(2)d,\cdots,x^{(0)}(n)d)$,其中

$$x^{(0)}(k)d = x^{(0)}(k) - x^{(0)}(k-1), \quad k = 1,2,\cdots,n$$

则称 D 为 $X^{(0)}$ 的一次累减生成算子,r 阶算子 D^r 称为 $X^{(0)}$ 的 r 次累减生成算子。

习惯上,我们记

$$X^{(0)}D = \alpha^{(1)}X^{(0)} = (x^{(1)}(1), x^{(1)}(2), \cdots, x^{(1)}(n))$$
$$X^{(0)}D^r = \alpha^{(r1)}X^{(0)} = (x^{(r)}(1), x^{(r)}(2), \cdots, x^{(r)}(n))$$

其中

$$\alpha^{(r)}x^{(0)}(k) = \alpha^{(r-1)}x^{(0)}(k) - \alpha^{(r-1)}x^{(0)}(k-1), \quad k = 1,2,\cdots,n$$

由以上定义,显然有以下定理:

定理 5.32 累减算子是累加算子的逆算子,即

$$\alpha^{(r1)}X^{(r)} = X^{(0)}$$

鉴于累减与累加互逆,我们将累减生成算子记为 IAGO。

一般的非负准光滑序列经过累加生成后,都会减少随机性,呈现出近似的指数增长规律。原始序列越光滑,生成后指数规律也越明显。如某市自行车销售量数据序列

$$X^{(0)} = \{x^{(0)}(k)\} = (50810, 46110, 51177, 93775, 110574, 110524)$$

和其一次累加生成序列

$$X^{(1)} = \{x^{(1)}(k)\} = (50810, 96920, 148097, 241872, 352446, 462970)$$

的曲线分别如图 5.6 和图 5.7 所示。

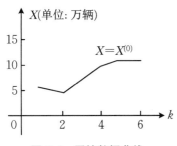

图 5.6　原始数据曲线

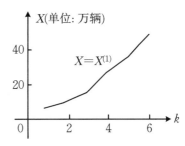

图 5.7　累加生成曲线

对于图 5.6 的曲线 $[X = X^{(0)}]$,我们很难找到一条简单的曲线来逼近它,而图 5.7 中的曲线 $[X = X^{(1)}]$ 已十分接近指数增长曲线,可以用指数函数进行拟合。

定理 5.33 设非负序列 $X = (x(1), x(2), \cdots, x(n))$,则存在 $a \neq 0, c$ 使得 $x(k) = ce^{ak}, k = 1,2,\cdots,n$ 的充分必要条件是:对于 $k = 1,2,\cdots,n$,恒有 $\sigma(k) = const$ 成立。

证明 必要性:设对任意 k,$x(k) = ce^{ak}, a \neq 0$,则

$$\sigma(k) = \frac{x(k)}{x(k-1)} = \frac{ce^{ak}}{ce^{ak-1}} = e^a = const$$

充分性:如果对于 $k = 1,2,\cdots,n$,恒有 $\sigma(k) = const$,设 $\sigma(k) = d > 0$,则

$$x(k) = \sigma(k) \times x(k-1) = d^2 \times x(k-2) = \cdots = d^k \times x(0)$$

令 $a=\ln d$，$c=x(0)$，则 $x(k)=ce^{ak}$，$k=1,2,\cdots,n$ 成立。

定义 5.46　设非负序列 $X=(x(1),x(2),\cdots,x(n))$，若存在 $a,b\in R$，对 $\forall k$，$\sigma(k)\in[a,b]$，且 $\delta=b-a<0.5$，则称 X 具有准指数规律。

5.4.5.7　灰色关联算子

定义 5.47　设 $X_i=(x_i(1),x_i(2),\cdots,x_i(n))$ 为因素 X_i 的行为序列，序列算子 f_1 使得

$$f_1(X_i)=(f_1[x_i(1)],f_1[x_i(2)],\cdots,f_1[x_i(n)]) \tag{5.41}$$

其中

$$f_1[x_i(k)]=\frac{x_i(k)}{x_i(1)},\quad k=1,2,\cdots,n$$

则称序列算子 f_1 为初值化算子，$f_1(X_i)$ 为因素 X_i 在初值化算子 f_1 下的像，简称为初值像。

定义 5.48　设 $X_i=(x_i(1),x_i(1),\cdots,x_i(n))$ 为因素 X_i 的行为序列，序列算子 f_2 使得

$$f_2(X_i)=(f_2[x_i(1)],f_2[x_i(2)],\cdots,f_2[x_i(n)]) \tag{5.42}$$

其中

$$f_2(x_i(k))=\frac{x_i(k)}{\bar{X}_i},\quad \bar{X}_i=\frac{1}{n}\sum_{k=1}^{n}x_i(k),\quad k=1,2,\cdots,n$$

则称序列算子 f_2 为均值化算子，$f_2(X_i)$ 为因素 X_i 在均值化算子 f_2 下的像，简称为均值像。

定义 5.49　设 $X_i=(x_i(1),x_i(2),\cdots,x_i(n))$ 为因素 X_i 的行为序列，序列算子 f_3 使得

$$f_3(X_i)=(f_3[x_i(1)],f_3[x_i(2)],\cdots,f_3[x_i(n)]) \tag{5.43}$$

其中

$$f_3[x_i(k)]=\frac{x_i(k)-\min\limits_{k}\{x_i(k)\}}{\max\limits_{k}\{x_i(k)\}-\min\limits_{k}\{x_i(k)\}},\quad k=1,2,\cdots,n$$

则称序列算子 f_3 为区间值化算子，$f_3(X_i)$ 为因素 X_i 在初值化算子 f_3 下的像，简称为区间值像。

命题 5.1　初值化算子 f_1、均值化算子 f_2 和区间化算子 f_3 皆可使系统行为序列无量纲化，且在数量上统一。

定义 5.50　设 $X_i=(x_i(1),x_i(2),\cdots,x_i(n))$，$x_i(k)\in[0,1]$ 为因素 X_i 的行为序列，序列算子 f_4 使得

$$f_4(X_i)=(f_4[x_i(1)],f_4[x_i(2)],\cdots,f_4[x_i(n)]) \tag{5.44}$$

其中

$$f_4[x_i(k)]=1-x_i(k),\quad k=1,2,\cdots,n$$

则称序列算子 f_4 为逆化算子,$f_4(X_i)$ 为行为序列 X_i 在逆化算子 f_4 下的像,简称为逆化像。

命题 5.2　任何行为序列的区间值像均有逆化像。

定义 5.51　设 $X_i = (x_i(1), x_i(2), \cdots, x_i(n))$,$x_i(k) \in [0, 1]$ 为因素 X_i 的行为序列,序列算子 f_5 使得

$$f_5(X_i) = (f_5[x_i(1)], f_5[x_i(2)], \cdots, f_5[x_i(n)]) \tag{5.45}$$

其中

$$f_5[x_i(k)] = \frac{1}{x_i(k)}, \quad k = 1, 2, \cdots, n$$

则称序列算子 f_5 为倒数化算子,$f_5(X_i)$ 为行为序列 X_i 在倒数化算子 f_5 下的像,简称为倒数化像。

命题 5.3　若系统因素 X_i 与系统主行为 X_0 呈负相关关系,则 X_i 的逆化像 $f_4(X_i)$ 和倒数化像 $f_5(X_i)$ 与 X_0 具有正相关关系。

还有一些常见的序列算子,我们将其列于下面:

$$f_6[x_i(k)] = x_i(k) - x_i(1), \quad k = 1, 2, \cdots, n \tag{5.46}$$

$$f_7[x_i(k)] = \frac{\max_k\{x_i(k)\} - x_i(k)}{\max_k\{x_i(k)\} - \min_k\{x_i(k)\}}, \quad k = 1, 2, \cdots, n \tag{5.47}$$

$$f_8[x_i(k)] = \frac{\max_k\{|x_i(k) - x_0(k)|\} - |x_i(k) - x_0(k)|}{\max_k\{|x_i(k) - x_0(k)|\} - \min_k\{|x_i(k) - x_0(k)|\}}, \quad k = 1, 2, \cdots, n$$

$$\tag{5.48}$$

等等。我们称由这些序列算子组成的集合为灰色关联算子集,由系统因素集合与灰色关联集构成的代数结构称为灰色关联因子空间。

5.4.6　序列的光滑性与级比

处处可导是光滑连续函数的特性,而序列是由离散的单个点构成的,根本无导数可言(通常意义下),因此不能用导数研究序列的光滑性。我们从另外的角度去研究光滑连续函数的特性。若某序列具有与光滑连续函数大致相近的特征,便认为此序列是光滑的。

设 $X(t)$ 为一条单调递增连续曲线,如图 5.8 所示,将所考虑的时区中置入 $n+1$ 个分点:$t_1 < t_2 < \cdots < t_k < t_{k+1} < \cdots < t_{n+1}$。

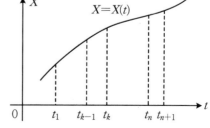

图 5.8　单调递增连续曲线图

记 $\Delta t_k = t_{k+1} - t_k, k = 1, 2, \cdots, n$，相应地得到 $X(t)$ 的 n 个分段，在第 k 段 $[x(t_k), x(t_{k+1})]$ $(k = 1, 2, \cdots, n)$ 内任取一点，记为 $x(k)$，可得内点序列

$$X = (x(1), x(2), \cdots, x(n))$$

再将所有小分段的下边界点取出，可得下边界点序列

$$X_0 = (x(t_1), x(t_2), \cdots, x(t_n))$$

如果 $X(t)$ 为光滑连续函数，则当时区分割足够细密时，应有

(1) 任意两个内点序列充分接近；

(2) 任意内点序列与下边界点序列充分接近。

综上所述，可得光滑连续函数的序列化定义。

定义 5.52　设 $[a, b]$ 为一时区，将 $[a, b]$ 分成 n 个小时区 $\Delta t_k, k = 1, 2, \cdots, n$。若划分方式满足：

(1) $\Delta t_k = [t_k, t_{k+1}]$；

(2) $\bigcup\limits_{k=1}^{n} \Delta t_k = [a, b]$；

(3) 当 $i \neq j$ 时，$\Delta t_i \cap \Delta t_j = \varnothing$。

则称 $\Delta t_k (k = 1, 2, \cdots, n)$ 为 $[a, b]$ 的一种划分。

定义 5.53　设 $X(t)$ 是定义在 $[a, b]$ 上的连续函数，在 $[a, b]$ 中插入分点

$$a = t_1 < t_2 < \cdots < t_n < t_{n+1} = b$$

得到 $[a, b]$ 的一个划分：$\Delta t_k = [t_k, t_{k+1}], k = 1, 2, \cdots, n$。我们同时用 Δt_k 表示 $[t_k, t_{k+1}]$ 的长度，$\Delta t_k = t_{k+1} - t_k, k = 1, 2, \cdots, n$。在 $[t_k, t_{k+1}]$ 中任取一点 $x(k)$，从而有序列

$$X = (x(1), x(2), \cdots, x(n))$$

记

$$X_0 = (x(t_1), x(t_2), \cdots, x(t_n))$$

为下边界点序列，令 $\Delta t = \max\limits_{1 \leqslant k \leqslant n} \{\Delta t_k\}$，设 d 为 n 维空间中的距离函数，X^* 为指定可导函数的代表序列。若当 $\Delta t \to 0$ 时，无论时区 $[a, b]$ 如何划分，小时段上的内点如何选取，都有

(1) 对任意的内点序列 $X_i, X_j, d(X^*, X_i) = d(X^*, X_j)$；

(2) $d(X^*, X) = d(X^*, X_0)$。

则称 $X(t)$ 为光滑连续函数。

下面我们来定义光滑序列。在定义光滑连续函数时，我们主要根据其内点是否与下边界点序列重合，内点序列、下边界点序列是否与某个可导函数的代表序列重合。而一般序列却只有边界点而无内点，两个点之间是空的。为解决这一问题，我们采用均值生成方法，用边界点来生成内点。

定义 5.54　设序列 $X = (x(1), x(2), \cdots, x(n), x(n+1))$，$Z$ 是 X 的均值生成序列：

$$Z = (z(1), z(2), \cdots, z(n))$$

其中, $z(k) = 0.5x(k) + 0.5x(k+1)$, $k = 1, 2, \cdots, n$; X^* 是某一可导函数的代表序列; d 为 n 维空间的距离函数。我们将 X 删去 $x(n+1)$ 后所得的序列仍记为 X, 若 X 满足:

(1) 当 k 充分大时, $x(k) < \sum_{i=1}^{k-1} x(i)$;

(2) $\max_{1 \leqslant k \leqslant n} |x*(k) - x(k)| \geqslant \max_{1 \leqslant k \leqslant n} |x*(k) - z(k)|$。

则称 X 为光滑序列, (1)和(2)称为序列光滑条件。

定义 5.55　设 X 为光滑序列, Z 为 X 的均值生成序列, X^* 是指定可导函数的代表序列, d 为 n 维空间的距离函数。若存在 $\varepsilon \in [0, 1]$, 使

$$|d(X^*, X) - d(X^*, Z)| \leqslant \varepsilon$$

则称序列 X 的光滑度大于 $1/\varepsilon$, 称

$$|d(X^*, X) - d(X^*, Z)|^{-1} \tag{5.49}$$

为序列 X 的光滑度, 记为 $S(d)$。当 $|d(X^*, X) - d(X^*, Z)| = 0$, 即 $S(d) = +\infty$ 时, 我们称 X 为无限光滑序列。当序列的起点 $x(1)$ 和终点 $x(n)$ 为空穴, 即 $x(1) = \varnothing(1)$, $x(n) = \varnothing(n)$ 时, 就无法采用均值生成填补空缺, 只有转而考虑别的方法。级比生成和光滑比生成就是常用的填补序列端点空穴的方法。

定理 5.34　设非负准光滑序列为 $X^{(0)}$, 则 $X^{(0)}$ 的一次累加生成序列 $X^{(1)}$ 具有准指数规律。

证明

$$\sigma^{(1)}(k) = \frac{x^{(1)}(k)}{x^{(1)}(k-1)} = \frac{x^{(0)}(k) + x^{(1)}(k-1)}{x^{(1)}(k)}$$
$$= 1 + \rho(k)$$

按照准光滑序列的定义, 对每个 k, 有 $\rho(k) < 0.5$, 所以

$$\sigma^{(1)}(k) \in [1, 1.5], \quad \delta < 0.5$$

即 $X^{(1)}$ 具有准指数规律。

由定理可知: 若序列 X 中的数据成直线分布, 则 X 为无限光滑序列。

定义 5.56　设序列 $X = (x(1), x(2), \cdots, x(n))$, 称

$$\sigma(k) = \frac{x(k)}{x(k-1)}, \quad k = 2, 3, \cdots, n \tag{5.50}$$

为序列 X 的级比。称

$$\rho(k) = \frac{x(k)}{\sum_{i=1}^{k-1} x(i)}, \quad k = 2, 3, \cdots, n \tag{5.51}$$

为序列 X 的光滑比。

定义 5.57　设 X 为端点是空穴的序列:

$$X = (\varnothing(1), x(2), \cdots, x(n-1), \varnothing(n))$$

若用 $\emptyset$ (1)右邻的级比(或光滑比)生成 $x(1)$,用 $\emptyset(n)$ 左邻的级比(或光滑比)生成 $x(n)$,则称 $x(1)$ 和 $x(n)$ 为级比(或光滑比)生成;按级比生成(或光滑比生成)填补空穴所得的序列称为级比生成(或光滑比生成)序列。

命题 5.4 设 X 是端点为空穴的序列,那么

(1) 若采取级比生成,则

$$x(1) = \frac{x(2)}{\sigma(3)}, \quad x(n) = x(n-1)\sigma(n-1)$$

(2) 若采取光滑比生成,则

$$x(1) = \frac{x^2(2)}{x(3) - x(2)}, \quad x(n) = x(n-1)[1 + \rho(n-1)]$$

命题 5.5 级比与光滑比有下述关系:

$$\sigma(k+1) = \frac{\rho(k+1)}{\rho(k)}[1 + \rho(k)], \quad k = 2, 3, \cdots, n \tag{5.52}$$

命题 5.6 若 $X = (x(1), x(2), \cdots, x(n))$ 为递增序列,且有

(1) 对于 $k = 2, 3, \cdots, n, \sigma(k) < 2$;

(2) 对于 $k = 2, 3, \cdots, n, \dfrac{\rho(k+1)}{\rho(k)} < 1$ (即光滑比递减)。

则对指定的实数 $\varepsilon \in [0,1]$ 和 $k = 2, 3, \cdots, n$,当 $\rho(k) \in [0, \varepsilon]$ 时,必有 $\sigma(k+1) \in [0, 1+\varepsilon]$。

例 5.3 设序列 $X = (2.874, 3.278, 3.337, 3.390, 3.679)$,则

$$\sigma(2) = \frac{x(2)}{x(1)} = 1.14, \quad \sigma(3) = 1.017, \quad \sigma(4) = 1.015, \quad \sigma(5) = 1.085$$

对于 $k = 2, 3, 4, 5$,满足 $\sigma(k) < 2$。如:

$$\rho(2) = \frac{x(2)}{x(1)} = 1.14$$

$$\rho(3) = \frac{x(3)}{x(1) + x(2)} = 0.5425$$

$$\rho(4) = \frac{x(4)}{x(1) + x(2) + x(3)} = 0.3573$$

$$\rho(5) = \frac{x(5)}{x(1) + x(2) + x(3) + x(4)} = 0.2856$$

对于 $k = 2, 3, 4, 5$,满足 $\dfrac{\rho(k+1)}{\rho(k)} < 1$。

若 $\rho(2)$ 不视为光滑比,则当 $k = 3, 4, 5$ 时,$\rho(k) \in [0, 0.5425] = [0, \varepsilon]$,而 $\sigma(k+1) \in [0, 1.085] \subset [0, 1+\varepsilon], k = 2, 3, 4$。

定义 5.58 若序列 X 满足:

(1) $\dfrac{\rho(k+1)}{\rho(k)} < 1, k = 2, 3, \cdots, n-1$;

(2) $\rho(k) \in [0, \varepsilon], k = 3, 4, \cdots, n$;

（3）$\varepsilon < 0.5$。

则称 X 为准光滑序列。

定义 5.59　设 X 为有空穴的序列，若新序列生成满足准光滑条件，则称此生成为准光滑生成。

5.5　灰色关联理论

现实世界中的物理系统往往是一些复杂的巨系统，其中包含着多种因素。复杂系统的多因素共同作用的结果决定着系统的发展趋势。人们对复杂系统进行分析时，希望知道各种因素在系统的变化和发展过程中所起的作用，以决定采用促进物理系统向人们需要的方向发展的方法。统计分析和灰色关联分析都是进行系统分析的有效方法，各有其特色，相互弥补，在不同的系统分析中可选用合适的分析方法。

灰色关联分析的基本思想是根据序列曲线几何形状的相似程度来判断其联系是否紧密，曲线越接近，相应序列的关联度就越大，反之就越小。灰色关联分析的目的就是以信息不完全与"少数据不确定"的系统作因素间的量化、序化。其实质是整体比较，是有参考的、有测度的比较。灰色关联分析的功能有：界定系统（因子）的边界；分析因素与行为的影响；判定主要、次要因素；识别模式；灰色聚类；灰色关联等。

灰色关联分析模型不是函数模型，是序列关系模型；灰色关联分析着眼的不是数值本身，而是数值大小所表示的序关系，因此，灰色关联分析的技术内涵是：获取序列间的差异信息，建立差异信息空间；建立和计算差异信息比较测度（灰色关联度）；建立因素间的序关系。

下面介绍灰色关联分析的相关理论。

5.5.1　灰色关联公理与灰色关联度

定义 5.60　设 X_i 为系统因素，其在序号 k 上的观测数据为 $x_i(k), k = 1, 2, \cdots, n$，则称

$$X_i = (x_i(1), x_i(2), \cdots, x_i(n)) \tag{5.53}$$

为因素 X_i 的行为序列。

若 k 为时间序号，$x_i(k), k = 1, 2, \cdots, n$ 为因素 X_i 在 k 时刻的观测数据，则称式（5.53）为因素 X_i 的行为时间序列。

　　若 k 为指标序号，$x_i(k)$，$k=1,2,\cdots,n$ 为因素 X_i 关于第 k 个指标的观测数据，则称式(5.53)为因素 X_i 的行为指标序列。

　　若 k 为观测对象序号，$x_i(k)$，$k=1,2,\cdots,n$ 为因素 X_i 关于第 k 个观测对象的观测数据，则称式(5.53)为因素 X_i 的行为横向序列。

　　无论是时间序列数据、指标序列数据还是横向序列数据，都可以用来作关联分析。

　　设序列 $X=(x(1),x(2),\cdots,x(n))$，则

$$X(t) = \{x(k) + (t-k)[x(k+1) - x(k)] \mid k$$
$$= 1,2,\cdots n-1; t \in [k,k+1]\} \tag{5.54}$$

称为序列 X 所对应的折线。

　　为了叙述简便起见，在以后的讨论中，对于序列和其对应的折线，我们都用 X 表示而不加区别。

　　命题 5.7　设系统的特征行为序列 X_0 为增长序列，X_i 为相关因素序列，则有

　　(1) 当 X_i 为增长序列时，X_i 与 X_0 为正相关关系；

　　(2) 当 X_i 为衰减序列时，X_i 与 X_0 为负相关关系。

　　由于负相关关系可通过逆化算子和倒数化算子转化为正相关关系，故我们只研究非负的相关关系。

　　定义 5.61　设序列 $X=(x(1),x(2),\cdots,x(n))$，则称

　　(1) $\lambda = x(k) - x(k-1)$，$k=1,2,\cdots,n$ 为 X 在区间 $[k-1,k]$ 上的斜率；

　　(2) $\lambda = \dfrac{x(s) - x(k)}{s-k}$，$s>k$；$s,k=1,2,\cdots,n$ 为 X 在区间 $[k,s]$ 上的斜率；

　　(3) $\lambda = \dfrac{1}{n-1}[x(n) - x(1)]$ 为 X 的平均斜率。

　　定理 5.35　设 X_i，X_j 皆为非负增长序列，且 $X_j = X_i + c$，$c=const$，对于序列算子 f_1，设 λ_i，λ_j 分别为 X_i，X_j 的平均斜率，ρ_i，ρ_j 分别为 $f_1(X_i)$，$f_1(X_j)$ 的平均斜率，则必有

　　(1) $\lambda_i = \lambda_j$；

　　(2) 当 $c>0$ 时，$\rho_i > \rho_j$，当 $c<0$ 时，$\rho_i < \rho_j$。

　　这个定理说明了序列的增值特性，当两个增长序列的绝对增量相同时，初值小的序列的相对增长速度要高于初值大的序列，要保持相同的相对增长速度，初值大的序列的绝对增量必须大于初值小的序列的绝对增量。

　　定义 5.62　设系统特征序列为 $X_0=(x_0(1),x_0(1),\cdots,x_0(n))$ 和相关因素序列为

$$X_1 = (x_1(1),x_1(2),\cdots,x_1(n))$$
$$\cdots$$
$$X_m = (x_m(1),x_m(2),\cdots,x_m(n))$$

给定实数 $\gamma(x_0(k),x_i(k))$，若

$$\gamma(X_0, X_i) = \frac{1}{n} \sum_{k=1}^{n} \gamma[x_0(k), x_i(k)] \qquad (5.55)$$

满足:

(1) 规范性(norm)

$$0 < \gamma(X_0, X_i) \leqslant 1$$

$$\gamma(X_0, X_i) = 1 \Leftrightarrow X_0 = X_i \text{ 或 } X_0 \text{ 与 } X_i \text{ 同构}$$

$$\gamma(X_0, X_i) = 0 \Leftrightarrow X_0, X_i \in \varnothing (\varnothing \text{ 是空集})$$

(2) 整体性(whole)

对于任意的 $X_i, X_j \in X = \{X_0, X_1, \cdots, X_m\}, m>2,$ 有

$$\gamma(X_i, X_j) \neq \gamma(X_j, X_i), \quad (i \neq j)$$

(3) 偶对对称性(symmetry)

对于 $X_i, X_j \in X,$ 有

$$\gamma(X_i, X_j) = \gamma(X_j, X_i) \Leftrightarrow X = \{X_i, X_j\}$$

(4) 接近性(closing)

$$|x_0(k) - x_i(k)| \text{ 越小}, \quad \gamma[x_0(k), x_i(k)] \text{ 越大}$$

则称 $\gamma(X_0, X_i)$ 为 X_i 对 X_0 的灰色关联度,其中 $\gamma[x_0(k), x_i(k)]$ 为 X_i 对 X_0 在 k 点的关联系数,并称上述(1),(2),(3),(4)为灰色关联四公理。灰色关联公理中,$\gamma(X_0, X_i) \in (0,1]$ 表明系统中任何两个行为序列都不可能是严格无关联的。

灰色关联理论发展到现在,已出现了多种灰色关联系数,相应的灰色关联度也有许多种。常见的是邓聚龙教授提出的灰色关联系数 $\gamma[x_0(k), x_i(k)]$:

$$\gamma[x_0(k), x_i(k)] = \frac{\min\limits_{i}\min\limits_{k}\{|x_0(k) - x_i(k)|\} + \zeta \max\limits_{i}\max\limits_{k}\{|x_0(k) - x_i(k)|\}}{|x_0(k) - x_i(k)| + \zeta \max\limits_{i}\max\limits_{k}\{|x_0(k) - x_i(k)|\}}$$

$$(5.56)$$

不失一般性,不妨设 $X_i(i=1,2,\cdots,m)$ 为经过初值化的序列,即 $X_i(1)=1, i=1,2,\cdots,m,$ 且

$$\gamma[x_0(k), x_i(k)] = \frac{\zeta \max\limits_{i}\max\limits_{k}\{|x_0(k) - x_i(k)|\}}{|x_0(k) - x_i(k)| + \zeta \max\limits_{i}\max\limits_{k}\{|x_0(k) - x_i(k)|\}}$$

$$(5.57)$$

其中,$\zeta \in (0,1)$ 为分辨系数。

定理 5.36　设系统特征序列为 $X_0 = (x_0(1), x_0(1), \cdots, x_0(n))$ 和相关因素序列为

$$X_1 = (x_1(1), x_1(2), \cdots, x_1(n))$$

$$\cdots$$

$$X_m = (x_m(1), x_m(2), \cdots, x_m(n))$$

则由式(5.56)定义的关联系数对应的关联度 $\gamma(X_0, X_i)$ 满足灰色关联四公理。

证明 （1）规范性。

若 $|x_0(k)-x_i(k)|=\min\limits_{i}\min\limits_{k}|x_0(k)-x_i(k)|$，则 $\gamma[x_0(k),x_i(k)]=1$。

若 $|x_0(k)-x_i(k)|>\min\limits_{i}\min\limits_{k}|x_0(k)-x_i(k)|$，则

$$\min\limits_{i}\min\limits_{k}\{|x_0(k)-x_i(k)|\}+\zeta\max\limits_{i}\max\limits_{k}\{|x_0(k)-x_i(k)|\}$$
$$<|x_0(k)-x_i(k)|+\zeta\max\limits_{i}\max\limits_{k}\{|x_0(k)-x_i(k)|\} \tag{5.58}$$

故 $\gamma[x_0(k),x_i(k)]<1$。显然对于任意的 k，$\gamma[x_0(k),x_i(k)]>0$，因此

$$0<\gamma[x_0(k),x_i(k)]\leqslant 1 \tag{5.59}$$

（2）整体性。若 $X=\{X_j\mid j=0,1,2,\cdots,m,m\geqslant 2\}$，则对于任意的 $X_j,X_l\in X$，一般地，有

$$\max\limits_{i}\max\limits_{k}\{|x_j(k)-x_i(k)|\}\neq\max\limits_{i}\max\limits_{k}\{|x_l(k)-x_i(k)|\} \tag{5.60}$$

故整体性成立。

（3）偶对对称性。若 $X=\{X_0,X_1\}$，则

$$|x_0(k)-x_1(k)|=|x_1(k)-x_0(k)|$$
$$\max\limits_{i}\max\limits_{k}\{|x_0(k)-x_1(k)|\}=\max\limits_{i}\max\limits_{k}\{|x_1(k)-x_0(k)|\} \tag{5.61}$$

式(5.56)左端 $i=1$，右端 $i=0$，因此 $\gamma(X_0,X_1)=\gamma(X_1,X_0)$。

（4）接近性显然成立。

灰色关联度的计算步骤如下：

第一步，求各序列的初值像，令

$$X_i'=\frac{X_i}{x_i(1)}=(x_i'(1),x_i'(2),\cdots,x_i'(n)),\quad i=0,1,2,\cdots,m$$

第二步，求差序列。记

$$\Delta_i(k)=|x_0'(k)-x_i'(k)|$$
$$\Delta_i=(\Delta_i(1),\Delta_i(2),\cdots,\Delta_i(n)),\quad i=1,2,\cdots,n$$

第三步，求两极最大差和最小差。记

$$M=\max\limits_{i}\max\limits_{k}\{\Delta_i(k)\},\quad m=\min\limits_{i}\min\limits_{k}\{\Delta_i(k)\}$$

第四步，求关联系数。

$$\gamma_{0i}(k)=\gamma[x_0(k),x_i(k)]=\frac{m+\zeta M}{\Delta_i(k)+\zeta M},\quad \zeta\in(0,1)$$
$$i=1,2,\cdots,m,\quad k=1,2,\cdots,n$$

第五步，计算关联度。

$$\gamma_{0i}=\frac{1}{n}\sum_{k=1}^{n}\gamma_{0i}(k),\quad i=1,2,\cdots,m$$

5.5.2 几种常见的灰色关联度

5.5.2.1 灰色绝对关联度

命题 5.8 设行为序列 $X_i = (x_i(1), x_i(1), \cdots, x_i(n))$，记折线

$$(x_i(1) - x_i(1), x_i(2) - x_i(1), \cdots, x_i(n) - x_i(1)) \tag{5.62}$$

为 $X_i - x_i(1)$，令 $s_i = \int_1^n [X_i - x_i(1)] \mathrm{d}t$，则

(1) 当 X_i 为增长序列时，$s_i \geqslant 0$；

(2) 当 X_i 为衰减序列时，$s_i \leqslant 0$；

(3) 当 X_i 为振荡序列时，s_i 符号不定。

由增长序列、衰减序列、振荡序列的定义及积分的性质，命题 5.8 显然成立。

命题 5.9 设行为序列

$$\begin{aligned} X_i &= (x_i(1), x_i(2), \cdots, x_i(n)) \\ X_j &= (x_j(1), x_j(2), \cdots, x_j(n)) \end{aligned} \tag{5.63}$$

令

$$s_i - s_j = \int_1^n [f_6(X_i) - f_6(X_j)] \mathrm{d}x \tag{5.64}$$

则

(1) 若 $f_6(X_i)$ 恒在 $f_6(X_j)$ 上方，$s_i - s_j > 0$；

(2) 若 $f_6(X_i)$ 恒在 $f_6(X_j)$ 下方，$s_i - s_j < 0$；

(3) 若 $f_6(X_i)$ 与 $f_6(X_j)$ 相交，$s_i - s_j$ 符号不定。

定义 5.63 称行为序列 X_i 各个观测数据间时距之和为 X_i 的长度。设序列 X_0 和 X_i 的长度相同，则称

$$\tau_{0i} = \frac{1 + |s_0| + |s_i|}{1 + |s_0| + |s_i| + |s_i - s_0|} \tag{5.65}$$

为序列 X_0 和 X_i 的灰色绝对关联度，简称为绝对关联度。其中 s_i 定义如命题 5.8。

定理 5.37 设序列 X_0 和 X_i 的长度相同，时距相同，且皆为等时距序列，则

$$\begin{aligned} \tau_{0i} = &\left[1 + \left|\sum_{k=2}^{n-1} x_0^0(k) + \frac{1}{2} x_0^0(n)\right| + \left|\sum_{k=2}^{n-1} x_i^0(k) + \frac{1}{2} x_i^0(n)\right|\right] \\ &\times \left[1 + \left|\sum_{k=2}^{n-1} x_0^0(k) + \frac{1}{2} x_0^0(n)\right| + \left|\sum_{k=2}^{n-1} x_i^0(k) + \frac{1}{2} x_i^0(n)\right| \right. \\ &\left. + \left|\sum_{k=2}^{n-1} [x_i^0(k) - x_0^0(k)] + \frac{1}{2} [x_i^0(n) - x_0^0(n)]\right|\right]^{-1} \end{aligned} \tag{5.66}$$

其中，$x_j^0(k) = f_6(x_j(k))$，$j = 0, i$。

5.5.2.2　灰色相对关联度

定义 5.64　设序列 X_0 和 X_i 的长度相同,且初值皆不为零,f_1 为初值化序列算子,则称序列 $f_1(X_0)$ 与 $f_1(X_i)$ 的灰色绝对关联度为序列 X_0 和 X_i 的灰色相对关联度,简称为相对关联度,记作 γ_{0i}。

灰色相对关联度是序列 X_0 与 X_i 相对于始点的变化速率之联系的数量表征。序列 X_0 与 X_i 的变化速率越接近,其灰色相对关联度越大。

5.5.2.3　灰色综合关联度

定义 5.65　设序列 X_0 和 X_i 的长度相同,且初值皆不为零,对于 $\theta \in [0,1]$,则称 $\rho_{0i} = \theta\tau_{0i} + (1-\theta)\gamma_{0i}$ 为序列 X_0 和 X_i 的灰色综合关联度,简称综合关联度。

综合关联度既体现了折线 X_0 和 X_i 的相似程度,也反映了序列 X_0 和 X_i 相对于始点的变化速率的接近程度,是较全面地表征序列间联系是否紧密的一个数量指标。一般地,取 $\theta = 0.5$,如果对绝对量间的关系较为关心,θ 可以取得大一些;反之,θ 可以取得小一些。

5.5.2.4　灰色斜率关联度

定义 5.66　设 $X(t)$ 为母函数,$Y_i(t)(i=1,2,\cdots,m)$ 为子函数,称

$$\xi_i(t) = \frac{1 + \left| \dfrac{1}{x} \cdot \dfrac{\Delta x(t)}{\Delta t} \right|}{1 + \left| \dfrac{1}{x} \cdot \dfrac{\Delta x(t)}{\Delta t} \right| + \left| \dfrac{1}{x} \cdot \dfrac{\Delta x(t)}{\Delta t} - \dfrac{1}{\bar{y}_i} \cdot \dfrac{\Delta y_i(t)}{\Delta t} \right|} \tag{5.67}$$

为 $X(t)$ 与 $Y_i(t)(i=1,2,\cdots,m)$ 在时刻 t 的灰色斜率关联系数,其中

$$\bar{x} = \frac{1}{n}\sum_{k=1}^{n} x_k(t), \quad \Delta x(t) = x(t+\Delta t) - x(t)$$

$$\bar{y}_i = \frac{1}{n}\sum_{i=1}^{n} y_i(t), \quad \Delta y_i(t) = y_i(t+\Delta t) - y_i(t)$$

5.5.2.5　一种改进的灰色关联度

定义 5.67　设系统特征序列为 $X_0 = (x_0(1), x_0(2), \cdots, x_0(n))$ 和相关因素序列为

$$X_1 = (x_1(1), x_1(2), \cdots, x_1(n))$$
$$\cdots \tag{5.68}$$
$$X_m = (x_m(1), x_m(2), \cdots, x_m(n))$$

称

$$\gamma(X_0, X_i) = \frac{1}{2(n-1)}\left[\frac{x_i(1) \bigwedge x_0(1)}{x_i(1) \bigvee x_0(1)} + \frac{x_i(n) \bigwedge x_0(n)}{x_i(n) \bigvee x_0(n)} + 2\sum_{k=2}^{n-1} \frac{x_i(k) \bigwedge x_0(k)}{x_i(k) \bigvee x_0(k)} \right]$$

$$\tag{5.69}$$

为序列 X_0 和 X_i 的改进的灰色关联度。

5.5.2.6　B 型关联度

定义 5.68　设系统特征序列为 $X_0 = (x_0(1), x_0(2), \cdots, x_0(n))$ 和相关因素序列为式(5.68)，称

$$\gamma(X_0, X_i) = \cfrac{1}{1 + \cfrac{1}{n}d_{ij}^{(0)} + \cfrac{1}{n-1}d_{ij}^{(1)} + \cfrac{1}{n-2}d_{ij}^{(2)}} \tag{5.70}$$

为序列 X_0 和 X_i 的 B 型关联度。其中

$$d_{ij}^{(0)} = \sum_{k=1}^{n} |x_i(k) - x_0(k)|$$

$$d_{ij}^{(1)} = \sum_{k=1}^{n-1} |x_i(k+1) - x_0(k+1) - x_i(k) + x_0(k)|$$

$$d_{ij}^{(2)} = \sum_{k=2}^{n-2} |x_i(k+1) - x_0(k+1) - 2[x_i(k) - x_0(k)] + x_i(k-1) - x_0(k-1)|$$

孙才志等指出上述灰色关联度除斜率关联度满足无量纲化后的保序效应外，其他几种关联度均不满足保序性和规范性，在此基础上，他们提出了一种新的灰色关联度。

定义 5.69　设系统特征序列为 $X_0 = (x_0(1), x_0(2), \cdots, x_0(n))$ 和相关因素序列为式(5.68)，记序列 X_0 和 X_i 的初值像分别为

$$f_1(X_0) = k_0 x + b_0, \quad f_1(X_i) = k_i x + b_i$$

则称

$$\gamma(X_0, X_i) = \begin{cases} \cfrac{1}{1 + t(X_0, X_i)}, & E\left(\cfrac{k_0}{k_i}\right) > 0 \\[3mm] \cfrac{1}{-1 + t(X_0, X_i)}, & E\left(\cfrac{k_0}{k_i}\right) \leqslant 0 \end{cases} \tag{5.71}$$

为序列 X_0 和 X_i 的改进的灰色斜率关联度，其中 E 为数学期望，

$$t(X_0, X_i) = \cfrac{\sqrt{E\left[\cfrac{k_0}{k_i} - E\left(\cfrac{k_0}{k_i}\right)\right]^2}}{E\left(\cfrac{k_0}{k_i}\right)}$$

式(5.71)定义的灰色关联度在无量纲化过程中对保序性不产生影响，并且满足规范性，能反映因素间的正关联，也可以反映因素间的负关联。

5.5.3　灰色关联公理与灰色关联系数的不相容性

由邓聚龙教授提出的灰色关联公理和灰色关联系数存在一定的内在联系，但

其灰色关联系数一般不满足灰色关联公理中的整体性和偶对对称性,刘思峰教授在《灰色系统理论及其应用》中证明偶对对称性只证明必要性,没有证明充分性;在证明整体性时,利用了不等式:

$$\max_i \max_k |x_s(k) - x_i(k)| \neq \max_i \max_k |x_l(k) - x_i(k)|$$

其中,$s, l \in \{1, 2, \cdots, m\}$。他认为在一般情况下此不等式总是成立,这是造成未能发现灰色关联度与关联公理之间矛盾的根本原因。事实上,此不等式并不总是成立的,在一定条件下,不等式两边可能相等。一般地,我们有下面的定理:

定理 5.38　对于式(5.56)定义的关联系数,若存在 $i, j \in \{1, 2, \cdots, m\}$, $m \geqslant 3$, $k_0 \in \{1, 2, \cdots, n\}$,使得

$$x_i(k_0) = \min_i \min_k \{x_i(k)\} = \min_i \min_k \{x_j(k)\} = x_j(k_0), \quad i \neq j \quad (5.72)$$

且

$$\max_{0 \leqslant i \leqslant m} \max_{1 \leqslant k \leqslant n} \{x_i(k)\} \in \{x_i(k) \mid i = 0, 1, \cdots, m\} \quad (5.73)$$

则有 $\gamma(X_i, X_j) = \gamma(X_j, X_i)$。

证明　记 $x_{i0}(k_0) = \max_i \max_k \{x_i(k)\}$ 则

$$\max_l \max_k \{|x_i(k) - x_l(k)|\} = x_{i0}(k_0) - x_i(k_0) \quad (5.74)$$

$$\max_l \max_k \{|x_j(k) - x_l(k)|\} = x_{i0}(k_0) - x_j(k_0) \quad (5.75)$$

由式(5.72)、式(5.74)和式(5.75),知

$$\max_l \max_k \{|x_i(k) - x_l(k)|\} = \max_l \max_k \{|x(k) - x(k)|\}$$

故

$$\gamma(X_i, X_j) = \gamma(X_j, X_i), \quad i \neq j$$

定理 5.38 说明,由式(5.57)定义的关联系数构成的灰色关联度不满足整体性[其实由式(5.56)也可以得到类似结果],因为此时

$$\min_l \min_k \{|x_i(k) - x_l(k)|\} = \min_l \min_k \{|x_j(k) - x_l(k)|\} = 0$$

邓聚龙教授在《灰理论基础》(2002)中,在"$\neq$"上加上一个"*often*",可能意识到此不等式可以不成立。但是却忽视了由于此不等式的个别不成立,将导致偶对对称性的不成立。

推论 5.4　若条件式(5.72)和式(5.73)成立,对于由式(5.56)定义的灰色关联系数构成的灰色关联度有 $\gamma(X_i, X_j) = \gamma(X_j, X_i)$,但是$|X| > 2$。其中$|X|$表示集合 X 中的元素个数。

证明　因为条件式(5.71)和式(5.72)成立,则由定理 5.37 知,$\gamma(X_i, X_j) = \gamma(X_j, X_i)$。但此时$|X| = m \geqslant 3 > 2$,所以推论成立。

由定理 5.37 及其推论知,式(5.56)定义的灰色关联系数构成的灰色关联度并不能保证满足整体性和偶对对称性。我们认为:整体性公理只是一种现象,并不对任意变量都成立。事实上,迄今为止,广大科研工作者提出的关联度中没有能满足此公理的。那么整体性公理存在的价值就值得怀疑。对于偶对对称性,我们有更

一般的结论:

定理 5.39　设 $X = \{X_1, X_2\}$, 对于任意定义的关联系数

$$\gamma[x_i(k), x_j(k)]$$
$$= f\{\min_{j \neq i} \min_k \{|x_i(k) - x_j(k)|\}, |x_i(k) - x_j(k)|, \max_{j \neq i} \max_k \{|x_i(k) - x_j(k)|\}\}$$

其中, f 为一连续函数, 均有 $\gamma[x_1(k), x_2(k)] = \gamma[x_2(k), x_1(k)]$。

证明　因为 $i, j \in \{1, 2\}$, 则

$$\min_{j \neq i} \min_k \{|x_i(k) - x_j(k)|\} = \min_k \{|x_1(k) - x_2(k)|\}$$
$$\max_{j \neq i} \max_k \{|x_i(k) - x_j(k)|\} = \max_k \{|x_1(k) - x_2(k)|\}$$

所以

$$\gamma[x_1(k), x_2(k)] = f\{\min_{j \neq 1} \min_k \{|x_i(k) - x_j(k)|\}, |x_1(k) - x_2(k)|,$$
$$\max_{j \neq 1} \max_k \{|x_i(k) - x_j(k)|\}\}$$
$$= f\{\min_k \{|x_1(k) - x_2(k)|\}, |x_1(k) - x_2(k)|,$$
$$\max_k \{|x_1(k) - x_2(k)|\}\}$$
$$= f\{\min_{i \neq 2} \min_k \{|x_2(k) - x_i(k)|\}, |x_2(k) - x_1(k)|,$$
$$\max_{i \neq 2} \max_k \{|x_2(k) - x_i(k)|\}\}$$
$$= \gamma[x_2(k), x_1(k)]$$

定理 5.37 说明由式(5.56)定义的灰色关联系数构成的灰色关联度均有

$$X = \{X_1, X_2\} \Rightarrow \gamma\{X_1, X_2\} = \gamma\{X_2, X_1\}$$

由式(5.56)定义的关联系数构成的灰色关联度均不满足整体性公理和偶对对称性公理。不仅如此, 其他形式的一些关联度也不满足偶对对称性公理, 有的直接满足对称性。例如, 刘思峰教授定义的灰色绝对关联度:

$$\tau_{0i} = \frac{1 + |S_0| + |S_i|}{1 + |S_0| + |S_i| + |S_i - S_0|} \tag{5.76}$$

其中, $S_i = \int_1^n [X_i - x_i(1)] dt, X_i - x_i(1) (i = 1, 2, \cdots, m)$ 表示折线

$$\{x_i(k) - x_i(1) + (t - k)[x_i(k+1) - x_i(k)] | k = 1, 2, \cdots, n-1, t \in [k, k+1]\}$$

也不满足整体性和偶对对称性(原证明有误)。我们有:

定理 5.40　设 $X = \{X_0, X_1, \cdots, X_n\}$, 对于任意的 $i, j \in \{0, 1, \cdots, n\}$, 均有 $\tau_{ij} = \tau_{ji}$。

证明　因为

$$|S_i - S_j| = \left| \int_1^n [X_i - x_i(1)] dt - \int_1^n [X_j - x_j(1)] dt \right|$$
$$= \left| \int_1^n [X_j - x_j(1)] dt - \int_1^n [X_i - x_i(1)] dt \right|$$
$$= |S_j - S_i|$$

所以

$$\tau_{ij} = \frac{1+|S_i|+|S_j|}{1+|S_i|+|S_j|+|S_j-S_i|} = \tau_{ji}$$

由定理 5.40 知，$\tau_{ij}=\tau_{ji}$ 时，并不能推出 $X=\{X_i,X_j\}$，所以由式(5.76)定义的灰色关联度不满足偶对对称性，而是满足对称性。

从以上结论可知，偶对对称性的必要性总是成立的，而充分性不成立。可见，对于目前所定义的灰色关联度而言，$\gamma(X_i,X_j)=\gamma(X_j,X_i)$ 只是 $X=\{X_i,X_j\}$ 的必要条件，而非充要条件。

5.5.4　灰色聚类理论

灰色聚类理论(Grey Cluster Theory)是根据灰色关联矩阵或者灰数的白化权函数将一些观测指标或者观测对象划分成若干个可定义类别的方法，这里主要是介绍灰色关联聚类分析法(Grey Relational Cluster Analysis Method)，它是灰色关联分析法和聚类法的综合应用，为此首先介绍灰色关联矩阵的概念。

定义 5.70　设 $Y_1,Y_2,\cdots,Y_n$ 为系统特征行为数据序列，$X_1,X_2,\cdots,X_n$ 为相关因素序列，且 Y_i,X_j 长度相同，$\gamma_{ij}(i\in\{0,1,\cdots,n\},j\in\{0,1,\cdots,m\})$ 为 Y_i 与 X_j 的灰色关联度，则称矩阵

$$\boldsymbol{\Gamma}=(\gamma_{ij})=\begin{bmatrix} \gamma_{11} & \cdots & \gamma_{1m} \\ \gamma_{21} & \cdots & \gamma_{2m} \\ \vdots & & \vdots \\ \gamma_{n1} & \cdots & \gamma_{nm} \end{bmatrix}$$

为灰色关联矩阵。

类似地，可以定义以其他灰色关联度为元素的关联矩阵。

定义 5.71　设有 n 个观测对象，每个对象观测 m 个特征数据，对象的特征序列为

$$X_1 = (x_1(1),x_1(2),\cdots,x_1(m))$$
$$X_2 = (x_2(1),x_2(2),\cdots,x_2(m))$$
$$\cdots$$
$$X_n = (x_n(1),x_n(2),\cdots,x_n(m))$$

由所有 $i\leqslant j(i\in\{0,1,\cdots,n\},j\in\{0,1,\cdots,m\})$ 的 X_i 与 X_j 的灰色关联度构成的上三角矩阵

$$\boldsymbol{A}=(\gamma_{ij})=\begin{bmatrix} \gamma_{11} & & \cdots & & \gamma_{1m} \\ & \gamma_{22} & & \cdots & \gamma_{2m} \\ & & \ddots & & \vdots \\ & & & & \gamma_{mn} \end{bmatrix}$$

称为特征变量的关联矩阵。

取定临界值 $r \in [0,1]$，一般要求 $r > 0.5$，当 $\gamma_{ij} \geqslant r$ 时，则视 X_i 与 X_j 为同类特征。

定义 5.72　特征变量在临界值 r 下的分类称为特征变量的 r 灰色关联聚类。

r 值可以根据实际需要确定，其值越接近 1，分类越细，每组中的变量相对地越少；其值越小，分类越粗，每组中的变量数相对地越多。

通过本节的分析，我们发现灰色关联的理论体系中存在着一些矛盾和不完善的地方，有待于改进。目前有两种选择，一种是去掉灰色关联公理中的整体性和偶对对称性，保留由式(5.56)定义的灰色关联度；另一种是保留灰色关联公理的完整性，重新寻找一种能完全满足四条公理的灰色关联度。我们倾向于前一种选择，因为由式(5.56)定义的关联系数构成的灰色关联度在实际应用中已经显示出其合理的一面，并且不是某一种灰色关联度不满足灰色关联公理，而是所有的灰色关联度均不满足灰色关联四公理，这说明灰色关联四公理是不能作为一种公理体系而存在的，我们必须重新建立一套与大多数灰色关联度相一致的灰色关联公理。

5.6　灰色建模理论

灰色系统理论的主要任务之一，就是根据社会、经济、生态等复杂系统的行为特征数据，寻求因素之间或因素自身的数学关系与变化规律。灰色系统理论认为随机过程都是在一定幅值范围和一定时区内变化的灰色量，并把随机过程看成灰色过程。

5.6.1　灰色模型及其发展

研究一个系统，一般应首先建立系统的数学模型，进而对系统的整体功能、协调功能以及系统各因素间的关联关系、因果关系、动态关系进行具体的量化研究。这种研究必须以定性分析为基础，定量与定性紧密结合。在灰色系统理论中，应用累加生成序列具有的近似指数律建立了一系列的灰色模型，并将这些模型应用于实际物理系统，产生了良好的社会效应。

累加生成是使灰色过程由灰变白的一种方法，它在灰色系统理论中占有极其重要的地位。通过累加生成可以看出灰量积累过程的发展态势，使离乱的原始数据中蕴含的积分特性或规律充分显示出来。一种农作物的单粒重一般来说是一种随机量，没有什么规律，但一千粒的重量作为单粒重量的累积往往具有一定的规律性,可以作为评估农作物品种优劣的标志。

累加生成是将同一序列中的数据逐次相加以生成新的数据。其灰生成含义有:

(1) 新数据生成,指生成数据是数值上不同于原始数据的新数据;

(2) 规律生成,指生成数据之间的规律不同于原始数据之间的规律;

(3) 关系生成,原始数据之间的关系不同于生成数据之间的关系。比如说原始数据之间有序化关系,而生成过程蕴含着互补关系。

许多系统研究者对微分方程感兴趣,认为微分方程较深刻地反映了事物发展的本质。灰色系统理论通过对一般微分方程的深刻剖析定义了序列的灰导数,从而使我们能够利用离散数据序列建立近似的微分方程模型。下面来介绍以近似微分方程的形式建立起来的灰色模型。

定义 5.73 设原始序列为 $X^{(0)} = (x^{(0)}(1), x^{(0)}(2), \cdots, x^{(0)}(n))$, $X^{(1)}$ 为 $X^{(0)}$ 的 1-AGO 序列,则称灰色微分方程

$$x^{(0)}(k) + az^{(1)}(k) = b$$
$$z^{(1)}(k) = 0.5x^{(1)}(k) + 0.5x^{(1)}(k-1) \tag{5.77}$$

为灰色 GM(1,1) 模型。

(1) 符号 GM(1,1) 含义为 1 阶,1 个变量的灰色模型为

$$\text{GM}(1,1)$$

Grey　Model　1order　1Variable

(2) 称 a 为发展系数。因为 a 的大小及符号反映了 $X^{(0)}$ 的发展态势。

(3) 称 b 为灰作用量。因为 b 的内涵为系统的作用量,然而 b 不是可以直接观测的,是通过计算得到的,是等效的作用量,具有灰信息覆盖作用,故称为灰作用量。

(4) 序列 $Z^{(1)} = (z^{(1)}(1), z^{(1)}(2), \cdots, z^{(1)}(n))$ 称为白化背景序列。

若 $\boldsymbol{\theta} = (a, b)^{\mathrm{T}}$ 为灰色 GM(1,1) 模型的参数序列,且

$$\boldsymbol{Y} = \begin{bmatrix} x^{(0)}(2) \\ x^{(0)}(3) \\ \vdots \\ x^{(0)}(n) \end{bmatrix}, \quad \boldsymbol{B} = \begin{bmatrix} -z^{(1)}(2) & 1 \\ -z^{(1)}(3) & 1 \\ \vdots & \vdots \\ -z^{(1)}(n) & 1 \end{bmatrix} \tag{5.78}$$

则灰色微分方程 $x^{(0)}(k) + az^{(1)}(k) = b$ 参数的最小二乘估计为

$$\hat{\theta} = (\boldsymbol{B}^{\mathrm{T}}\boldsymbol{B})^{-1}\boldsymbol{B}^{\mathrm{T}}\boldsymbol{Y} \tag{5.79}$$

定理 5.41 设 $X^{(0)}$ 为非负序列,$X^{(1)}$ 为 $X^{(0)}$ 的 1-AGO 序列,则

(1) 白化微分方程 $\dfrac{\mathrm{d}x^{(1)}}{\mathrm{d}t} + ax^{(1)} = b$ 的解也称时间响应函数,为

$$x^{(1)}(t) = \left[x^{(1)}(0) - \frac{b}{a} \right] \times \mathrm{e}^{-at} + \frac{b}{a} \tag{5.80}$$

（2）灰色微分方程 $x^{(0)}(k)+az^{(1)}(k)=b$ 的时间响应序列为

$$\hat{x}^{(1)}(k+1)=\left[x^{(1)}(0)-\frac{b}{a}\right]\times \mathrm{e}^{-ak}+\frac{b}{a},\quad k=1,2,\cdots,n \tag{5.81}$$

（3）还原值为

$$\hat{x}^{(0)}(k+1)=\hat{x}^{(1)}(k+1)-\hat{x}^{(1)}(k),\quad k=1,2,\cdots,n \tag{5.82}$$

邓聚龙教授对定义（5.73）和式（5.80）的关系作了如下说明：

（1）GM(1,1)的白化模型是真正的微分方程。

（2）GM(1,1)的白化响应式是微分方程

$$\frac{\mathrm{d}x^{(1)}}{\mathrm{d}t}+ax^{(1)}=b$$

在初始条件 $x^{(0)}(1)$ 时的解。

（3）无论 GM(1,1) 白化模型还是白化响应式，均不是从 GM(1,1) 定义中推导出来的，而是借用的，实质上 GM(1,1) 白化模型及其白化响应式，均不属于灰色模型的范畴。

（4）凡是从 GM(1,1) 白化模型及其响应式得到的结果，只有与灰色 GM(1,1) 模型不矛盾时才有价值。

由于实际问题中的数据序列往往是复杂的、各种各样的，因此需要 GM(1,1) 的扩展模型多样化。近年来，出现的一些扩展模型如下：

（1）$\mathrm{GM}(1,1)_\mathrm{T}$ 模型：$x^{(0)}(k)+az^{(1)}(k)=b\left(k-\frac{1}{2}\right)+c$；

（2）GIM(1)模型：$x^{(0)}(k)+\dfrac{az^{(1)}(k)}{k}=b$；

（3）GTM 模型：$x^{(0)}(t)+a(t)z^{(1)}(t)=b(t)$；

（4）GOM 模型：$x^{(0)}(k)+a\bar{z}^{(1)}(k)=b$，其中 $\bar{z}^{(1)}(k)=z^{(1)}(k)+c$，

$$c=\frac{\mathrm{e}^a+1}{1-\mathrm{e}^{-2(n-1)a}}\sum_{k=1}^{n-1}q^{(0)}(k+1)\mathrm{e}^{-ak}$$

（5）GM(3|t,1)模型：$\alpha^{(2)}\left[x^{(1)}(k)\right]+a_1\alpha^{(1)}\left[x^{(1)}(k)\right]+a_2z^{(1)}(k)=b_1k+b_0$；

（6）DGM 模型：$x^{(1)}(k+2)+ax^{(1)}(k+1)+bx^{(1)}(k)=0$；

（7）GM$(1,1|\tau,\gamma)$模型：$x^{(0)}(k)+az^{(1)}(k-\tau)=bk^\gamma,k\geqslant\tau+2,\tau\in\{0,1,\cdots,\gamma\}$；

（8）GM$[1,1|\tan(k-\tau)p]$模型：$x^{(0)}(k)+a\tan(k-\tau)pz^{(1)}(k-\tau)=b\sin(k-\tau)p$。

定义 5.74　设系统特征序列为 $X_1^{(0)}=(x_1^{(0)}(1),\cdots,x_1^{(0)}(n))$ 和相关因素序列为

$$X_2^{(0)}=(x_2^{(0)}(1),x_2^{(0)}(2),\cdots,x_2^{(0)}(n))$$
$$\cdots \tag{5.83}$$
$$X_N^{(0)}=(x_N^{(0)}(1),x_N^{(0)}(2),\cdots,x_N^{(0)}(n))$$

$X_i^{(1)}$ 为序列 $X_i^{(0)}$ 的 1-AGO 序列$(i=1,2,\cdots,N)$，$z^{(1)}(k)=0.5x^{(1)}(k)+0.5x^{(1)}(k-1)$，则称

$$x_1^{(0)}(k) + az_1^{(1)}(k) = \sum_{i=2}^{N} b_i x_i^{(1)}(k)$$

为灰色 GM(1,N) 的微分方程，a 为系统发展系数，$b_i x_i^{(1)}(k)$ 称为驱动项，b_i 为驱动系数。

灰色 GM(1,N) 的微分方程参数 $\boldsymbol{\theta} = (a, b_2, \cdots, b_N)^{\mathrm{T}}$ 的最小二乘估计为

$$\hat{\boldsymbol{\theta}} = (\boldsymbol{B}^{\mathrm{T}} \boldsymbol{B})^{-1} \boldsymbol{B}^{\mathrm{T}} \boldsymbol{Y} \tag{5.84}$$

其中

$$\boldsymbol{Y}_N = (x_1^{(0)}(2), x_1^{(0)}(3), \cdots, x_1^{(0)}(n))^{\mathrm{T}}$$

$$\boldsymbol{B} = \begin{pmatrix} -z_1^{(1)}(2) & x_2^{(1)}(2) & \cdots & x_N^{(1)}(2) \\ -z_1^{(1)}(3) & x_2^{(1)}(3) & \cdots & x_N^{(1)}(3) \\ \cdots & \cdots & \ddots & \cdots \\ -z_1^{(1)}(n) & x_2^{(1)}(n) & \cdots & x_N^{(1)}(n) \end{pmatrix}$$

时间响应式为

$$x_1^{(1)}(k+1) = \left[x_1^{(1)}(0) - \frac{1}{a} \sum_{i=2}^{N} b_i x_i^{(1)}(k+1) \right] \times \mathrm{e}^{-ak} + \frac{1}{a} \sum_{i=2}^{N} b_i x_i^{(1)}(k+1)$$

定义 5.75　设系统特征序列为 $X_1^{(0)} = (x_1^{(0)}(1), \cdots, x_1^{(0)}(n))$ 和相关因素序列为

$$\begin{aligned} X_2^{(0)} &= (x_2^{(0)}(1), x_2^{(0)}(2), \cdots, x_2^{(0)}(n)) \\ &\vdots \\ X_N^{(0)} &= (x_N^{(0)}(1), x_N^{(0)}(2), \cdots, x_N^{(0)}(n)) \end{aligned} \tag{5.85}$$

$X_i^{(1)}$ 为序列 $X_i^{(0)}$ 的 1-AGO 序列 $(i=1,2,\cdots,N)$，则称

$$X_1^{(1)} = b_2 X_2^{(1)} + b_3 X_3^{(1)} + \cdots + b_N X_N^{(1)} + a \tag{5.86}$$

为灰色 GM(0,N) 模型。

灰色 GM(0,N) 模型不含导数，因此为静态方程。它形如多元线性回归模型，但与一般的多元线性回归模型有着本质的区别，一般的线性回归模型以原始数据序列为基础，GM(0,N) 模型的建模基础则是原始数据的 1-AGO 序列。

灰色 GM(0,N) 模型的参数 $\boldsymbol{\theta} = (b_2, b_3, \cdots, b_N, a)$ 的最小二乘估计为

$$\hat{\boldsymbol{\theta}} = (\boldsymbol{B}^{\mathrm{T}} \boldsymbol{B})^{-1} \boldsymbol{B}^{\mathrm{T}} \boldsymbol{Y}$$

其中

$$\boldsymbol{B} = \begin{pmatrix} x_2^{(1)}(2) & \cdots & x_N^{(1)}(2) & 1 \\ x_2^{(1)}(3) & \cdots & x_N^{(1)}(3) & 1 \\ \vdots & & \vdots & \vdots \\ x_2^{(1)}(n) & \cdots & x_N^{(1)}(n) & 1 \end{pmatrix}, \quad \boldsymbol{Y} = \begin{pmatrix} x_1^{(1)}(2) \\ x_1^{(1)}(3) \\ \vdots \\ x_1^{(1)}(n) \end{pmatrix}$$

研究原始序列的数乘变换和平移变换对模型参数值及预测值的影响对建模技术的发展有着重要的意义，该问题也是近年来研究的热点。肖新平讨论了

GM$(1,N)$模型及 GM$(0,N)$模型的情形,结果表明这两类多变量灰色模型的系统预测值 $\hat{x}^{(0)}(k)$ 均与系统主行为原始数据 $x_i^{(0)}(k)$ 的数乘方式有关,而与系统行为因子 $x_i^{(0)}(k)$ 的数乘变换无关。

5.6.2　灰色模型中参数估计的研究

灰色模型的参数估计有一个统一的表达式:

$$\hat{\boldsymbol{\theta}} = (\boldsymbol{B}^{\mathrm{T}}\boldsymbol{B})^{-1}\boldsymbol{B}^{\mathrm{T}}\boldsymbol{Y}$$

在这个表达式中,由于要计算矩阵 $(\boldsymbol{B}^{\mathrm{T}}\boldsymbol{B})^{-1}$,自然存在此逆矩阵是否存在的问题。更一般的结果为

设灰色模型中的系数矩阵 $\boldsymbol{B}$ 是 $(n-1) \times N$ 矩阵,则

(1) 当 $n = N+1$ 时,参数的最小二乘估计式为

$$\hat{\boldsymbol{\theta}} = \boldsymbol{B}^{-1}\boldsymbol{Y} \tag{5.87}$$

(2) 当 $n > N+1$ 时,参数的最小二乘估计式为

$$\hat{\boldsymbol{\theta}} = (\boldsymbol{B}^{\mathrm{T}}\boldsymbol{B})^{-1}\boldsymbol{B}^{\mathrm{T}}\boldsymbol{Y} \tag{5.88}$$

(3) 当 $n < N+1$ 时,参数的最小二乘估计式为

$$\hat{\boldsymbol{\theta}} = \boldsymbol{B}^{\mathrm{T}}(\boldsymbol{B}\boldsymbol{B}^{\mathrm{T}})^{-1}\boldsymbol{Y} \tag{5.89}$$

这三个估计式中,同样存在着逆矩阵是否存在的问题,并且即使逆矩阵存在,但若系数矩阵 B 的某些行或列是一些近似平行的向量,则将造成对应矩阵的条件数很大,从而使模型的参数估计值失真。下面介绍一种从根本上消除由灰色模型参数最小二乘估计引起的建模失真的方法。

对于灰色 GM$(1,N)$ 模型,有

$$x_{1(k)}^{(0)} + az_{1(k)}^{(1)} = \sum_{i=2}^{N} b_i x_{i(k)}^{(1)} \tag{5.90}$$

其中

$$x_{i(k)}^{(1)} = x_{i(1)}^{(0)} + x_{i(2)}^{(0)} + \cdots + x_{i(k)}^{(0)}$$
$$X_i^{(1)} = (x_{i(1)}^{(1)}, x_{i(2)}^{(1)}, \cdots, x_{i(n)}^{(1)})$$
$$x_{i(k)}^{(0)} = \frac{\omega_{i(k)}}{\omega_{i(1)}}, \quad i = 1, 2, \cdots, N$$
$$\omega_i = (\omega_{i(1)}, \cdots, \omega_{i(n)}) \text{ 是模型的原始序列}$$
$$z_{1(k)}^{(1)} = 0.5x_{1(k)}^{(1)} + \cdots + x_{1(k-1)}^{(1)}, \quad k = 2, 3, \cdots, n$$

我们有下面的结论:

定理 5.42　对于 GM$(1,N)$ 模型,若下列条件之一被满足,则其参数辨识式 $(5.87) \sim$ 式 (5.89) 无意义。

(1) 当 $n<N+1$ 时,存在 $i,j\in\{2,3,\cdots,N\}$,使得

$$\frac{\sum\limits_{m=1}^{2}\omega_{i(m)}}{\sum\limits_{m=1}^{2}\omega_{j(m)}}=\frac{\omega_{i(3)}}{\omega_{j(3)}}=\cdots=\frac{\omega_{i(n)}}{\omega_{j(n)}},\quad i\neq j \tag{5.94}$$

或

$$\frac{\omega_{1(i)}+\omega_{1(i-1)}}{\omega_{1(j)}+\omega_{1(j-1)}}=\frac{\omega_{2(i)}}{\omega_{2(j)}}=\cdots=\frac{\omega_{N(i)}}{\omega_{N(j)}},\quad i\neq j \tag{5.92}$$

(2) 当 $n>N+1$ 时,存在 $i,j\in\{2,3,\cdots,N\}$,使得

$$\frac{\sum\limits_{m=1}^{2}\omega_{1(m)}+\omega_{1(1)}}{\sum\limits_{m=1}^{2}\omega_{i(m)}}=\frac{\omega_{1(3)}+\omega_{1(2)}}{\omega_{i(3)}}=\cdots=\frac{\omega_{1(n)}+\omega_{1(n-1)}}{\omega_{i(n)}} \tag{5.93}$$

或

$$\frac{\sum\limits_{m=1}^{2}\omega_{i(m)}}{\sum\limits_{m=1}^{2}\omega_{j(m)}}=\frac{\omega_{i(3)}}{\omega_{j(3)}}=\cdots=\frac{\omega_{i(n)}}{\omega_{j(n)}},\quad i\neq j \tag{5.94}$$

证明　因为

$$\boldsymbol{B}=\begin{pmatrix} -z_{1(2)}^{(1)} & x_{2(2)}^{(1)} & \cdots & x_{N(2)}^{(1)} \\ -z_{1(3)}^{(1)} & x_{2(3)}^{(1)} & \cdots & x^{(1)} \\ \vdots & \vdots & & \vdots \\ -z_{1(n)}^{(1)} & x_{2(n)}^{(1)} & \cdots & x_{N(n)}^{(1)} \end{pmatrix}$$

$$=\begin{pmatrix} -\dfrac{1}{2}\sum\limits_{m=1}^{2}[x_{1(m)}^{(0)}+x_{1(1)}^{(0)}] & \sum\limits_{m=1}^{2}x_{2(m)}^{(0)} & \cdots & \sum\limits_{m=1}^{2}x_{N(m)}^{(0)} \\ -\dfrac{1}{2}\sum\limits_{m=1}^{3}[x_{1(m)}^{(0)}+x_{1(m-1)}^{(0)}] & \sum\limits_{m=1}^{3}x_{2(m)}^{(0)} & \cdots & \sum\limits_{m=1}^{3}x_{N(m)}^{(0)} \\ \vdots & \vdots & & \vdots \\ -\dfrac{1}{2}\sum\limits_{m=1}^{n}[x_{1(m)}^{(0)}+x_{1(m-1)}^{(0)}] & \sum\limits_{m=1}^{n}x_{2(m)}^{(0)} & \cdots & \sum\limits_{m=1}^{n}x_{N(m)}^{(0)} \end{pmatrix}$$

将 $\omega_{i(k)}$,$i=1,2,\cdots,N$,$k=1,2,\cdots,n$ 代入上式,并进行初等变换,矩阵 B 可以化成

$$\boldsymbol{B}_{1}=\begin{pmatrix} \sum\limits_{m=1}^{2}\omega_{1(m)}+\omega_{1(1)} & \sum\limits_{m=1}^{2}\omega_{2(m)} & \cdots & \sum\limits_{m=1}^{2}\omega_{N(m)} \\ \omega_{1(3)}+\omega_{1(2)} & \omega_{2(3)} & \cdots & \omega_{N(3)} \\ \vdots & \vdots & & \vdots \\ \omega_{1(n)}+\omega_{1(n-1)} & \omega_{2(n)} & \cdots & \omega_{N(n)} \end{pmatrix}$$

当式(5.91)~式(5.94)中任意一个成立时,$r(\boldsymbol{B}_{1})<\min\{n-1,N\}$。而 $r(\boldsymbol{B}_{1})=$

$r(\boldsymbol{B})$，则 $r(\boldsymbol{B}) < \min\{n-1, N\}$，从而 $\boldsymbol{B}, \boldsymbol{B}^{\mathrm{T}}\boldsymbol{B}, \boldsymbol{B}\boldsymbol{B}^{\mathrm{T}}$ 在对应的条件下为奇异矩阵，故灰色模型的参数估计式(5.87)~式(5.89)无意义。

定理 5.42 中的条件只是充分的而非必要的，显然还有许多使 $r(\boldsymbol{B}) < \min\{n-1, N\}$ 成立的条件，这里不一一列出。此定理说明，参数向量 θ 的估计式在一定条件下无意义。即使等式(5.91)~式(5.94)不严格成立，只是近似相等，也将造成行列式 $|\boldsymbol{B}^{\mathrm{T}}\boldsymbol{B}|$ 的值很小，从而矩阵 $(\boldsymbol{B}^{\mathrm{T}}\boldsymbol{B})^{-1}$ 的元素很大，计算的微小误差，也将使参数估计值产生很大的变化，从而使之失真。有趣的是当 $N=1$ 时，灰色模型 GM(1,1) 的参数估计式存在的条件会变得很简单。

定理 5.43　灰色模型 GM(1,1)

$$x_{(k)}^{(0)} + a z_{(k)}^{(1)} = b \tag{5.95}$$

中，当且仅当存在某个确定的 $x_{(k)}^{(0)} > 0(k \geqslant 2)$ 时，其参数 (a, b) 在最小二乘准则下的辨识式 $(\boldsymbol{B}^{\mathrm{T}}\boldsymbol{B})^{-1}\boldsymbol{B}^{\mathrm{T}}\boldsymbol{Y}$ 有意义。其中

$$\boldsymbol{B} = \begin{bmatrix} -z_{(2)}^{(1)} & -z_{(3)}^{(1)} & \cdots & -z_{(n)}^{(1)} \\ 1 & 1 & \cdots & 1 \end{bmatrix}^{\mathrm{T}}, \quad \boldsymbol{Y} = (x_{(2)}^{(0)}, x_{(3)}^{(0)}, \cdots, x_{(n)}^{(0)})^{\mathrm{T}}$$

证明　因为

$$|\boldsymbol{B}^{\mathrm{T}}\boldsymbol{B}| = (n-1)\sum_{i=1}^{n}\left[z_{(i)}^{(1)}\right]^2 - \left[\sum_{i=1}^{n}z_{(i)}^{(1)}\right]^2 \tag{5.96}$$

并注意到代数等式

$$n\sum_{k=1}^{n}a_k^2 - \left(\sum_{k=1}^{n}a_k\right)^2 = \sum_{1 \leqslant i < j \leqslant n}(a_j - a_i)^2 \tag{5.97}$$

由式(5.96)和式(5.97)得

$$\begin{aligned} |\boldsymbol{B}^{\mathrm{T}}\boldsymbol{B}| &= \sum_{2 \leqslant i < j \leqslant n}\left[z_{(j)}^{(1)} - z_{(i)}^{(1)}\right]^2 \\ &= \frac{1}{4}\sum_{2 \leqslant i < j \leqslant n}\left[x_{(j)}^{(0)} + \cdots + x_{(i+1)}^{(0)} + x_{(j-1)}^{(0)} + \cdots + x_{(i)}^{(0)}\right]^2 \end{aligned} \tag{5.98}$$

由于 $x_{(k)}^{(0)}$ 是非负的，若存在某个确定的 $x_{(k)}^{(0)} > 0(k \geqslant 2)$，则 $|\boldsymbol{B}^{\mathrm{T}}\boldsymbol{B}| > 0$，从而矩阵 $(\boldsymbol{B}^{\mathrm{T}}\boldsymbol{B})^{-1}$ 存在，辨识式 $(\boldsymbol{B}^{\mathrm{T}}\boldsymbol{B})^{-1}\boldsymbol{B}^{\mathrm{T}}\boldsymbol{Y}$ 有意义，反之亦然。

下面分析模型系数矩阵病态的修正。

如果矩阵 $\boldsymbol{A}$ 的微小改变将引起其逆矩阵的巨大变化，那么称矩阵 $\boldsymbol{A}$ 是病态的。通过上节的分析，我们可以清楚地看到参数估计式 $\hat{\theta}$ 在一定条件下没有意义，或者失真。下面我们通过矩阵的条件数来分析这种系数矩阵存在的病态和修正方法。先介绍矩阵条件数的概念。

定义 5.76　设矩阵 $\boldsymbol{A} \in \boldsymbol{R}^{n \times n}$，称

$$Cond(\boldsymbol{A}) = \|\boldsymbol{A}^{-1}\| \cdot \|\boldsymbol{A}\|$$

为矩阵 $\boldsymbol{A}$ 的条件数。其中 $\|\cdot\|$ 表示矩阵的范数。

矩阵的条件数是求逆矩阵摄动的一个重要量。条件数愈大，$(\boldsymbol{A}+\Delta\boldsymbol{A})^{-1}$ 与 $\boldsymbol{A}^{-1}$ 的相对误差就愈大，其中 $\Delta\boldsymbol{A}$ 为矩阵 $\boldsymbol{A}$ 出现的摄动。一般地，

$$\frac{\|\boldsymbol{A}^{-1} - (\boldsymbol{A} + \Delta\boldsymbol{A})^{-1}\|}{\|\boldsymbol{A}^{-1}\|} \leqslant \frac{Cond(\boldsymbol{A}) \times \dfrac{\|\Delta\boldsymbol{A}\|}{\|\boldsymbol{A}\|}}{1 - Cond(\boldsymbol{A}) \times \dfrac{\|\Delta\boldsymbol{A}\|}{\|\boldsymbol{A}\|}} \tag{5.99}$$

常用的反映逆矩阵病态的条件数是谱条件数：

$$Cond\ (\boldsymbol{A})_2 = \|\boldsymbol{A}^{-1}\|_2 \cdot \|\boldsymbol{A}\|_2 = \sqrt{\frac{\lambda_{\max}(\boldsymbol{A}^{\mathrm{T}}\boldsymbol{A})}{\lambda_{\min}(\boldsymbol{A}^{\mathrm{T}}\boldsymbol{A})}}$$

当 $\boldsymbol{A}$ 是实对称矩阵时，有

$$Cond\ (\boldsymbol{A})_2 = \frac{|\lambda_1|}{|\lambda_n|} \tag{5.100}$$

其中，$\lambda_1 \geqslant \lambda_2 \geqslant \cdots \geqslant \lambda_n$ 为矩阵 A 的特征值。

下面分析灰色 GM$(1,N)$ 模型中，正则方程 $(\boldsymbol{B}^{\mathrm{T}}\boldsymbol{B})\theta = \boldsymbol{B}^{\mathrm{T}}\boldsymbol{Y}_N$ 的系数矩阵 $\boldsymbol{B}^{\mathrm{T}}\boldsymbol{B}$ 的条件数。由于 GM$(1,N)$ 的参数辨识式要计算矩阵 $(\boldsymbol{B}^{\mathrm{T}}\boldsymbol{B})^{-1}$ 或 $(\boldsymbol{B}\boldsymbol{B}^{\mathrm{T}})^{-1}$，因此，矩阵 $\boldsymbol{B}^{\mathrm{T}}\boldsymbol{B}$ 的条件数的大小直接影响到辨识式 $\hat{\boldsymbol{\theta}}$ 的准确性。若矩阵 $\boldsymbol{B}^{\mathrm{T}}\boldsymbol{B}$ 的条件数很大，则矩阵 $\boldsymbol{B}^{\mathrm{T}}\boldsymbol{B}$ 的微小计算误差都会引起参数辨识式的巨大改变。因矩阵 $\boldsymbol{B}^{\mathrm{T}}\boldsymbol{B}$ 是实对称矩阵，其特征值为非负数，且 $|\boldsymbol{B}^{\mathrm{T}}\boldsymbol{B}| \geqslant 0$。若 $|\boldsymbol{B}^{\mathrm{T}}\boldsymbol{B}| = 0$，则 $\lambda_{\min}(\boldsymbol{B}^{\mathrm{T}}\boldsymbol{B}) = 0$，进而 $Cond(\boldsymbol{B}^{\mathrm{T}}\boldsymbol{B})_2 = +\infty$。在这种情况下得出的参数辨识式自然会失真。若 $|\boldsymbol{B}^{\mathrm{T}}\boldsymbol{B}|$ 是一个很小的数，则 $\lambda_{\min}(\boldsymbol{B}^{\mathrm{T}}\boldsymbol{B})$ 也将是非常小的数，而矩阵 $\boldsymbol{B}^{\mathrm{T}}\boldsymbol{B}$ 的元素并不是很小的，则 $\lambda_{\min}(\boldsymbol{B}^{\mathrm{T}}\boldsymbol{B})$ 不会很小，因此 $Cond(\boldsymbol{B}^{\mathrm{T}}\boldsymbol{B})_2$ 将是一个很大的数，从而引起参数辨识式的失真。根据上述分析，我们看出造成参数辨识式失真的根本原因是 $\lambda_{\min}(\boldsymbol{B}^{\mathrm{T}}\boldsymbol{B})$ 等于零或者太小。为了解决这个问题，我们引入矩阵的部分奇异值分解的概念。

定义 5.77 设矩阵 $\boldsymbol{A} \in \boldsymbol{R}^{m \times n}$，若存在列正交矩阵 $\boldsymbol{P}_{m \times r}$，$\boldsymbol{Q}_{n \times r}$ 和方阵 $\boldsymbol{D}_{r \times r}$ 使得 $\boldsymbol{A} = \boldsymbol{P}\boldsymbol{D}\boldsymbol{Q}^{\mathrm{T}}$，其中 $r = r(\boldsymbol{A})$，且 $\boldsymbol{D} = \mathrm{diag}(\lambda_1, \cdots, \lambda_r)$ 为矩阵 $\boldsymbol{A}$ 的非零奇异值构成的对角阵，则称 $\boldsymbol{P}\boldsymbol{D}\boldsymbol{Q}^{\mathrm{T}}$ 为矩阵 $\boldsymbol{A}$ 的部分奇异值分解。

一个矩阵的部分奇异值分解一定存在。事实上，对于一个任意的实矩阵 $\boldsymbol{A} \in \boldsymbol{R}^{m \times n}$，其奇异值可分解为

$$\boldsymbol{A} = \boldsymbol{P} \times \begin{bmatrix} \sum_{r \times r} & 0 \\ 0 & 0 \end{bmatrix} \boldsymbol{Q}^{\mathrm{T}} \tag{5.101}$$

其中，矩阵 $\boldsymbol{P}$，$\boldsymbol{Q}$ 分别为 m，n 阶正交阵，$\sum = \mathrm{diag}(\lambda_1, \cdots, \lambda_r)$，$\lambda_1, \cdots, \lambda_r$ 为矩阵 $\boldsymbol{A}$ 的非零奇异值。将矩阵 $\boldsymbol{P}$，$\boldsymbol{Q}$ 进行分块，其前 r 列各为一块，其余的列各作一块，得

$$\boldsymbol{A} = (\boldsymbol{P}_1 \vdots \boldsymbol{P}_2) \begin{bmatrix} \sum & 0 \\ 0 & 0 \end{bmatrix} (\boldsymbol{Q}_1 \vdots \boldsymbol{Q}_2)^{\mathrm{T}} = \boldsymbol{P}_1 \times \sum \times \boldsymbol{Q}_1^{\mathrm{T}}$$

即为矩阵 $\boldsymbol{A}$ 的部分奇异值分解。利用矩阵的部分奇异值分解可对矩阵进行修正，使其病态得到改善。

定义 5.78 设矩阵 $\boldsymbol{A} \in \boldsymbol{R}^{m \times n}$ 的全体非零奇异值为：$\lambda_1 \geqslant \lambda_2 \geqslant \cdots, \geqslant \lambda_r > 0$。若存

在正整数 $1 \leqslant l \leqslant r$, 使得 $\lambda_l \gg \lambda_{l+1}$, 则称矩阵 $P_1 \Lambda Q_1^\mathrm{T}$ 为矩阵 A 的修正或修正分解, 其中矩阵 $\Lambda = \mathrm{diag}(\lambda_1, \cdots, \lambda_l)$, 矩阵 P_1, Q_1 分别为矩阵 A 的奇异值分解式(5.101)中矩阵 P, Q 的前 l 列。记作 $\widetilde{A} = P_1 \Lambda Q_1^\mathrm{T}$。

若记 $A = (a_{ij})_{m \times n}, \widetilde{A} = (\widetilde{a}_{ij})_{m \times n}, P = (p_{ij})_{m \times m}, Q = (q_{ij})_{n \times n}$, 则

$$a_{ij} = \sum_{k=1}^{r} \lambda_k p_{ik} q_{jk}, \quad \widetilde{a}_{ij} = \sum_{k=1}^{l} \lambda_k p_{ik} q_{jk}$$

$$a_{ij} - \widetilde{a}_{ij} = \sum_{k=l+1}^{r} \lambda_k p_{ik} q_{jk} \tag{5.102}$$

$$a_{ij} = \widetilde{a}_{ij} + (a_{ij} - \widetilde{a}_{ij}) = \sum_{k=1}^{l} \lambda_k p_{ik} q_{jk} + \sum_{k=l+1}^{r} \lambda_k p_{ik} q_{jk}$$

因为 $\lambda_l \gg \lambda_{l+1}$, 所以 a_{ij} 与 $\widetilde{a}_{ij}$ 的相对误差很小, 也就是说, 矩阵 A 经过修正后相对变化很小, 然而其条件数大大减小, 病态被极大地改善。当 $r = l$ 时, 矩阵 A 的修正 $\widetilde{A}$ 就是 A。

在分析模型系数矩阵病态的修正的基础上, 再介绍灰色模型参数的辨识。

首先考虑一般情况下灰色模型 GM$(1, N)$ 的参数辨识, 再推导参数辨识式的计算。

定理 5.44 对于灰色模型 GM$(1, N), Y_N = B P_N$, 若 $r(B) \leqslant \min\{n-1, N\}$, 则在最小二乘准则下, 参数向量 P_N 的辨识式为

$$\hat{P}_N = (B^\mathrm{T} B)^- B^\mathrm{T} Y_N \tag{5.103}$$

其中, $(B^\mathrm{T} B)^-$ 为矩阵 $B^\mathrm{T} B$ 的广义逆。

证明 因为 $Y_N = B P_N$, 对于参数向量 P_N 的估计式, 有误差向量: $\varepsilon = Y_N - B P_N$, 并记

$$S = \varepsilon^\mathrm{T} \varepsilon - (Y_N - B P_N)^\mathrm{T} (Y_N - B P_N) \tag{5.104}$$

由 $\dfrac{\partial S}{\partial P} = 0$, 得正规方程为

$$(B^\mathrm{T} B) P_N = B^\mathrm{T} Y_N \tag{5.105}$$

因为矩阵 $B^\mathrm{T} B$ 可能是奇异的, 所以参数向量 P_N 在最小二乘准则下的辨识式为

$$\hat{P}_N = (B^\mathrm{T} B)^- B^\mathrm{T} Y_N \tag{5.106}$$

因为矩阵的广义逆不是唯一的, 在实际应用中可将其改为 $M\text{-}P$ 逆, 即

$$\hat{P}_N = (B^\mathrm{T} B)^+ B^\mathrm{T} Y_N \tag{5.107}$$

参数向量 P_N 的辨识式(5.87)～式(5.89)是式(5.107)的特殊形式, 当 $r(B) = n-1 < N$ 时, 式(5.107)即为式(5.89); 当 $r(B) = N < n-1$ 时, 式(5.107)即为式(5.88); 当 $r(B) = N = n-1$ 时, 式(5.107)即为式(5.87)。

下面考虑参数向量辨识式 $\hat{P}_N$ 的计算。

辨识式(5.107)保证了灰色模型 GM$(1, N)$ 的参数辨识式的存在性, 但由于矩

阵 $\boldsymbol{B}$ 的特别小的奇异值仍保留在辨识式中,矩阵 $\boldsymbol{B}^{\mathrm{T}}\boldsymbol{B}$ 仍存在较大的病态,为此我们用矩阵 $\boldsymbol{B}$ 的修正替代辨识式中的矩阵 $\boldsymbol{B}$ 来估计模型的参数,辨识式仍用 $\hat{\boldsymbol{P}}_N$ 表示。

定理 5.45　设灰色模型 $\mathrm{GM}(1,N)$ 的系数矩阵 $\boldsymbol{B}\in\boldsymbol{R}^{m\times n}$ 的修正分解为 $\boldsymbol{P}\boldsymbol{\varLambda}\boldsymbol{Q}^{\mathrm{T}}$,则系数矩阵修正后参数的辨识式为

$$\hat{\boldsymbol{P}}_N = \boldsymbol{Q}\boldsymbol{\varLambda}^{-1}\boldsymbol{P}^{\mathrm{T}}\boldsymbol{Y}_N \tag{5.108}$$

证明　因为 $\tilde{\boldsymbol{B}}=\boldsymbol{P}\boldsymbol{\varLambda}\boldsymbol{Q}^{\mathrm{T}}$,则由式(5.107)得

$$\begin{aligned}
\hat{\boldsymbol{P}}_N &= (\tilde{\boldsymbol{B}}^{\mathrm{T}}\tilde{\boldsymbol{B}}) + \tilde{\boldsymbol{B}}^{\mathrm{T}}\boldsymbol{Y}_N = [(\boldsymbol{P}\boldsymbol{\varLambda}\boldsymbol{Q}^{\mathrm{T}})^{\mathrm{T}}\boldsymbol{P}\boldsymbol{\varLambda}\boldsymbol{Q}^{\mathrm{T}}] + (\boldsymbol{P}\boldsymbol{\varLambda}\boldsymbol{Q}^{\mathrm{T}})^{\mathrm{T}}\boldsymbol{Y}_N \\
&= (\boldsymbol{Q}\boldsymbol{\varLambda}^2\boldsymbol{Q}^{\mathrm{T}}) + \boldsymbol{Q}\boldsymbol{\varLambda}\boldsymbol{P}^{\mathrm{T}}\boldsymbol{Y}_N \\
&= \boldsymbol{Q}\boldsymbol{\varLambda}^{-2}\boldsymbol{Q}^{\mathrm{T}}\boldsymbol{Q}\boldsymbol{\varLambda}\boldsymbol{P}^{\mathrm{T}}\boldsymbol{Y}_N \\
&= \boldsymbol{Q}\boldsymbol{\varLambda}^{-1}\boldsymbol{P}^{\mathrm{T}}\boldsymbol{Y}_N
\end{aligned}$$

所以式(5.108)成立。

例 5.4　设灰色模型 $\mathrm{GM}(1,N)$ 的影响空间为

$$\mathrm{GM}(1,N) = \{\omega_i : i\in I = \{1,2,3\}, \omega_i = (\omega_{i(0)},\cdots,\omega_{i(5)})\}$$
$$\omega_1 = (111,143,252,322,441)$$
$$\omega_2 = (24,30,32,42,56)$$
$$\omega_3 = (13,14,26,21,28)$$

试建立灰色 $\mathrm{GM}(1,N)$ 模型。

构造系数矩阵 $\boldsymbol{B}$ 和向量 $\boldsymbol{Y}_N$:

$$\boldsymbol{B} = \begin{bmatrix} -1.6441 & 2.25 & 2.07692 \\ -3.4233 & 3.5833 & 3.307689 \\ -6.0139 & 5.3333 & 4.923069 \\ -9.4458 & 7.6667 & 7.076915 \end{bmatrix}$$

$$\boldsymbol{Y}_N = (1.2882, 2.2703, 2.9009, 3.9729)^{\mathrm{T}}$$

注意到 $|\boldsymbol{B}^{\mathrm{T}}\boldsymbol{B}| = 0.17$ 是一个很小的正数,且

$$Cond\,(\boldsymbol{B}^{\mathrm{T}}\boldsymbol{B})_2 = 5\times 10^5$$

故采用式(5.89)估计参数。作矩阵 $\boldsymbol{B}$ 的修正分解:

$$\boldsymbol{B} = \boldsymbol{P}\boldsymbol{\varLambda}\boldsymbol{Q}^{\mathrm{T}}$$

$$= \begin{bmatrix} 0.186152 & 0.70743 \\ 0.32494 & 0.52590 \\ 0.51614 & 0.09706 \\ 0.77029 & -0.45816 \end{bmatrix} \times \begin{pmatrix} 18.26117 & 0 \\ 0 & 1.02267 \end{pmatrix} \times \begin{bmatrix} -0.64611 & 0.76325 \\ 0.56085 & 0.47064 \\ 0.51768 & 0.44267 \end{bmatrix}^{\mathrm{T}}$$

则

$$\hat{\boldsymbol{P}}_N = (a,b_2,b_3)^{\mathrm{T}} = \boldsymbol{Q}\boldsymbol{\varLambda}^{-1}\boldsymbol{P}^{\mathrm{T}}\boldsymbol{Y}_N = (0.22680, 0.43077, 0.40218)^{\mathrm{T}}$$

系统的灰色 $\mathrm{GM}(1,N)$ 模型为

$$x_{1(k)}^{(0)} = \sum_{i=2}^{3} b_i x_{i(k)}^{(1)} - a z_{1(k)}^{(1)} = 0.43077 x_{2(K)}^{(1)} + 0.40218 x_{3(k)}^{(1)} - 0.2268 z_{1(k)}^{(1)}$$

利用上式得到的系统还原值和相对误差分别为

$$x_{1(2)}^{(0)} = 1.431645, \quad e_2 = -11.1\%$$

$$x_{1(3)}^{(0)} = 2.09747, \quad e_3 = 7.6\%$$

$$x_{1(4)}^{(0)} = 2.90437, \quad e_4 = -0.12\%$$

$$x_{1(5)}^{(0)} = 3.98606, \quad e_5 = -0.33\%$$

$$e_{(avg)} = 4.785\%, \quad p° = 95.215\%$$

建模效果令人满意。

如果直接用式(5.88)辨识参数向量 $\boldsymbol{P}_N$，则有

$$\hat{\boldsymbol{P}}_N = (\boldsymbol{B}^{\mathrm{T}}\boldsymbol{B})^{-1}\boldsymbol{B}^{\mathrm{T}}\boldsymbol{Y}_N = (45.78787, 5409.76, -5797.57)^{\mathrm{T}}$$

系统灰色模型为

$$x_{1(k)}^{(0)} = 5409.76 x_{2(k)}^{(1)} - 5797.57 x_{3(k)}^{(1)} - 45.78787 z_{1(k)}^{(1)}$$

由此模型得

$$x_{1(2)}^{(0)} = 55.5911, \quad e_2 = -4215.4\%$$

$$x_{1(3)}^{(0)} = 51.6512, \quad e_3 = -2175.1\%$$

$$x_{1(4)}^{(0)} = 32.8430, \quad e_4 = -1032.2\%$$

$$x_{1(5)}^{(0)} = 17.6369, \quad e_5 = -343.9\%$$

与原始数据相差太大，难以满足建模要求。

奇异值为零或很小是灰色模型的系数矩阵出现病态的根本原因，我们通过系数矩阵的修正消除了此类奇异值对模型参数向量辨识式的不良影响，使得辨识值产生的系统模型与原始数据拟合程度更好，较好地解决了系统方程中系数矩阵的病态问题。这种处理系数矩阵病态的方法不仅适用于 $GM(1,N)$，$GM(0,N)$ 等灰色模型，也适用于一般的线性方程组系数矩阵的病态问题的解决。

5.6.3　H-C 建模理论

灰色建模理论已经被广泛应用于科研的各个领域，包括控制预测、经济分析和矿藏勘探等，其很多方面的应用是以 $GM(1,1)$：

$$x_{(k)}^{(0)} + a z_{(k)}^{(1)} = b \tag{5.109}$$

为基础的。然而 $GM(1,1)$ 的白化响应式是用类比的方式从一阶常微分方程的解而得到，且其参数辨识式只是使 $(\boldsymbol{Y}_N - \boldsymbol{B}\hat{\boldsymbol{a}})^{\mathrm{T}}(\boldsymbol{Y}_N - \boldsymbol{B}\hat{\boldsymbol{a}})$ 达到最小，而不是使 $\sum [x_{(k)}^{(0)} - \hat{x}_{(k)}^{(0)}]^2$ 最小，这样估计出来的参数值不能保证

$$\hat{x}_{(k)}^{(0)} = \left[x_{(1)}^{(0)} - \frac{b}{a} \right] \mathrm{e}^{(k-1)a} + \frac{b}{a}, \quad k = 2, 3, \cdots, n \tag{5.110}$$

是原始序列的一个好的拟合模型,白化响应式(5.110)和其参数辨识式没有理论上的联系,用参数的辨识式$(\boldsymbol{B}^{\mathrm{T}}\boldsymbol{B})^{-1}\boldsymbol{B}^{\mathrm{T}}\boldsymbol{Y}_N$代替$\hat{x}_{(k)}^{(0)}$中的参数的合理性没有保证。

下面介绍 H-C 建模理论体系。

在定理 5.32 中给出了原始序列$X_0=(x_{01},\cdots,x_{0n})$的 1-AGO 序列$X_1=(x_{11},\cdots,x_{1n})$具有形式

$$x_{1k}=ce^{ka}+b,\quad k=1,2,\cdots,n$$

的充要条件为

$$\sigma_{oj}=const(\neq1),\quad j=2,3,\cdots,n$$

定理 5.32 的结论很好,但是条件太强。因为要求$\sigma_{0j}=const,j=2,3,\cdots,n$,是一般序列难以满足的,且当此条件被满足时,$X_0$自然为一等比序列。可以从序列本身得出其分量的一般模型。然而对于有限维向量X_0的分量数一般是有限的,则$\{\sigma_{0j}\}$是一个有限序列,总存在实数$a<b$,使得$\sigma_{0j}\in[a,b](j=2,3,\cdots,n)$,从而我们有下面的结论:

定理 5.46　设X_0为原始序列,X_1为其 1-AGO 序列,若存在不等于 1 的正数$\delta-\varepsilon,\delta+\varepsilon$,使得

$$\sigma_{0j}\in[\delta-\varepsilon,\delta+\varepsilon],\quad j=2,3,\cdots,n \tag{5.111}$$

则

$$-\frac{x_{01}}{\delta-\varepsilon-1}+\frac{x_{01}}{\delta-\varepsilon-1}e^{j\ln(\delta-\varepsilon)}\leqslant x_{1j}\leqslant-\frac{x_{01}}{\delta+\varepsilon-1}+\frac{x_{01}}{\delta+\varepsilon-1}e^{j\ln(\delta+\varepsilon)},\quad j=2,\cdots,n$$

$$\tag{5.112}$$

证明　因为

$$\delta-\varepsilon\leqslant\sigma_{0j}\leqslant\delta+\varepsilon,\quad j=2,3,\cdots,n$$

则

$$x_{01}(\delta-\varepsilon)^{j-1}\leqslant x_{0j}\leqslant x_{01}(\delta+\varepsilon)^{j-1},\quad j=2,3,\cdots,n$$

所以

$$x_{01}\sum_{k=1}^{j}(\delta-\varepsilon)^{k-1}\leqslant x_{1j}\leqslant x_{01}\sum_{k=1}^{j}(\delta+\varepsilon)^{k-1}$$

故

$$\frac{x_{01}}{1-\delta+\varepsilon}+\frac{x_{01}}{\delta-\varepsilon-1}e^{j\ln(\delta-\varepsilon)}\leqslant x_{1j}\leqslant\frac{x_{01}}{1-\delta-\varepsilon}+\frac{x_{01}}{\delta+\varepsilon-1}e^{j\ln(\delta+\varepsilon)},\quad j\geqslant2$$

定理 5.44 说明:当序列X_0的级比$\sigma_{0j}\in[a,b](j=2,3,\cdots,n)$时,$X_1$各分量的取值被夹在两条指数曲线之间,且当$\varepsilon\rightarrow0$时,两指数曲线间的距离也随着变小,并趋向于零。因此我们可以认为X_1近似地服从指数律。根据X_0与X_1的关系,我们有:

定义 5.79　设$X_0=(x_{01},\cdots,x_{0n})$为原始序列,$X_1$为$X_0$的 1-AGO 序列。若$\sigma_{0j}\in[\delta-\varepsilon,\delta+\varepsilon](j\geqslant2,\delta\neq1)$,则称

$$\hat{x}_{0k} = \frac{x_{01}}{\delta - 1}\left[e^{ka} - e^{(k-1)a}\right] \tag{5.113}$$

为 X_0 的灰色 H-C 模型。其中 a 为参数。

下面考虑参数 a 的估计值。作差向量

$$\boldsymbol{E} = \boldsymbol{X}_0 - \hat{\boldsymbol{X}}_0 = (x_{01} - \hat{x}_{01}, \cdots, x_{0n} - \hat{x}_{0n})^{\mathrm{T}} \tag{5.114}$$

并记代数方程 $x^n - x - b = 0$ 为

$$F(n, b) = 0 \tag{5.115}$$

定理 5.47　设 X_0 为原始序列，且 $\sigma_{0j} \in [\delta - \varepsilon, \delta + \varepsilon], j \geqslant 2$，则其灰色 H-C 模型的参数 a 在极大似然原则下的估计为

$$\hat{a} = \ln d \tag{5.116}$$

其中，d 为方程 $F\left(n, -\dfrac{\delta - 1}{x_{01}}\displaystyle\sum_{k=1}^{n} x_{0k}\right) = 0$ 的解。

证明　由概率论知识知，如果式(5.113)是 X_0 的一个好的拟合模型，则 E 的分量应服从正态分布 $N(\mu, \sigma^2)$，为此，构造似然函数

$$L(\mu, \sigma^2) = \sum_{k=1}^{n} \ln\left\{\frac{1}{\sqrt{2\pi}\sigma}\exp\left[-\frac{1}{2\sigma^2}(x_{0k} - \hat{x}_{0k} - \mu)^2\right]\right\} \tag{5.117}$$

从而 μ 的极大似然估计为

$$\hat{\mu} = \frac{1}{n}\sum_{k=1}^{n}(x_{0k} - \hat{x}_{0k}) \tag{5.118}$$

而 $\hat{\mu}$ 的绝对值是衡量式(5.113)拟合优劣程度的一个标志，我们期望它越小越好。因此我们令 $\hat{\mu} = 0$，则有

$$\sum_{k=1}^{n}(x_{0k} - \hat{x}_{0k}) = 0 \tag{5.119}$$

注意到

$$\sum_{k=1}^{n}\hat{x}_{0k} = \frac{x_{01}}{\delta - 1}(e^{na} - e^{a}) \tag{5.120}$$

由式(5.119)和式(5.120)得

$$\sum_{k=1}^{n}x_{0k} - \frac{x_{01}}{\delta - 1}(e^{na} - e^{a}) = 0 \tag{5.121}$$

记 $x = e^a$，即 $a = \ln x$，则式(5.121)变成

$$x^n - x - \frac{\delta - 1}{x_{01}}\sum_{k=1}^{n}x_{0k} = 0$$

故结论成立。

一般地，取 $\delta = \dfrac{1}{n-1}\displaystyle\sum_{k=2}^{n}\sigma_{0k}$，并记 $\Delta_n = \dfrac{\delta - 1}{x_{01}}\displaystyle\sum_{k=1}^{n}x_{0k}$。

当 $n \geqslant 5$ 时，方程 $F(n, b) = 0$ 不能用公式求解，可用近似方法。但对 $n = 4$ 时，我们有：

推论 5.5　设 $X_0 = (x_{01}, \cdots, x_{0n})$ 为原始序列,且 $\sigma_{0j} \in [\delta - \varepsilon, \delta + \varepsilon]$,$\delta > 1 (j \geqslant 2)$,则其 H-C 模型的参数在极大似然准则下的估计为

$$\hat{a} = \ln\left[\frac{\sqrt{2y}}{2} + \frac{1}{2}\left(\sqrt{\frac{2}{y}}\Delta - 2y\right)^{0.5}\right] \tag{5.122}$$

其中,$\Delta = \dfrac{\delta - 1}{x_{01}}\displaystyle\sum_{k=1}^{4}x_{0k}$,$y = \dfrac{1}{2}\left\{\sqrt[3]{\dfrac{1 + \sqrt{1 + \dfrac{256}{27}\Delta^3}}{2}} + \sqrt[3]{\dfrac{1 - \sqrt{1 + \dfrac{256}{27}\Delta^3}}{2}}\right\}$。

证明　由定理 5.47 知,$\hat{a} = \ln x$,而 x 为 $F(4, -\Delta) = 0$ 的解,注意到 $F(4, -\Delta) = 0$ 为

$$x^4 - x - \Delta = 0 \tag{5.123}$$

由代数知识知,方程(5.123)与方程

$$x^2 \pm \sqrt{2y}x + y \pm \frac{\Delta}{\sqrt{8y}} = 0$$

同解。其中 y 为方程

$$8y^3 + 8\Delta y - 1 = 0$$

的任一解,取

$$y = \sqrt[3]{\frac{1}{16} + \sqrt{\frac{1}{16^2} + \frac{\Delta^3}{27}}} + \sqrt[3]{\frac{1}{16} - \sqrt{\frac{1}{16^2} + \frac{\Delta^3}{27}}}$$

因为 $1/16 > 0$,则 $y > 0$,$\sqrt{2y}$ 和 $\sqrt{8y}$ 有意义。而由 $a = \ln x$ 知,x 应大于零。所以

$$x = \frac{1}{2}\left[\sqrt{2y} + \sqrt{2y - 4\left(y - \frac{\Delta}{\sqrt{8y}}\right)}\right] = \frac{1}{2}\left[\sqrt{2y} + \sqrt{\frac{\sqrt{2}}{\sqrt{y}}\Delta - 2y}\right]$$

故结论成立。

当 Δ_n 较小时,方程 $F(4, -\Delta_n) = 0$ 可用较简单的方法近似求解。因为此时方程的解显然为 $x = 1 + d$,其中 $d \ll 1$,则 x^n 可用 $x = 1 + nd$ 近似,方程变为

$$1 + nd - (1 + d) - \Delta = 0$$

所以

$$d_0 = \frac{1}{n - 1}\Delta$$

再根据 $H = (1 + d_0)^n - (1 + d_0) - \Delta$ 的符号对 d_0 进行微调,若 $H > 0$,则适当减少 d_0,反之则增加 d_0。这样得到的解可以与原方程的精确解非常接近,并且可以避开高次方程的求解,计算量很小。特别当 $n = 4$ 时,$x \approx 1 + \Delta/3$。

通过以上分析,在理论上解决了建立离散序列的指数模型的合理性不足的问题。然而 H-C 模型的系数 $\dfrac{x_{01}}{\delta - 1}$ 虽然满足:

$$\frac{x_{01}}{\delta + \varepsilon - 1} < \frac{x_{01}}{\delta - 1} < \frac{x_{01}}{\delta - \varepsilon - 1}$$

但不一定是最优的,从而会影响到整个模型的精度。下面我们考虑其优化问题。

定义 5.80　设 X_0 为原始序列，$\sigma_{0k}\in[\delta-\varepsilon,\delta+\varepsilon]$，$k=2,\cdots,n$。称

$$\hat{x}_{0k}=(x_{01}-b)[e^{k\hat{a}}-e^{(k-1)\hat{a}}]$$

为 X_0 的优化 H-C 模型，其中 b 为参数。

定理 5.48　设 X_0 为原始序列，其优化 H-C 模型的参数 b 的最小二乘估计为

$$\hat{b}=x_{01}-\frac{\sum\limits_{k=1}^{n}f(k)x_{0k}}{\sum\limits_{k=1}^{n}f^2(k)x_{0k}}$$

其中，$f(k)=e^{k\hat{a}}-e^{(k-1)\hat{a}}$。

证明　作差向量

$$\boldsymbol{E}_1=\boldsymbol{X}_0-\hat{\boldsymbol{X}}_0=\{x_{0k}-(x_{01}-b)[e^{k\hat{a}}-e^{(k-1)\hat{a}}]\}_{n\times1}$$

则

$$\boldsymbol{S}=\boldsymbol{E}_1^{\mathrm{T}}\boldsymbol{E}_1=\sum_{k=1}^{n}\{x_{0k}-(x_{01}-b)[e^{k\hat{a}}-e^{(k-1)\hat{a}}]\}^2$$

$$\frac{\mathrm{d}\boldsymbol{S}}{\mathrm{d}b}=\sum 2f(k)[x_{0k}-(x_{01}-b)f(k)]$$

令 $\dfrac{\mathrm{d}\boldsymbol{S}}{\mathrm{d}b}=0$，得

$$\hat{b}=x_{01}-\frac{\sum\limits_{k=1}^{n}f(k)x_{0k}}{\sum\limits_{k=1}^{n}f^2(k)}$$

由定理 5.48，我们得到序列 X_0 的优化 H-C 模型为

$$\hat{x}_{0k}=\frac{\sum\limits_{k=1}^{n}f(k)x_{0k}}{\sum\limits_{k=1}^{n}f^2(k)}[e^{k\hat{a}}-e^{(k-1)\hat{a}}] \tag{5.124}$$

定理 5.49　设 X_0 为原始序列，$\hat{x}_{0k}$，$k=1,2,\cdots,n$ 为其优化 H-C 模型的还原值，则其相对误差 e_k 为

$$1-\max_{1\leqslant l\leqslant n}\left\{\frac{x_{0l}}{f(l)}\right\}\frac{f(k)}{x_{0k}}\leqslant e_k\leqslant 1-\min_{1\leqslant n}\left\{\frac{x_{0l}}{f(l)}\right\}\frac{f(k)}{x_{0k}},\quad k=1,2,\cdots,n \tag{5.125}$$

其中，$f(k)=e^{k\hat{a}}-e^{(k-1)\hat{a}}$。

引理 5.1　若 $a_i\geqslant0,b_i>0$ 为常数，$\sigma_i^2>0$，$i=1,2,\cdots,n$，则

$$\min_{1\leqslant i\leqslant n}\left\{\frac{a_i}{b_i}\right\}\leqslant\frac{\sum\limits_{i=1}^{n}\sigma_i^2a_i}{\sum\limits_{i=1}^{n}\sigma_i^2b_i}\leqslant\max_{1\leqslant i\leqslant n}\left\{\frac{a_i}{b_i}\right\} \tag{5.126}$$

证明略。

下面证明定理 5.49。

因为

$$\hat{x}_{0k} = \frac{\sum\limits_{l=1}^{n} f(l)x_{0l}}{\sum\limits_{l=1}^{n} f^2(l)} [\mathrm{e}^{k\hat{a}} - \mathrm{e}^{(k-1)\hat{a}}] = f(k) \frac{\sum\limits_{l=1}^{n} f(l)x_{0l}}{\sum\limits_{l=1}^{n} f^2(l)} \qquad (5.127)$$

由引理 5.1 有

$$\min_{1 \leqslant l \leqslant n} \left\{ \frac{x_{0l}}{f(l)} \right\} \leqslant \frac{\sum\limits_{l=1}^{n} f(l)x_{0l}}{\sum\limits_{l=1}^{n} f^2(l)} \leqslant \max_{1 \leqslant l \leqslant n} \left\{ \frac{x_{0l}}{f(l)} \right\} \qquad (5.128)$$

由式(5.127)和式(5.128)得

$$x_{0k} - \max_{1 \leqslant l \leqslant n} \left\{ \frac{x_{0l}}{f(l)} \right\} f(k) \leqslant x_{0k} - \hat{x}_{0k} \leqslant x_{0k} - \min_{1 \leqslant l \leqslant n} \left\{ \frac{x_{0l}}{f(l)} \right\} f(k)$$

所以

$$1 - \max_{1 \leqslant l \leqslant n} \left\{ \frac{x_{0l}}{f(l)} \right\} \frac{f(k)}{x_{0k}} \leqslant e_k \leqslant 1 - \min_{1 \leqslant l \leqslant n} \left\{ \frac{x_{0l}}{f(l)} \right\} \frac{f(k)}{x_{0k}}, \quad k = 1, 2, \cdots, n$$

利用定理 5.49 可对预测误差进行估计,计算 e_k 时用 $\hat{x}_{0k}$ 代替 x_{0k},误差限相差不大。

下面通过建立一个系统的优化 H-C 模型来说明优化 H-C 模型的建模过程和其对离散序列的拟合能力。

设原始序列为 $X_0 = (3.278, 3.337, 3.39, 3.678, 3.85)$,用前四个数建模,因为

$$\sigma_{02} = 1.01802, \quad \sigma_{03} = 1.01588, \quad \sigma_{04} = 1.08525$$

取 $\delta = \dfrac{1}{3}(\sigma_{02} + \sigma_{03} + \sigma_{04}) = 1.0397$,由式(5.124)得 X_0 的优化 H-C 模型:

$$\hat{x}_{0k} = 63.31498[\mathrm{e}^{0.048885397k} - \mathrm{e}^{0.048885397(k-1)}]$$

平均相对误差和对 x_{05} 的预测及相对误差为

$$e_{(\mathrm{avg})} = 0.1\% \hat{x}_{05} = 3.85715, \quad e_5 = 0.186\%$$

建模效果令人满意。

序列为 $X_0 = (3.278, 3.337, 3.39, 3.678, 3.85)$ 的 GM(1,1)为

$$\hat{x}^{(1)}(k+1) = 73.263569\mathrm{e}^{0.048885397k} - 70.3895682$$

其预测相对误差为 0.97%。

灰色建模理论是整个灰色系统理论的核心,其理论基础的坚实与否直接影响到整个理论的应用与发展。我们分析了现行灰色建模理论的基础,并对新的建模理论的发展进行跟踪,发现这些灰色建模理论难以摆脱邓聚龙教授提出的以类比方式获得灰色模型的白化响应式的模式,从而难以证明各种灰色模型与其白化响应式之间的必然联系,其参数估计与白化响应没有明确的联系。

第6章　基于滤波技术的不确定性分析

滤波这一概念虽源于过滤,但其含义却比过滤要狭窄得多。顾名思义,滤波是指对波的一种过滤。例如,我们在摄影时常用滤色镜将某一频率范围内的光波滤去,这实际上就是一种滤波。在电子工程中,滤波则主要是指让电信号通过某种电子网络,滤去其中某些无用的频率成分,而保留其有用的频率成分。例如在通信系统中,信号中往往混有一些我们不想要的信号或噪声,此时就要靠滤波器来把它们滤掉。在自动控制系统中,对系统的自动控制是靠系统输出的反馈来实现的。系统的输出往往包含一些干扰信号和噪声。在从中提取一定量的反馈作为控制量时,也往往存在随机误差。因此,为减小控制误差,也必须进行适当的滤波。

滤波器最初是指某种具有选频特性的电子网络,一般由线圈、电容器和电阻器等元件组成。滤波器将使它所容许通过的频率范围(即通带)内的电信号产生较小的衰减,而使它所阻止通过的频率范围(即阻带)内的电信号产生较大衰减。划分通带和阻带的频率,称为滤波器的截止频率。

按组成电路的元件,滤波器可分成 LC、RLC、RC、晶体和陶瓷滤波器等。我们也可用机械元件代替电子元件,制成机械式滤波器,或利用物质(如钇铁石榴石)的铁磁共振原理制成可电调谐的滤波器。

按容许通过的频率范围,滤波器又可分成低通、高通、带通和带阻滤波器等。

上面所列举的这些滤波器,不论是线性还是非线性的,由于都是用来对模拟信号(时间和量值都可连续取值的信号)进行处理,故统称模拟滤波器或经典滤波器。

随着集成电路技术的出现,特别是数字电子计算机的广泛应用,模拟滤波器开始向数字滤波器方向发展。A/D 或 D/A 转换器、移位寄存器、只读存储器以及微处理机这样的一些与传统的模拟滤波电路元件截然不同的电路元件和模块被广泛应用于数字滤波电路中,以适应离散数字信号处理的要求。即使是模拟信号,也可通过 A/D 转换先变成离散的数字信号,经相应的处理(包括数字滤波)后再恢复成模拟信号。

人们在讨论数字滤波器时,考虑的不再是如何减少电路元件,缩小电感器体积,减少电阻元件的损耗或实现端口阻抗匹配等问题,而是如何缩短字长,减小舍入误差,减少引线和缩短信号处理的时延等。

与模拟滤波器相比,数字滤波器不仅可使体积缩小、成本降低,而且还有如下优点:第一,滤波器的参数可根据对滤波器性能指标的要求来设定,从而具有较高的精度;第二,滤波器的参数很容易重新设定或使其具有自适应性;第三,有些采用微处理机的数字滤波器可实现对微处理机的分时使用,从而大大提高工作效率。

经典滤波的另一发展方向,就是利用统计理论来处理滤波问题。由此,产生了统计滤波器。从经典滤波的观点来看,有用信号和噪声是分布在不同频带之内的(当然,它们所在频带有时可能有所重叠)。因此,我们可用具有一定选频特性的经典滤波网络把噪声尽可能地滤除,而保留畸变不大的有用信号。但是,我们所遇到的信号和噪声有时可能是随机的,其特性往往只能从统计意义上来描述。例如:在导弹控制系统中,由于目标运动的随机性,目标的位置和速度都是随机的。此外,测量装置也会有随机噪声(如雷达测角的起伏噪声等)。此时,我们就不可能采用一般的经典滤波器把有用信号从测量结果中分离出来,而只能用统计估算方法给出有用信号的最优估计值。从统计的观点来看,一个滤波器的输出越接近实际有用信号,这个滤波器就越好。也就是说,最优滤波器是输出最接近于实际有用信号的滤波器。

在统计滤波器的发展过程中,早期的维纳滤波器涉及对不随时间变化的统计特性的处理,即静态处理。在这种信号处理过程中,有用信号和无用噪声的统计特性可与它们的频域特性联系起来,因此与经典滤波器在概念上还有一定的联系。

由于军事上的需要,维纳滤波器在第二次世界大战期间得到了广泛的应用。但是,维纳滤波器有如下不足之处:第一,必须利用全部的历史观测数据,存贮量和计算量都很大;第二,当获得新的观测数据时,没有合适的递推算法,必须进行重新计算;第三,很难用于非平稳过程的滤波。

为了克服维纳滤波器的上述不足之处,卡尔曼等人在维纳滤波的基础上,于20世纪60年代初提出了一种递推滤波方法,称为卡尔曼滤波。与维纳滤波不同,卡尔曼滤波是对时变统计特性进行处理。它不是从频域,而是从时域的角度出发来考虑问题。

6.1　统计滤波的基本概念

我们实际遇到的信号却往往是不可预知的,即不能用已知的数值序列来表述,而只能用统计方法给出其统计特性。

从信息论的观点来看,信息量都是对随机集合而言的。凡是传递信息的信号,都具有随机性,即不能完全预先确定。此外,信号在传输和接收过程中不可避免地要受到各种噪声的干扰或污染,在测量过程中也不可避免地要引入一定的量测噪声(即测量误差)。这些噪声也是随机的,不能预先确定。这种非确知信号,我们称之为随机信号。

如果待测信号和附加噪声都不是随机的,而且分布在两个不同的频带之中,我们就可以采用传统的经典滤波的方法将噪声滤去,得到畸变不大的有用信号。但是,由于待测信号和附加噪声都是随机的,我们就不可能采用经典滤波的方法来得到有用信号,而只能根据随机信号的测量数据和所掌握的信号与附加噪声的统计特性,对随机信号的过去、当前或未来值作出尽可能接近真值的估计。这就是所谓的随机信号的统计滤波。

由此可见,随机信号的统计滤波是和统计估计理论紧密联系在一起的。

根据统计估计理论,统计估计可分平滑(smoothing)、滤波(filtering)和预测(prediction)三种情况:

平滑是指根据过去和当前的测量数据对信号在过去某时刻的值作出估计。

滤波是指根据过去和当前的测量数据对信号的当前值作出估计。显然,由于滤波所掌握的信息少于平滑,其难度要大于平滑。

预测是指根据过去和当前的测量数据对信号的未来值作出估计。显然,预测的难度比前两者都大。

从严格的统计估计理论的观点来看,平滑、滤波和预测是三个不同的概念。但是,在实际工作中我们往往把预测看作是一种广义的滤波,有时甚至把平滑也视为是一种广义的滤波。

对随机信号进行统计滤波,实际上就是从混有噪声的随机信号中对有用信号作出尽可能接近其真值的估计或预测。我们可利用非递归型或递归型数字滤波器来实现上述统计滤波功能。

6.1.1　用非递归型数字滤器实现对随机信号的统计滤波

对于随机信号作如下假设:

(1) 待估随机信号 x 均值 $E(x)=x_0$,方差 $\sigma_x^2=$ 常数;

(2) $y(k)$ 是在不同的取样时刻所测得的随机信号 x 的测量值;

(3) $v(k)$ 是在测量过程中所引入的加性噪声。我们可将其视为一白噪声序列:均值 $E[v(k)]=0$,方差 $\sigma_v^2=$ 常数,自相关序列 $E[v(i)v(j)]=\sigma_v^2\delta_{ij}$;

(4) 随机信号 x 和噪声 $v(k)$ 互不相关。

根据上述假设,我们可列出如下随机方程:

$$y(k) = x + v(k) \tag{6.1}$$

若我们已经测得 $y(k)$ 的 n 个样值 $y(1), y(2), \cdots, y(n)$,则下一步工作就是要用一个非递归数字滤波器来处理这 n 个已测得的测量数据,以便对 x 作出尽可能接近其真值的估计。按照统计估计理论的习惯,我们把 x 的估计值记作 $\hat{x}$。

显然,我们可用对上述 n 个测量样值求算术平均值的方法来对 x 作出估计。

这种估计方法称为非递归型数字滤波器。一个非递归型滤波器,其输出为

$$\hat{x} = \frac{1}{n} \sum_{k=1}^{n} y(k) \tag{6.2}$$

由于此滤波器输出的对 x 的估计值 $\hat{x}$ 为输入测量样值的平均值,所以我们称此滤波器为样值平均估计器(sample mean estimator)。

样值平均估计器的估计误差为真值 x 与估计值 $\hat{x}$ 之差,即 $e = x - \hat{x}$。

平均估计误差为估计误差的数学期望,即

$$E(x - \hat{x}) = E\Big[x - \frac{1}{n} \sum_{k=1}^{n} y(k) \Big]$$

$$= E\Big\{ x - \frac{1}{n} \sum_{k=1}^{n} [x + v(k)] \Big\}$$

$$= -\frac{1}{n} \sum_{k=1}^{n} E[v(k)] = 0$$

因为样值平均估计器的估计误差的统计平均值(数学期望)为零,所以它是一种无偏估计器。

样值平均估计器的均方误差为

$$P_e = E(x - \hat{x})^2 = E\Big[x - \sum_{k=1}^{n} y(k) \Big]^2$$

$$= E\Big\{ x - \frac{1}{n} \sum_{k=1}^{n} [x + v(k)] \Big\}$$

$$= E\Big[\frac{1}{n} \sum_{k=1}^{n} v(k) \Big]^2$$

$$= \frac{1}{n^2} \sum_{i=1}^{n} \sum_{j=1}^{n} E[v(i)v(i)]$$

$$= \frac{1}{n^2} \sum_{i=1}^{n} \sum_{j=1}^{n} \sigma_v^2 \delta_{ij}$$

其中,$\delta_{ij} = \begin{cases} 1, & i = j \\ 0, & i = j \end{cases}$。因为 $\sum_{i=1}^{n} \sum_{j=1}^{n} \delta_{ij} = \delta_{11} + \delta_{22} + \cdots + \delta_{nn} = n$,所以

$$P_e = \frac{\sigma_v^2}{n} \tag{6.3}$$

由式(6.3)可知,在用样值平均估计器对 x 进行估计时,每次所处理的 $y(k)$ 样值数越多(即 n 越大),均方估计误差 P_e 就越小。只要 n 取得足够大,样值平均估计器的输出 $\hat{x}$ 就可作为 x 的一种很好的估计。

n 值取得大一些固然可使估计器的均方误差减小,但同时也会使估计器的结构变得更加复杂。因此,n 值不是取得越大越好,而是只要能使估计器的均方估计误差达到工程上的要求即可。

6.1.2　用递归型数字滤波器实现对随机信号的统计滤波

我们仍以上述随机信号为例,即随机信号 x、测量值 $y(k)$ 和噪声 $v(k)$ 都满足前面所作的各种假设和式(6.1)。所不同的是,这次我们要用一个递归型数字滤波器来实现对上述混有噪声的随机信号 x 的统计滤波,即对 x 作出尽可能接近其真值的估计。

为了找到一个可用作估计器的递归型数字滤波器,让我们先来考察简单的一阶递归型数字滤波器。

设递归型数字滤波器的差分方程为

$$g(k) = y(k) + ag(k-1) \tag{6.4}$$

其中,$a<1$。

显然,此递归型数字滤波器在每个取样时刻 k 都有一个,且只有一个新的 $y(k)$ 样值输入,然后与来自反馈支路的前一取样时刻的输出 $g(k-1)$ 和 a 的乘积相加,对输出进行更新。

这一更新或递推过程将随取样时刻的推移而不断进行下去。

若设 $k<1$ 时,$y(k)=0$,则由式(6.4)可得到该滤波器的递推关系式:

$g(0) = y(0) + ag(-1) = 0$

$g(1) = y(1) + ag(0) = y(1)$

$g(2) = y(2) + ag(1) = y(2) + ag(1)$

$g(3) = y(3) + ag(2) = y(3) + ay(2) + a^2 y(1)$

…

$g(n) = y(n) + ag(n-1)$

$\qquad = y(n) + ay(n-1) + a^2 y(n-2) + \cdots + a^{n-2} y(2) + a^{n-1} y(1)$

将式(6.1),即 $y(k)=x+v(k)$ 代入上式,并将信号项与噪声项分离,可得

$$g(n) = (1 + a + a^2 + \cdots + a^{n-1})x + [v(n) + av(n-1) + \cdots + a^{n-1}v(1)]$$

$$\qquad = \frac{1-a^n}{1-a}x + \sum_{k=1}^{n} a^{n-k} v(k)$$

式中共有两项,前一项是与信号 x 有关的项,后一项仅与噪声有关。

因为当 n 足够大时,$a^n \ll 1$,上式中与信号有关的第一项趋于 $x/(1-a)$,所以我们可把 $(1-a)g(n)$ 用作对 x 的估计值,即令

$$\hat{x} = (1-a)g(n)$$

显然,我们只需在递归型数字滤波器的输出端再加一个增益为 $1-a$ 的乘法器,最后输出就将为 $(1-a)g(k)$。在依次处理了 n 个 $y(k)$ 样本值后,输出就是 $(1-a)g(n)$,即 $\hat{x}$。

由此可见,我们可把递归型数字滤波器用作随机信号 x 的估计器。

将 $g(n)$ 代入 $\hat{x}$ 表达式,可得

$$\hat{x} = (1-a^n)x + (1-a)\sum_{k=1}^{n} a^{n-k} v(k) \tag{6.5}$$

这意味着,在处理了第 n 个 $y(k)$ 样本值后,递归型估计器的输出即为式(6.5)所表示的 $\hat{x}$ 值。

6.2　维　纳　滤　波

在 6.1 节中所介绍的非递归型和递归型估计器,都不是在均方估计误差最小意义上的最优估计器,因为我们只是用均方估计差的大小来判断这些估计器的精度高低,而并未用均方估计误差最小作为一种最优化准则对这些估计器进行最优化。

从本节开始,我们将把均方估计误差最小作为一种最优化准则,对线性非递归型和递归型估计器进行最优化,得到在线性最小均方误差意义上的线性最优非递归型估计器——维纳滤波器和线性最优递归型估计器——卡尔曼滤波器。

6.2.1　一维随机信号的维纳滤波

为实现对一维随机信号 x 的统计滤波,我们在 5.3 节中介绍过一种用非递归型数字滤波器来实现的非递归型估计器——样值平均估计器。因为该估计器的 n 个乘法器的增益(即 n 个测量样值的加权系数)$h(1), h(2), \cdots, h(n)$ 都等于 $1/n$,故它对随机信号 x 的估计值 $\hat{x}$ 是 n 个测量样值的算术平均值,即

$$\hat{x} = \frac{1}{n}\sum_{i=1}^{n} y(i)$$

更一般地说,非递归型估计器的 n 个乘法器的增益不一定非要都相等,更不一定非要都等于 $1/n$。因此,非递归型估计器的一般表达式应为

$$\hat{x} = \sum_{i=1}^{n} h(i)y(i) \tag{6.6}$$

显然,这实际上就是非递归型数字滤波器的一般表达式。其中,$h(i)$ 就是非递归型数字滤波器的滤波器系数,它等于滤波器的单位冲激响应。所不同的是:此时随机信号 x 是随机测量样值,$y(i)$ 是滤波器的输入,随机信号 x 的估计值 $\hat{x}$ 是滤波器的输出。

下面,我们就从非递归型估计器的一般表达式(6.6)出发,以均方估计误差最

小为最优化准则,对非递归型估计器进行最优化,即各加权系数 $h(1),h(2),\cdots,$ $h(n)$ 应取何值,才能使此非递归型估计器的均方估计误差最小。

为此,我们可先写出非递归型估计器的均方误差的一般表达式:

$$P_e = E(x-\hat{x})^2$$
$$= E\Big[x - \sum_{i=1}^{n} h(i)y(i)\Big]^2 \tag{6.7}$$

因为此时各加权系数 $h(1),h(2),\cdots,h(n)$ 是待求之未知变量,故我们可求均方误差 P_e 对各加权系数的偏导数,并令这些偏导数为零,即

$$\frac{\partial P_e}{\partial h(j)} = -2E\Big\{\Big[x - \sum_{i=1}^{n} h(i)y(i)\Big]y(j)\Big\} = 0 \tag{6.8}$$

式中,$j=1,2,\cdots,n$。

由式(6.8)可得

$$\sum_{i=1}^{n} h(i)E[y(i)y(j)] = E[xy(j)] \tag{6.9}$$

式中,$j=1,2,\cdots,n$。

式(6.9)中的 $E[y(i)y(j)]$ 是测量样值序列的自相关序列,通常记作 $R_{yy}(i,j)$。由于在卡尔曼滤波中习惯用 $P_y(i,j)$ 表示,故我们将它改记作 $P_y(i,j)$。

式(6.9)中的 $E[xy(j)]$ 是随机信号 x 与测量样值序列之间的互相关序列,通常记作 $R_{xy}(j)$。由与上面相同的原因,我们也将其改记作 $P_{xy}(j)$。

采用上述表述方法,我们可将式(6.9)写成

$$\sum_{i=1}^{n} h(i)P_y(i,j) = P_{xy}(j) \tag{6.10}$$

式(6.10)是一个十分重要的公式,称为维纳-霍普方程(Wiener-Hopf Eguation)。它实际上是维纳-霍普积分方程在时间离散时的表述方式。

由于式(6.10)中的 $j=1,2,\cdots,n$,故式(6.10)实际上是由 x 个方程组成的方程组。我们可先将其按 $i=1,2,\cdots,n$ 展开,得到

$$P_y(1,j)h(1) + P_y(2,j)h(2) + \cdots + P_y(n,j)h(n) = P_{xy}(j)$$

再按 $j=1,2,\cdots,n$ 展开,得到

$$\begin{cases} P_y(1,1)h(1) + P_y(2,1)h(2) + \cdots + P_y(n,1)h(n) = P_{xy}(1) \\ P_y(1,2)h(1) + P_y(2,2)h(2) + \cdots + P_y(n,2)h(n) = P_{xy}(2) \\ \cdots \\ P_y(1,n)h(1) + P_y(2,n)h(2) + \cdots + P_y(n,n)h(n) = P_{xy}(n) \end{cases} \tag{6.11}$$

显然,式(6.11)只不过是维纳-霍普方程的另一种书写形式。式中,$P_y(i,j)$ 和 $P_{xy}(j)$ 是已知的;$h(1),h(2),\cdots,h(n)$ 是待求未知量,即在均方估计误差最小意义上的线性最优非递归型估计器的**滤波器系数**。只要从维纳-霍普方程中解出 $h(1),h(2),\cdots,$ $h(n)$,我们就完成了在最小均方误差准则下对线性非递归型估计器的最优化。

由式(6.8),我们还可以得到

$$E[(x-\hat{x})y(j)] = E[ey(j)] = 0 \qquad (6.12)$$

式中，$j=1,2,\cdots,n$。

式(6.12)说明：要想使均方估计误差最小，其充分必要条件是估计误差 $e=x-\hat{x}$ 与每个测量样值的乘积的统计平均值为零，即估计误差与测量样值序列在统计上互不相关。这就是统计估计理论中所谓的正交原理，式(6.12)则是所谓的正交方程。正交原理及相应的正交方程，后面还要经常用到。

根据式(6.12)，我们可将式(6.7)写作

$$
\begin{aligned}
P_e &= E\left\{e\left[x - \sum_{i=1}^{n} h(i)y(i)\right]\right\} = E(ex) \\
&= E\left\{\left[x - \sum_{i=1}^{n} h(i)y(i)\right]x\right\} \\
&= E(x^2) - \sum_{i=1}^{n} h(i)E[xy(i)] \\
&= E(x^2) - \sum_{i=1}^{n} h(i)P_{xy}(i) \qquad (6.13)
\end{aligned}
$$

显然，只要从维纳-霍普方程(6.10)或式(6.11)的 n 元联立方程组中求出 n 个 $h(i)$ 值，$i=1,2,\cdots,n$，即可构建一个最优非递归型估计器。我们称此最优非递归型估计器为一维随机信号的维纳滤波器，或称标量维纳滤波器。

此维纳滤波器与样值平均估计器不同。它的各乘法器增益(即样值加权系数)是在均方估计误差最小的准则下经最优化得到的，不再都等于 $1/n$。它对随机信号 x 的估计值 $\hat{x}$ 可由式(6.6)求得，最小均方估计误差 P_e 可由式(6.13)求得。

我们可将式(6.6)、式(6.10)和式(6.13)重写如下，得到一维随机信号的维纳滤波的完整算法：

估计方程

$$\hat{x} = \sum_{i=1}^{n} h(i)y(i) \qquad (6.14)$$

乘法器增益方程

$$\sum_{i=1}^{n} h(i)P_y(i,j) = P_{xy}(j) \qquad (6.15)$$

其中，$j=1,2,\cdots,n$。

均方误差方程

$$P_e = E(x^2) - \sum_{i=1}^{n} h(i)P_{xy}(i) \qquad (6.16)$$

由于上述推导并未用到式(6.1)：$y(k)=x+v(k)$，故所得结果具有普遍性。只要测量数据样值 $y(i)(i=1,2,\cdots,n)$ 中含有未知的一维随机变量 x(它可能只是一维随机信号中的一个不随时间变化的参量)，则不管是否满足式(6.1)，上述维纳滤波器就都能给出在最小均方误差准则下对随机变量 x 的最优线性估计。

例 6.1　设随机信号 x 为一个不随时间变化的随机变量,其均值 $E(x)=0$,方差 $E(x^2)=\sigma_x^2=$ 常数。$v(k)$ 为测量过程中引入的量测噪声,可视为一白噪声序列,其均值 $E[v(k)]=0$,方差 $E[v(k)]^2=\sigma_v^2=$ 常数,自相关序列 $E[v(i)v(j)]=\sigma_v^2\delta_{ij}$。随机信号 x 和量测噪声 $v(k)$ 互不相关。x 的测量样值 $y(k)=x+v(k)$。现设计一个维纳滤波器,对随机信号 x 进行估计。

我们已经知道,维纳滤波器就是在最小均方误差准则下的最优线性非递归型估计器。它对一维随机信号 x 的估计值可由式(6.14)得到,即

$$\hat{x}=\sum_{i=1}^{n}h(i)y(i)$$

其中,$h(i)(i=1,2,\cdots,n)$ 应通过求解维纳-霍普方程式(6.15)得到。

为求解维纳-霍普方程,我们必须先求出 $P_y(i,j)$ 和 $P_{xy}(j)$:

$$
\begin{aligned}
P_y(i,j) &= E[y(i)y(j)] \\
&= E\{[x+v(i)][x+v(j)]\} \\
&= E(x^2)+E[v(i)v(j)]=\sigma_x^2+\sigma_v^2\delta_{ij}
\end{aligned}
\tag{6.17}
$$

式中,$\delta_{ij}=\begin{cases}1, & i=j \\ 0, & i\neq j\end{cases}(i=1,2,\cdots,n;j=1,2,\cdots,n)$。

$$P_{xy}(j)=E[xy(j)]=E\{x[x+v(j)]\}=E(x^2)=\sigma_x^2 \tag{6.18}$$

将式(6.17)和式(6.18)代入维纳-霍普方程式(6.15),可得

$$
\begin{cases}
(\sigma_x^2+\sigma_v^2)h(1)+\sigma_x^2h(2)+\cdots+\sigma_x^2h(n)=\sigma_x^2 \\
\sigma_x^2h(1)+(\sigma_x^2+\sigma_v^2)h(2)+\cdots+\sigma_x^2h(n)=\sigma_x^2 \\
\cdots \\
\sigma_x^2h(1)+\sigma_x^2h(2)+\cdots+(\sigma_x^2+\sigma_v^2)h(n)=\sigma_x^2
\end{cases}
$$

即

$$
\begin{cases}
\sigma_v^2h(1)+\sigma_x^2\sum_{i=1}^{n}h(i)=\sigma_x^2 \\
\sigma_v^2h(2)+\sigma_x^2\sum_{i=1}^{n}h(i)=\sigma_x^2 \\
\cdots \\
\sigma_v^2h(n)+\sigma_x^2\sum_{i=1}^{n}h(i)=\sigma_x^2
\end{cases}
\tag{6.19}
$$

若将式(6.19)中各方程式等号两侧分别相加,可得

$$(\sigma_v^2+n\sigma_x^2)\sum_{i=1}^{n}h(i)=n\sigma_x^2$$

因此

$$\sum_{i=1}^{n}h(i)=\frac{n\sigma_x^2}{n\sigma_x^2+\sigma_v^2} \tag{6.20}$$

将式(6.20)代回式(6.19),可求得

$$h(1) = h(2) = \cdots = h(n) = \frac{\sigma_x^2}{n\sigma_x^2 + \sigma_v^2} = \frac{1}{n + 1/r} \tag{6.21}$$

式中,$r = \sigma_x^2/\sigma_v^2$,可称作信噪比。

式(6.21)说明:根据上述信号和噪声的统计特性所设计出来的维纳滤波器仍是一个对测量样值进行等加权的线性非递归型估计器,但它对各测量样值的加权系数并不等于$1/n$。

这就是说,我们在第 5 章中所介绍的样值平均估计器并不是在最小均方误差准则下的最优非递归型估计器。

由式(6.14)可知,此维纳滤波器对随机信号 x 的估计值为

$$\hat{x} = \sum_{i=1}^{n} h(i) y(i) = \frac{1}{n + 1/r} \sum_{i=1}^{n} y(i) \tag{6.22}$$

其均方估计误差可由式(6.16)求得

$$P_e = E(x^2) - \sum_{i=1}^{n} h(i) P_{xy}(i) = \sigma_x^2 - \frac{1}{n + 1/r} \sum_{i=1}^{n} P_{xy}(i)$$

$$= \sigma_x^2 - \frac{1}{n + 1/r} n\sigma_x^2 = \frac{\sigma_v^2}{n + 1/r} \tag{6.23}$$

将式(6.23)与表示样值平均估计器的均方估计差的式(6.3)

$$P_e = \frac{\sigma_v^2}{n}$$

相比较,可看出维纳滤波器的均方估计误差要比样值平均估计器的均方估计误差小。只有当信噪比 r 很大时,即 $1/r \ll n$,式(6.21)~式(6.23)可近似写成

$$h(1) = h(2) = \cdots = h(n) = 1/n$$

$$\hat{x} = \frac{1}{n} \sum_{i=1}^{n} y(i)$$

$$P_e = \sigma_v^2/n$$

此时,样值平均估计器才可近似看作是在最小均方误差准则下的最优线性非递归型估计器,即维纳滤波器。信噪比较小时,两者将有较大差别。信噪比越小,两者的差别越大。

例 6.2　设有一个随时间线性增长的随机信号,其线性增长的斜率 x 是一个不随时间变化而变化的随机变量,均值 $E(x) = 0$,方差 $E(x^2) = \sigma_x^2$。此信号的测量样值可用下式表达:

$$y(k) = xk + v(k) \tag{6.24}$$

式中,$v(k)$ 为一白噪声序列,均值 $E[v(k)] = 0$,方差 $E[v(k)]^2 = \sigma_v^2$,自相关序列 $E[v(i)v(j)] = \sigma_v^2 \delta_{ij}$。噪声与随机变量 x 互不相关。

现设计一个 $n = 2$ 的维纳滤波器对 x 进行估计。注意:此例中的 x 并不是信号本身,而只是信号的一个参量。

我们先来确定 $P_y(i, j)$ 和 $P_{xy}(j)$。

$$
\begin{aligned}
P_y(i,j) &= E[y(i)y(j)] \\
&= E\{[xi + v(i)][xj + v(j)]\} \\
&= ijE(x^2) + E[v(i)v(j)] \\
&= ij\sigma_x^2 + \sigma_v^2\delta_{ij}
\end{aligned}
\tag{6.25}
$$

式中，$i=1,2; j=1,2; \delta_{ij} = \begin{cases} 1, & i=j \\ 0, & i \neq j \end{cases}$。

$$
\begin{aligned}
P_{xy}(j) &= E[xy(j)] = E\{x[xj + v(j)]\} \\
&= jE(x^2) = j\sigma_x^2
\end{aligned}
\tag{6.26}
$$

式中，$j=1,2$。

现将式(6.25)和式(6.26)代入维纳-霍普方程式(6.10)，得到

$$
\begin{cases}
(\sigma_x^2 + \sigma_v^2)h(1) + 2\sigma_x^2 h(2) = \sigma_x^2 \\
2\sigma_x^2 h(1) + (4\sigma_x^2 + \sigma_v^2)h(2) = 2\sigma_x^2
\end{cases}
\tag{6.27}
$$

从式(6.27)中可解出维纳滤波器的两个滤波器系数为

$$
\begin{cases}
h(1) = \dfrac{1}{5 + \sigma_v^2/\sigma_x^2} = \dfrac{1}{5 + 1/r} \\[2mm]
h(2) = \dfrac{2}{5 + \sigma_v^2/\sigma_x^2} = \dfrac{2}{5 + 1/r}
\end{cases}
\tag{6.28}
$$

由式(6.14)可求出此维纳滤波器对 x 的估计值为

$$
\begin{aligned}
\hat{x} &= \frac{1}{5+1/r}y(1) + \frac{1}{5+1/r}y(2) \\
&= \frac{y(1) + y(2)}{5 + 1/r}
\end{aligned}
\tag{6.29}
$$

由式(6.16)可求出其最小均方估计误差为

$$
\begin{aligned}
P_e &= \sigma_x^2 - \frac{\sigma_x^2}{5 + 1/r} - \frac{4\sigma_x^2}{5 + 1/r} \\
&= \frac{\sigma_v^2}{5 + 1/r}
\end{aligned}
\tag{6.30}
$$

例 6.3　设有一已知频率为 ω 的余弦信号，其振幅 x 是一个不随时间变化而变化的随化变量，x 的均值 $E(x)=0$，方差 $E(x^2)=\sigma_x^2$。此余弦信号的测量值可用下式表述

$$
y(t) = x\cos\omega t + v(t)
$$

其中，$v(t)$ 为接收机的噪声和测量时引入的随机误差，我们可将其视为白噪声。

由于上述余弦信号在时间上是连续的，我们可在 $\omega t=0$ 和 $\omega t=\pi/4$ 这两个时刻对此信号进行测量，得到两个测量样值

$$
\begin{cases}
y(1) = x + v(1) \\
y(2) = \dfrac{\sqrt{2}}{2}x + v(2)
\end{cases}
$$

其中，$v(k)$ 即为一白噪声序列，$k=1,2$。

显然,对白噪声序列 $v(k)$,有
$$E[v(1)v(2)] = 0, \quad E[v(1)]^2 = E[v(2)]^2 = \sigma_v^2$$
此外,我们还假设 x 与 $v(k)$ 无关,即 $E[xv(k)]=0$。

因此,我们可得
$$
\begin{aligned}
P_y(1,1) &= E[y(1)y(1)] \\
&= E\{[x+v(1)][x+v(1)]\} \\
&= E(x^2) + E[v(1)]^2 \\
&= \sigma_x^2 + \sigma_v^2 \\
P_y(2,1) &= P_y(1,2) \\
&= E[y(1)y(2)] \\
&= E\left\{[x+v(1)]\left[\frac{\sqrt{2}}{2}x+v(2)\right]\right\} \\
&= \frac{\sqrt{2}}{2}E(x^2) \\
&= \frac{\sqrt{2}}{2}\sigma_x^2 \\
P_y(2,2) &= E[y(2)y(2)] \\
&= E\left\{\left[\frac{\sqrt{2}}{2}x+v(2)\right][x+v(2)]\right\} \\
&= 0.5E(x^2) + E[v(2)]^2 \\
&= 0.5\sigma_x^2 + \sigma_v^2 \\
P_{xy}(1) &= E[xy(1)] \\
&= E\{x[x+v(1)]\} \\
&= E(x^2) = \sigma_x^2 \\
P_{xy}(2) &= E[xy(2)] \\
&= E\left\{x\left[\frac{\sqrt{2}}{2}x+v(2)\right]\right\} \\
&= \frac{\sqrt{2}}{2}E(x^2) \\
&= \frac{\sqrt{2}}{2}\sigma_x^2
\end{aligned}
$$

维纳-霍普方程可写成
$$
\begin{cases}
(\sigma_x^2+\sigma_v^2)h(1) + \dfrac{\sqrt{2}}{2}\sigma_x^2 h(2) = \sigma_x^2 \\[2mm]
\dfrac{\sqrt{2}}{2}\sigma_x^2 h(1) + \left(\dfrac{\sigma_x^2}{2}+\sigma_v^2\right)h(2) = \dfrac{\sqrt{2}}{2}\sigma_x^2
\end{cases}
$$

从中解出维纳滤波器的两个滤波系数为

$$\begin{cases} h(1) = \dfrac{\sigma_x^2}{\dfrac{3}{2}\sigma_x^2 + \sigma_v^2} = \dfrac{2}{3 + 2/r} \\[3mm] h(2) = \dfrac{\sqrt{2}}{2}h(1) = \dfrac{\sqrt{2}}{3 + 2/r} \end{cases}$$

其中,$r = \sigma_x^2/\sigma_v^2$。由式(6.14)可求出此维纳滤波器对 x 的估计值

$$\hat{x} = \frac{2}{3 + 2/r}y(1) + \frac{\sqrt{2}}{3 + 2/r}y(2)$$

由式(6.16)可求出此维纳滤波器的均方估计误差

$$P_e = \sigma_x^2 - \frac{2}{3 + 2/r}\sigma_x^2 - \frac{\sqrt{2}}{3 + 2/r} \cdot \frac{\sqrt{2}}{2}\sigma_x^2$$

$$= \frac{2\sigma_v^2}{3 + 2/r}$$

6.2.2　从最优非递归型估计器到最优递归型估计器

6.2.2.1　最优非递归型估计器存在的问题

采用最优非递归型估计器——维纳滤波器对一维随机信号进行最优滤波(即最优估计),必须先通过维纳-霍普方程求出它们的 n 个滤波器系数 $h(1), h(2), \cdots, h(n)$。

因此,在对随机信号的测量样值进行处理前,我们必须事先确定所要进行批量处理的测量样值数 n。此外,这 n 个待处理的测量样值还必须事先存在滤波器的各个延时单元中。若由于某种原因(如有更多的测量样值可用)而要求改变已确定的 n 值时,整个计算过程就必须从头开始。

由式(6.10)或式(6.11)表述的维纳-霍普方程实际上是一个以 n 个滤波器系数 $h(1), h(2), \cdots, h(n)$ 为待求未知量的 n 个方程组成的 n 元一次方程组,我们可将其表述成矩阵形式。

矩阵形式的维纳-霍普方程为

$$\boldsymbol{P}_y h = \boldsymbol{P}_{xy} \tag{6.31}$$

其中,$\boldsymbol{P}_y$ 是一个 $n \times n$ 阶的自相关矩阵,即

$$\boldsymbol{P}_y = \begin{pmatrix} P_y(1,1) & P_y(2,1) & \cdots & P_y(n,1) \\ P_y(1,2) & P_y(2,2) & \cdots & P_y(n,2) \\ \vdots & \vdots & & \vdots \\ P_y(1,n) & P_y(2,n) & \cdots & P_y(n,n) \end{pmatrix}$$

h 和 $\boldsymbol{P}_{xy}$ 分别为 $n \times 1$ 维的列向量

$$\boldsymbol{h} = (h(1) \quad h(2) \quad \cdots \quad h(n))^{\mathrm{T}}$$

$$\boldsymbol{P}_{xy} = (P_{xy}(1) \quad P_{xy}(2) \quad \cdots \quad P_{xy}(n))^{\mathrm{T}}$$

矩阵形式的维纳-霍普方程的解为

$$\boldsymbol{h} = \boldsymbol{P}_y^{-1} \boldsymbol{P}_{xy} \tag{6.32}$$

显然,为了求解维纳-霍普方程,我们必须首先知道组成 $\boldsymbol{P}_y$ 和 $\boldsymbol{P}_{xy}$ 的各元素的数值,并把它们存贮起来。当 n 取值较大时,这将需要较大的存贮量。此外,由于在求解维纳-霍普方程的过程中要对 $n \times n$ 阶的自相关矩阵 $\boldsymbol{P}_y$ 求逆,故当 n 取得较大时,所需的计算时间也将较长。

为了节省存贮单元和数据处理时间,也为了在有更多测量样值可用时不必重头计算就能对原有估计值进行更新,我们可采用递推算法对测量样值进行顺序处理,并依据此算法构成一个最优递归型估计器。

为使读者了解构成最优递归型估计器的基本思路,我们暂且舍弃数学上的严格性,先从上节例 1 中对最优非递归型估计器——维纳滤波器所得到的一些结果出发,导出一套递推算法,以此作为从最优非递归型估计器到最优递归型估计器的过渡。

6.2.2.2　递推算法的不严格推导

我们仍沿用上节例 1 中所给出的各种假设条件,并顺序提供对一维随机信号(随机变量) x 的测量样值 $y(k) = x + v(k)$。

现设维纳滤波器一次所处理的测量样值数为 k(即相当于例中原来的 n),则上节例 1 中的式(6.21)~式(6.23)应分别改写作

$$h(i,k) = \frac{1}{k + 1/r} \tag{6.33}$$

$$\hat{x}(k) = \sum_{i=1}^{k} h(i,k) y(i) \tag{6.34}$$

$$P(k) = \frac{\sigma_v^2}{k + 1/r} \tag{6.35}$$

当一次所处理的测量样值数增为 $(k+1)$ 时(即多了一个可用测量样值),可得

$$h(i,k+1) = \frac{1}{k + 1 + 1/r} \tag{6.36}$$

$$\hat{x}(k+1) = \sum_{i=1}^{k+1} h(i,k+1) y(i) \tag{6.37}$$

$$P(k+1) = \frac{\sigma_v^2}{k + 1 + 1/r} \tag{6.38}$$

由式(6.38)和式(6.35),可得

$$P(k+1) = \frac{\dfrac{\sigma_v^2}{k+1/r}}{1 + \dfrac{1}{k+1/r}} = \frac{P(k)}{1 + P(k)/\sigma_v^2} \tag{6.39}$$

此式即为当 6.1 节例 1 中的维纳滤波器一次所处理的测量样值数不断增加时,滤波器均方估计误差的递推公式。

由式(6.36)和式(6.37),可得

$$\hat{x}(k+1) = \frac{1}{k+1+1/r} \sum_{i=1}^{k} h(i,k+1)y(i) + \frac{1}{k+1+1/r}y(k+1) \tag{6.40}$$

由式(6.33)和式(6.34),可得

$$\sum_{i=1}^{k} y(i) = (k+1/r)\hat{x}(k) \tag{6.41}$$

将式(6.41)代入式(6.40),可得

$$\begin{aligned}
\hat{x}(k+1) &= \frac{k+1/r}{k+1+1/r}\hat{x}(k) + \frac{1}{k+1+1/r}y(k+1) \\
&= \frac{P(k+1)}{P(k)}\hat{x}(k) + \frac{P(k+1)}{\sigma_v^2}y(k+1)
\end{aligned} \tag{6.42}$$

此式即为当 6.1 节例 1 中的维纳滤波器一次所处理的测量样值数不断增加时,滤波器对一维随机信号 x 的估值递推公式。

显然,将式(6.39)和式(6.42)合在一起,就构成了一套完整的递推算法。

具体计算步骤为:

先用式(6.39)从已知的 $P(k)$ 值求出 $P(k+1)$ 值,然后再根据已知的 $P(k)$ 值、原有估计值 $\hat{x}(k)$、已求得的 $P(k+1)$ 值和新测得的测量样值 $y(k+1)$,用式(6.42)求出新的估计值 $\hat{x}(k+1)$。每增加一个测量样值,即可递推一次。

下面,我们举一个递推计算的例子。

设信噪比 $r = \sigma_x^2/\sigma_v^2 = 1/2$。为使递推得以开始,我们必须首先知道对一维随机信号 x 的第一个估计值 $\hat{x}(1)$,即仅有第一个测量样值时对 x 的估计值。显然,此 $\hat{x}(1)$ 值只能用上节例 1 中的维纳滤波器来求得。

由式(6.22),可得

$$\hat{x}(1) = \frac{y(1)}{1+1/r} = \frac{1}{3}y(1)$$

此时的均方估计误差为

$$P(1) = \frac{\sigma_v^2}{1+1/r} = \frac{1}{3}\sigma_v^2$$

当有了第二个测量样值 $y(2)$ 时,我们已不必重新用维纳滤波器对两个测量样值 $y(1)$ 和 $y(2)$ 再进行一次处理,而可用式(6.39)开始进行递推运算,可得

$$P(2) = \frac{P(1)}{1 + P(1)/\sigma_v^2} = \frac{\dfrac{1}{3}\sigma_v^2}{1 + \dfrac{1}{3}} = \frac{1}{4}\sigma_v^2$$

再由式(6.42),可得

$$\hat{x}(2) = \frac{P(2)}{P(1)}\hat{x}(1) + \frac{P(2)}{\sigma_v^2}y(2)$$

$$= \frac{3}{4}\hat{x}(1) + \frac{1}{4}y(2)$$

当有了第三个测量样值 $y(3)$ 时,我们可用式(6.39)和式(6.42)继续进行递推,可得

$$P(3) = \frac{P(2)}{1+P(2)/\sigma_v^2} = \frac{\frac{1}{4}\sigma_v^2}{1+\frac{1}{4}} = \frac{1}{5}\sigma_v^2$$

$$\hat{x}(3) = \frac{P(3)}{P(2)}\hat{x}(2) + \frac{P(3)}{\sigma_v^2}y(3)$$

$$= \frac{4}{5}\hat{x}(2) + \frac{1}{5}y(3)$$

显然,只要不断提供新的测量样值,这一递推过程就可以不断进行下去,不必从头进行计算。而且,随着可用测量样值数的增多,估计值就会越来越接近真值,均方估计误差就会越来越小。

6.2.2.3 用上述递推算法构成最优递归型估计器

若将递推公式(6.42)

$$\hat{x}(k+1) = \frac{P(k+1)}{P(k)}\hat{x}(k) + \frac{P(k+1)}{\sigma_v^2}y(k+1)$$

与递归型估计器的差分方程式

$$g(k) = y(k) + ag(k-1)$$

作一比较,不难看出它们在形式上实际是相似的,式(6.42)中的 $\hat{x}(k+1),\hat{x}(k)$, $y(k+1)$ 分别对应差分方程式中的 $g(k),g(k-1),y(k)$。所不同的是,式(6.42)中的系数 $\frac{P(k+1)}{P(k)}$ 和 $\frac{P(k+1)}{\sigma_v^2}$ 是与变量 k 有关的。

若令

$$\frac{P(k+1)}{P(k)} = a(k+1) \tag{6.43}$$

$$\frac{P(k+1)}{\sigma_v^2} = b(k+1) \tag{6.44}$$

则式(6.42)可写成

$$\hat{x}(k+1) = a(k+1)\hat{x}(k) + b(k+1)y(k+1) \tag{6.45}$$

因为由式(6.39),可得

$$\frac{P(k+1)}{P(k)} = \frac{1}{1+P(k)/\sigma_v^2} = 1 - \frac{P(k)/\sigma_v^2}{1+P(k)/\sigma_v^2}$$

$$= 1 - \frac{P(k)}{\sigma_v^2} \cdot \frac{P(k+1)}{P(k)} = 1 - \frac{P(k+1)}{\sigma_v^2}$$

故

$$a(k+1) = 1 - b(k+1) \tag{6.46}$$

将式(6.46)代入式(6.45),可得

$$\hat{x}(k+1) = \hat{x}(k) + b(k+1)[y(k+1) - \hat{x}(k)] \tag{6.47}$$

必须注意的是:当我们根据式(6.47)来构建最优递归型估计器时,式中 k 的含义已发生了变化。此时,估计器已不再成批处理测量样值,而改为按一定时序顺序处理各测量样值了。因此,变量 k 已不再代表递归量估计器一次所处理的测量样值数,而代表递归型估计器每次所处理的那一个测量样值的序号(即取样时刻的时标)。

我们之所以用式(6.47)而不用式(6.45)来构成最优递归型估计器,是因为式(6.47)有较明确的物理意义。下面,我们对此作一简要说明:

式(6.47)等号左侧为 $\hat{x}(k+1)$,即该递归型估计器在 $k+1$ 时刻对一维随机信号 x 的估计值。

式(6.47)等号右侧共有两项:第一项为 $\hat{x}(k)$,它是该递归型估计器在 k 时刻,即在尚未得到 $k+1$ 时刻的新测量样值 $y(k+1)$ 时,对一维随机信号 x 的估计值,我们可称其为预估值;第二项为 $b(k+1)[y(k+1) - \hat{x}(k)]$,这是在得到 $k+1$ 时刻的新测量样值 $y(k+1)$ 后,对预估值 $\hat{x}(k)$ 的修正项。其中,$\hat{x}(k)$ 可看作是对 $y(k+1)$ 的预估值,$y(k+1)$ 实测值与其预估值 $\hat{x}(k)$ 之差再乘上一个比例系数 $b(k+1)$,就构成了修正项。以此对预估值 $\hat{x}(k)$ 进行修正,即可在得到 $k+1$ 时刻的新测量样值 $y(k+1)$ 后,对一维随机信号 x 的最优估计值 $\hat{x}(k+1)$。由于修正项中的比例系数 $b(k+1)$ 与时标 k 有关,故称之为该最优递归型估计器的时变增益。

若将式(6.38)代入式(6.44),可得

$$b(k+1) = \frac{1}{k+1+1/r} \tag{6.48}$$

显然,随着 k 的增大,时变增益 $b(k+1)$ 将逐渐减小,此最优递归型估计器对随机信号 x 的估计值也将最终趋于某一稳态值,只有当新的测量数据相对于前一估计值有较大偏离时,才会有所改变。

由此可见,有了由上述采用预估加修正的递推算法构成的最优递归型估计器后,我们无需处理 $k+1$ 个测量样值,而只需处理 $k+1$ 时刻的一个测量样值,即可得到相当于处理了 $k+1$ 个测量样值后对信号 x 的估计值 $\hat{x}(k+1)$,因为前 k 个测量样值所含的信息都已包含在 k 时刻对信号 x 的估计值 $\hat{x}(k)$ 中。这正是最优递归型估计器比最优非递归型估计器的优越之处。

6.3　卡尔曼滤波

我们在上节中所介绍的维纳滤波是对非时变随机信号进行滤波。这种滤波器必须利用全部的历史观测数据,当获得新的观测数据时必须重新计算,而且很难用于时变随机信号的滤波。

为了克服维纳滤波器的不足,卡尔曼等人在 20 世纪 60 年代初提出了一种递推滤波算法,即卡尔曼滤波。卡尔曼滤波不要求保留用过的观测数据。当测得新的观测数据后,卡尔曼滤波可按照一套递推公式算出新的估计量,不必重新计算。此外,它还打破了对平稳过程的限制,可用于对时变随机信号的滤波。

其实,最优递归型估计器实际上就是卡尔曼滤波器。但是,由于我们的递推公式是从维纳滤波器的一个特例出发导出的,其数学推导很不严格,而且待估计号也只是一个时不变的一维随机信号。

在本节中,我们将讨论对时变随机信号的最优线性滤波,从一般的递归型估计器出发,以均方估计误差最小为准则对其进行最优化,较严格地导出标量卡尔曼滤波和预测的一整套递推公式,并将其推广到向量情况。

6.3.1　一维时变随机信号及其测量过程的数学模型

6.3.1.1　一维时变随机信号的数学模型

设随机信号是时变的,随时间变化而变化的随机信号记为 $x(k)$。对每一确定的取样时刻 $k,x(k)$ 是一个随机变量。当取样时刻的时标 k 变化时,我们就得到一个离散的随机过程,即随机序列 $\{x(k)\}$。

假设待估随机信号的数学模型是一个由白噪声序列 $\{w(k)\}$ 驱动的一阶自递归过程,其动态方程为

$$x(k) = ax(k-1) + w(k-1) \tag{6.49}$$

式中,参数 $a<1$,其意义后面再作说明。

式(6.49)中的 $w(k-1)$ 称为过程噪声或动态噪声。当时标 k 变化时,它将构成一个白噪声序列 $\{w(k)\}$,其统计特性可用以下数字特征来描述:

(1) 均值 $E[w(k)]=0$;

(2) 方差 $E[w(k)]^2 = \sigma_w^2 =$ 常数;

(3) 自相关序列 $E[w(k)w(j)] = \begin{cases} \sigma_w^2, & k=j \\ 0, & k \neq j \end{cases}$。

由式(6.49)所决定的信号 $x(k)$,当时标 k 变化时,将构成一个平稳随机序列 $\{x(k)\}$,其统计特性可用以下数字特征来描述:

(1) 均值

$$E[x(k)] = 0 \tag{6.50}$$

(2) 方差

$$E[x(k)]^2 = \sigma_x^2 = 常数 \tag{6.51}$$

(3) 自相关序列

当取样时刻的时标 k 变化时,取样时刻时标相差 j 的 $x(k)$ 的两样值间的自相关序列为

$$P_x(j) = E[x(k)x(k+j)] \tag{6.52}$$

(1) 当 $j=0$ 时,有

$$
\begin{aligned}
P_x(0) &= E[x(k)]^2 = E[ax(k-1)+w(k-1)]^2 \\
&= a^2 E[x(k-1)]^2 + E[w(k-1)]^2 + 2aE[x(k-1)w(k-1)]
\end{aligned}
\tag{6.53}
$$

其中,$P_x(0)$ 即为 $x(k)$ 的方差 σ_x^2。因为 $x(k)$ 为平稳随机序列,其方差为不随时间变化的常数 σ_x^2,所以式(6.53)中等号右侧的第一项为 $a^2\sigma_x^2$。而过程噪声 $w(k)$ 是一个白噪声序列,其方差为不随时间变化的常数 σ_w^2,所以式(6.53)中等号右侧的第二项为 $\hat{x}(k|k-1)$。

为求式(6.53)中等号右侧的第三项,我们可利用信号模型的动态方程式(6.49),得到

$$
\begin{aligned}
E[x(k-1)w(k-1)] &= E\{[ax(k-2)+w(k-2)]w(k-1)\} \\
&= E[ax(k-2)w(k-1)] + E[w(k-2)w(k-1)] \\
&= E[w(k-2)w(k-1)] \\
&\quad + E\{a[ax(k-3)+w(k-3)]w(k-1)\} \\
&= E[w(k-2)w(k-1)] + aE[w(k-3)]w(k-1)] \\
&\quad + E[a^2 x(k-3)w(k-1)] \\
&= E[w(k-2)w(k-1)] + aE[w(k-3)]w(k-1)] \\
&\quad + a^2 E[w(k-4)w(k-1)] + \cdots
\end{aligned}
$$

由于上述无穷级数的每一项都为零,故式(6.53)中等号右侧的第三项为零。

利用上述结果,我们可将式(6.53)写作

$$\sigma_x^2 = a^2\sigma_x^2 + \sigma_w^2$$

由此可求出

$$P_x(0) = \sigma_x^2 = \frac{\sigma_w^2}{1-a^2} \tag{6.54}$$

(2) 当 $j=1$ 时,有

$$P_x(1) = E[x(k)x(k+1)]$$

$$= E\{x(k)[ax(k) + w(k)]\}$$
$$= aE[x(k)]^2 + E[x(k)w(k)] \tag{6.55}$$

由于与 $E[x(k-1)w(k-1)] = 0$ 相同的原因,式(6.55)中等号右侧的第二项 $E[x(k)w(k)] = 0$,故

$$P_x(1) = aP_x(0) \tag{6.56}$$

(3) 当 $j = 2$ 时,有

$$P_x(2) = E[x(k)x(k+2)]$$
$$= E\{x(k)[ax(k+1) + w(k+1)]\}$$
$$= aE[x(k)x(k+1)] + E[x(k)w(k+1)]$$

显然,上式等号右侧第一项为 $aP_x(1)$,第二项为零,故

$$P_x(2) = aP_x(1) = a^2 P_x(0) \tag{6.57}$$

(4) 当 j 为任意整数时,我们可导出自相关序列的一般表达式为

$$P_x(j) = E[x(k)x(k+j)] = a^{|j|} P_x(0) \tag{6.58}$$

显然,对任意的 j 值,$P_x(j)$ 都不会为零。当 $|j|$ 增大时,因为 $a<1$,所以 $P_x(j)$ 的值将按指数规律衰减。

现在,我们可以回过头来对参数 a 的物理意义作一说明。

由式(6.58)可知,a 越大(即越接近 1),不同时刻信号取值间的相关程度就越大,由式(6.49)所表述的一阶自递归过程的惰性就越大,即信号需经较长时间才能使其现有值发生较为显著的变化。可以说,参数 a 在由式(6.49)所表述的一阶自递归过程中,起着相当于"时间常数"的作用。

在式(6.49)中,若无过程噪声驱动,且参数 $a = 1$,则有

$$x(k) = x(k-1)$$

此时,信号将变成不随时间变化的与时标 k 无关的一维随机信号 x,即我们在本章之前所研究的随机信号。

6.3.1.2　信号测量过程的数学模型

为了对由上述数学模型所给出的随机信号进行最优估计,我们必须首先对信号进行测量。

信号测量过程的数学模型,可用如下的量测方程给出:

$$y(k) = cx(k) + v(k) \tag{6.59}$$

式中,$x(k)$ 为 k 时刻的信号值。$y(k)$ 为该时刻对 $x(k)$ 进行测量所得到的信号测量样值。$v(k)$ 为此时在测量过程中所引入的量测噪声,我们可将其视为是独立的附加白噪声。当 k 变化时,$x(k)$ 将组成一个随机信号序列 $\{x(k)\}$,$y(k)$ 将组成一个测量样值序列 $\{y(k)\}$,而 $v(k)$ 将组成一个附加白噪声序列 $\{v(k)\}$。c 为量测参数,它是一个由测量系统和测量方法所确定的不随时间变化的常数。

因为量测噪声序列 $\{v(k)\}$ 是一个白噪声序列,故其统计特性可用如下的数字

特征来描述：

(1) 均值 $E[v(k)]=0$；

(2) 方差 $E[v(k)]^2=\sigma_v^2=$ 常数；

(3) 自相关序列 $E[v(k)v(j)]=\begin{cases}\sigma_v^2, & k=j \\ 0, & k\neq j\end{cases}$。

又因量测噪声序列 $\{v(k)\}$ 与随机信号序列 $\{x(k)\}$ 互不相关，故 $E[x(k)v(j)]=0$。

6.3.2　标量卡尔曼滤波

标量卡尔曼滤波器实际上就是在线性最小均方误差准则下一维随机信号（即标量随机信号）的最优递归型估计器。

我们曾从一维随机信号的最优非递归型估计器（标量维纳滤波器）的特例出发，对一维随机信号的最优递归型估计器（标量卡尔曼滤波器）的递推算法作过不严格的推导。现在，我们将从一维随机信号的递归型估计器的一般表达式

$$\hat{x}(k)=a(k)\hat{x}(k-1)+b(k)y(k) \tag{6.60}$$

出发，在信号数学模型式（6.49）、测量过程的数学模型式（6.59）的条件下，以均方估计误差最小为准则对估计器的加权系数 $a(k)$ 和 $b(k)$ 进行最优化，并推导出标量卡尔曼滤波器的最优估计的递推算法。

由式（6.60）表述的递归型估计器在 k 时刻对信号 $x(k)$ 的估计误差为

$$e(k)=x(k)-\hat{x}(k) \tag{6.61}$$

均方估计误差为

$$P(k)=E[x(k)-\hat{x}(k)]^2 \tag{6.62}$$

若将式（6.60）代入式（6.62），可得

$$P(k)=E[x(k)-a(k)\hat{x}(k-1)-b(k)y(k)]^2$$

若令 $P(k)$ 对 $a(k)$ 和 $b(k)$ 的偏导数为零，即

$$\frac{\partial P(k)}{\partial a(k)}=-2E\{[x(k)-a(k)\hat{x}(k-1)-b(k)y(k)]\hat{x}(k-1)\}=0 \tag{6.63}$$

$$\frac{\partial P(k)}{\partial b(k)}=-2E\{[x(k)-a(k)\hat{x}(k-1)-b(k)y(k)]y(k)\}=0 \tag{6.64}$$

则由式（6.63）和式（6.64）中解出的 $a(k)$ 和 $b(k)$ 将保证该递归型估计器的均方估计误差为最小。

根据统计估计理论中的正交原理，我们也可将式（6.63）和式（6.64）分别写成类似于式（6.60）的正交方程的形式，即

$$E[e(k)\hat{x}(k-1)]=0 \tag{6.65}$$

$$E[e(k)y(k)]=0 \tag{6.66}$$

显然，我们下面要做的工作是：先求满足式（6.63）和（6.64）（即可使递归型估

计器对信号的均方估计误差最小)中 $a(k)$ 和 $b(k)$ 的表达式,然后据此构成在最小均方误差准则下的最优递归型估计器,并导出它在不同取样时刻对一维随机信号 $x(k)$ 的估计值 $\hat{x}(k)$ 及均方估计误差 $P(k)$ 的一套完整的递推算法。

6.3.2.1　求 $a(k)$ 的表达式

由式(6.63),可得

$$E[a(k)\hat{x}(k-1)\hat{x}(k-1) = E\{[x(k)-b(k)y(k)]\hat{x}(k-1)\} \tag{6.67}$$

下面,我们将从式(6.67)出发,经一系列代换求出 $a(k)$ 的表达式。由于代换过程较为繁杂,故我们从式(6.67)的等号两侧分别来进行。

1. 式(6.67)等号左侧

由式(6.60),可得

$$\hat{x}(k-1) = a(k-1)\hat{x}(k-2) + b(k-1)y(k-1)$$

因此

$$E[e(k-1)\hat{x}(k-1)]$$
$$= a(k-1)E[e(k-1)\hat{x}(k-2)] + b(k-1)E[e(k-1)y(k-1)] \tag{6.68}$$

因为由正交方程式(6.65)和式(6.66),有

$$E[e(k-1)\hat{x}(k-2)] = 0, \quad E[e(k-1)y(k-1)] = 0$$

故代入式(6.68),可得

$$E[e(k-1)\hat{x}(k-1)] = 0$$

因为

$$e(k-1) = x(k-1) - \hat{x}(k-1)$$

即

$$\hat{x}(k-1) = x(k-1) - e(k-1)$$

式(6.67)等号左侧为

$$E\{[a(k)\hat{x}(k-1)]\hat{x}(k-1)\}$$
$$= a(k)E[x(k-1)\hat{x}(k-1)] - a(k)E[e(k-1)\hat{x}(k-1)]$$
$$= a(k)E[x(k-1)\hat{x}(k-1)]$$

2. 式(6.67)等号右侧

将量测方程式(6.59)代入式(6.67)等号右侧,可得

$$E\{[x(k)-b(k)y(k)]\hat{x}(k-1)\}$$
$$= E\{[x(k)-cb(k)x(k)-b(k)v(k)]\hat{x}(k-1)\}$$
$$= [1-cb(k)]E[x(k)\hat{x}(k-1)] - b(k)E[v(k)\hat{x}(k-1)]$$

因为 $(k-1)$ 时刻的信号估计值 $\hat{x}(k-1)$ 与 k 时刻的量测噪声 $v(k)$ 不相关,即

$$E[v(k)\hat{x}(k-1)] = 0$$

因此,式(6.67)等号右侧为

$$E\{[x(k)-b(k)y(k)]\hat{x}(k-1)\} = [1-cb(k)]E[x(k)\hat{x}(k-1)]$$

根据信号模型的动态方程式(6.49)，式(6.67)等号右侧又可写成

$$E\{[x(k)-b(k)y(k)]\hat{x}(k-1)\}$$
$$= [1-cb(k)]E\{[ax(k-1)+w(k-1)]\hat{x}(k-1)\}$$
$$= a[1-cb(k)]E[x(k-1)\hat{x}(k-1)]+[1-cb(k)]E[w(k-1)\hat{x}(k-1)]$$

因为

$$\hat{x}(k-1) = a(k-1)\hat{x}(k-2)+b(k-1)y(k-1)$$
$$= a(k-1)\hat{x}(k-2)+b(k-1)[cx(k-1)+v(k-1)]$$
$$= a(k-1)\hat{x}(k-2)+cb(k-1)x(k-1)+b(k-1)v(k-1)$$
$$= a(k-1)\hat{x}(k-2)+cb(k-1)[ax(k-2)$$
$$+w(k-2)]+b(k-1)v(k-1)$$
$$= a(k-1)\hat{x}(k-2)+acb(k-1)x(k-2)$$
$$+cb(k-1)w(k-2)+b(k-1)v(k-1)$$

而等号右侧表达式中的四项又都与 $w(k-1)$ 不相关，故

$$E[w(k-1)\hat{x}(k-1)] = 0$$

因此，式(6.67)等号右侧最后可表示成

$$E\{[x(k)-b(k)y(k)]\hat{x}(k-1)\} = a[1-cb(k)]E[x(k-1)\hat{x}(k-1)]$$

3. 令式(6.67)等号两侧的最后表达式相等

$$a(k)E[x(k-1)\hat{x}(k-1)] = a[1-cb(k)]E[x(k-1)\hat{x}(k-1)]$$

由此可得

$$a(k) = a[1-cb(k)] \tag{6.69}$$

此式即为经过最优化所得到的 $a(k)$ 表达式。

在式(6.69)中，$a(k)$ 是最优递归型估计器的一个时变增益，它将随时标 k 的改变而变化。a 是信号模型中反映一阶自递归过程惰性大小的参数，只要信号模型确定后，它就是一个常数。显然，$a(k)$ 和 a 是两个意义完全不同的量，绝不可混淆。

从式(6.69)中，我们还可以看出：由于式中还包含另一个未知的时变增益 $b(k)$，因此它实际上只是一个 $a(k)$ 与 $b(k)$ 的关系式。要想最终确定 $a(k)$，还必须求出 $b(k)$。

6.3.2.2　求 $b(k)$ 的表达式

最优递归型估计器对信号 $x(k)$ 的均方估计误差可写成

$$P(k) = E[x(k)-\hat{x}(k)]^2$$
$$= E\{e(k)[x(k)-\hat{x}(k)]\}$$
$$= E[e(k)x(k)]-E[e(k)\hat{x}(k)]$$
$$= E[e(k)x(k)]-E\{e(k)[a(k)\hat{x}(k-1)+b(k)y(k)]\}$$

$$= E[e(k)x(k)] - a(k)E[e(k)\hat{x}(k-1)] - b(k)E[e(k)y(k)]$$

由正交方程式(6.65)和式(6.66)可知,上式等号右侧的后两项为零,故

$$P(k) = E[e(k)x(k)] \tag{6.70}$$

由量测方程式(6.59),可得

$$\hat{x}(k) = \frac{1}{c}[y(k) - v(k)]$$

代入式(6.70),可得

$$P(k) = \frac{1}{c}E[e(k)y(k)] - \frac{1}{c}E[e(k)v(k)]$$

$$= -\frac{1}{c}E[e(k)v(k)]$$

$$= -\frac{1}{c}E\{[x(k) - a(k)\hat{x}(k) - b(k)y(k)]v(k)\}$$

$$= -\frac{1}{c}E[x(k)v(k)] + \frac{1}{c}a(k)E[\hat{x}(k-1)v(k)] + \frac{1}{c}b(k)E[y(k)v(k)]$$

因为信号 $x(k)$ 与量测噪声 $v(k)$ 不相关,$k-1$ 时刻的信号估计值 $\hat{x}(k-1)$ 与 k 时刻的量测噪声 $v(k)$ 也不相关,故

$$P(k) = \frac{1}{c}b(k)E[y(k)v(k)]$$

$$= \frac{1}{c}b(k)E\{[cx(k) + v(k)]v(k)\}$$

$$= b(k)E[x(k)v(k)] + \frac{1}{c}b(k)E[v(k)]^2$$

$$= \frac{1}{c}b(k)\sigma_v^2 \tag{6.71}$$

还可把最优递归型估计器对信号 $x(k)$ 的均方估计误差写成

$$P(k) = E[x(k) - \hat{x}(k)]^2$$

$$= E\{ax(k-1) + w(k-1) - [a(k)\hat{x}(k-1) + b(k)y(k)]\}^2$$

$$= E\{ax(k-1) + w(k-1) - a(k)\hat{x}(k-1) - b(k)[cx(k) + v(k)]\}^2$$

再利用 $a(k)$ 与 $b(k)$ 的关系式(6.69)

$$a(k) = a[1 - cb(k)]$$

可得

$$P(k) = E\{ax(k-1) + w(k-1) - a[1 - cb(k)]\hat{x}(k-1) - cb(k)x(k) - b(k)v(k)\}^2$$

$$= E\{ax(k-1) + w(k-1) - a[1 - cb(k)]\hat{x}(k-1)$$

$$- cb(k)[ax(k-1) + w(k-1)] - b(k)v(k)\}^2$$

$$= E\{a[1 - cb(k)]e(k-1) + [1 - cb(k)]w(k-1) - b(k)v(k)\}^2$$

因为 $e(-1), w(k-1), v(k)$ 互不相关,它们的交叉乘积项的均值都为零,故

$$p(k) = a^2[1 - cb(k)]^2 E[e(k-1)]^2 + [1 - cb(k)]^2$$

$$= E[w(k-1)]^2 + b^2(k)E[v(k)]^2$$
$$= a^2[1-cb(k)]^2P(k-1) + [1-cb(k)]^2\sigma_w^2 + b^2(k)\sigma_v^2 \tag{6.72}$$

将式(6.71)代入式(6.28)，经整理后，可得到一个以 $b(k)$ 为未知量的一元二次方程

$$\{\sigma_v^2 + c^2[a^2P(k-1)+\sigma_w^2]\}b^23(k) - \left[2a^2cP(k-1)+2c\sigma_w^2+\frac{\sigma_v^2}{c}\right]b(k)$$
$$+ a^2P(k-1)+\sigma_w^2 = 0 \tag{6.73}$$

从中可解出

$$\begin{cases} b(k) = \dfrac{1}{c} \\ b(k) = \dfrac{c[a^2P(k-1)+\sigma_w^2]}{\sigma_v^2 + c^2\sigma_w^2 + c^2a^2P(k-1)} \end{cases}$$

舍去常数解(非时变解) $b(k)=1/c$，我们可得到时变解

$$b(k) = \frac{c[a^2P(k-1)+\sigma_w^2]}{\sigma_v^2 + c^2\sigma_w^2 + c^2a^2P(k-1)} \tag{6.74}$$

此式即为经过最优化所得到的 $b(k)$ 的表达式。

6.3.2.3　最优递归型估计器的构成

由式(6.60)所表述的递归型估计器，当其时变增益 $a(k)$ 和 $b(k)$ 经过最优化，即分别由式(6.69)和式(6.74)给出时，就是一个最优递归型估计器，其均方估计误差最小。

利用式(6.69)，我们可从式(6.60)中消去 $a(k)$，得到

$$\hat{x}(k) = a\hat{x}(k-1) + b(k)[y(k) - ac\hat{x}(k-1)] \tag{6.75}$$

下面，我们对式(6.75)的物理意义作一说明。

在尚未获得 k 时刻的新测量样值 $y(k)$ 之前，我们只能从 $k-1$ 时刻对信号 $x(k-1)$ 所作出的估计 $\hat{x}(k-1)$ 出发，根据由信号数学模型 $x(k)=ax(k-1)+w(k-1)$ 所确定的规律来对 k 时刻的信号 $x(k)$ 进行预估。由于信号数学模型中的动态噪声的确切数值 $w(k-1)$ 无从得知，故对 $x(k)$ 的预估值只能取作 $a\hat{x}(k-1)$。可见，式(6.75)等号右侧的第一项 $\hat{x}(k-1)$ 就是在未获得任何新信息的情况下，根据以往的测量数据对 k 时刻的信号 $x(k)$ 所作的预估。

在 k 时刻的新测量样值 $y(k)$ 尚未得到之前，我们还可对 k 时刻将要测得的新测量样值 $y(k)$ 进行预估。但是，此时我们只能从对 k 时刻的信号 $x(k)$ 的预估值 $a\hat{x}(k-1)$ 出发，根据量测方程 $y(k)=cx(k)+v(k)$ 来对 k 时刻将要测得的 $y(k)$ 作出预估。由于量测噪声 $v(k)$ 的确切数值无从得知，故对 $y(k)$ 的预估值只能取作 $\hat{y}(k)=c[\hat{x}(k-1)]=ac\hat{x}(k-1)$。

当我们测得 k 时刻的新测量样值 $y(k)$ 后，若所测得的 $y(k)$ 值与其预估值 $\hat{y}(k)=ac\hat{x}(k-1)$ 之差不为零，就说明 k 时刻的新测量样值 $y(k)$ 中包含有前 $k-1$

次测量中所没有的新信息。若 $y(k)$ 与其预估值 $\hat{y}(k)=ac\hat{y}(k-1)$ 之差为零,则说明 k 时刻的新测量样值中不包含任何新的信息。因此,我们把 k 时刻的信号实测值 $y(k)$ 与其预估值 $\hat{y}(k)=ac\hat{y}(k-1)$ 之差 $y(k)-ac\hat{x}(k-1)$ 称为第 k 次测量中的新信息。

显然,当我们测得 k 时刻的新测量样值 $y(k)$ 后,可利用第 k 次测量中的新信息 $y(k)-ac\hat{x}(k-1)$ 乘上一个比例系数 $b(k)$ 作为修正项,对未测得 $y(k)$ 前对信号所给出的预估值 $a\hat{x}(k-1)$ 进行修正,从而得到 k 时刻对信号的估计值 $\hat{x}(k)$。

由此可见,式(6.75)等号右侧的第二项 $b(k)[y(k)-ac\hat{x}(k-1)]$,即为对信号预估值的修正项。

6.3.2.4　标量卡尔曼滤波器的递推算法

从以上分析可知,卡尔曼滤波的基本算法是预估加修正,而式(6.75)、式(6.74)和式(6.71)构成的标量卡尔曼滤波器在信号及其测量过程的数学模型分别为 $x(k)=ax(k-1)+w(k-1)$ 和 $y(k)=cx(k)+v(k)$ 时对信号进行最优估计的一套完整的递推算法。

式(6.75)可用来推算卡尔曼滤波器在不同取样时刻 k 对信号 $x(k)$ 的估计值 $\hat{x}(k)$,即

$$\hat{x}(k) = a\hat{x}(k-1) + b(k)[y(k) - ac\hat{x}(k-1)]$$

式(6.74)可用来推算卡尔曼滤波器在不同取样时刻 k 的时变滤波增益 $b(k)$,即

$$b(k) = \frac{c[a^2 P(k-1) + \sigma_w^2]}{\sigma_v^2 + c^2 \sigma_w^2 + c^2 a^2 P(k-1)}$$

式(6.71)可用来推算卡尔曼滤波器在不同取样时刻 k 的均方估计误差 $P(k)$,即

$$P(k) = \frac{1}{c}\sigma_v^2 b(k)$$

下面,让我们来看一个递推计算的实例。

例6.4　设一维随机信号及其测量过程的数学模型分别为

$$x(k) = ax(k-1) + w(k-1)$$
$$y(k) = cx(k) + v(k)$$

其中,$a=\dfrac{\sqrt{2}}{2}$,$c=1$,$E[w(k)]^2=E[v(k)]^2$,即 $\sigma_w^2=\sigma_v^2$。

在 $k=0$ 时刻,信号 $x(0)$ 是一个随机变量,设其均值 $E[x(0)]=0$。虽然此时尚未对信号进行任何测量,但为使递推得以开始,仍需对此时的信号 $x(0)$ 给出一个估计值 $\hat{x}(0)$。可这样来选取估计值 $\hat{x}(0)$,让它使 $P(0)=E[x(0)-\hat{x}(0)]^2$ 为最小。为此,可令 $P(0)$ 对 $\hat{x}(0)$ 的偏导数为零,即

$$\frac{\partial P(0)}{\partial \hat{x}(0)} = -2E[x(0) - \hat{x}(0)] = 0$$

求得

$$\hat{x}(0) = E[x(0)]$$

因为假设 $E[x(0)] = 0$，所以可取 $\hat{x}(0) = 0$。

在 $k=1$ 时刻，测得信号 $x(1)$ 的测量样值 $y(1)$。由式(6.75)可求得卡尔曼滤波器在 $k=1$ 时刻对信号的估计值 $\hat{x}(1)$，即

$$\hat{x}(1) = a\hat{x}(0) + b(1)[y(1) - a\hat{x}(0)] = b(1)y(1) \tag{6.75}$$

为求卡尔曼滤波器在 $k=1$ 时刻的滤波增益 $b(1)$，我们可根据正交方程式(6.66)写出

$$E\{[x(1) - \hat{x}(1)]y(1)\} = 0 \tag{6.76}$$

将式(6.75)代入式(6.76)，可得

$$E\{[x(1) - b(1)y(1)]y(1)\} = 0 \tag{6.77}$$

因为 $c=1$，故根据量测方程 $y(k) = x(k) + v(k)$ 可写出

$$y(1) = x(1) + v(1) \tag{6.78}$$

将式(6.78)代入式(6.77)，可得

$$E\{[x(1) - b(1)x(1) - b(1)v(1)][x(1) + v(1)]\} = 0$$

因为 $x(1)$ 和 $v(1)$ 不相关，故可得

$$E[x(1)]^2 - b(1)E[x(1)]^2 - b(1)E[v(1)]^2 = 0$$

即

$$\sigma_x^2 - b(1)\sigma_x^2 - b(1)\sigma_v^2 = 0$$

从而求得

$$b(1) = \frac{\sigma_x^2}{\sigma_x^2 + \sigma_v^2} \tag{6.79}$$

若将 $a = \sqrt{2}/2$ 代入式(6.54)，并考虑 $\sigma_w^2 = \sigma_v^2$，可得

$$\sigma_x^2 = \frac{\sigma_w^2}{1 - a^2} = \frac{\sigma_w^2}{1 - \dfrac{1}{2}} = 2\sigma_w^2 = 2\sigma_v^2 \tag{6.80}$$

将式(6.80)代入式(6.79)，可得

$$b(1) = \frac{2\sigma_v^2}{2\sigma_v^2 + \sigma_v^2} = \frac{2}{3} \approx 0.667$$

将最终求得的 $b(1)$ 值代回式(6.75)，我们可求得 $k=1$ 时刻对信号的估计值为

$$\hat{x}(1) = b(1)y(1) = 0.667(1)$$

而此时的均方估计误差 $P(1)$，则可通过式(6.71)求得，即

$$P(1) = \frac{1}{c}b(1)\sigma_v^2 = 0.667\sigma_v^2$$

在求得 $b(1)$，$\hat{x}(1)$，$P(1)$ 后，即可应用递推公式(6.74)、公式(6.75)和公式

(6.71)开始进行递推。

用式(6.74),可求得 $k=2$ 时的滤波增益为

$$b(2) = \frac{\dfrac{1}{2}P(1) + \sigma_v^2}{\dfrac{1}{2}P(1) + 2\sigma_v^2} = \frac{\dfrac{1}{2} \times 0.667\sigma_v^2 + \sigma_v^2}{\dfrac{1}{2} \times 0.667\sigma_v^2 + 2\sigma_v^2}$$

$$\approx \frac{1.334}{2.334} \approx 0.571$$

用式(6.75)(其中,$a = \dfrac{\sqrt{2}}{2} \approx 0.707$),我们可求得 $k=2$ 时,信号的估计值为

$$\hat{x}(2) = 0.707\hat{x}(1) + 0.571[y(2) - 0.707\hat{x}(1)]$$
$$= 0.707 \times 0.667y(1) + 0.571y(2) - 0.571 \times 0.707 \times 0.667y(1)$$
$$\approx 0.202y(1) + 0.571y(2)$$

用式(6.71),我们可求得 $k=2$ 时的均方估计误差为

$$P(2) = b(2)\sigma_v^2 \approx 0.571\sigma_v^2$$

上述递推过程还可利用式(6.74)、式(6.75)和式(6.71)继续进行下去,得到

$$b(3) = \frac{\dfrac{1}{2}P(2) + \sigma_v^2}{\dfrac{1}{2}P(2) + 2\sigma_v^2} = \frac{\dfrac{1}{2} \times 0.571\sigma_v^2 + \sigma_v^2}{\dfrac{1}{2} \times 0.571\sigma_v^2 + 2\sigma_v^2}$$

$$\approx 0.562$$

$$\hat{x}(3) = 0.707\hat{x}(2) + 0.562[y(3) - 0.707\hat{x}(2)]$$
$$= 0.707 \times 0.202y(1) + 0.707 \times 0.571y(2) + 0.562y(3)$$
$$- 0.562 \times 0.707 \times 0.202y(1) - 0.562 \times 0.707 \times 0.571y(2)$$
$$\approx 0.062y(1) + 0.176y(2) + 0.562y(3)$$

$$P(3) = b(3)\sigma_v^2 \approx 0.562\sigma_v^2$$

等等。

从上面求出的 $P(1)$,$P(2)$,$P(3)$,…的值,我们可以看出一个趋势:随着 k 的增大,$P(k)$值逐渐趋近于一个稳态值,即

$$P(k) = P(k-1) = P$$

为求此稳态值 P,我们可将式(6.74)代入式(6.71),并考虑到本例的条件 $a = \sqrt{2}/2, c=1, \sigma_w^2 = \sigma_v^2$,得到

$$P(k) = \frac{\dfrac{1}{2}P(k-1) + \sigma_v^2}{\dfrac{1}{2}P(k-1) + 2\sigma_v^2}\sigma_v^2 \tag{6.81}$$

再将 $P(k) = P(k-1) = P$ 代入式(6.81),可得

$$P = \frac{\sigma_v^2 P + 2\sigma_v^4}{P + 4\sigma_v^2}$$

即

$$P^2 + 3\sigma_v^2 P - 2\sigma_v^4 = 0 \tag{6.82}$$

解此一元二次方程,舍去负根 $P \approx -3.561\sigma_v^2$,可得

$$P \approx 0.561\sigma_v^2 \tag{6.83}$$

这就是本例中卡尔曼滤波器均方估计误差的稳态(极限)值。

将上面求得的 $P(3) = 0.562\sigma_v^2$ 与此稳态值 $P = 0.561\sigma_v^2$ 相比较,可知当递推滤波进行到 $k=3$ 时,本例中的卡尔曼滤波器的均方估计误差已很接近此稳态值。

其实不仅 $P(k)$ 随 k 的增大逐渐趋近于一个稳态值 P,滤波器的滤波增益 $b(k)$ 也随 k 的增大逐渐趋近于一个稳态值 $b(k) = b(k-1) = b$。这一点,从公式(6.74)中很容易看出。由式(6.83),可知 $b(k)$ 的稳态值 $b = 0.561$。

应当引起我们注意的是:在开始进行递推之前,我们选取了 $\hat{x}(0) = E[x(0)] = 0$,并且未经选取 $P(0)$ 值就求出了 $P(1)$ 和 $b(1)$。但是,如果我们对信号的统计特性了解不多或是一无所知,我们就难以保证选取误差较小的 $x(0)$ 和 $P(0)$ 值,有时甚至只能随意选取。在这种情况下,我们就必须考虑初值选取对以后的滤波有什么影响。例如,如果所选取的初值的误差足够小,是否就能保证以后的滤波值与最优滤波值之间的误差足够小? 或者,是否不论初值选得好坏,只要 k 足够大,初值的影响就可以忽略不计,以后的滤波值就能与最优滤波值足够接近? 这就是所谓的滤波的稳定性问题。

为了便于将标量卡尔曼滤波的递推算法直接推广到向量随机信号(即多维随机信号)的卡尔曼滤波中去,下面给出一套完整的递推算法:

滤波估计方程

$$\hat{x}(k) = a\hat{x}(k-1) + b(k)[y(k)ac\hat{x}(k-1)] \tag{6.84}$$

滤波增益方程

$$b(k) = \frac{cP_1(k)}{c^2 P_1(k) + \sigma_v^2} \tag{6.85}$$

其中

$$P_1(k) = a^2 P(k-1) + \sigma_w^2 \tag{6.86}$$

均方滤波误差方程

$$P(k) = P_1(k) + cb(k)P_1(k) \tag{6.87}$$

根据统计估计理论中滤波和预测的定义,我们在尚未测得 k 时刻的新测量样值 $y(k)$ 前,对 k 时刻的信号 $x(k)$ 及其测量样值 $y(k)$ 的预估值 $a\hat{x}(k-1)$ 和 $\hat{y}(k) = ac\hat{x}(k-1)$ 进行预测,实际上就是把 $k-1$ 时刻当作"当前",把 k 时刻当作"未来"时,对 $x(k)$ 和 $y(k)$ 的预测值。我们习惯上把它们分别记作 $\hat{x}(k|k-1)$ 和 $\hat{y}(k|k-1)$,以表示是在 $k-1$ 时刻对 k 时刻的信号 $x(k)$ 及其测量样值 $y(k)$ 所作的预测,即

$$\hat{x}(k \mid k-1) = a\hat{x}(k-1)$$

$$\hat{y}(k \mid k-1) = ac\hat{x}(k-1)$$

而上述两式等号右侧的 $\hat{x}(k-1)$，是在 $k-1$ 时刻根据 $k-1$ 时刻及以前各时刻的测量样值对 $k-1$ 时刻的信号 $x(k-1)$ 所作的估计，属于滤波估计而不是预测。严格地说，我们应把它记作 $\hat{x}(k-1|k-1)$，以表示是在 $k-1$ 时刻对 $k-1$ 时刻的信号所作的滤波估计。同样，我们在 k 时刻（即测得 k 时刻的信号测量样值后）对 k 时刻的信号 $x(k)$ 所作的估计 $\hat{x}(k)$，也应记作 $\hat{x}(k|k)$。但是为了书写方便，仍将 $\hat{x}(k-1|k-1)$ 和 $\hat{x}(k|k)$ 分别记作 $\hat{x}(k-1)$ 和 $\hat{x}(k)$。

因为对信号的估计值有滤波估计和预测估计之分，所以估计误差和均方估计误差也将有滤波和预测之分。

滤波估计误差

$$e(k) = x(k) - \hat{x}(k) \tag{6.88}$$

均方滤波估计误差

$$P(k) = E[e(k)]^2 \tag{6.89}$$

预测估计误差

$$e(k \mid k-1) = x(k) - \hat{x}(k \mid k-1)$$

均方预测估计误差

$$P(k \mid k-1) = E[e(k \mid k-1)]^2$$

因为

$$\hat{x}(k \mid k-1) = a\hat{x}(k-1)$$

故

$$\begin{aligned}
e(k \mid k-1) &= x(k) - \hat{x}(k \mid k-1) \\
&= ax(k-1) + w(k-1) - a\hat{x}(k-1) \\
&= a[x(k-1) - \hat{x}(k-1)] + w(k-1) \\
&= ae(k-1) + w(k-1)
\end{aligned}$$

而

$$P(k \mid k-1) = E[e(k \mid k-1)]^2 = E[ae(k-1) + w(k-1)]^2$$

因为 $e(k-1)$ 与 $w(k-1)$ 互不相关，故

$$\begin{aligned}
P(k \mid k-1) &= a^2 E[e(k-1)]^2 + E[w(k-1)]^2 \\
&= a^2 P(k-1) + \sigma_w^2
\end{aligned}$$

为了书写方便，可将 $P(k|k-1)$ 记作 $P_1(k)$，从而得到

$$P_1(k) = a^2 P(k-1) + \sigma_w^2$$

这就是在前面所给出的标量卡尔曼滤波递推方程组中的式(6.86)。

由式(6.74)，我们可得

$$\begin{aligned}
b(k) &= \frac{c[a^2 P(k-1) + \sigma_w^2]}{\sigma_v^2 + c^2 \sigma_w^2 + c^2 a^2 P(k-1)} \\
&= \frac{c[a^2 P(k-1) + \sigma_w^2]}{c^2[a_2 P(k-1) + \sigma_w^2]\sigma_v^2}
\end{aligned}$$

$$= \frac{cP_1(k)}{c^2 P_1(k) + \sigma_v^2}$$

这就是在前面所给出的标量卡尔曼滤波递推方程组中的式(6.85)。

对前面所给出的标量卡尔曼滤波递推方程组中的式(6.87),可作如下证明:

将式(6.85)代入式(6.71),可得

$$P(k) = \frac{1}{c} \cdot \frac{cP_1(k)}{c^2 P_1(k) + \sigma_v^2} \sigma_v^2 = \frac{P_1(k)\sigma_v^2}{c^2 P_1(k) + \sigma_v^2}$$

再将式(6.85)代入式(6.87),可得

$$P(k) = P_1(k) - c \cdot \frac{cP_1(k)}{c^2 P_1(k) + \sigma_v^2} \cdot P_1(k)$$

$$= \frac{c^2 P_1^2(k) + P_1(k)\sigma_v^2 - c^2 P_1(k)}{c^2 P_1(k) + \sigma_v^2}$$

$$= \frac{P_1(k)\sigma_v^2}{c^2 P_1(k) + \sigma_v^2}$$

由此可见,式(6.87)和式(6.71)实际上是一致的。因为式(6.71)已知是正确的,所以式(6.87)也是正确的,它实际上只不过是式(6.71)的变形。

6.3.3 标量卡尔曼预测

在 6.3.2 节中介绍的标量卡尔曼滤波器的输出是对标量随机信号的最优滤波估计。即在测得 k 时刻的信号测量样值 $y(k)$ 后对 k 时刻的信号 $x(k)$ 的最优估计 $\hat{x}(k)$。当然,在卡尔曼滤波的过程中,也涉及在 $k-1$ 时刻对 k 时刻的信号 $x(k)$ 及其测量样值 $y(k)$ 的预测值 $\hat{x}(k|k-1)$ 和 $\hat{y}(k|k-1)$,但这些预测估计值(预估值)只在卡尔曼滤波的预估加修正的基本算法中作为中间环节而存在,并不是卡尔曼滤波器的最终输出。

其实,有时不仅需要对随机信号的当前值作出估计,而且还希望对随机信号的未来值作出预测。这时,就要用到卡尔曼预测器。

如果把离散时间的时标 k 每增 1 作为一个步长,那么对随机信号的预测按步数多少可分为一步预测、二步预测、n 步预测等。显然,预测的步数越多,即所预测的未来离现在越远,预测的误差就越大。此处只研究一步预测。

6.3.3.1 标量卡尔曼预测器

假设待测标量随机信号的数学模型仍为一个一阶自递归过程,即

$$x(k) = ax(k-1) + w(k-1) \tag{6.90}$$

信号测量过程的数学模型仍为

$$y(k) = cx(k) + v(k) \tag{6.91}$$

现在要做的工作是:在 k 时刻就给出对 $k+1$ 时刻的信号 $x(k+1)$ 的最优线性预测值 $\hat{x}(k+1|k)$。这里所说的"最优",仍是指在最小均方误差准则下的最优,也就是让均方预测误差

$$p(k+1|k) = E[e(k+1|k)]^2 = E[x(k+1)-\hat{x}(k+1|k)]^2 \quad (6.92)$$

为最小。

线性递归型预测估计器(以下简称线性预测器)可用如下的递推方程来表述:

$$\hat{x}(k+1|k) = \alpha(k)\hat{x}(k|k-1) + \beta(k)y(k) \quad (6.93)$$

为使由式(6.93)表述的线性预测器成为一个最优线性预测器(标量卡尔曼预测器),就必须依据最小均方误差准则对式(6.93)中的时变预测增益 $\alpha(k)$ 和 $\beta(k)$ 进行最优化。为此,可将式(6.93)代入式(6.92),得到

$$p(k+1|k) = E[x(k+1)-\alpha(k)\hat{x}(k|k-1)-\beta(k)y(k)]^2$$

再令 $P(k+1|k)$ 对 $\alpha(k)$ 和 $\beta(k)$ 的偏导数为零,即

$$\frac{\partial P(k+1|k)}{\partial \alpha(k)} = -2E\{[x(k+1)-\alpha(k)\hat{x}(k|k-1)-\beta(k)y(k)]\hat{x}(k|k-1)\}$$
$$= 0 \quad (6.94)$$

$$\frac{\partial P(k+1|k)}{\partial \beta(k)} = -2E\{[x(k+1)-\alpha(k)\hat{x}(k|k-1)-\beta(k)y(k)]y(k)\}$$
$$= 0 \quad (6.95)$$

此两式还可写成正交方程的形式:

$$E[e(k+1|k)\hat{x}(k|k-1)] = 0$$
$$E[e(k+1|k)y(k)] = 0$$

显然,满足式(6.94)和式(6.95)的 $\alpha(k)$ 和 $\beta(k)$ 值,即为最优的 $\alpha(k)$ 和 $\beta(k)$ 值。

采用与 6.6.2 节类似的方法,我们可求得经最优化后的 $\alpha(k)$ 和 $\beta(k)$ 的表达式以及相应的均方预测误差 $P(k+1|k)$ 的表达式,即

$$\alpha(k) = a - c\beta(k) \quad (6.96)$$

$$\beta(k) = \frac{acP(k|k-1)}{c^2 P(k|k-1) + \sigma_v^2} \quad (6.97)$$

$$\beta(k+1|k) = \frac{a}{c}\sigma_v^2\beta(k) + \sigma_w^2 \quad (6.98)$$

其中,根据式(6.97),可由 $P(k|k-1)$ 推算出 $\beta(k)$;再根据式(6.98),又可由 $\beta(k)$ 推算出 $P(k+1|k)$。只要选定了初值,这一递推过程就可以不断进行下去。

若将式(6.96)代入式(6.93),可得

$$\hat{x}(k+1|k) = a\hat{x}(k|k-1) + \beta(k)[y(k)-c\hat{x}(k|k-1)] \quad (6.99)$$

此式也是一个递推公式。知道 $\hat{x}(k|k-1)$ 并测得 $y(k)$,即可利用式(6.99)推算出 $\hat{x}(k+1|k)$。显然,只要选定初值,这一递推过程也可不断进行下去。根据式(6.99),可构成一个标量卡尔曼预测器,其框图如图 6.1 所示。

图 6.1 所示的标量卡尔曼预测器的一套完整的递推算法由式(6.97)～

式(6.99)三式组成。但是,为了便于将这组公式直接推广到向量随机信号(即多维随机信号)的卡尔曼递推预测中去,还需对式(6.98)作一下改写,即利用式(6.97)消去式(6.98)中的 σ_v^2。

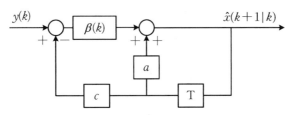

图 6.1　标量卡尔曼预测器框图

由式(6.97),可得

$$\sigma_v^2\beta(k) = acP(k\mid k-1) - c^2\beta(k)P(k\mid k-1)$$

将此结果代入式(6.98),则式(6.98)就改写成

$$\beta(k+1\mid k) = \frac{a}{c}\big[acP(k\mid k-1) - c^2\beta(k)P(k\mid k-1)\big] + \sigma_w^2$$
$$= a^2P(k\mid k-1) - ac\beta(k)P(k\mid k-1) + \sigma_w^2 \qquad (6.100)$$

显然,当标量随机信号及其测量过程的数学模型分别为 $x(k)=ax(k-1)+w(k-1)$ 和 $y(k)=cx(k)+v(k)$ 时,式(6.99)、式(6.97)和式(6.100)就构成了标量卡尔曼预测器对此信号进行递推预测的一套完整的递推算法。现将这三个公式重新编号,并重写如下:

预测估计方程:
$$\hat{x}(k+1\mid k) = a\hat{x}(k\mid k-1) + \beta(k)\big[y(k) - c\hat{x}(k\mid k-1)\big]$$

预测增益方程:
$$\beta(k) = \frac{acP(k\mid k-1)}{c^2P(k\mid k-1) + \sigma_v^2}$$

均方预测误差方程:
$$P(k+1\mid k) = a^2P(k\mid k-1) - ac\beta(k)P(k\mid k-1) + \sigma_w^2$$

6.3.3.2　标量卡尔曼预测与标量卡尔曼滤波的关系

在 6.3.2 节分析卡尔曼滤波的预估加修正的基本算法时,曾经谈到在 $k-1$ 时刻,即尚未测得 k 时刻的信号测量样值 $y(k)$ 之前,对 k 时刻的信号 $x(k)$ 的预估值(即预测值)为

$$\hat{x}(k\mid k-1) = a\hat{x}(k-1) \qquad (6.101)$$

同理,在 k 时刻对 $k+1$ 时刻的信号 $x(k+1)$ 的预测值应为

$$\hat{x}(k+1\mid k) = a\hat{x}(k) \qquad (6.102)$$

由式(6.101)和式(6.102),可得

$$\hat{x}(k-1) = \frac{1}{a}\hat{x}(k \mid k-1) \tag{6.103}$$

$$\hat{x}(k) = \frac{1}{a}\hat{x}(k+1 \mid k) \tag{6.104}$$

若将式(6.103)和式(6.104)代入标量卡尔曼滤波器的估计方程式(6.99),可得

$$\frac{1}{a}\hat{x}(k+1 \mid k) = \hat{x}(k \mid k-1) + b(k)\big[y(k) - c\hat{x}(k \mid k-1)\big]$$

再将上式等号两侧同乘参数 a,可得

$$\hat{x}(k+1 \mid k) = a\hat{x}(k \mid k-1) + ab(k)\big[y(k) - c\hat{x}(k \mid k-1)\big] \tag{6.105}$$

若将式(6.105)与标量卡尔曼预测器的预测方程式(6.99)作一比较,可知

$$\beta(k) = ab(k) \tag{6.106}$$

这就是标量卡尔曼预测器的预测增益 $\beta(k)$ 与标量卡尔曼滤波器的滤波增益 $b(k)$ 之间的关系式。显然,它们是由信号的一阶自递归过程中的参数 a 联系在一起的。

此外,考虑到式(6.90)和式(6.102),可得

$$\begin{aligned}
P(k+1 \mid k) &= E\big[x(k+1) - \hat{x}(k+1 \mid k)\big]^2 \\
&= E\big[ax(k) + w(k) - a\hat{x}(k)\big]^2 \\
&= E\{a\big[x(k) - \hat{x}(k)\big] + w(k)\}^2
\end{aligned}$$

因为 $w(k)$ 与误差项 $[x(k)-\hat{x}(k)]$ 不相关,故

$$\begin{aligned}
P(k+1 \mid k) &= a^2 E\big[x(k) - \hat{x}(k)\big]^2 + E\big[w(k)\big]^2 \\
&= a^2 P(k) + \sigma_w^2
\end{aligned} \tag{6.107}$$

这就是标量卡尔曼预测器的均方预测误差 $P(k+1 \mid k)$ 与标量卡尔曼滤波器的均方估计误差 $P(k)$ 之间的关系式。

6.3.4　多维随机信号向量及其测量过程的数学模型

在6.3.3节中,我们建立了一维随机信号的数学模型

$$x(k) = ax(k-1) + w(k-1) \tag{6.108}$$

和信号测量过程的数学模型

$$y(k) = cx(k) + v(k) \tag{6.109}$$

并在此基础上导出了标量卡尔曼滤波及预测的完整的递推算法。现在,考虑同时对几个随机信号进行最优滤波和预测的问题。

显然,要想同时对几个随机信号进行最优滤波或预测,就应该用这几个随机信号构成一个多维的随机信号向量,而组成该随机信号向量的这几个随机信号(标量随机信号)就是该随机信号向量的分量。

用一个信号向量来同时表示多个标量信号是一种很方便的表述方法,但原有

的对标量信号的一些运算将变为向量和矩阵的运算。

6.3.4.1　多维随机信号向量及其数学模型

假设同时对 q 个独立的标量随机信号 $x_1(k),x_2(k),\cdots,x_q(k)$ 进行最优滤波或预测,而这 q 个独立的标量随机信号都由它们各自的一阶自递归过程产生,即

$$x_a(k) = a_a x_a(k-1) + w_a(k-1) \qquad (6.110)$$

式中,$a=1,2,\cdots,q$。

若上述各一阶自递归过程中的过程噪声是彼此独立的白噪声序列,就可以定义一个由这 q 个独立的标量随机信号组成的 q 维随机信号向量,即

$$x(k) = \begin{bmatrix} x_1(k) \\ x_2(k) \\ \vdots \\ x_q(k) \end{bmatrix} \qquad (6.111)$$

和一个由 q 个独立的白噪声序列组成的 q 维过程噪声向量,即

$$w(k) = \begin{bmatrix} w_1(k) \\ w_2(k) \\ \vdots \\ w_q(k) \end{bmatrix} \qquad (6.112)$$

并将式(6.110)写成一个一阶的向量方程

$$\boldsymbol{x}(k) = \boldsymbol{A}\boldsymbol{x}(k-1) = \boldsymbol{w}(k-1) \qquad (6.113)$$

式中,$\boldsymbol{x}(k),\boldsymbol{x}(k-1),\boldsymbol{w}(k-1)$ 均为 $q\times 1$ 维列向量,而 $\boldsymbol{A}$ 则是一个 $q\times q$ 阶矩阵,即

$$\boldsymbol{A} = \begin{bmatrix} a_1 & 0 & \cdots & 0 \\ 0 & a_2 & \cdots & 0 \\ \vdots & \vdots & & \vdots \\ 0 & 0 & \cdots & a_q \end{bmatrix} \qquad (6.114)$$

称之为系统矩阵。

显然,一阶向量方程式(6.113)就是此 q 维随机信号向量的数学模型。

将方程式(6.113)与式(6.108)作一比较,可发现它们在形式上非常相似,只是式(6.108)中的标量 $x(k),x(k-1),w(k-1)$ 在式(6.113)中变成了向量 $\boldsymbol{x}(k),\boldsymbol{x}(k-1)$ 和 $\boldsymbol{w}(k-1)$,式(6.108)中的系统参数 a 在式(6.113)中变成了系统矩阵 $\boldsymbol{A}$。

此外,在引入 q 维过程噪声向量后,原标量过程噪声的方差 $\sigma_{wa,a}^2=E\left[w_a(k)\right]^2$ $(a=1,2,\cdots,q)$ 将变成 q 维过程噪声向量 $\boldsymbol{w}(k)$ 的协方差矩阵,即

$$\boldsymbol{Q}(k) = E\left[\boldsymbol{w}(k)\boldsymbol{w}(k)^{\mathrm{T}}\right]$$

因为假设产生 q 个独立标量随机信号的一阶自递归过程的过程噪声是彼此独立的白噪声序列,故

$$Q(k) = \begin{bmatrix} a_{w1,1}^2 & 0 & \cdots & 0 \\ 0 & a_{w2,2}^2 & \cdots & 0 \\ \vdots & \vdots & & \vdots \\ 0 & 0 & \cdots & a_{wq,q}^2 \end{bmatrix}$$

显然,此协方差矩阵对角线上各元素即为组成该过程噪声向量的各分量的方差。

例 6.5 设信号 $x(k)$ 遵从二阶递归差分方程

$$x(k) = ax(k-1) + bx(k-2) + w(k-1) \tag{6.115}$$

若引入两个状态变量

$$x_1(k) = x(k), \quad x_2(k) = x_1(k-1)$$

则式(6.115)可改写成一个方程组

$$\begin{cases} x_1(k) = ax_1(k-1) + bx_2(k-1) + w(k-1) \\ x_2(k) = x_1(k-1) \end{cases} \tag{6.116}$$

若定义一个二维随机信号向量(状态向量)

$$x(k) = \begin{bmatrix} x_1(k) \\ x_2(k) \end{bmatrix}$$

则式(6.116)又可写成一阶向量方程的形式:

$$\underbrace{\begin{bmatrix} x_1(k) \\ x_2(k) \end{bmatrix}}_{x(k)} = \underbrace{\begin{pmatrix} a & b \\ 1 & 0 \end{pmatrix}}_{A} \underbrace{\begin{pmatrix} x_1(k-1) \\ x_2(k-1) \end{pmatrix}}_{x(k-1)} + \underbrace{\begin{pmatrix} w(k-1) \\ 0 \end{pmatrix}}_{w(k-1)}$$

这就是二维随机信号向量 $x(k)$ 的数学模型。

6.3.4.2 多维测量数据向量及其数学模型

假设为了对一个 q 维随机信号向量

$$x(k) = (x_1(k), x_2(k), \cdots, x_q(k))^T$$

进行最优滤波或预测,在 k 时刻对 $x(k)$ 的前 r 个分量(设 $r<q$)同时进行一次测量,所得到的 r 个测量数据的样值,可用 $y_1(k), y_2(k), \cdots, y_r(k)$ 表示,即

$$\begin{cases} y_1(k) = c_1 x_1(k) + v_1(k) \\ y_2(k) = c_2 x_2(k) + v_2(k) \\ \vdots \\ y_r(k) = c_r x_r(k) + v_r(k) \end{cases} \tag{6.117}$$

式中,$c_1, c_2, \cdots, c_r$ 为测量系统的量测参数;$v_1, v_2, \cdots, v_r$ 为测量过程中引入的附加量测噪声。

若上述 r 个附加量测噪声是彼此独立的白噪声序列,定义一个 r 维测量数据向量

$$y(k) = (y_1(k) \quad y_2(k) \quad \cdots \quad y_r(k))^T$$

和一个 r 维量测噪声向量 v

$$\boldsymbol{v}(k) = (v_1(k) \quad v_2(k) \quad \cdots \quad v_r(k))^{\mathrm{T}}$$

从而将式(6.117)写成一个一阶向量方程,即

$$\boldsymbol{y}(k) = \boldsymbol{C}\boldsymbol{x}(k) + \boldsymbol{v}(k) \tag{6.118}$$

式中,$\boldsymbol{y}(k)$ 和 $\boldsymbol{v}(k)$ 为 $r \times 1$ 维列向量,$\boldsymbol{x}(k)$ 为 $q \times 1$ 维列向量,而 $\boldsymbol{C}$ 则是一个 $r \times q$ 阶矩阵,即

$$\boldsymbol{C} = \begin{pmatrix} c_1 & 0 & \cdots & 0 & \cdots & 0 \\ 0 & c_2 & \cdots & 0 & \cdots & 0 \\ \vdots & \vdots & & \vdots & & \vdots \\ 0 & 0 & \cdots & c_r & \cdots & 0 \end{pmatrix}$$

称之为量测量矩阵或观测矩阵。

　　显然,一阶向量方程式(6.118)就是 r 维测量数据向量 $\boldsymbol{y}(k)$ 的数学模型,或者说是 q 维随机信号向量 $x(k)$ 的测量过程的数学模型。

　　将式(6.118)与式(6.109)作一比较,也可发现它们在形式上非常相似,只是式(6.109)中的标量 $y(k), x(k), v(k)$ 在式(6.118)中变成了向量 $\boldsymbol{y}(k), \boldsymbol{x}(k), \boldsymbol{v}(k)$,式(6.109)中的量测参数 c 在式(6.118)中变成了量测矩阵 $\boldsymbol{C}$。

　　显然,在引入 r 维量测噪声向量 $\boldsymbol{v}(k)$ 后,原标量量测噪声的方差此时也将变成量测噪声向量的协方差矩阵

$$\boldsymbol{R}(k) = E[\boldsymbol{v}(k)\boldsymbol{v}(k)^{\mathrm{T}}]$$

$$= \begin{pmatrix} a_{v_1,1}^2 & 0 & \cdots & 0 \\ 0 & a_{v_2,2}^2 & \cdots & 0 \\ \vdots & \vdots & & \vdots \\ 0 & 0 & \cdots & a_{v_r,r}^2 \end{pmatrix}$$

　　例 6.6　设某系统有 q 个状态变量 $x_1(k), x_2(k), \cdots, x_r(k)$,它们组成一个状态向量

$$x(k) = (x_1(k) \quad x_2(k) \quad \cdots \quad x_q(k))^{\mathrm{T}}$$

　　若在 k 时刻对系统状态 $x(k)$ 进行测量,得到的 r 个测量样值为

$$\begin{cases} y_1(k) = 2x_1(k) + 3x_2(k) + 0x_3(k) + \cdots + v_1(k) \\ y_2(k) = 0x_1(k) + x_2(k) + 0x_3(k) + \cdots + v_2(k) \\ \qquad\qquad\qquad \vdots \\ y_r(k) = 0x_1(k) + 0x_2(k) + \cdots + x_r(k) + v_r(k) \end{cases}$$

则这 r 个测量数据样值 $y_1(k), y_2(k), \cdots, y_r(k)$ 也将构成一个测量数据向量

$$\boldsymbol{y}(k) = (y_1(k) \quad y_2(k) \quad \cdots \quad y_r(k))^{\mathrm{T}}$$

显然,我们也可将测量样值写成向量方程的形式

$$\underbrace{\begin{bmatrix} y_1(k) \\ y_2(k) \\ \vdots \\ y_r(k) \end{bmatrix}}_{y(k)} = \underbrace{\begin{bmatrix} 2 & 3 & 0 & \cdots & 0 \\ 0 & 1 & 0 & & \\ 0 & 0 & 1 & & \vdots \\ \vdots & \vdots & \vdots & & \\ 0 & \cdots & 1 & \cdots & 0 \end{bmatrix}}_{C} \underbrace{\begin{bmatrix} x_1(k) \\ x_2(k) \\ \vdots \\ x_q(k) \end{bmatrix}}_{x(k)} + \underbrace{\begin{bmatrix} v_1(k) \\ v_2(k) \\ \vdots \\ v_r(k) \end{bmatrix}}_{v(k)}$$

上式表明,测量数据向量 $y(k)$ 的各分量是在附加量测噪声时的状态分量的线性组合,而量测矩阵 C 则反映了状态向量 $x(k)$ 的各分量是如何组合而形成测量数据向量 $y(k)$ 的各分量的。也可以说,量测矩阵 C 表示系统内部状态在能观测的输出向量 $y(k)$ 上的"映射"。

6.3.5　向量卡尔曼滤波和预测

在确定了标量随机信号及其测量过程的数学模型分别为
$$x(k) = ax(k-1) + w(k-1)$$
和
$$y(k) = cx(k) + v(k)$$
之后,可导出标量卡尔曼滤波和预测的一套完整的递推算法。

同样,在确定了向量随机信号及其测量过程的数学模型分别为
$$x(k) = Ax(k-1) + w(k-1)$$
和
$$y(k) = Cx(k) + v(k)$$
之后,也可导出向量卡尔曼滤波和预测的一套完整的递推算法。

与标量情况类似,可用向量 $\hat{x}(k)$ 表示 k 时刻对随机信号向量 $x(k)$ 的最优线性滤波估计值,用向量 $\hat{x}(k+1|k)$ 表示在 k 时刻对 $k+1$ 时刻的随机信号向量 $x(k+1)$ 的最优线性预测估计值。

对向量卡尔曼滤波来说,标量情况下的滤波误差 $e(k)$,此时将变成一个滤波误差向量
$$e(k) = x(k) - \hat{x}(k) = \begin{bmatrix} x_1(k) - \hat{x}_1(k) \\ x_2(k) - \hat{x}_2(k) \\ \vdots \\ x_q(k) - \hat{x}_q(k) \end{bmatrix} = \begin{bmatrix} e_1(k) \\ e_2(k) \\ \vdots \\ e_q(k) \end{bmatrix} \tag{6.119}$$

标量情况下的均方滤波误差 $P(k)$,此时将变成一个滤波误差的协方差矩阵
$$P(k) = (e(k)e^{\mathrm{T}}(k))$$

$$= \begin{bmatrix} E\left[\boldsymbol{e}_1(k)\right]^2 & E[\boldsymbol{e}_1(k)\boldsymbol{e}_2(k)] & \cdots & E[\boldsymbol{e}_1(k)\boldsymbol{e}_q(k)] \\ E[\boldsymbol{e}_2(k)\boldsymbol{e}_1(k)] & E\left[\boldsymbol{e}_2(k)\right]^2 & \cdots & E[\boldsymbol{e}_2(k)\boldsymbol{e}_q(k)] \\ \vdots & \vdots & & \vdots \\ E[\boldsymbol{e}_q(k)\boldsymbol{e}_1(k)] & E[\boldsymbol{e}_q(k)\boldsymbol{e}_2(k)] & \cdots & E\left[\boldsymbol{e}_q(k)\right]^2 \end{bmatrix}$$

$$= \begin{bmatrix} P_{1,1}(k) & P_{1,2}(k) & \cdots & P_{1,q}(k) \\ P_{2,1}(k) & P_{2,2}(k) & \cdots & P_{2,q}(k) \\ \vdots & \vdots & & \vdots \\ P_{q,1}(k) & P_{q,2}(k) & \cdots & P_{q,q}(k) \end{bmatrix}$$

可见,滤波协方差矩阵 $\boldsymbol{P}(k)$ 是一个 $q\times q$ 阶矩阵,其对角线上诸元素即为各信号分量的均方滤波误差。

同样,对向量卡尔曼预测来说,其预测误差向量为

$$\boldsymbol{e}(k+1 \mid k) = \boldsymbol{x}(k+1) - \hat{\boldsymbol{x}}(k+1 \mid k)$$

其预测协方差矩阵为

$$\boldsymbol{P}(k+1 \mid k) = E[\boldsymbol{e}(k+1 \mid k)\boldsymbol{e}^{\mathrm{T}}(k+1 \mid k)]$$

向量卡尔曼滤波器或预测器,实际上就是一种能对向量随机信号进行最优线性滤波或预测的递归型滤波器。"最优"的含义是指,能使每个信号分量的均方估计误差同时为最小。

向量卡尔曼滤波和预测的递推算法的推导,可采用不同的方法。考虑到向量卡尔曼滤波或预测与标量卡尔曼滤波或预测无论在条件上(即信号及其测量过程的数学模型)还是要求上(即"最优"的含义)都完全相似,可直接把标量卡尔曼滤波或预测的递推公式推广到向量情况,不重新再作推导。

在直接引用标量卡尔曼滤波或预测的递推公式时,除了应把标量形式的信号、信号估计值和测量样值表述成向量形式,把系统参数 a 和量测参数 c 表述成系统矩阵(或称系统的状态转移矩阵)$\boldsymbol{A}$ 和量测矩阵 $\boldsymbol{C}$,把均方估计误差和有关噪声和方差表述成相应的协方差矩阵外,还应根据表 6.1 将递推公式中的标量运算变换成相应的矩阵运算。

表 6.1　从标量运算到矩阵运算的转换表

标量运算		矩阵运算
$a+b$	$\rightarrow$	$\boldsymbol{A}+\boldsymbol{B}$
ab	$\rightarrow$	$\boldsymbol{A}\boldsymbol{B}$
$a^2 b$	$\rightarrow$	$\boldsymbol{A}\boldsymbol{B}\boldsymbol{A}^{\mathrm{T}}$
$\dfrac{1}{a+b}$	$\rightarrow$	$(\boldsymbol{A}+\boldsymbol{B})^{-1}$

当然,在使用表 6.1 时,必须注意使变换后的每一步矩阵运算都能进行下去,并使等号两侧最终得到的矩阵在阶数上保持一致。例如:为了满足上述要求,有时

需要把相乘矩阵的顺序颠倒,甚至把某些矩阵转置。这一点,在后面实际进行变换时还会谈到。

6.3.5.1 向量卡尔曼滤波

根据以上的讨论,可从标量卡尔曼滤波的递推算法式(6.84)～式(6.87)直接得到向量卡尔曼滤波的递推算法:

滤波估计方程
$$\hat{x}(k) = A\hat{x}(k-1) + K(k)[y(k) - CA\hat{x}(k-1)] \tag{6.120}$$

滤波增益方程
$$K(k) = P_1(k)C^T[CP_1(k)C^T + R(k)]^{-1} \tag{6.121}$$

式中
$$P_1(k) = AP(k-1)A^T + Q(k-1) \tag{6.122}$$

滤波协方差方程
$$P(k) = P_1(k) - K(k)CP_1(k) \tag{6.123}$$

这里,有几点需要加以说明:

(1) 因为 C 是一个 $r \times q$ 阶矩阵,$P_1(k)$ 是一个 $q \times q$ 阶矩阵,而 $[CP_1(k)C^T + R(k)]^{-1}$ 的最终运算结果是一个 $r \times r$ 阶矩阵,即满足
$$[(r \times q)(q \times q)(q \times r) + (r \times r)]^{-1} = (r \times r) \tag{6.124}$$
因此,式(6.85)中的标量乘积 $cP_1(k)$ 在式(6.121)中不能简单地按表 6.1 中的变换写成 $CP_1(k)$,而必须写成 $P_1(k)C^T$,才能使式(6.121)中的矩阵运算符合矩阵运算的规则,即满足
$$(q \times r) = (q \times q)(q \times r)[(r \times q)(q \times q)(q \times r) + (r \times r)]^{-1} \tag{6.125}$$
注意:C 的转置矩阵 C^T 是一个 $q \times r$ 阶矩阵。

(2) 式(6.85)中的滤波增益 $b(k)$,在式(6.121)里理应记作 $B(k)$。之所以把它记作 $K(k)$,是为了与其常用的习惯表述法取得一致。从式(6.125)中可以看出,它是一个 $q \times r$ 阶的滤波增益矩阵。

(3) 因为式(6.86)中的 σ_w^2 在原推导过程中源于 $E[w(k-1)]^2$,故在式(6.122)中以 $Q(k-1)$ 的形式出现。

和标量卡尔曼滤波器一样,向量卡尔曼滤波器也是以预测加修正作为其递推滤波的基本算法。卡尔曼滤波器的这一递推特性,使我们很容易用计算机来实现对信号的实时滤波。为此,可采用软件方案来实现卡尔曼滤波。

在向量卡尔曼滤波的一整套递推算法中,式(6.120)可构成向量卡尔曼滤波的主程序算法,向量卡尔曼滤波的主程序算法主要分三步来进行:

第一步:在已知 $k-1$ 时刻对信号向量 $x(k-1)$ 的估计值 $\hat{x}(k-1)$ 的条件下,用系统矩阵 A 乘以 $\hat{x}(k-1)$,得到在 $k-1$ 时刻对 k 时刻信号向量 $x(k)$ 的预测值 $\hat{x}(k|k-1) = A\hat{x}(k-1)$。

第二步：用量测矩阵 C 乘以 $\hat{x}(k|k-1)$，得到在 $k-1$ 时刻对 k 时刻的测量数据向量 $y(k)$ 的预测值 $\hat{y}(k|k-1)=CA\hat{x}(k-1)$；再用 $y(k)$ 的实测值减去预测值，得到残差（即新息）$e'(k)=y(k)-\hat{y}(k|k-1)=y(k)-CA\hat{x}(k-1)$；最后用滤波增益矩阵 $K(k)$ 乘以 $e'(k)$，得到修正量 $K(k)e'(k)$。

第三步：把对信号的预测值 $\hat{x}(k|k-1)$ 加上修正量 $K(k)e'(k)$，得到信号的滤波估计值 $\hat{x}(k)$。

值得注意的是，在上述运算过程中，所用到的滤波增益矩阵 $K(k)$ 并不是在主程序中计算出来的，它需从下面将要介绍的子程序中调用。上述运算过程中所得到的 $\hat{x}(k)$ 值应存储起来，以供下一次递推时使用。只要确定了信号估计值的初值 $\hat{x}(0)$，例如设 $\hat{x}(0)=0$，则随着时间的推移，可在测得 $y(1)$ 后算出 $\hat{x}(1)$，在测得 $y(2)$ 后算出 $\hat{x}(2)$，依次类推。在从 $k-1$ 时刻到 k 时刻这段时间内，只需把 $\hat{x}(k-1)$ 存储起来。随着递推的不断进行，再对它不断更新。当然，如果系统矩阵和量测矩阵是时变的，就必须把 $A(k,k-1)$ 和 $C(k)$ 也存贮起来。

向量卡尔曼滤波的子程序算法是由式(6.121)～式(6.123)构成的，向量卡尔曼滤波的子程序算法也分三步来进行：

第一步：在已知 $P(k-1)$，$Q(k-1)$，$A(k,k-1)$ 的条件下，利用式(6.122)求出 $P_1(k)$。

第二步：将 $P_1(k)$，$C(k)$，$R(k)$ 代入式(6.120)，求出 $K(k)$，供主程序调用。

第三步：将 $P_1(k)$，$K(k)$，$C(k)$ 代入式(6.122)，求出 $P(k)$ 并存贮起来，以供下一次递推用。

由于滤波增益矩阵 $K(k)$ 只与矩阵 $A(k,k-1)$，$C(k)$，$Q(k-1)$，$R(k)$ 以及滤波协方差矩阵的初值 $P(0)$ 有关，而与信号的估计值和测量值无关，所以对 $K(k)$ 的计算可在对信号进行估计之前就由子程序来独立完成。

需要指出的是，即使 A,C,Q,R 都是与时间无关的常数矩阵，滤波协方差矩阵 $P(k)$ 和滤波增益矩阵 $K(k)$ 仍将与时间有关。只要选定了滤波协方差矩阵的初值 $P(0)$，子程序中的递推运算即可反复进行下去，从而对 $P(k)$ 和主程序所需调用的 $K(k)$ 不断进行更新。

此外，由于在用式(6.121)求 $K(k)$ 的过程中需对 $r\times r$ 阶矩阵 $[CP_1(k)C^T+R(k)]$ 求逆，所以量测数据向量 $y(k)$ 的维数 r 一般不宜取得过大。这一要求，实际上一般都能满足。例如，常见系统用以构成状态向量 $x(k)$ 的状态变量往往可多达十几个以上，但用以构成量测数据向量 $y(k)$ 的量测变量一般却仅有两三个。

为了加深对卡尔曼滤波的理解，最后再把向量卡尔曼滤波的主程序算法和子程序算法合在一起，看看子程序中影响滤波增益 $K(k)$ 的诸因素与 $K(k)$ 在主程序中所起的作用究竟有什么关系。

在卡尔曼滤波的主程序中，首先根据信号模型对信号进行外推预测，得到信号的外推预测值 $\hat{x}(k|k-1)$；然后，根据信号的量测方程和信号的实测值，求出残差

$e'(k)$,调用 $\boldsymbol{K}(k)$ 加权,作为对信号预测值的修正量;最后,将预测值和修正量相加,给出信号的滤波估计值 $\hat{x}(k)$。$\boldsymbol{K}(k)$ 在主程序中是修正量的加权因子。$\boldsymbol{K}(k)$ 越大,意味着实际测量值在滤波估计中所起的作用越大;$\boldsymbol{K}(k)$ 越小,意味着外推预测值在滤估计中所起的作用越大。

$\boldsymbol{K}(k)$ 的大小是在卡尔曼滤波的子程序中计算出来的。

从式(6.121)可知,$\boldsymbol{K}(k)$ 的大小与 $\boldsymbol{R}(k)$ 有关。若 $\boldsymbol{R}(k)$ 变小,则 $\boldsymbol{K}(k)$ 变大。这一结果的物理意义是十分明显的。$\boldsymbol{R}(k)$ 变小,意味着测量过程中引入的量测噪声变小,因此信号实测值 $y(k)$ 的准确度较高。此时,应把 $\boldsymbol{K}(k)$ 取得大一些,使信号的滤波估计值依赖实测值的比重加大。

从式(6.121)可知,$\boldsymbol{K}(k)$ 的大小还与 $\boldsymbol{P}_1(k)$ 有关,即与预测误差的协方差 $\boldsymbol{P}(k|k-1)$ 有关。根据式(6.122),若 $\boldsymbol{P}(k-1)$ 变小,或 $\boldsymbol{Q}(k-1)$ 变小,或两者都变小,则 $\boldsymbol{P}_1(k)$ 变小。此时,$\boldsymbol{K}(k)$ 也变小。这一结果的物理意义也不难理解。$\boldsymbol{P}(k-1)$ 变小,意味着原有滤波估计值 $\hat{x}(k-1)$ 较为准确;$\boldsymbol{Q}(k-1)$ 变小,意味着动态过程噪声在信号模型中起的作用较小,这都会使信号的外推预测值 $\hat{x}(k|k-1)$ 的可靠性提高。这一点,也可以从预测协方差 $\boldsymbol{P}_1(k)$ 变小看出。此时,当然应把 $\boldsymbol{K}(k)$ 值取得小一些,使信号的滤波估计值依赖外推预测值的比重加大。

例 6.7　设有一个二阶系统,遵从如下动态差分方程:

$$x(k) = \begin{pmatrix} 1 & 1 \\ 0 & 1 \end{pmatrix} x(k-1) + w(k-1)$$

其中状态向量

$$x(k) = \begin{bmatrix} x_1(k) \\ x_2(k) \end{bmatrix}$$

状态转移矩阵

$$A = \begin{pmatrix} 1 & 1 \\ 0 & 1 \end{pmatrix}$$

现仅对系统的一个状态变量 $x_1(k)$ 进行测量,量测方程为

$$y(k) = x_1(k) + v(k)$$

因为量测方程是一维的,故量测数据向量退化成一个标量,而量测矩阵退化成一个向量

$$C = (1 \quad 0)$$

假设系统模型的过程噪声是平稳的,其协方差矩阵是一个 2×2 阶常数矩阵,即

$$Q(k-1) = Q = \begin{pmatrix} 0 & 0 \\ 0 & 1 \end{pmatrix}$$

而测量过程中引入的量测噪声是非平稳的,其协方差矩阵退化为方差,即

$$R(k) = 2 + (-1)^k$$

当 k 为偶数时,$R(k)$ 大,当 k 为奇数时,$R(k)$ 小。

假定初始滤波估计误差的协方差矩阵为

$$\boldsymbol{P}(0) = \begin{pmatrix} 10 & 0 \\ 0 & 10 \end{pmatrix}$$

即可对滤波增益 $\boldsymbol{K}(k)$ 进行计算。

当 $k=1$ 时,由式(6.122),可得

$$\boldsymbol{P}_1(1) = \begin{pmatrix} 1 & 1 \\ 0 & 1 \end{pmatrix}\begin{pmatrix} 10 & 0 \\ 0 & 10 \end{pmatrix}\begin{pmatrix} 1 & 0 \\ 1 & 1 \end{pmatrix} + \begin{pmatrix} 0 & 0 \\ 0 & 1 \end{pmatrix} = \begin{pmatrix} 20 & 10 \\ 10 & 11 \end{pmatrix}$$

代入式(6.121),可得

$$\boldsymbol{K}(1) = \begin{pmatrix} 20 & 10 \\ 10 & 11 \end{pmatrix}\begin{pmatrix} 1 \\ 0 \end{pmatrix}\left\{ (1 \quad 0)\begin{pmatrix} 20 & 10 \\ 10 & 11 \end{pmatrix}\begin{pmatrix} 1 \\ 0 \end{pmatrix} + 2 + (-1) \right\}^{-1} = \begin{pmatrix} 0.95 \\ 0.48 \end{pmatrix}$$

再将 $\boldsymbol{K}(1)$ 和 $\boldsymbol{P}_1(k)$ 值代入式(6.123),可得

$$\boldsymbol{P}(1) = \begin{pmatrix} 20 & 10 \\ 10 & 11 \end{pmatrix} - \begin{pmatrix} 0.95 \\ 0.48 \end{pmatrix}(1 \quad 0)\begin{pmatrix} 20 & 10 \\ 10 & 11 \end{pmatrix} = \begin{pmatrix} 0.95 & 0.48 \\ 0.48 & 6.24 \end{pmatrix}$$

当 $k=2$ 时,利用已求得的 $\boldsymbol{P}(1)$ 值,可以开始下一轮循环,即求得

$$\boldsymbol{P}_1(2) = \begin{pmatrix} 1 & 1 \\ 0 & 1 \end{pmatrix}\begin{pmatrix} 0.95 & 0.48 \\ 0.48 & 6.24 \end{pmatrix}\begin{pmatrix} 1 & 0 \\ 1 & 1 \end{pmatrix} + \begin{pmatrix} 0 & 0 \\ 0 & 1 \end{pmatrix} = \begin{pmatrix} 8.1 & 6.7 \\ 6.6 & 7.2 \end{pmatrix}$$

$$\boldsymbol{K}(2) = \begin{pmatrix} 8.1 & 6.7 \\ 6.6 & 7.2 \end{pmatrix}\begin{pmatrix} 1 \\ 0 \end{pmatrix}\left\{ (1 \quad 0)\begin{pmatrix} 8.1 & 6.7 \\ 6.6 & 7.2 \end{pmatrix}\begin{pmatrix} 1 \\ 0 \end{pmatrix} + 2 + (-1)^2 \right\} = \begin{pmatrix} 0.73 \\ 0.60 \end{pmatrix}$$

$$\boldsymbol{P}(2) = \begin{pmatrix} 8.1 & 6.7 \\ 6.6 & 7.2 \end{pmatrix} - \begin{pmatrix} 0.73 \\ 0.60 \end{pmatrix}(1 \quad 0)\begin{pmatrix} 8.1 & 6.7 \\ 6.6 & 7.2 \end{pmatrix} = \begin{pmatrix} 2.2 & 1.8 \\ 1.7 & 3.2 \end{pmatrix}$$

当 $k=3$ 时,利用已求得的 $\boldsymbol{P}(2)$ 值,又可开始第三轮循环,求出 $\boldsymbol{P}_1(3),\boldsymbol{K}(3),\boldsymbol{P}(3)$。以下依次类推。

根据从 $k=1$ 到 $k=10$ 时 $\boldsymbol{K}(k)$ 的两个分量 $\boldsymbol{K}_1(k)$ 和 $\boldsymbol{K}_2(k)$ 的具体数值,可绘出图 6.2。

从图 6.2 中可以看出,当 $k \geqslant 4$ 时,$\boldsymbol{K}(k)$ 就近似地达到了周期性的稳态解。达到稳态后,因为 k 为偶数时的 $\boldsymbol{R}(k)$ 比 k 为奇数时大,所以 k 为偶数时的 $\boldsymbol{K}(k)$ 比 k 为奇数时小。

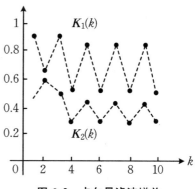

图 6.2　卡尔曼滤波增益

6.3.5.2　向量卡尔曼预测

正如可从标量卡尔曼滤波过渡到向量卡尔曼滤波一样,也可从标量卡尔曼预测的递推算法式(6.98)~式(6.100)直接得到向量卡尔曼预测的递推算法:

预测估计方程

$$\hat{x}(k+1 \mid k) = A\hat{x}(k \mid k-1) + G(k)[y(k) - C\hat{x}(k \mid k-1)] \quad (6.126)$$

预测增益方程

$$G(k) = AP(k \mid k-1)C^{\mathrm{T}}[CP(k \mid k-1)C^{\mathrm{T}} + R(k)]^{-1}A \quad (6.127)$$

预测协方差方程

$$P(k+1 \mid k) = [A - G(k)C]P(k \mid k-1)A^{\mathrm{T}} + Q(k) \quad (6.128)$$

对式(6.127)和式(6.128)中的矩阵运算及矩阵阶数,可作如下验证:

$$(q \times r) = (q \times q)(q \times q)(q \times r)[(r \times q)(q \times q)(q \times r) + (r \times r)]^{-1}(q \times q)$$

$$(q \times q) = [(q \times q) - (q \times r)(r \times q)](q \times q)(q \times q) + (q \times q)$$

请注意,原标量卡尔曼预测式(6.122)中的预测增益 $\beta(k)$,在向量卡尔曼预测式(6.127)中已变成一个预测增益矩阵 $G(k)$。

根据标量卡尔曼预测与滤波的关系式(6.102)、式(6.129)和式(6.107),得到相应的向量卡尔曼预测与滤波的关系式,即

$$\hat{x}(k+1 \mid k) = A\hat{x}(k) \quad (6.129)$$

$$G(k) = AK(k) \quad (6.130)$$

$$P(k+1 \mid k) = AP(k)A^{\mathrm{T}} + Q(k) \quad (6.131)$$

根据式(6.129)中所示的信号滤波估计值 $\hat{x}(k)$ 与预测值 $\hat{x}(k+1 \mid k)$ 之间的简单关系,可从向量卡尔曼滤波器中提取信号的预测值 $\hat{x}(k+1 \mid k)$,如图6.3所示。

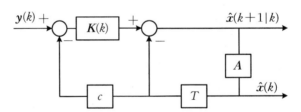

图 6.3　同时进行向量卡尔曼滤波和可测的框图

例 6.8　设热力系统的状态方程为

$$\begin{bmatrix} x_1(k+1) \\ x_2(k+1) \end{bmatrix} = \begin{pmatrix} 0.627 & 0.361 \\ 0.090 & 0.833 \end{pmatrix} \begin{bmatrix} x_1(k) \\ x_2(k) \end{bmatrix} + \begin{pmatrix} 0.0125 \\ 0.0575 \end{pmatrix} w(k)$$

为了应用卡尔曼滤波对其内室温度 $x_1(t)$ 和外室温度 $x_2(t)$ 进行估计,用测温传感器对内室温度 $x_1(t)$ 进行测量,并采用 A/D 转换器对测量值进行等时间间隔取样,取样时间隔为 T,时标为 k。

此量测方程为

$$y(k+1) = (1 \quad 0) \begin{bmatrix} x_1(k+1) \\ x_2(k+1) \end{bmatrix} + v(k+1)$$

式中,$w(k)$ 是因环境温度随机变化而产生的过程噪声;$v(k+1)$ 是在测量过程中引入的量测噪声。当 k 变化时,它们将构成两个互不相关的白噪声序列 $\{w(k)\}$ 和

$\{v(k)\}$,其方差分别为

$$E[w(k)]^2 = 9, \quad E[v(k)]^2 = 0.2$$

可据此求出过程噪声和量测噪声的协方差矩阵分别为

$$\boldsymbol{Q} = \begin{bmatrix} E[0.0125w(k)]^2 & 0.0125 \times 0.0575E[w(k)]^2 \\ 0.0575 \times 0.0125E[w(k)]^2 & E[0.0575w(k)]^2 \end{bmatrix}$$

$$= \begin{bmatrix} 0.0014 & 0.0065 \\ 0.0065 & 0.0298 \end{bmatrix}$$

$$\boldsymbol{R} = 0.2$$

由于本例中的系统方程和量测方程的形式是

$$\boldsymbol{x}(k+1) = \boldsymbol{A}\boldsymbol{x}(k) + \boldsymbol{w}(k)$$
$$\boldsymbol{y}(k+1) = \boldsymbol{C}\boldsymbol{x}(k+1) + \boldsymbol{v}(k+1)$$

而不是

$$\boldsymbol{x}(k) = \boldsymbol{A}\boldsymbol{x}(k-1) + \boldsymbol{w}(k-1)$$
$$\boldsymbol{y}(k) = \boldsymbol{C}x(k) + \boldsymbol{v}(k)$$

故为使时标 k 的取法一致,卡尔曼滤波器的递推公式(6.120)~式公(6.123)应分别改写成

$$\begin{cases} \hat{\boldsymbol{x}}(k+1) = \boldsymbol{A}\hat{\boldsymbol{x}}(k) + \boldsymbol{K}(k+1)[\boldsymbol{y}(k+1) - \boldsymbol{C}\boldsymbol{A}\hat{\boldsymbol{x}}(k)] & (6.132) \\ \boldsymbol{K}(k+1) = \boldsymbol{P}_1(k+1)\boldsymbol{C}^{\mathrm{T}}[\boldsymbol{C}\boldsymbol{P}_1(k+1)\boldsymbol{C}^{\mathrm{T}} + \boldsymbol{R}(k+1)]^{-1} & (6.133) \\ \boldsymbol{P}_1(k+1) = \boldsymbol{A}\boldsymbol{P}(k)\boldsymbol{A}^{\mathrm{T}} + \boldsymbol{Q}(k) & (6.134) \\ \boldsymbol{P}(k+1) = \boldsymbol{P}_1(k+1) - \boldsymbol{K}(k+1)\boldsymbol{C}\boldsymbol{P}_1(k+1) & (6.135) \end{cases}$$

若假定已经知道 $k=0$ 时,内、外室的初始温度 $\boldsymbol{x}(0) = (1 \quad 0.5)^{\mathrm{T}}$,则 $\boldsymbol{P}_1(0) = \begin{pmatrix} 0 & 0 \\ 0 & 0 \end{pmatrix}$,$\boldsymbol{K}(0) = \begin{pmatrix} 0 & 0 \\ 0 & 0 \end{pmatrix}$,$\boldsymbol{P}(0) = \begin{pmatrix} 0 & 0 \\ 0 & 0 \end{pmatrix}$。利用式(6.134),可得

$$\boldsymbol{P}_1(1) = \boldsymbol{A}\boldsymbol{P}(0)\boldsymbol{A}^{\mathrm{T}} + \boldsymbol{Q} = \boldsymbol{Q} = \begin{pmatrix} 0.0014 & 0.0065 \\ 0.0065 & 0.0298 \end{pmatrix}$$

利用式(6.133),可得

$$\boldsymbol{K}(1) = \boldsymbol{P}_1(1)\boldsymbol{C}^{\mathrm{T}}[\boldsymbol{C}\boldsymbol{P}_1(1)\boldsymbol{C}^{\mathrm{T}} + \boldsymbol{R}]^{-1}$$

$$= \begin{pmatrix} 0.0014 & 0.0065 \\ 0.0065 & 0.0298 \end{pmatrix}\begin{pmatrix} 1 \\ 0 \end{pmatrix}\left\{ (1 \quad 0)\begin{pmatrix} 0.0014 & 0.0065 \\ 0.0065 & 0.0298 \end{pmatrix}\begin{pmatrix} 1 \\ 0 \end{pmatrix} + 0.2 \right\}^{-1}$$

$$= \begin{pmatrix} 0.0069 \\ 0.0323 \end{pmatrix}$$

再利用式(6.135),可得

$$\boldsymbol{P}(1) = \boldsymbol{P}_1(1) - \boldsymbol{K}(1)\boldsymbol{C}\boldsymbol{P}_1(1)$$

$$= \begin{bmatrix} 0.0014 & 0.0065 \\ 0.0065 & 0.0298 \end{bmatrix} - \begin{bmatrix} 0.0069 \\ 0.0323 \end{bmatrix}\begin{bmatrix} 1 & 0 \end{bmatrix}\begin{bmatrix} 0.0014 & 0.0065 \\ 0.0065 & 0.0298 \end{bmatrix}$$

$$= \begin{bmatrix} 0.0014 & 0.0064 \\ 0.0064 & 0.0296 \end{bmatrix}$$

若将上述递推过程继续进行下去,即可依次求出 $k=2\sim10$ 时的 $\boldsymbol{P}_1(k)$, $\boldsymbol{K}(k)$, $\boldsymbol{P}(k)$ 值。

图 6.4 给出了 $k=0\sim10$ 时的卡尔曼滤波增益值。从图 6.4 中可知,本例中的卡尔曼滤波增益在 $k=10$ 时已基本上达到其稳态值,即

$$\boldsymbol{K} = \begin{bmatrix} 0.200 \\ 0.248 \end{bmatrix}$$

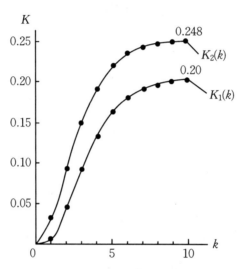

图 6.4　例 6.8 中的卡尔曼滤波增益

可写出稳态时的卡尔曼滤波器的状态估计方程为

$$\begin{bmatrix} \hat{\boldsymbol{x}}_1(k+1) \\ \hat{\boldsymbol{x}}_2(k+1) \end{bmatrix} = \begin{bmatrix} 0.627 & 0.361 \\ 0.090 & 0.833 \end{bmatrix} \begin{bmatrix} \hat{\boldsymbol{x}}_1(k) \\ \hat{\boldsymbol{x}}_2(k) \end{bmatrix} + \begin{bmatrix} 0.200 \\ 0.248 \end{bmatrix}$$

$$\times \left\{ \boldsymbol{y}(k+1) - \begin{bmatrix} 1 & 0 \end{bmatrix} \begin{bmatrix} 0.627 & 0.361 \\ 0.091 & 0.833 \end{bmatrix} \begin{bmatrix} \hat{\boldsymbol{x}}_1(k) \\ \hat{\boldsymbol{x}}_2(k) \end{bmatrix} \right\}$$

或写为

$$\begin{bmatrix} \hat{\boldsymbol{x}}_1(k+1) \\ \hat{\boldsymbol{x}}_2(k+1) \end{bmatrix} = \begin{bmatrix} 0.627 & 0.361 \\ 0.090 & 0.833 \end{bmatrix} \begin{bmatrix} \hat{\boldsymbol{x}}_1(k) \\ \hat{\boldsymbol{x}}_2(k) \end{bmatrix} + \begin{bmatrix} 0.200 \\ 0.248 \end{bmatrix}$$

$$\times \begin{bmatrix} \boldsymbol{y}(k+1) - 0.627\hat{\boldsymbol{x}}_1(k) - 0.361\hat{\boldsymbol{x}}_2(k) \end{bmatrix}$$

显然,只要选定对系统状态的初始估值计 $\hat{\boldsymbol{x}}(k)$,即可利用依次求得的滤波增益值 $\boldsymbol{K}(k)$ 和滤波估计方程式(6.132)对系统状态进行递推估计。但是,由于在 $k=10$ 后 $\boldsymbol{K}(k)$ 值基本趋于稳定,故也可利用稳态滤波估计方程式(6.136)来对系统状态进行递推估计。此时,由于在最初几次测量中采用了较高的滤波增益稳态值,

对系统状态的前几次估计会出现较大的误差。当然,大约在十个取样周期后,这种情况即可消除。因此,应用稳态卡尔曼滤波器对系统状态作出估计已成为一种常用的方法。

例 6.9　设有一个在均匀重力场(重力加速度为 g)中的自由落体运动,下落时不受任何随机干扰因素的影响。现用自地面垂直向上的 z 轴来标定该自由落体运动离地面的距离。在 t_1 时刻,该自由落体的位置为 $z(t_1)$,下落速度为 $\dot{z}(t_1)$;在 t_2 时刻,该自由落体的位置为 $z(t_2)$,下落速度为 $\dot{z}(t_2)$。

显然,该自由落体的位置方程和速度方程分别为

$$\begin{cases} z(t_2) = z(t_1) + \dot{z}(t_1)(t_2 - t_1) - \dfrac{1}{2}g\,(t_2 - t_1)^2 \\ \dot{z}(t_2) = \dot{z}(t_1) - g(t_2 - t_1) \end{cases}$$

式中,含 g 项的负号表示重力加速度的方向与 z 轴的正方向相反。

为了用卡尔曼滤波对该自由落体运动的位置和速度进行估计,可对其位置 $z(t)$ 进行等时间间隔测量,此时,位置方程和速度方程中的 $t_1 = (k-1)T, t_2 = kT$。若取样时间间隔 $T=1$,则位置方程和速度方程可分别写成

$$\begin{cases} z(k+1) = z(k) + \dot{z}(k) = \dfrac{1}{2}g \\ \dot{z}(k+1) = \dot{z}(k) - g \end{cases}$$

若将自由落体运动的位置 $z(k)$ 和速度 $\dot{z}(k)$ 取作状态变量,即令 $z(k)=x_1(k)$,$\dot{z}(k)=x_2(k)$,则此两个状态变量可构成一个二维状态向量

$$\boldsymbol{x}(k) = \begin{bmatrix} x_1(k) \\ x_2(k) \end{bmatrix}$$

而位置方程和速度方程可写成一个向量方程

$$\underbrace{\begin{bmatrix} x_1(k) \\ x_2(k) \end{bmatrix}}_{\boldsymbol{x}(k)} = \underbrace{\begin{bmatrix} 1 & 1 \\ 0 & 1 \end{bmatrix}}_{\boldsymbol{A}} \underbrace{\begin{bmatrix} x_1(k-1) \\ x_2(k-1) \end{bmatrix}}_{\boldsymbol{x}(k-1)} + \underbrace{\begin{bmatrix} \dfrac{1}{2} \\ 1 \end{bmatrix}}_{\boldsymbol{B}} \underbrace{(-g)}_{u}$$

即本例的系统数学模型。

显然,本例的系统模型比以前介绍的系统模型

$$\boldsymbol{x}(k) = \boldsymbol{A}\boldsymbol{x}(k-1) + \boldsymbol{w}(k-1)$$

少了一个随机驱动噪声项 $\boldsymbol{w}(k-1)$,但多了一个确定性驱动信号项 $\boldsymbol{B}u$。

对线性系统来说,确定性驱动信号 $\boldsymbol{B}u(k)$ 只会影响信号或状态变量中的确定性部分,影响信号或状态变量中的随机部分的只能是随机驱动噪声 $\boldsymbol{w}(k)$。

由于系统模型中不含随机驱动噪声项 $\boldsymbol{w}(k-1)$,故系统驱动噪声的协方差矩阵为

$$\boldsymbol{Q}(k-1) = \boldsymbol{Q} = 0$$

为了应用未考虑 $\boldsymbol{B}u$ 影响时的卡尔曼滤波公式,可令

$$\hat{x}(k) = A\hat{x}(k-1) + Bu$$

此时，卡尔曼滤波的滤波估计方程式(6.120)可改写成

$$\hat{x}(k) = \hat{x}'(k) + K(k)[y(k) - C\hat{x}'(k)]$$

而求 $P_1(k)$，$K(k)$ 和 $P(k)$ 的式(6.121)~式(6.123)都可保持不变。

因为仅对自由落体运动的位置 $x_1(k)$ 进行测量，故量测方程为

$$y(k) = [1 \quad 0]x(k) + v(k)$$

其中量测噪声 $v(k)$ 的协方差矩阵退化为标量形式的方差，即

$$R(k) = \sigma_v^2 = 1$$

若给定初始条件

$$\hat{x}(0) = \begin{bmatrix} 95 \\ 1 \end{bmatrix}, \quad P(0) = \begin{bmatrix} 10 & 0 \\ 0 & 1 \end{bmatrix}$$

即可利用式(6.121)~式(6.123)分别推算出 $P_1(k)$，$K(1)$，$\hat{x}'(1)$，$\hat{x}(1)$，$P(1)$。

$$P_1(1) = AP(0)A^T$$

$$= \begin{bmatrix} 1 & 1 \\ 0 & 1 \end{bmatrix}\begin{bmatrix} 10 & 0 \\ 0 & 1 \end{bmatrix}\begin{bmatrix} 1 & 0 \\ 1 & 1 \end{bmatrix}$$

$$= \begin{bmatrix} 11 & 1 \\ 1 & 1 \end{bmatrix}$$

$$K(1) = P_1(1)C^T[CP_1(1)C^T + R]^{-1}$$

$$= \begin{bmatrix} 11 & 1 \\ 1 & 1 \end{bmatrix}\begin{bmatrix} 1 \\ 0 \end{bmatrix}\left\{[1 \quad 0]\begin{bmatrix} 11 & 1 \\ 1 & 1 \end{bmatrix}\begin{bmatrix} 1 \\ 0 \end{bmatrix} + 1\right\}^{-1}$$

$$= \begin{bmatrix} 0.92 \\ 0.08 \end{bmatrix}$$

若设 $g=1$，则

$$\hat{x}'(1) = A\hat{x}(0) + Bu = \begin{bmatrix} 1 & 1 \\ 0 & 1 \end{bmatrix}\begin{bmatrix} 95 \\ 1 \end{bmatrix} + \begin{bmatrix} -0.5 \\ -1 \end{bmatrix} = \begin{bmatrix} 95.5 \\ 0 \end{bmatrix}$$

若已知 $k=1$ 时刻的位置测量样值 $y(1)=100$，则

$$\hat{x}(1) = \hat{x}'(1) + K(1)[y(1) - C\hat{x}'(1)]$$

$$= \begin{bmatrix} 95.5 \\ 0 \end{bmatrix} + \begin{bmatrix} 0.92 \\ 0.08 \end{bmatrix}\left\{100 - [1 \quad 0]\begin{bmatrix} 95.5 \\ 0 \end{bmatrix}\right\}$$

$$= \begin{bmatrix} 99.6 \\ 0.37 \end{bmatrix}$$

$$P(1) = P_1(1) - K(1)CP_1(1)$$

$$= \begin{bmatrix} 11 & 1 \\ 1 & 1 \end{bmatrix} - \begin{bmatrix} 0.92 \\ 0.08 \end{bmatrix}[1 \quad 0]\begin{bmatrix} 11 & 1 \\ 1 & 1 \end{bmatrix}$$

$$= \begin{bmatrix} 0.92 & 0.08 \\ 0.08 & 0.92 \end{bmatrix}$$

在滤波协方差矩阵 $\boldsymbol{P}(1)$ 中,所关心的是其对角线上的状态估计方差 $P_{11}(1)=0.92$ 和 $P_{22}(1)=0.92$。

显然,上述递推运算还可继续进行下去,从而求得当 $k=2,3,4,\cdots$ 时的 $\boldsymbol{P}_1(k)$,$\boldsymbol{K}(k),\hat{\boldsymbol{x}}'(k),\hat{\boldsymbol{x}}(k),\boldsymbol{P}(k)$ 值。

表 6.2 中列出了本例中自由落体运动在 $k=1\sim6$ 时的位置和速度的真值、位置的测量值、位置和速度的滤波估计值及估计方差值。

表 6.2 落体位置与速度的有关数值

k	$x_1(t)$	$x_2(t)$	$y(k)$	$\hat{x}_1(k)$	$\hat{x}_2(k)$	$p_{11}(k)$	$p_{22}(k)$
0	100.0	0		95.0	1.0	10.0	1.0
1	99.5	-1.0	100.0	99.63	0.38	0.92	0.92
2	98.0	-2.0	97.9	98.43	-1.16	0.67	0.58
3	95.5	-3.0	94.4	95.21	-2.91	0.66	0.30
4	92.0	-4.0	92.7	92.35	-3.70	0.61	0.15
5	87.5	-5.0	87.3	87.68	-4.84	0.55	0.08
6	82.0	-6.0	82.1	82.22	-5.88	0.50	0.05

由于被测量的仅有落体之位置,故从表中可看到位置估计误差在 $k=1$ 时(即得到落体的第一个位置测量值后)就大大减小,而速度估计误差却要等到 $k=2$ 时才有较明显的减小。此外,由于速度能影响位置,而位置不能影响速度,故只有当速度估计值较为准确后,位置估计值才能最终变得较为准确。

例 6.10 利用雷达可测量运动目标的距离和方位角。现欲通过卡尔量预测来推算目标在下一时刻的距离和方位角,从而实现跟踪目标的目的。

设目标在 k 时刻(雷达某次扫描时)的距离和方位角分别为 $\rho(k)$ 和 $\theta(k)$,在 $k+1$ 时刻(雷达下一次扫描时)的距离和方位角分别为 $\rho(k+1)$ 和 $\theta(k+1)$。

若雷达相邻两次扫描的时间间隔 T 足够小,则可近似认为

$$\rho(k+1) = \rho(k) + \dot{\rho}(k)$$

$$\theta(k+1) = \theta(k) + T\dot{\theta}(k)$$

其中,$\dot{\rho}(k)$ 和 $\dot{\theta}(k)$ 分别为目标在 k 时刻的径向速度和方位角变化速度。

假设由于突来阵风、发动机推力的不规则变化或驾驶员的机动操作等随机因素,使目标的径向速度和方位角变化速度发生随机的变化,则:

$$\dot{\rho}(k+1) = \dot{\rho}(k) + u_1(k)$$

$$\dot{\theta}(k+1) = \dot{\theta}(k) + u_2(k)$$

$u_1(k)$ 和 $u_2(k)$ 分别是径向速度和方位角变化速度从 k 时刻到 $k+1$ 时刻的增量,即随机径向加速度和方位角变化加速度与 T 的乘积。当 k 变化时,我们可将 $u_1(k)$ 和

$u_2(k)$ 视为两个互不相关的随机白噪声序列, 其方差分别为

$$E\left[u_1(k)\right]^2 = \sigma_1^2, \quad E\left[u_2(k)\right]^2 = \sigma_2^2$$

若引入状态变量

$$x_1(k) = \rho(k), \quad x_2(k) = \dot{\rho}(k), \quad x_3(k) = \theta(k), \quad x_4(k) = \dot{\theta}(k)$$

并构成一个状态向量

$$\boldsymbol{x}(k) = \begin{bmatrix} x_1(k) \\ x_2(k) \\ x_3(k) \\ x_4(k) \end{bmatrix}$$

则可得系统的状态方程为

$$\underbrace{\begin{bmatrix} x_1(k+1) \\ x_2(k+1) \\ x_3(k+1) \\ x_4(k+1) \end{bmatrix}}_{\boldsymbol{x}(k+1)} = \underbrace{\begin{Bmatrix} 1 & T & 0 & 0 \\ 0 & 1 & 0 & 0 \\ 0 & 0 & 1 & T \\ 0 & 0 & 0 & 1 \end{Bmatrix}}_{\boldsymbol{A}} \underbrace{\begin{bmatrix} x_1(k) \\ x_2(k) \\ x_3(k) \\ x_4(k) \end{bmatrix}}_{\boldsymbol{x}(k)} + \underbrace{\begin{bmatrix} 0 \\ u_1(k) \\ 0 \\ u_2(k) \end{bmatrix}}_{\boldsymbol{w}(k)}$$

上式中的过程噪声向量 $\boldsymbol{w}(k)$ 的协方差矩阵为

$$\boldsymbol{Q}(k) = E\left[\boldsymbol{w}(k)\boldsymbol{w}^{\mathrm{T}}(k)\right] = \begin{bmatrix} 0 & 0 & 0 & 0 \\ 0 & \sigma_1^2 & 0 & 0 \\ 0 & 0 & 0 & 0 \\ 0 & 0 & 0 & \sigma_2^2 \end{bmatrix}$$

这是一个常数矩阵, 即 $\boldsymbol{Q}(k) = \boldsymbol{Q}$。

为了确定过程噪声协方差矩阵 $\boldsymbol{Q}$ 中随机径向加速度和方位角变化加速度的方差 σ_1^2 和 σ_2^2, 假设随机径向加速度的最大值为 M, 而随机径向加速度和方位角变化加速度的概率密度函数均为常数 $P(u) = M/2$, 其方差 $\sigma_u^2 = M^2/3$。

还可选择一种更符合实际情况的概率密度函数, 使得方差 σ_1^2 和 σ_2^2 分别为

$$\sigma_1^2 = \frac{1}{3}T^2M^2, \quad \sigma_2^2 = \frac{\sigma_1^2}{\rho^2}$$

雷达对目标距离和方位角的量测方程可写成

$$\underbrace{\begin{bmatrix} y_1(k) \\ y_2(k) \end{bmatrix}}_{\boldsymbol{y}(k)} = \underbrace{\begin{Bmatrix} 1 & 0 & 0 & 0 \\ 0 & 0 & 1 & 0 \end{Bmatrix}}_{\boldsymbol{C}} \underbrace{\begin{bmatrix} x_1(k) \\ x_2(k) \\ x_3(k) \\ x_4(k) \end{bmatrix}}_{\boldsymbol{x}(k)} + \underbrace{\begin{bmatrix} v_1(k) \\ v_2(k) \end{bmatrix}}_{\boldsymbol{v}(k)}$$

当 k 变化时, 上式中的量测噪声 $v_1(k)$ 和 $v_2(k)$ 可看作是两个互不相关的随机白噪声序列, 其方差分别为

$$E\left[v_1(k)\right]^2 = \sigma_\rho^2, \quad E\left[v_2(k)\right]^2 = \sigma_\theta^2$$

而量测噪声向量 $v(k)$ 的协方差矩阵为

$$\boldsymbol{R}(k) = E[\boldsymbol{v}(k)\boldsymbol{v}^{\mathrm{T}}(k)] = \begin{bmatrix} \sigma_\rho^2 & 0 \\ 0 & \sigma_\theta^2 \end{bmatrix}$$

这也是一个常数矩阵,即 $\boldsymbol{R}(k) = \boldsymbol{R}$。

为使卡尔曼预测的递推运算能够开始进行,首先必须确定一个预测协方差矩阵 $\boldsymbol{P}(k|k-1)$ 的初始值。

为此,可先对目标的距离和方位角进行两次测量:在 $k=1$ 时刻,测得距离 $x_1(1)$ 的测量值 $y_1(1)$ 和方位角 $x_3(1)$ 的测量值 $y_2(1)$;$k=2$ 时刻,测得距离 $x_1(2)$ 的测量值 $y_1(2)$ 和方位角 $x_3(2)$ 的测量值 $y_2(2)$。

根据测量值 $y_1(1)$,$y_2(1)$,$y_1(2)$,$y_2(2)$,可对 $k=2$ 时刻的状态变量 $x_1(2)$,$x_2(2)$,$x_3(2)$,$x_4(2)$ 作出如下估计:

$$\hat{x}_1(2) = y_1(2)$$

$$\hat{x}_2(2) = \frac{1}{T}[y_1(2) - y_1(1)]$$

$$\hat{x}_3(2) = y_2(2)$$

$$\hat{x}_4(2) = \frac{1}{T}[y_2(2) - y_2(1)]$$

从而得到 $k=2$ 时的状态估计向量为

$$\hat{\boldsymbol{x}}(2) = \begin{bmatrix} y_1(2) \\ \dfrac{1}{T}[y_1(2) - y_1(1)] \\ y_2(2) \\ \dfrac{1}{T}[y_2(2) - y_2(1)] \end{bmatrix}$$

同样,还可用系统状态方程和量测方程,求出 $k=2$ 时的状态真值向量为

$$\hat{\boldsymbol{x}}(2) = \begin{bmatrix} y_1(2) - v_1(2) \\ \dfrac{1}{T}\{[y_1(2) - v_1(2)] - [y_1(1) - v_1(1)]\} + u_1(1) \\ y_2(2) - v_2(2) \\ \dfrac{1}{T}\{[y_2(2) - v_2(2)] - [y_2(1) - v_2(1)]\} + u_2(1) \end{bmatrix}$$

由状态估计向量式,我们可得到 $k=2$ 时的估计误差向量为

$$\boldsymbol{x}(2) - \hat{\boldsymbol{x}}(2) = \begin{bmatrix} -v_1(2) \\ -\dfrac{1}{T}[v_1(2) - v_1(1)] + u_1(1) \\ -v_2(2) \\ -\dfrac{1}{T}[v_2(2) - v_2(1)] + u_2(1) \end{bmatrix}$$

由于 $v_1(k),v_2(k),u_1(k),u_2(k)$ 都是互不相关的自噪声序列,故 $k=2$ 时的估计协方差矩阵为

$$\boldsymbol{P}(2\mid 2)=E\{[\boldsymbol{x}(2)-\hat{\boldsymbol{x}}(2)][\boldsymbol{x}(2)-\hat{\boldsymbol{x}}(2)]^{\mathrm{T}}\}$$

$$=\begin{bmatrix} \sigma_\rho^2 & \sigma_\rho^2/T & 0 & 0 \\ \sigma_\rho^2/T & 2\sigma_\rho^2/T^2+\sigma_1^2 & 0 & 0 \\ 0 & 0 & \sigma_\theta^2 & \sigma_\theta^2/T \\ 0 & 0 & \sigma_\theta^2/T & 2\sigma_\theta^2/T^2+\sigma_2^2 \end{bmatrix}$$

现设距离测量的均方根误差 $\sigma_\rho=10^3$ m(即 1 公里),方位角测量的均方根误差 $\sigma_\theta=0.017$ rad(即 $1°$),$\rho=16\times10^4$ m(即 160 公里),$T=15$ s,$M=2.1$ m/s^2。

根据上面给出的数据,还可求出

$$\sigma_1^2=\frac{1}{3}T^2M^2=330\,(\mathrm{m})$$

$$\sigma_2^2=\frac{\sigma_1^2}{\rho^2}=1.3\times10^{-8}\,(\mathrm{rad})$$

必须注意:在求 σ_1^2 时,M 的单位要取速度增量的单位为 m/s^2。

进而可得到

$$\boldsymbol{P}(2\mid 2)=\begin{bmatrix} 10^6 & 6.7\times10^4 & 0 & 0 \\ 6.7\times10^4 & 0.9\times10^4 & 0 & 0 \\ 0 & 0 & 2.9\times10^{-4} & 1.9\times10^{-5} \\ 0 & 0 & 1.9\times10^{-5} & 2.6\times10^{-6} \end{bmatrix}$$

根据卡尔曼预测与滤波的关系式(6.129),可求出

$$\boldsymbol{P}(3\mid 2)=\boldsymbol{A}\boldsymbol{P}(2\mid 2)\boldsymbol{A}^{\mathrm{T}}+\boldsymbol{Q}$$

$$=\begin{bmatrix} 5\times10^6 & 2\times10^5 & 0 & 0 \\ 2\times10^5 & 9.3\times10^3 & 0 & 0 \\ 0 & 0 & 14.5\times10^{-4} & 5.8\times10^{-5} \\ 0 & 0 & 5.8\times10^{-5} & 2.6\times10^{-6} \end{bmatrix}$$

显然,$\boldsymbol{P}(3\mid 2)$ 即可作为卡尔曼预测的初始预测协方差矩阵。但是,为了应用卡尔曼预测对系统状态进行递推预测,还必须确定相应的初始状态预测值 $\hat{x}(3\mid 2)$。

为此,可利用卡尔曼预测与滤波的另一关系式(6.129),得到

$$\hat{x}(3\mid 2)=\boldsymbol{A}\hat{x}(2)$$

若将已测得的 $y_1(1),y_2(1),y_1(2),y_2(2)$ 值回代,再将所求得的 $\hat{x}(2)$ 值代入上式,即可求出 $\hat{x}(3\mid 2)$ 的具体数值。

只要知道卡尔曼预测的初始预测协方差矩阵 $\boldsymbol{P}(3\mid 2)$ 和相应的初始状态预测值 $\hat{x}(3\mid 2)$ 的具体数值,即可应用卡尔曼预测的递推公式(6.126)～公式(6.128)开始进行递推预测。

可用式(6.127)求出 $k=3$ 时的卡尔曼预测增益矩阵

$$G(3) = P(3 \mid 2)C^{\mathrm{T}}[CP(3 \mid 2)C^{\mathrm{T}} + R]^{-1}$$

$$= \begin{bmatrix} 1.33 & 0 \\ 3.3 \times 10^{-2} & 0 \\ 0 & 1.3 \\ 0 & 3.3 \times 10^{-2} \end{bmatrix}$$

然后用式(6.128)求出

$$P(4 \mid 3) = [A - G(3)C]P(3 \mid 2)A^{\mathrm{T}} + Q$$

的具体数值。

在测得 $k=3$ 时的新测量数据向量 $y(3)$ 后,可用式(6.103)求出在 $k=3$ 时刻对 $k=4$ 时刻的状态向量的预测值

$$\hat{x}(4 \mid 3) = A\hat{x}(3 \mid 2) + G(3)[y(3) - C\hat{x}(3 \mid 2)]$$

的具体数值。

显然,上述递推预测可不断进行下去,从而实现对目标的边扫描(测量)边跟踪。

6.4 Hilbert-Huang 变换原理

1998 年,N. E. Huang 等人提出了一种新的信号分析理论——Hilbert-Huang Transform,简称 HHT。它的核心是对信号进行经验模式分解(Empirical Mode Decomposition,EMD)得到有限个固有模式函数(Intrinsic Mode Function,IMF),并对每个 IMF 进行 Hilbert 变换,这样就可以得到有意义的瞬时频率,从而给出频率随时间变化的精确表达。HHT 是自适应的,它基于信号的局部特征信息,非常适用于分析现实生活中普遍存在的频率随时间变化的非线性、非平稳信号。HHT 具有重要的理论价值和广阔的应用前景,已经在各个学科和领域中得到了广泛应用。

6.4.1 瞬时频率

在平稳信号的分析和处理中,当提到频率时,指的是傅里叶变换的参数,即角频率,它们与时间无关。非平稳信号的频率是时变的,傅里叶频率不再是合适的物理量,这就需要研究瞬时频率这个重要的物理量。然而,让人们接受与了解清楚瞬时频率这一概念却存在如下两个困难,一个是受傅里叶分析根深蒂固的影响带来的困难。在传统的傅里叶分析中,频率是用那些以恒定幅度穿过整个数据长度的正弦或余弦函数定义的。作为这一定义的扩展,瞬时频率的概念也必须与正弦或

余弦函数相关,这样就至少需要一个周期的正弦或余弦波才能定义局部频率值。因此,少于一个波长的数据长度是无法给出频率定义的。显然,这个定义对于非平稳信号是没有意义的,因为非平稳信号的频率是随时间改变的。另一个困难是目前瞬时频率的不同定义带来的困难。

目前,通过 Hilbert 变换将实信号变为解析信号,然后对解析信号的相位求导来定义信号的瞬时频率这是比较被认可的一种定义。设 $x(t)$ 为实信号,可得到它的 Hilbert 变换 $y(t)$ 为:

$$y(t) = \frac{1}{\pi} P \int_{-\infty}^{+\infty} \frac{x(\tau)}{t - \tau} \mathrm{d}\tau \tag{6.136}$$

其中,P 表示柯西主值。将 $x(t)$ 与 $y(t)$ 组成如下复信号:

$$z(t) = x(t) + \mathrm{i}y(t) = a(t)\mathrm{e}^{\mathrm{i}\theta(t)} \tag{6.137}$$

$z(t)$ 称为 $x(t)$ 的解析信号,其中

$$a(t) = \sqrt{x^2(t) + y^2(t)}, \quad \theta(t) = \arctan\left[\frac{y(t)}{x(t)}\right] \tag{6.138}$$

定义瞬时角频率为

$$\omega(t) = \frac{\mathrm{d}\theta(t)}{\mathrm{d}t} \tag{6.139}$$

瞬时频率为

$$f(t) = \frac{\omega(t)}{2\pi} = \frac{1}{2\pi} \frac{\mathrm{d}\theta(t)}{\mathrm{d}t} \tag{6.140}$$

按照式(6.136)定义的 Hilbert 变换实际上是 $x(t)$ 与 $1/t$ 的卷积,因此强调了 $x(t)$ 的局部特性。由式(6.139)可知,对于给定的时刻,仅有唯一的瞬时频率值与其对应,因此这个定义不能让人完全满意,仍有很大的争议,会产生如下一些悖论:

(1) 瞬时频率可以不是频谱中的频率之一;

(2) 如果有只由少数明显的频率组成的一个线状频谱,瞬时频率可以是连续的,而且在无数个值范围内变化;

(3) 虽然解析信号的频谱对于负频率为零,但瞬时频率可以是负的;

(4) 对于一个带限信号,它的瞬时频率可以在频率之外。

例如,考虑信号

$$s(t) = s_1(t) + s_2(t) = A_1\mathrm{e}^{\mathrm{j}\omega_1 t} + A_2\mathrm{e}^{\mathrm{j}\omega_2 t} = A(t)\mathrm{e}^{\mathrm{j}\omega t}$$

其中,A_1 和 A_2 是恒定的,ω_1 和 ω_2 为正值。信号 $s(t)$ 的频谱为

$$S(\omega) = A_1\delta(\omega - \omega_1) + A_2\delta(\omega - \omega_2)$$

因为 ω_1 和 ω_2 是正的,所以信号 $s(t)$ 是解析的。直接求解相位和幅度,得

$$\varphi(t) = \arctan \frac{A_1\sin\omega_1 t + A_2\sin\omega_2 t}{A_1\cos\omega_1 t + A_2\cos\omega_2 t}$$

$$A^2(t) = A_1^2 + A_2^2 + 2A_1A_2\cos(\omega_2 - \omega_1)t$$

取相位的导数,有

$$\omega(t) = \frac{\mathrm{d}\varphi}{\mathrm{d}t} = \frac{1}{2}(\omega_2 - \omega_1) + \frac{1}{2}(\omega_2 - \omega_1)\frac{A_2^2 - A_1^2}{A^2(t)}$$

显然，上式的结果不但与 ω_1，ω_2 有关，也与 A_1 和 A_2 有关，且其结果可能为负。当取 $\omega_1 = 10$ 和 $\omega_2 = 20$ 两个频率成分时，通过取不同的幅度值，其瞬时频率有很大的不同。图 6.5 中，$A_1 = 0.2$，$A_2 = 1$，瞬时频率是连续的。图 6.6 中，$A_1 = -1.2$，$A_2 = 1$，瞬时频率是负的。已知信号的频率是离散的且是正值，而得到的结果却与已知信号特性截然不同。

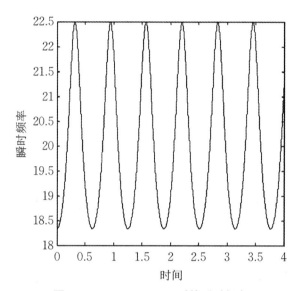

图 6.5　$A_1 = 0.2, A_2 = 1$ 时的瞬时频率

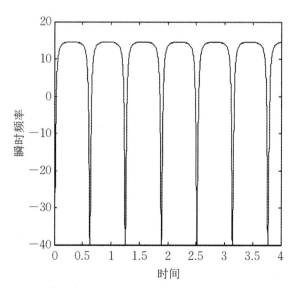

图 6.6　$A_1 = -1.2, A_2 = 1$ 时的瞬时频率

如今大多数观点认为,瞬时频率只在特定的条件下存在,Cohen 在 1995 年引入单分量信号的说法,单分量信号是指信号在任何时刻都只有一个频率值,只有单分量信号才有瞬时频率,相应地,多分量信号是指信号在某一时刻具有多个不同的频率值。Boash 给出了信号的多分量信号数学模型

$$s(t) = \sum_{k=1}^{N} s_k(t) + n(t) \tag{6.141}$$

其中,$s_k(t)$ 为单分量信号,$n(t)$ 表示一个噪声信号,N 表示单分量信号的个数。$s_k(t)$ 可表示为

$$s_k(t) = a_k(t) e^{i\varphi_k(t)}$$

其瞬时频率为

$$f_k(t) = \frac{1}{2\pi} \frac{\mathrm{d}\varphi_k(t)}{\mathrm{d}t}$$

然而对单分量信号依旧缺乏精确的定义,因此在计算信号的瞬时频率时往往限定信号为窄带信号,以使瞬时频率有意义。

关于带宽有两种定义。若信号是平稳与高斯的,那么带宽可按如下方法定义:信号单位时间内过零点的数目为

$$N_0 = \frac{1}{\pi} \left(\frac{m_2}{m_0} \right)^{1/2}$$

单位时间内极值点的数目为

$$N_1 = \frac{1}{\pi} \left(\frac{m_4}{m_2} \right)^{1/2}$$

其中,m_i 是第 i 阶谱距。

参数 V 可以由下式定义

$$N_1^2 - N_0^2 = \frac{1}{\pi^2} \frac{m_4 m_0 - m_2^2}{m_2 m_0} = \frac{1}{\pi^2} V^2$$

上式给出了带宽的一个标准测量方法。对于一个窄带信号 $V=0$,意味着极值点数目和过零点数目相等。

另一个关于带宽的定义也是基于谱距的,对于信号

$$z(t) = a(t) e^{i\theta(t)} \tag{6.142}$$

设该信号的谱为 $S(\omega)$,那么平均频率为

$$\begin{aligned}
\langle \omega \rangle &= \int \omega |S(\omega)|^2 \mathrm{d}\omega \\
&= \int z^*(t) \frac{1}{i} \frac{\mathrm{d}}{\mathrm{d}t} z(t) \mathrm{d}t \\
&= \int \left(\dot{\theta}(t) - i \frac{\dot{a}(t)}{a(t)} \right) a^2(t) \mathrm{d}t \\
&= \int \dot{\theta}(t) a^2(t) \mathrm{d}t
\end{aligned}$$

基于这个表达式，Cohen 指出用 $\dot{\theta}(t)$ 代表瞬时频率。带宽由此被定义为

$$V^2 = \frac{(\omega - \langle\omega\rangle)^2}{\langle\omega\rangle^2} = \frac{1}{\langle\omega\rangle^2}\int (\omega - \langle\omega\rangle)^2 \mid S(\omega) \mid^2 \mathrm{d}\omega$$

$$= \frac{1}{\langle\omega\rangle^2}\int z^*(t)\left(\frac{1}{i}\,\frac{\mathrm{d}}{\mathrm{d}t} - \langle\omega\rangle\right)^2 z(t)\mathrm{d}t$$

$$= \frac{1}{\langle\omega\rangle^2}\Big[\int \dot{a}^2(t)\mathrm{d}t + \int [\dot{\theta}(t) - \langle\omega\rangle]^2 a^2(t)\mathrm{d}t\Big] \tag{6.143}$$

对于窄带信号，V^2 必须足够小，这就导致式(6.143)中的 $a(t)$ 和 $\theta(t)$ 必须是渐变函数。然而以上两种定义仍是全局意义上的带宽，过于严格而又缺乏精确性。为了得到有意义的瞬时频率，应该对信号施加更多的限制条件，因此必须把基于信号全局性的限制条件修改为局部限制条件，并且把这些条件转换为物理上可实现的步骤，并用一个简单的方法加以实现。

为了探索这些局部限定条件，N. E. Huang 等人给出了一个简单又有代表性的例子。

信号 $x(t) = \sin(2\pi ft)$ 的 Hilbert 变换为 $y(t) = -\cos(2\pi ft)$，其中 $f=5$。x-y 平面的相点是平面上的一个单位圆，相位函数是一条直线，瞬时频率是正如所预料的一样，为一个常数(图 6.7 曲线 a)。如果改变 $x(t)$ 的均值，如加上一个常数，则

$$x(t) = \sin(2\pi ft) + a$$

此时它的 Hilbert 变换仍为 $-\cos(2\pi ft)$，通过变形，得到

$$[x(t) - a]^2 + y^2(t) = 1$$

上式说明 x-y 的相点仍然是一个单位圆，但是圆的中心移动了，移动的距离为 $|a|$。如果 $|a|<1$，圆心偏离原点，但中心还在圆内，这时其 Fourier 频谱含有直流项，其相位函数的均值与 $a=0$ 的情况一样，但瞬时频率表现为波动性，并且大于零(图 6.7 曲

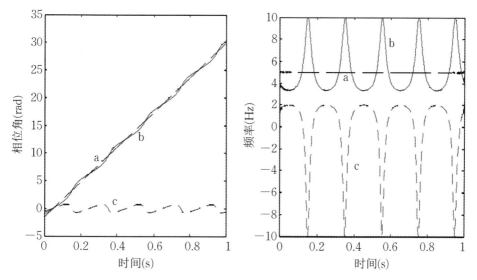

图 6.7　Hilbert 变换的相位函数和瞬时频率

线 b);当|a|>1 时,中心在圆外,这时相位函数与瞬时频率都会出现没有物理意义的负值(图 6.7 曲线 c)。这两种情况,其瞬时频率都没有真正表征信号的物理意义。这个简单的例子从物理上说明,即对于像正弦函数这样简单的信号来说,只有当限制函数局部关于零均值对称的情况下,瞬时频率才有合理的定义。

对于普通的信号数据,那些"骑"在其他波形上的局部波形可等价于上例|a|>1 的情形;那些非对称的局部波形可等价于上例|a|<1 的情形。上述使瞬时频率有意义的条件或对信号数据的约束,就是这种方法,即把信号分解为瞬时频率有意义的各个组分,此即为本文要论述的经验模式分解方法。受上面的例子启发,N. E. Huang 定义了一类函数,叫做固有模式函数,基于这类函数的局部特性,使之在函数的任何一点瞬时频率都有意义。经验模式分解的最大贡献是使信号符合 Cohen 所说的单分量要求,进而使式(6.139)定义的瞬时频率有意义。

6.4.2　固有模式函数

为了通过 Hilbert 变换得到物理意义明确的瞬时频率,N. E. Huang 等人进行了深入的研究,他们将传统的全局限制条件发展为局部限制条件,得到了使得瞬时频率有意义的必要条件,即函数关于局部零均值对称,而且过零点的数目与极值点的数目相同。并提出了基于信号局部特性的固有模式函数的概念,其定义如下:

定义 6.1　固有模式函数是指满足如下两个条件的函数:

(1) 在整个数据范围内,局部极值点的个数与过零点的个数相同或至多相差 1 个;

(2) 在任意点处,由所有局部极大值点确定的上包络和由所有局部极小值点所确定的下包络的均值为零。

第一个条件的意义是明显的,它类似于平稳高斯过程所要求的窄带条件,其直观意义是:在 IMF 中,不能出现大于零的极小值,也不能出现小于零的极大值。第二个条件则是保证波形局部对称,可去除由于波形不对称而造成的瞬时频率的波动。理想情况下,该条件应该是数据的局部均值为零。对于非平稳信号,局部均值的计算涉及局部时间尺度,但这是无法确定的。因此,在这里使用由极大值和极小值定义的包络的均值来逼近信号的实际均值,以保证每个固有模式函数的局部对称性。这种处理方法可能会因信号的非线性变形而引入一些偏差,但对于所研究的非平稳、非线性系统来说,这种定义计算得到的瞬时频率符合系统原始的物理意义。

6.4.3　经验模式分解和 Hilbert 谱

为了根据定义 6.1 来计算信号的瞬时频率,首先必须把这个信号序列分解成多个固有模式函数,以通过 Hilbert 变换求得符合物理意义的瞬时频率。而把信号分解成固有模式函数的过程就称为经验模式分解(Empirical Mode Decomposition,EMD)。

设待分解信号为 $x(t)$,通过对 $x(t)$ 的局部极大值点和极小值点分别用三次样条插值得到上下包络线,分别记为 $u(t)$ 和 $v(t)$,则上下包络的平均曲线 $m_1(t)$ 为

$$m_1(t) = \frac{1}{2}\big[u(t) + v(t)\big] \tag{6.144}$$

用 $x(t)$ 减去 $m_1(t)$ 得到剩余部分 $h_1(t)$,即

$$x(t) - m_1(t) = h_1(t) \tag{6.145}$$

理论上,$h_1(t)$ 应该是一个 IMF,但是由于三次样条插值的过冲和俯冲作用,会产生新的极值点而影响原来极值的位置和大小,而且包络均值只是实际局部均值的近似,依旧会产生非对称波形。用 $h_1(t)$ 代替 $x(t)$,$m_{11}(t)$ 表示 $h_1(t)$ 的包络均值,记 $h_1(t)$ 和 $m_{11}(t)$ 的差为 $h_{11}(t)$,有

$$h_1(t) - m_{11}(t) = h_{11}(t) \tag{6.146}$$

对上述步骤重复进行 k 次,直到 $h_{1k}(t)$ 为一个 IMF,即

$$h_{1(k-1)}(t) - m_{1k}(t) = h_{1k}(t) \tag{6.147}$$

记

$$c_1(t) = h_{1k}(t) \tag{6.148}$$

上述得到 $c_1(t)$ 的过程即为一次"筛分"过程(sifting process)。把 $c_1(t)$ 从信号中分离出来,得到

$$x(t) - c_1(t) = r_1(t) \tag{6.149}$$

$r_1(t)$ 一般还包含 IMF 分量,把 $r_1(t)$ 看作新的信号继续进行筛分,直到 $r_n(t)$ 是单调分量或者很小的时候就可以停止筛分过程,即

$$r_1(t) - c_2(t) = r_2(t), \quad \cdots, \quad r_{n-1}(t) - c_n(t) = r_n(t) \tag{6.150}$$

把式(6.149)和式(6.150)加起来,得到

$$x(t) = \sum_{i=1}^{n} c_i(t) + r_n(t) \tag{6.151}$$

从 $x(t)$ 中分解出 n 个 IMF 和一个趋势项 $r_n(t)$。对每个 IMF 分量 $c_i(t)$ 进行 Hilbert 变换,得到解析信号:

$$z_i(t) = c_i(t) + jH[c_i(t)] = a_i(t)\exp[j\theta_i(t)]$$

其中

$$a_i(t) = \sqrt{c_i^2(t) + H[c_i(t)]^2}, \quad \theta_i(t) = \arctan\frac{H[c_i(t)]}{c_i(t)}$$

由下式计算相应的瞬时角频率 $\omega_i(t)$:

$$\omega_i(t) = \frac{\mathrm{d}\theta_i(t)}{\mathrm{d}t}$$

由此信号可以表示为

$$x(t) = \text{Re} \sum_i^N a_i(t) \exp\left(j \int \omega_i(t) dt\right) \tag{6.152}$$

上式中略去了余项 $r_n(t)$。可以看出，与傅里叶变换相比，式(6.152)用可变的幅度和瞬时频率对信号进行分解，是对傅里叶变换的一种推广。由式(6.152)，可以把信号幅度表示成三维空间中时间与瞬时频率的函数，记为 $H(\omega,t)$，称为 Hilbert 谱，如下：

$$H(\omega,t) = \sum_{i=1}^n H_i(\omega,t) \tag{6.153}$$

其中

$$H_i(\omega,t) = \begin{cases} a_i(t), & \omega = \omega_i(t) \\ 0, & \omega \neq \omega_i(t) \end{cases}$$

根据 Hilbert 谱还可以定义边际谱，如下：

$$h(\omega) = \int_0^T H(\omega,t) dt \tag{6.154}$$

在 Hilbert 边际谱中，某一频率上存在的能量表明该频率的振动存在的可能性，该振动出现的具体时刻由 Hilbert 谱给出。把 EMD 和 Hilbert 谱联合对信号进行分析的方法称为 Hilbert-Huang 变换。

Huang 最初提出的 EMD 算法步骤为：

第一步，对输入的离散时间信号 $x(n)$，信号长度为 N，初始化 $r_0(n) = x(n)$，$i = 1$；

第二步，提取第 i 个 IMF：

(1) 令 $h_0(n) = r_{i-1}(n)$，$j = 1$；

(2) 确定 $h_{j-1}(n)$ 的局部极大值点和局部极小值点；

(3) 利用三次样条对局部极大值点插值得到上包络线 $u_{j-1}(n)$，相应地求出下包络 $d_{j-1}(n)$，并计算均值 $m_{j-1}(n) = [u_{j-1}(n) + d_{j-1}(n)]/2$；

(4) 令 $h_j(n) = h_{j-1}(n) - m_{j-1}(n)$；

(5) 计算 $h_j(n)$ 过零点个数 z，局部极值点个数 e，并计算

$$SD = \sum_{k=1}^N \frac{|h_{j-1}(k) - h_j(k)|^2}{h_{j-1}^2(k)} \tag{6.155}$$

若 $|z - e| \leqslant 1$ 且 SD 小于某个给定的常数，则令 $imf_i(n) = h_j(n)$，转第(3)步；否则，令 $j = j + 1$，转第(2)步。

第三步，令 $imr_i(n) = r_{i-1}(n) - imf_i(n)$，若 $r_i(n)$ 包含的局部极值点数目小于等于 2，则分解结束；否则，令 $i = i + 1$，转第二步。

在上述算法中，第二步(3)小步利用三次样条求包络时，由于信号的首尾两个端点不一定就是局部极值点，所以包络在端点处可能会产生摆动，这种误差会随着分解过程的继续而不断向内传播，进而影响整体的瞬时频率表达，称之为端点效应，这时就要对信号进行延拓；第二步(5)小步中的 SD(Standard Deviation)取值

一般为 $0.2 \sim 0.3$，后来的文献针对 SD 停止准则提出了一些改进方法。

6.4.4　EMD 的性质

1. 线性性质

由式(6.151)，很容易得出 EMD 的线性性质。对 $x(t)$ 和 $y(t)$ 进行 EMD 分解，分别得到

$$x(t) = \sum_{i=1}^{N} x_i(t) + x_N(t) \quad \text{和} \quad y(t) = \sum_{i=1}^{N} y_i(t) + y_N(t)$$

则

$$
\begin{aligned}
ax(t) + by(t) &= \sum_{i=1}^{N} ax_i(t) + ax_N(t) + \sum_{i=1}^{N} by_i(t) + by_N(t) \\
&= \sum_{i=1}^{N} \left[ax_i(t) + by_i(t) \right] + \left[ax_N(t) + by_N(t) \right]
\end{aligned}
$$

2. 时移不变性

若有

$$x(t) = \sum_{i=1}^{n} c_i(t) + r_n(t)$$

则

$$x(t-\tau) = \sum_{i=1}^{n} c_i(t-\tau) + r_n(t-\tau)$$

3. 完备性

从 EMD 的分解过程可以看出，式(6.151)是一个恒等式，故 EMD 的完备性已经满足，即由分解出的各 IMF 分量和余量可以重构原信号。信号的完备性也可以从数值实验上进行验证，通过对大量信号的仿真实验，当把信号的所有 IMF 分量和余量加和之后，与原信号相比，误差小至计算机的舍入误差，因此从理论上和数值实验上都验证了 EMD 分解的完备性。

4. 正交性

Huang 认为 EMD 的正交性在实际意义下是存在的，但在理论上不能得到保证。每个 IMF 分量都是从信号和其局部均值曲线的差得到的，从实际意义上讲，这个 IMF 分量与均值曲线是局部正交的，因此

$$\overline{\left[x(t) - \overline{x(t)} \right] \cdot \overline{x(t)}} = 0$$

然而，上式不是严格成立的，因为均值曲线是通过包络拟合求得的，可能不是真实的，而且每个后续的 IMF 都是前面剩余信号的一部分。由于这些近似，泄漏不可避免。因此 IMF 分量的正交性是近似成立的。

定义正交性指标为

$$IO = \sum_{t=0}^{T} \frac{\sum_{j=1}^{n+1} \sum_{k=1, k \neq j}^{n+1} c_j(t) c_k(t)}{x^2(t)}$$

上式包括了余量。根据上式计算实际信号的正交性指标,显示 IO 指标是趋近于 0 的。

事实上,严格的正交性不是必要的,它依赖于分解方法。在 EMD 中,每个 IMF 分量的频率一般是非平稳的,如果对它们作傅里叶变换,将会有共同的谐波分量,因而不能保证严格的正交性。

5. 自适应性

由式(6.152),用可变的幅度和瞬时频率对信号进行展开,适合对非平稳信号的表示,突破了利用常幅度和固定频率对信号进行展开的傅里叶展开方法。从 EMD 的分解过程来看,基函数(即 IMF 分量)是依赖于信号本身的,因此是自适应的,不同的信号会得到不同的基函数。而小波分解的基函数是预先选定的,小波分解的效果依赖于小波基函数的选择。

6. 滤波特性

对于包含不同振动模式的时变信号,在同一时刻,EMD 可以把它分解为有限数目的 IMF 分量。根据 IMF 分量的定义,可以通过计算它的局部极大值来得到平均周期,即

$$平均周期 = \frac{时间长度}{局部极大值点的数目}$$

7. 时间尺度滤波特性

EMD 是基于信号局部特征时间尺度的分解。特征时间尺度参数是基于实际测量所获得的数据,因此根据局部特征时间尺度得到的 IMF 具有明显的物理意义,每一个 IMF 表征了信号在某一特征时间尺度上的振动模式和频率变动范围。EMD 把信号从小尺度到大尺度分解为不同的 IMF 分量。根据这个性质,可以对信号实现时间尺度滤波。具体滤波过程如下:

设从信号 $x(t)$ 中分解出 n 个 IMF 和一个余量 $r_n(t)$,则低通滤波为

$$s_l(t) = \sum_{i=p}^{n} c_i(t) + r_n(t), \quad 1 < p \leqslant n$$

带通滤波为

$$s_b(t) = \sum_{i=q}^{r} c_i(t), \quad 1 < q < r < n$$

高通滤波为

$$s_h(t) = \sum_{i=1}^{r} c_i(t), \quad 1 \leqslant r < n$$

6.4.5　HHT 仿真

下面的 EMD 算法均采用算法 2.1,SD 取值为 0.25,边界采用镜像极值点方法。下式是一个调频调幅信号和一个正弦信号的合成:

$$x(t) = [1 + 0.2\sin(2\pi 7.5t)]\cos[2\pi 30t + 0.5\sin(\pi 15t)] + \sin(2\pi 120t)$$

$$(6.156)$$

对式(6.156)的调频调幅部分作分析,可得到其瞬时频率表达式为

$$f(t) = \frac{\omega(t)}{2\pi} = 30 + 7.5\cos(30\pi t) \tag{6.157}$$

频率变动范围为

$$22.5 \leqslant f(t) \leqslant 37.5 \tag{6.158}$$

幅度 $a(t)$ 变动范围为

$$0.8 \leqslant a(t) \leqslant 1.2$$

对式(6.156)作 EMD 分解,并画出 Hilbert 谱。

从图 6.8 看出,由 EMD 分解得到了 7 个 IMF 分量和 1 个余量,前两个 IMF 分量分别对应式(6.156)中的两个成分,而其他的则是虚假 IMF 分量,是算法本身

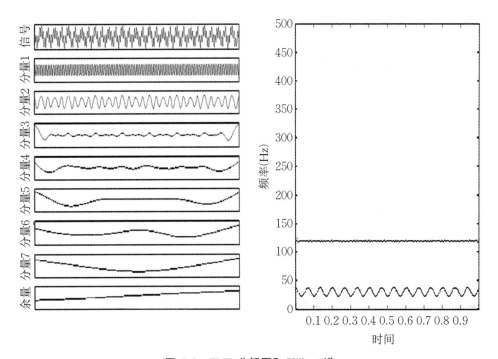

图 6.8　EMD 分解图和 Hilbert 谱

(包括边界处理,停止准则等)导致的能量泄漏。从 Hilbert 谱中可以看到原始信号的两个频率成分,一个是随时间不变的 120 Hz 频率,另一个是正弦调频频率,频率变动范围符合式(6.158)。Hilbert 谱中边界处的虚假频率不是很明显,说明能量泄漏很小。为了看清 IMF 分量的幅度调制,可画出其三维 Hilbert 谱图,如图 6.9 所示。

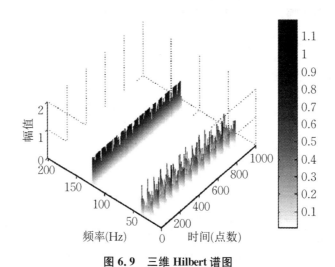

图 6.9　三维 Hilbert 谱图

图 6.9 的三维图中清楚地显示了幅度的变动。

采用 Morlet 小波基函数对式(6.156)进行连续小波变换,得到图 6.10。

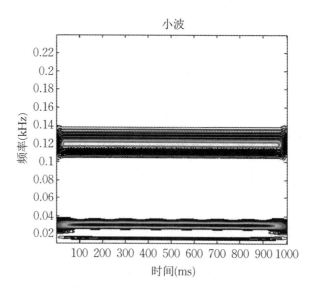

图 6.10　Morlet 小波变换时频图

在图 6.10 的时频图中,虽然显示存在 120 Hz 的频率成分,但是频率扩展严重,频率分辨率不如 Hilbert 谱清晰,调频现象也不明显。

图 6.11 是两个三角波和一个正弦波的合成。

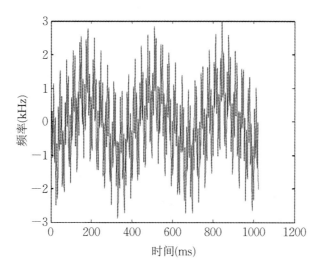

图 6.11　两个三角波和一个正弦波的合成图

EMD 分解出的 IMF 分量如图 6.12 所示。图 6.12 显示,EMD 能够对线性振动和非线性振动进行有效地分离和识别。

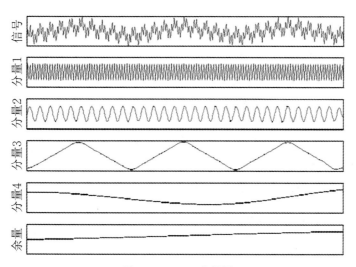

图 6.12　EMD 分解图

6.5　Hilbert-Huang 变换理论依据与算法改进

  HHT 方法已经在数据分析和信号处理等领域显示出了优越性,但是关于 HHT 的进展大部分都是在应用方面,它的内在数学问题依然没有得到解决。若没有稳固的数学基础,则由 HHT 算法得出的结果依然属于经验性质的,例如,在 EMD 算法中,不同的停止准则就会得出不同的 IMF 集合,如何判断哪一个 IMF 集合更好,更符合实际情况,就没有一个判断标准,只是凭经验去选择;另一个是 EMD 算法的设计问题,在没有建立数学基础之前,只是凭直观感觉和数值实验去选择一些标准,如边界延拓的各种方法,包络曲线的选择和停止准则的设计等;再一个是 HHT 在应用中出现了许多问题,如模式混叠和采样问题等。下面针对上面提出的三个方面的问题,结合自己的理解,具体探讨 HHT 方法的理论基础和改进算法。

6.5.1　HHT 理论存在的问题

  HHT 方法的核心是 EMD,而对信号进行 EMD 分解是要得到固有模式函数 IMF,进而可以利用 Hilbert 变换求取每个 IMF 的瞬时频率和瞬时幅度,这样就得到了一个信号的时间-频率-幅度三维谱。HHT 方法在实际应用中的效果是非常明显的,能清楚地表示信号的物理意义。可见 IMF 的概念非常重要,它既是信号的组成成分,又能通过 Hilbert 变换得到有物理意义的瞬时频率。从 IMF 定义的过程可以看出,为了得到具有物理意义的瞬时频率,才经验性地给出 IMF 的两个条件。这两个条件是描述性质的,它们对应的数学模型是什么? 它们能得到具有物理意义的瞬时频率的数学条件又是什么? 下面将具体讨论这两个问题。

6.5.1.1　IMF 的数学模型

  根据 Hilbert 变换,IMF 可以表示成如下形式:
$$c(t) = a(t)\cos\theta(t) \tag{6.159}$$
实际上任意实信号都可以表示成上述形式,$a(t)$ 和 $\cos\theta(t)$ 有任意多种选择。

  定义 6.2　$c(t) = a(t)\cos\theta(t)$ 满足条件:

(1) $a(t) > 0$;

(2) $\dfrac{\mathrm{d}\theta(t)}{\mathrm{d}t} \geqslant 0$;

(3) $\dfrac{\mathrm{d}c(t)}{\mathrm{d}t} \cdot \dfrac{\mathrm{d}\cos\theta(t)}{\mathrm{d}t} \geqslant 0$。

则 $c(t)$ 为固有模式函数 IMF。

定义 6.2 中条件(2)保证了相位递增,即瞬时频率非负,条件(3)说明 $a(t)$ 相对于 $\cos\theta(t)$ 为缓变信号,其值不影响 $\cos\theta(t)$ 的单调性,即 $c(t)$ 和 $\cos\theta(t)$ 具有同向单调性。条件(3)为固有模式函数的本征条件。在定义 6.2 的条件下,文章定性说明了固有模式函数局部对称性的要求和用极值点拟合包络线的合理性,但是由定义 6.2 所得到的 IMF 和定义 6.1 得到的 IMF 是什么关系,它们是否相同,却没有得到证明。

考虑固有模式函数定义的条件(1),即在整个数据范围内,局部极值点的个数与过零点的个数相同或至多相差为 1。钟佑明在《希尔伯特-黄变换局瞬信号分析理论的研究》中认为这个条件是全局性的条件,对信号进行局部分析采用全局性条件是难以理解的,所以给出了广义 IMF 的概念,即只需要满足固有模式函数定义的条件(2)——局部对称性条件。其实,可以对固有模式函数定义加以修改,得到局部性的条件,如定义 6.3。

定义 6.3　信号 $c(t)$ 称为 IMF,则它需要满足如下两个条件:

(1) 两个连续局部极值点间有且只有一个零点;

(2) $c(t)$ 的局部均值为零。

其中,条件(2)的局部均值在 Huang 的原始定义中是利用局部极值点的三次样条包络求得的。由条件(1)知道,零极点数目是否相差 1 由信号端点的过零点情况决定。直观上看,条件(1)有些多余,因为在满足局部均值为零的条件下,相邻局部极值点间必定要有一个零点。但实际情况是,无法对局部对称性建立明确的数学模型,筛分算法中也是经验性地选择一定的阈值来近似满足局部对称性,Sharpley 针对这种情况,提出弱 IMF 的概念,即只需要满足定义 6.3 的条件(1),据此建立了弱 IMF 的数学模型,即定理 6.1。

定义 6.4　称常微分方程为自伴(self-adjoint)的,它能写成如下形式:

$$\frac{\mathrm{d}}{\mathrm{d}t}\left[P(t)\,\frac{\mathrm{d}f}{\mathrm{d}t}\right] + Q(t)f = 0 \tag{6.160}$$

其中,$t\in(a,b)$,a,b 可以是无穷的,Q 是连续的,$P>0$ 且连续可微。

定理 6.1　$\Psi\in C^2[a,b]$,Ψ 是弱 IMF,当且仅当它是如下形式的自伴常微分方程的解

$$(P\Psi')' + Q\Psi = 0 \tag{6.161}$$

其中,$P>0$,$Q>0$ 且 $Q\in C[a,b]$,$P\in C^1[a,b]$。($C^2[a,b]$,$C^1[a,b]$ 的定义见 Analysis of the intrinsic mode functions [J]. IMI Preprint Series,2005)

6.5.1.2　IMF 与 Hilbert 变换

若 $c(t)$ 满足定义 6.3 的条件(2),则称 $c(t)$ 具有局部对称性。钟佑明(2006)考

虑了满足局部对称性的 $c(t)$ 与 Hilbert 变换的关系,提出了 Hilbert 变换的局部乘积定理。下面先考虑 Hilbert 变换的 Bedrosian 定理。

定义 6.5 若令

$$h(t) = \frac{1}{\pi t}$$

则 $c(t)$ 的 Hilbert 变换为

$$\tilde{c}(\tau) = [c(t) * h(t)](\tau) = \int_{-\infty}^{+\infty} c(t)h(\tau - t)\mathrm{d}t \qquad (6.162)$$

定理 6.2(Bedrosian 定理) 设 $x(t)$,$y(t)$ 表示能量有限信号,它们的傅里叶变换分别为 $X(f) = F[x(t)]$,$Y(f) = F[y(t)]$,若满足:$|f| > a$ 时,$X(f) = 0$;$|f| < b$ 时,$Y(f) = 0$,其中 $b \geqslant a \geqslant 0$,则

$$H[x(t)y(t)] = x(t)H[y(t)] \qquad (6.163)$$

对于式(6.159)的信号,设 $q(t) = \cos[\theta(t)]$,$\tilde{a}(f)$,$\tilde{q}(f)$ 分别表示 $a(t)$,$q(t)$ 的频谱,则如果满足:存在 $f_0 \in R$,$|f| > f_0$ 时,$\tilde{a}(f) = 0$;$|f| < f_0$ 时,$\tilde{q}(f) = 0$,则有

$$H[c(t)] = H[a(t)\cos\theta(t)] = a(t)H[\cos\theta(t)] = a(t)\sin(t) \qquad (6.164)$$

从而其解析信号为

$$z(t) = c(t) + \mathrm{j}H[c(t)] = a(t)\cos[\theta(t)] + \mathrm{j}a(t)\sin[\theta(t)] = a(t)\mathrm{e}^{\mathrm{j}\theta(t)} \qquad (6.165)$$

此时,利用 Hilbert 变换计算出的瞬时频率才具有物理意义。式(6.164)在更宽松的条件下也能够成立,即 Hilbert 变换局部乘积定理。

定理 6.3 在一定误差范围内,如果实信号 $c(t)$ 在某一局部范围内满足频带不相交条件,则式(6.164)成立;在一定误差范围内,如果实信号 $c(t)$ 在任一时刻的局部范围内均满足频带不相交条件,则在整个考察的时间区间上应用 Hilbert 变换,式(6.164)成立。

定理 6.3 还缺乏严格的证明。考虑 $h(t)$,并且认为,对某个任意小数 ε,当 $h(t) < \varepsilon$ 时,$h(t) = 0$,于是 $\tilde{c}(\tau)$ 仅与 $|\tau - t| \leqslant 1/\pi\varepsilon$ 范围内的数据有关,这个结论的前提条件是

$$\int_{-\infty}^{\tau - \frac{1}{\pi\varepsilon}} c(t) \cdot h(\tau - t)\mathrm{d}t = 0 \quad \text{且} \quad \int_{\tau + \frac{1}{\pi\varepsilon}}^{+\infty} c(t) \cdot h(\tau - t)\mathrm{d}t = 0 \quad (6.166)$$

满足局部对称性的 $c(t)$ 可以较容易地满足条件式(6.166),因此定理 6.3 在这种情况下也可以成立。

应用 Hilbert 变换是为了得到瞬时频率,而瞬时频率是一个局部量,利用基于全局积分的 Hilbert 变换来估计基于局部时间量的瞬时频率,直观上并不合理,因此 Hilbert 变换局部乘积定理的思想就是要局部化 Bedrosian 定理。但是,满足局部对称性的 IMF 是不是在局部范围内满足频带不相交条件,以及如何才能满足频带不相交条件是需要进一步回答的问题。

实际上,局部频带不相交条件和 IMF 的本征条件(见定义 6.2)是同一个意思,

即在任一时间局部范围内,$a(t)$ 相对于 $\theta(t)$ 是缓变信号,对于这种信号,有物理意义的瞬时频率应该只由 $\theta(t)$ 来决定,即有

$$H[a(t)\cos\theta(t)] = a(t)H[\cos\theta(t)] \tag{6.167}$$

由定义 6.1 所定义的 IMF 并不必要满足局部频带不相交条件,因此,Huang 提出了归一化 Hilbert 变换(Normalized Hilbert Transform,NHT)。归一化 Hilbert 变换也是一种经验式算法,具体实现步骤如下:

(1) 通过 EMD 的筛分算法可得到一个 IMF,设为 $x(t)$,令 $f_0(t)=x(t)$,且 $k=1$;

(2) 令 $g(t)=|f_{k-1}(t)|$;

(3) 计算 $g(t)$ 的所有局部极大值点;

(4) 利用样条对(3)中的局部极大值点插值得到包络 $e_k(t)$;

(5) 计算 $f_k(t)=f_{k-1}(t)/e_k(t)$,若 $|f_k(t)|\leqslant 1$,则令 $F(t)=f_k(t)$;否则令 $k=k+1$,转(2)。

如果归一化算法在第 n 步停止,则可以分别得到 $x(t)$ 的经验性的频率调制成分 $F(t)$ 和幅度调制成分 $A(t)$,定义如下:

$$F(t) = f_n(t), \quad A(t) = \frac{x(t)}{F(t)} \tag{6.168}$$

于是,就可以直接对 $F(t)$ 进行 Hilbert 变换而得到瞬时频率。这里,归一化后的 IMF 的幅度均为 1,此时不再受 Bedrosian 定理的限制,可以直接对其进行 Hilbert 变换。

实际应用中,基于 NHT 方法计算的瞬时频率取得了很好的效果,消除了无意义的负频率成分,但是这种方法得到的瞬时频率与实际频率成分还有一定的差异。为了寻找这种差异的原因,先给出 Nuttall 定理。

定理 6.4(Nuttall 定理)　设 $x(t)=\cos\phi(t)$,其中 $\phi'(t)\neq c$(c 为常数),$x(t)$ 的 Hilbert 变换为 C_h,$x(t)$ 的正交部分(即 90°相移)为 C_q,$S_q(\omega)$ 是 $e^{j\phi(t)}$ 的频谱,则有

$$\Delta E = \int_{T=0}^{T} C_q(t) - C_h(t) |^2 dt = 2\int_{-\infty}^{0} S_q(\omega) |^2 d\omega \tag{6.169}$$

虽然这个定理的证明是严格的,但是很难应用于实际,首先,$e^{j\phi(t)}$ 仍然是未知的,而式(6.169)是以它的频谱表示的;其次,在整个数据范围内,它给出了一个常量误差,这对于非平稳信号是没有意义的;最后,全局误差不能揭示时间轴上的误差位置。为了得到可计算的局部误差,Huang 基于 NHT 提出了可变误差界,定义如下:

$$\Delta E = 1 - \{F(t)^2 + H[F(t)]^2\} \tag{6.170}$$

其中,$H(\cdot)$ 表示 Hilbert 变换,$F(t)$ 见式(6.168)。

如果 $F(t)$ 的 Hilbert 变换正好是它的正交部分,则式(6.170)为零;如果式(6.170)不为零,则 $F(t)$ 的 Hilbert 变换与它的正交部分就存在差异。虽然 Nuttall 和 Huang 给出了 Hilbert 变换和真实正交部分的误差,但仍旧没有解释产生这种

误差的原因,一个可能的原因是基于全局积分的 Hilbert 变换来估计基于局部时间量的瞬时频率所产生的差异。所以,为了消除这种差异,提高计算瞬时频率的准确性,可以尝试利用 Hilbert 变换以外的方法来估计瞬时频率。

除了 Hilbert 变换,计算瞬时频率还可以利用 Wigner-Ville 分布,小波分析和 Teager 能量算子[37]等方法。Wigner-Ville 分布是从信号的时延自相关的全局积分得到的,因此利用这种方法得到的瞬时频率也很难充分局部化。小波分析方法是基于傅里叶分析的,因此会受到谐波的影响。

定义 Teager 能量算子 Ψ 为

$$\Psi[x(t)] = [\dot{x}(t)]^2 - x(t)\ddot{x}(t) \tag{6.171}$$

其中,$\dot{x}(t)$,$\ddot{x}(t)$分别表示 $x(t)$ 的一阶导数和二阶导数。经求解可以得到 $x(t)$ 的瞬时包络 $a(t)$ 和瞬时频率 $f(t)$,分别为

$$a(t) = \frac{\Psi[x(t)]}{\sqrt{\Psi[\dot{x}(t)]}}, \quad f(t) = \frac{1}{2\pi}\sqrt{\frac{\Psi[\dot{x}(t)]}{\Psi[x(t)]}}$$

Teager 能量算子是一种基于微分运算的非线性算子,因此具有良好的局部性质,但是这种方法是基于一种单谐波成分的线性模型,当波形具有波内调制或谐波失真时,利用这种方法得到的近似会产生失真甚至中断。

Huang 提出利用直接正交化方法(direct quadrature)来计算瞬时频率。由式(6.168),通过 NHT 方法得到 $F(t)$,假设它为一个余弦函数,则它的正交部分为

$$\sin\phi(t) = \sqrt{1 - F^2(t)}$$

可得到相位函数为

$$\phi(t) = \arccos F(t) \quad \text{或} \quad \phi(t) = \arctan\frac{F(t)}{\sqrt{1 - F^2(t)}}$$

于是,瞬时频率就可以直接计算出来了。

6.5.2　EMD 算法的改进

6.5.2.1　端点效应

在 EMD 的算法 2.1 中,由于信号的首尾两个端点一般不会是局部极值点,通过三次样条对局部极值点插值来拟合包络就会在端点附近产生摆动,这种误差会随着分解过程的继续而不断向内传播,进而影响整体的瞬时频率表达,称之为端点效应,这时就要对信号进行延拓,以确定首尾两个局部极值点和各自端点之间的包络。

目前,解决端点效应的方法主要有特征波法,线性外延方法,端点镜像法,基于 AR 模型的延拓方法,基于神经网络的延拓法,多项式拟合方法,波形匹配预测法

和本征波匹配预测法等。

设 $t=[t_1,t_2,\cdots,t_n]$，$x(t)=[x(1),x(2),\cdots,x(n)]=[x_1,x_2,\cdots,x_n]$，$x(t)$ 有 M 个极大值，序列下标记为 $I_m=[I_m(1),I_m(2),\cdots,I_m(M)]$，时间 $T_m(i)=t_{I_m}$，取值 $U(i)=x_{I_m}$，$i=1,\cdots,M$；对于 $x(t)$ 的 N 个极小值，有 $I_n=[I_n(1),I_n(2),\cdots,I_n(M)]$，$T_n(i)=t_{I_n}$，取值 $V(i)=x_{I_n}$，$i=1,\cdots,N$。

传统的镜像法是以信号两端的端点为对称将原信号镜像，从而得到完整的上下包络插值曲线。考虑单频率正弦波，其初相为零，如果采用镜像法，对其延拓后的信号与原正弦波的趋势有很大差别。一种方法是考虑以端点为对称，镜像原信号极值点的位置，将与极大值对应的对称位置赋予极小值，与极小值对应的对称位置赋予极大值，此算法实现简单，但是在初相偏离时会产生误差。算法如下：

（1）左端点处，向左延拓一个极大值点和一个极小值点，得

$$T_m(0)=2t(1)-T_n(1),\quad U(0)=U(1)$$
$$T_n(0)=2t(1)-T_m(1),\quad V(0)=V(1)$$

（2）右端点处，向右延拓一个极大值点和一个极小值点，得

$$T_m(M+1)=2t(n)-T_n(M),\quad U(M+1)=U(M)$$
$$T_n(N+1)=2t(n)-T_m(M),\quad V(N+1)=V(N)$$

另一种方法是把以端点为对称点修改为以两端的极值点为对称点对信号进行延拓。算法实现过程中，首端分别延拓一个极大值点和一个极小值点，尾端进行类似延拓，如果端点效应明显，可增加延拓的极值点。此方法的不足是，未考虑端点附近对包络可能产生的影响。具体算法（左延拓）如下：

（1）若 $I_m(1)<I_n(1)$，即信号先出现极大值点，后出现极小值点，转 a 步；否则，转（2）；

a. 若 $x(1)\leqslant V(1)$，转 b 步；否则，以 $I_m(1)$ 为对称中心向左延拓，得到

$$T_m(0)=2T_m(1)-T_m(2),\quad U(0)=U(2)$$
$$T_n(0)=2T_m(1)-T_n(1),\quad V(0)=V(1)，停止$$

b. 以左端点为对称中心向左延拓，得到

$$T_m(0)=2t(1)-T_m(1),\quad U(0)=U(1)$$
$$T_n(0)=t(1),\quad V(0)=x(1)，停止$$

（2）若 $I_m(1)>I_n(1)$，即信号先出现极小值点，后出现极大值点；

c. 若 $x(1)\geqslant U(1)$，转 d 步；否则，以 $I_n(1)$ 作为对称中心向左延拓，得到

$$T_m(0)=2T_n(1)-T_m(1),\quad U(0)=U(1)$$
$$T_n(0)=2T_n(1)-T_n(2),\quad V(0)=V(2)，停止$$

d. 以左端点为对称中心向左延拓，得到

$$T_m(0)=t(1),\quad U(0)=x(1)$$
$$T_n(0)=2t(1)-T_n(1),\quad V(0)=V(1)，停止$$

实际应用中，以上两种算法均是基于镜像方法，都能明显地抑制端点效应，实

现简单。

6.5.2.2　局部均值计算

　　根据定义 6.3 可知,为了得到 IMF,必须要计算局部均值,由于在数学上定义局部均值至今还比较困难,因此在计算局部均值时采用了各种近似方法,典型的近似方法就是利用三次样条求包络平均。其他计算局部均值的方法还有 Huang 的连续均值筛法,自适应时变滤波法,极值域均值模式分解法,稳定点筛分法,基于支持向量回归机的方法等。

　　当利用样条拟合包络时,样条的选择就显得至关重要,因为除了第一阶 IMF,其他阶的 IMF 都是由样条函数决定的。由 EMD 的筛分过程,将式(6.145)~式(6.147)加起来,即有

$$c_1(t) = x(t) - \left[m_{1k}(t) + m_{1(k-1)}(t) + \cdots + m_{11}(t) + m_1(t) \right]$$

故

$$r_1(t) = x(t) - c_1(t) = m_{1k}(t) + m_{1(k-1)}(t) + \cdots + m_{11}(t) + m_1(t)$$

上式中的均值 $m_{1j}(t)$ 都是通过样条插值产生的,因此从 $r_1(t)$ 筛分得到的所有 IMF 都是由样条函数决定的。除了三次样条插值,在对极值点插值时还可以利用其他插值方法,例如 Akima 插值法,分段幂函数插值法,高次样条插值,B 样条插值法,以及考虑了数据随机性的随机样条插值。

　　由于 B 样条函数可以组成样条空间的基,所以利用 B 样条来求局部均值也是一种合理的选择。利用 B 样条求局部均值 $m(t)$ 时,不再采用上下包络的均值,而是基于极值点滑动平均的 B 样条函数的线性组合。对于极值点序列 $\{\tau_j\}$, $j \in \mathbf{Z}$, 定义

$$x_+^n = x^n \delta(x) = \begin{cases} x^n, & x \geqslant 0 \\ 0, & x < 0 \end{cases}$$

则定义第 j 个 k 阶 B 样条为

$$B_{j,k,\tau}(t) = (\tau_{j+k} - \tau_j) \sum_{l=j}^{j+k} \frac{(\tau_l - t)_+^{k-1}}{\omega'_{k,j}(\tau_l)}$$

其中,$\omega_{k,j}(\tau) = \prod_{i=j}^{k+j} (\tau - \tau_i)$, $\omega'_{k,j}(\tau_l) = \prod_{i=j, i \neq l}^{k+j} (\tau_l - \tau_i)$。

　　定义 $B_{j,k,\tau}(t)$ 支撑区间内的极值点的二项式平均为

$$\lambda_{j,k,\tau}(t) = \frac{1}{2^{k-2}} \left[\sum_{l=1}^{k-1} \binom{k-2}{l-1} x(\tau_{j+l}) \right]$$

故 $m(t)$ 可以表示为

$$m(t) = \sum_{j \in \mathbf{Z}} \lambda_{j,k,\tau} B_{j,k,\tau}(t)$$

　　于是,就可以直接由局部极值点序列求出局部均值,而且上式给出了局部均值的数学表达式,其对于进一步研究 EMD 的性质是非常重要的。

6.5.2.3 停止准则

因为对实际信号的 IMF 要满足局部均值为零是一个严格的条件,故要对这个条件做一些近似,否则会导致过分解。算法 2.1 的筛分过程中,为了得到局部均值为零的 IMF,使用了 Huang 最初提出的 SD 准则,即

$$SD = \sum_{k=1}^{N} \frac{|h_{j-1}(k) - h_j(k)|^2}{h_{j-1}^2(k)}$$

可以看出,这个 SD 值过于依赖于局部小的幅值,如果 $h_{j-1}(k)$ 为零,就会对 SD 值产生较大影响,稍微对上式变下形式,即

$$SD = \frac{\sum_{k=1}^{N} |h_{j-1}(k) - h_j(k)|^2}{\sum_{k=1}^{N} h_{j-1}^2(k)}$$

这个准则在实际算例中,无论是收敛速度还是分解效果,都较原 SD 要好一些。

不难看出,以上的停止准则仍旧是在全局意义上对局部均值采取的限定条件,如果给定某个阈值 δ,当 $\max\{|m(t)|\} < \delta$ 时,认为满足局部均值为零,本质上也是一样的,不妨称之为 δ 准则。

SD 准则和 δ 准则仅考虑了曲线的全局性,如果信号只在少部分时间范围内变化较为剧烈,以上准则就会造成过分解,Rilling 等人利用两个阈值 θ_1 和 θ_2 来保证局部大波动和平均意义下的全局小波动的停止准则。

定义幅度函数为

$$a(t) = \frac{[e_{\max}(t) - e_{\min}(t)]}{2}$$

和评估函数为

$$\sigma(t) = \left| \frac{m(t)}{a(t)} \right|$$

其中,$e_{\max}$,$e_{\min}$ 分别为上下包络线,相应的停止准则为:

(1) $\sigma(t) < \theta_1$ 的时刻个数与全部持续时间之比大于等于 $1-a$,即

$$\frac{\#\{t \in D \mid \sigma(t) < \theta_1\}}{\#\{t \in D\}} \geqslant 1 - a$$

其中,D 是信号的持续范围,$\#A$ 表示集合 A 中元素的个数。

(2) 对于任一时刻 t,有 $\sigma(t) < \theta_2$。其中 $\theta_2 = 10\theta_1$,一般取 $\theta_1 = 0.05$,$\theta_2 = 0.5$,$a = 0.05$。

Rilling 的准则可以保证包络均值在全局趋向于零的条件下,允许局部有略大的偏移,从而避免了过度筛分。

第7章　基于相容性检验的不确定性分析

复杂系统中不确定性信息分析的另一种应用技术就是故障诊断,智能故障诊断是早期人工智能得到快速发展的一个重要支撑,特别是故障诊断领域显现出特殊诊断能力的专家故障诊断系统,对人工智能的发展起到了极大的促进作用。智能故障诊断现已形成一个独立学科的分支。基于模型的故障诊断理论是继专家系统后发展起来的一种智能性故障诊断理论,是对专家故障诊断系统的发展,其具有代表性的分支有基于第一原理的相容性检验故障诊断理论和溯因诊断方法。

相容故障诊断理论是 Reiter 提出的基于模型深层知识描述的一种诊断方法,其诊断原理是通过检测系统描述 SD(System Description)、系统观测值 OBS(Observation Set)和故障假设的相容性(一致性)而得到系统的由真正故障元件组成的最小故障元件集合。这种方法扬弃了传统诊断方法中基于系统的表层知识作为诊断依据的不足,也克服了专家系统对专家经验的依赖,其不足是由于其对诊断空间的约束太弱,导致其诊断结果往往带有不确定性。溯因诊断方法的基本原理是以系统故障与征兆因果理论 Σ 为系统描述的基础,由此实现了故障集合 C 和征兆集合 E 之间的映射。对一观测集 $O \subseteq E$ 的溯因诊断是 C 的中一个最小假设集 A,A 不但与 Σ 一致而且 $A \cup \Sigma$ 蕴涵系统观测集 O。Poole 是溯因诊断方法代表人物。相对于一致性故障诊断,溯因诊断方法对诊断的结果更准确,因为它要通过 A 和 Σ 来解释每一个观测结果。其不足是在一些具有不确定性的知识不完备系统,要解释每一个观测结果是不可能的,而客观世界的每一个子系统均不同程度上具有不确定性,只有在理想化的前提下才能得到系统所谓的精确模型。Console 和 Torasso 把基于模型的诊断看成是带一致性约束的溯因诊断,并给出了诊断的统一框架,该框架使得诊断的不同定义有了共同的比较基础。

7.1　基于第一原理的故障诊断理论

关于诊断推理系统的理论和设计,在文献著述中存在着两种完全不同的方法。第一种方法通常被称为源于第一原理的诊断,人们从一些系统的描述入手:一个物理设备或者同类的现实系统环境,如连同一个系统行为的观测。如果这个观察集与系统预期表现的行为方式冲突,当假定(系统)功能异常时,就会面临一个诊断问题,即诊断出决定那些将可以解释观察值和正确的系统行为之间差异的系统组件。为了从第一原理(出发)解决这种诊断问题,唯一可用的信息就是系统描述,即它的设计或结构,加上系统行为的观察集。特别是,关于系统故障没有启发式信息可用。

在可能被描述为经验方法的第二种诊断推理方法下,启发式信息起着主导的作用。与之相应的诊断推理系统试图编纂经验法则、统计的直觉和在某些特定任务领域被认为是专家的人类诊断专家的以往经验。相应地被诊断的现实环境下系统的结构或设计不被着重表示。成功诊断源于人类专家所建模的现成经验,而不是从经常被称为"深度"知识的体系中被诊断出来。

一个精确的源于第一原理的理论基础在任何诊断推理的一般理论中都将是一个必要的因素。本节介绍源于第一原理的诊断的理论基础。

7.1.1　系统的模型与诊断

大多数相容性诊断都是仅适用于对元件的正确行为建模诊断方法(对被诊断的系统正确行为的模型),但是它并未必扩展到包含故障行为模型的方法或者包含经验证正常的元件的方法。这类诊断方法应用范围狭窄。而溯因方法是针对被诊断系统的故障行为的模型的诊断方法。因此曾经有许多研究者企图扩充基于相容性诊断来处理故障行为模型或扩充溯因诊断来处理正确行为模型。但是这两类方法结合方式和推理都较为单一。C. Luca 和 T. Pietro 结合溯因诊断理论和一致性诊断理论两者的优点,提出了正常行为模型和故障行为模型的统一框架,在一致性理论中运用溯因推理来缩小由基于一致性方法产生的庞大的解空间,在一定意义上提高了诊断效率。这里介绍基于第一原理的故障诊断建模原理。

定义 7.1　一个系统是一个二元组(SD, CMS),其中:

(1) SD 为系统描述,是一组一阶语句的集合;

(2) CMS 为系统组件,是一组有限的常量集(Components,简记为:CMS)。

在所有预期的应用程序中,系统描述将会提到一元谓词 $AB(\cdot)$,解释为"异常"的意思。

例 7.1　图 7.1 描绘了二进制全加器,这个加法器可以表示为一个系统组件$(A_1, A_2, X_1, X_2, O_1)$和系统描述,如下:

$\text{ANDG}(x) \wedge \neg AB(x) \Rightarrow \text{out}(x) = \text{and}(\text{in1}(x), \text{in2}(x))$

$\text{XORG}(x) \wedge \neg AB(x) \Rightarrow \text{out}(x) = \text{xor}(\text{in1}(x), \text{in2}(x))$

$\text{ORG}(x) \wedge \neg AB(x) \Rightarrow \text{out}(x) = \text{or}(\text{in1}(x), \text{in2}(x))$

$\text{ANDG}(A_1), \text{ANDG}(A_2)$

$XORG(X_1), XORG(X_1), ORG(O_1)$

$out(X_1) = in2(A_2)$

$out(X_1) = in1(X_2)$

$out(A_2) = in1(O_1)$

$in1(A_2) = in2(X_2)$

$in1(X_1) = in1(A_1)$

$in2(X_1) = in2(A_1)$

$out(A_1) = in2(O_1)$

此外,系统描述包含那些指定电路输入值是二进制的公理。

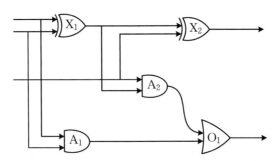

图 7.1　一个完整的加法器 A_1 和 A_2 构成一个与门,
X_1 和 X_2 构成一个异或门,O_1 是一个或门

通常情况下,一个系统描述通过醒目的谓词 AB 来描述系统组件怎样正常表现,其中 AB 是"不正常"的意思。因此,示例系统描述的第一个公理陈述了一个正常(即不是异常)的与门输出是其两个输入的布尔函数。很多其他类型的组件描述是可行的,如通常一个成年人的心率在每分钟 70 至 90 次。

$$ADULT(x) \land (HEART-OF(x,h)) \land \neg AB(h)$$
$$\Rightarrow (rate(h) \geqslant 70 \land rate(h) \leqslant 90)$$

正常情况下,如果通过齐纳二极管的电压是正的,且未到达击穿电压,那么通过它的电流就必是零。

$$(ZENER-DIODE(z)) \land \neg AB(z) \land (Voltage(z) > 0)$$
$$\land (voltage(z) < break-voltage(z))$$
$$\Rightarrow current(z) = 0$$

将事件"发生在元件 c_1 上的故障将导致元件 c_2 发生故障"表示成

$$AB(c_1) \Rightarrow AB(c_2)$$

如果我们知道某一特定类型的组件的所有可能出错方式,那么可以用一个公理的形式来表达

$$TYPE(x) \land AB(x) \Rightarrow FAULT_1(x) \lor \cdots \lor FAULT_n(x)$$

通过引入几种 AB 谓词,可以表示更一般的组件属性,例如,通常情况下,一个

故障的电阻器要么断路要么短路。

$$\text{RESISTOR}(r) \wedge \text{AB}(r) \wedge \neg\text{AB}'(r) \Rightarrow \text{OPEN}(r) \vee \text{SHORTED}(r)$$

将谓词 AB 用于系统描述是借用于 McCarthy 的表述,他采用这样一个谓词与解释各种非单调的常识性推理模式的形式化定义结合。正如将在后面看到的那样,这个看似脆弱的与非单调推理的连接实际上是基本原理。诊断为非单调推理提供了一个重要的例子。

现实环境下诊断设置涉及观察。没有观察集,就没有办法决定是否有错误,因此也不能确定是否需要一个诊断。

定义 7.2　一个系统的观察集是一个一阶谓词语句的有限集合。将观察集为 OBS 的系统 (SD,CMS) 记为 (SD,CMS,OBS)。

例 7.2(例 7.1 续)　假设一个物理全加器给出了输入 $1,0,1$ 和输出 $1,0$,那么这个观察可以表示为

$$\text{in1}(X_1) = 1$$
$$\text{in2}(X_1) = 0$$
$$\text{in1}(A_2) = 1$$
$$\text{out}(X_2) = 1$$
$$\text{out}(O_1) = 0$$

注意:这个观察表明物理电路是错误的;在给定的输入下,这两个电路都是错误的。

还需要注意的是,可辨别的输入和输出是数电电路(和许多人工工件)的特性,不是本节所提出的一般理论。

假设已经确定系统 $(SD,\{C_1,\cdots,C_n\})$ 有故障,通过该系统简略地取得了一个观察集 OBS,如果所有的组件表现正常,该观察集与系统描述预测应发生行为冲突。现在 $(\neg AB(c_1),\cdots,\neg AB(c_n))$ 代表假设所有的系统组件表现正常,那么 $SD\cup\{\neg AB(c_1),\cdots,\neg AB(c_n)\}$ 就代表假设所有组件都工作正常的系统行为。因此,观察集与系统预期应表现的行为冲突的事实是所有的组件表现正常并且可以被公式化表示如下:

$$SD \cup \{\neg AB(c_1),\cdots,\neg AB(c_n)\}OBS \tag{7.1}$$

直观地说,诊断就是一种猜想,即猜想特定组件异常和其余正常。问题是指定所猜想的哪些组件是错误的。现在的目标是解释源于假设 $c_1,\cdots,c_n$ 正常的不一致性[式(7.1)],即所有的组件都表现正确。自然的方法来解释这种不一致性是要取消足够的假设 $\neg AB(c_1),\cdots,\neg AB(c_n)$,以便恢复式(7.1)的一致性。但是我们不应该过分关注于此,我们应该呼吁:

精简原则　诊断是故障组件的最小集合的一个推测。

这使我们得出以下结论:

定义 7.3　系统 (SD,CMS,OBS) 的一个诊断是一个最小集合 $\Delta\subseteq CMS$,使得

$$SD \bigcup OBS \bigcup \{AB(c) \mid c \in \Delta\} \bigcup \{\neg AB(c) \mid c \in CMS - \Delta\}$$

是相容的。

换句话说,诊断是由一组最小的组件决定,这些组件具有以下特性:假设这个集合中的组件的每一个都是错误的(即异常的),而系统中的其他组件都是表现正确的(不是异常),并且与系统描述和观察是相容的。

对于例 7.1 中的全加器,有三个诊断:$\{X_1\}, \{X_2, O_1\}, \{X_2, A_2\}$。

7.1.2　计算诊断的可判定性

诊断的定义要求任意的一阶谓词公式都要满足相容性。由于没有判定方法来确定一阶谓词公式的一致性,而且不能希望在最一般的情况下计算诊断。然而,许多实际设置中的相容性是可判定的,因此诊断是可计算的。

例如,在诸如全加器这种开关电路的情况下,为了计算诊断的目的,它就足够可以决定一个系统的布尔方程是否是一致的,即有一个解决方案,并且这是可决定的。同样,在线性电路的情况下,我们只需要有能力来确定一个线性方程系统是否有一个解决方案。

正如我们将要在后面看到的那样,至少有一个为医疗诊断已建立起来的模型产生了一个可计算理论。关键是我们不应该允许一般问题的不可判定性来阻止我们发展一个诊断理论,因为有很多实际设置中的理论提供了有效的计算(方法)。这意味着对于任何给定的应用程序有必要首先建立诊断问题的可判定性。如果问题被证明是不可判定的,启发式技术将是必要的。

根据定义可得出以下三个性质:

命题 7.1　系统(SD, CMS, OBS)存在诊断当且仅当 SD 和 OBS 是一致时。

命题 7.2　Φ 是系统(SD, CMS, OBS)的唯一一个诊断,当且仅当

$$SD \bigcup OBS \bigcup \{\neg AB(c) \mid c \in CMS\}$$

是相容的,即当且仅当观察集与系统应该表现的行为不冲突的情况下,如果系统所有的组件都表现正常。

命题 7.2 说明,观察没有错误值,所以没有理由推测有故障的组件。

命题 7.3　如果 Δ 是系统(SD, CMS, OBS)的一个诊断,那么对于任意的 $c_i \in \Delta$,有

$$SD \bigcup OBS \bigcup \{\neg AB(c) \mid c \in CMS - \Delta\} \Rightarrow AB(c_i)$$

证明　如果 Δ 是空集,那么结果显然成立。

假设 $\Delta = \{c_1, \cdots, c_k\}$ 非空并且命题是假的,那么

$$SD \bigcup OBS \bigcup \{\neg AB(c) \mid c \in CMS - \Delta\} \bigcup \{\neg AB(c_1) \vee \cdots \vee \neg AB(c_k)\}$$

是相容的。现在 $\neg AB(c_1) \vee \cdots \vee \neg AB(c_k)$ 在逻辑上等于

$$\vee \left[AB\,(c_1)^{i_1} \wedge \cdots \wedge AB\,(c_k)^{i_k} \right]$$

在此式中,析取关系是覆盖所有的 $i_1, \cdots, i_k \in \{0,1\}$ 并且至少有一个 $i_j = 0$,其中

$$AB(c_j)^{i_j} = \begin{cases} AB(c_j), & i_j = 1 \\ \overline{AB}(c_j), & i_j = 0 \end{cases}$$

因此有

$$SD \cup OBS \cup \{\neg AB(c) \mid c \in CMS - \Delta\} \cup \{\vee \left[AB\,(c_j)^{i_j} \wedge \cdots \wedge AB\,(c_k)^{i_k} \right]\}$$

是相容的,在这种情况下,对于选择一些 $i_1, \cdots, i_k \in \{0,1\}$(至少一个 $i_j = 0$),得到

$$SD \cup OBS \cup \{\neg AB(c) \mid c \in CMS - \Delta\} \cup \{AB\,(c_1)^{i_1} \wedge \cdots \wedge AB\,(c_k)^{i_k}\}$$

是相容的。但是这说明 Δ 有一个真子集 Δ',其属性

$$SD \cup OBS \cup \{\neg AB(c) \mid c \in CMS - \Delta\} \cup \{AB(c) \mid c \in \Delta'\}$$

是相容的,与 Δ 是系统 (SD, CMS, OBS) 的一个诊断矛盾。

　　命题 7.3 是非常有趣的,它说明错误组件集 Δ 逻辑上是由正常组件集 $CMS - \Delta$ 决定的。

　　接下来的结果提供了一个比原始定义 7.4 更简单的诊断描述。

　　命题 7.4　$\Delta \subseteq CMS$ 是系统 (SD, CMS, OBS) 的一个诊断,当且仅当 Δ 是使得

$$SD \cup OBS \cup \{\neg AB(c) \mid c \in CMS - \Delta\}$$

相容的一个最小集合。

　　证明　(必要性)　因为 Δ 是一个诊断,有

$$SD \cup OBS \cup \{\neg AB(c) \mid c \in \Delta\} \cup \{\neg AB(c) \mid c \in CMS - \Delta\}$$

是相容的,因此

$$SD \cup OBS \cup \{\neg AB(c) \mid c \in CMS - \Delta\}$$

是相容的。此外,通过命题 7.3,对于每一个 $c_i \in \Delta$,有

$$SD \cup OBS \cup \{\neg AB(c) \mid c \in CMS - \Delta\} \cup \{\neg AB(c_i)\}$$

是相容的。

　　(充分性)　因为 Δ 是最小的,对于每一个 $c_i \in \Delta$,必须有

$$SD \cup OBS \cup \{\neg AB(c) \mid c \in CMS - \Delta\} \cup \{\neg AB(c_i)\}$$

是相容的,即对于每一个 $c_i \in \Delta$,有

$$SD \cup OBS \cup \{\neg AB(c) \mid c \in CMS - \Delta\} \models AB(c_i)$$

是相容的。此外,假设

$$SD \cup OBS \cup \{\neg AB(c) \mid c \in CMS - \Delta\}$$

是相容的。因此

$$SD \cup OBS \cup \{\neg AB(c) \mid c \in \Delta\} \cup \{\neg AB(c) \mid c \in CMS - \Delta\}$$

是相容的。它仍然只表明 Δ 是一个具有为了建立 Δ 是一个诊断的属性的最小集合。但这是很容易的,因为如果 Δ 有这样属性的真子集 Δ',那么

$$SD \cup OBS \cup \{\neg AB(c) \mid c \in CMS - \Delta\}$$

7.1.3　冲突集和诊断

定义 7.4　系统(SD,CMS,OBS)的一个冲突集是一个集合$\{c_1,\cdots,c_k\}\subseteq CMS$使得

$$SD \bigcup OBS \bigcup \{\neg AB(c_1),\cdots,\neg AB(c_k)\}$$

不相容,冲突集记成 CS。

若$\{c_1,\cdots,c_k\}$的真子集都不是冲突集,则它就是最小冲突集,记为 MCS。

命题 7.4 用以下冲突集的措词方式来重新阐述。

命题 7.5　$\Delta\subseteq CMS$ 是系统(SD,CMS,OBS)的一个诊断,当且仅当 Δ 是一个最小集合使得$CMS-\Delta$ 不是系统(SD,CMS,OBS)的冲突集。

定义 7.5　假设 C 是集合簇,C 的一个碰集(HS)是集合:$H=\{H\mid H\subseteq\bigcup_{s\in C}S,\forall S\in C,H\bigcap S\neq\varnothing\}$。

如果 H 的真子集都不是 C 的碰集,则它就是 C 的最小碰集(MHS)。

下面是诊断的主要特征,并且将为计算诊断提供支持。

定理 7.1　$\Delta\subseteq CMS$ 是(SD,CMS,OBS)的一个诊断当且仅当 Δ 是(SD,CMS,OBS)的冲突集合簇中的一个最小碰集。

证明　(必要性)　由命题 7.2 可知,$CMS-\Delta$ 不是(SD,CMS,OBS)的一个冲突集。因此,每一个冲突集包含 Δ 的一个元素,因此,Δ 是(SD,CMS,OBS)冲突集合簇的一个碰集。必须证明 Δ 是一个最小碰集。现在通过命题 7.2 可知,Δ 是一个最小集合,使得 $CMS-\Delta$ 不是一个冲突集。这意味着对于每一个 $c\in\Delta$,有$\{c\}\bigcup(CMS-\Delta)$是一个冲突集。由此得到,Δ 是(SD,CMS,OBS)的冲突集合簇的一个最小碰集。

(充分性)　用命题 7.2 来证明 Δ 是(SD,CMS,OBS)的一个诊断来说明以下这些:

(1) $CMS-\Delta$ 不是(SD,CMS,OBS)的一个冲突集。

(2) 如果 Δ 是具有属性(1)的一个最小集,那么对于每一个 $c\in\Delta$,有$\{c\}\bigcup(CMS-\Delta)$是(SD,CMS,OBS)的一个冲突集。

与证明(1)相反,即如果 $CMS-\Delta$ 是一个冲突集,那么 Δ 将不会是碰集,这与 Δ 是所有冲突集的一个碰集的事实相矛盾。

证明(2),每一个冲突集都有形式 $\Delta'\bigcup K$,其中 $\Delta'\subseteq\Delta$ 并且 $K\subseteq CMS-\Delta$。

此外,对于每个 $c\in\Delta$,一些冲突集必须包含 c,否则 Δ 将不会是一个最小碰集。可以证明一些包含 c 的冲突集是$\{c\}\bigcup K$ 的形式。因为如果不是这样,那么每一个包含 c 的冲突集必须有形式$\{c,c',\cdots\}\bigcup K$,其中 $c'\in\Delta$ 并且 $c'\neq c$。但是 $\Delta-\{c\}$ 是一个比 Δ 更小的碰集,存在矛盾。因此,对于每一个 $c\in\Delta$ 都有一个形式为$\{c\}\bigcup K$

的一个冲突集,其中 $K\subseteq CMS-\Delta$。所以 $\{c\}\bigcup(CMS-\Delta)$ 也是一个冲突集。证毕。

注意:系统 (SD,CMS,OBS) 中每一个包含冲突集的集合也是一个冲突集。因此,可以很容易地证明如下:

定理 7.2 H 是系统 (SD,CMS,OBS) 所有冲突集组的一个最小碰集,当且仅当 H 是 (SD,CMS,OBS) 的所有最小冲突集组中的最小碰集。

将此结果与定理 7.1 结合,可以得到诊断的另一个特性:

推论 7.1 $\Delta\subseteq CMS$ 是系统 (SD,CMS,OBS) 的一个诊断,当且仅当 Δ 是 (SD,CMS,OBS) 的最小冲突集组的一个最小碰集。

例 7.3(例 7.1 续) 全加器有两个极小冲突集 $\{X_1,X_2\}$ 和 $\{X_1,A_2,O_1\}$,分别对应

$$SD \bigcup OBS \bigcup \{\neg AB(X_1),\neg AB(X_2)\}$$

和

$$SD \bigcup OBS \bigcup \{\neg AB(X_1),\neg AB(X_2),\neg AB(O_1)\}$$

的不一致性。

由 $\{X_1,X_2\}$ 和 $\{X_1,A_2,O_1\}$ 的最小碰集给出的三个诊断为:$\{X_1\}$,$\{X_2,A_2\}$,$\{X_2,O_1\}$。

本书计算诊断的方法是基于定理 7.1 的,因此需要计算系统 (SD,CMS,OBS) 的冲突集组的所有最小碰集。因此,我们专注于计算任意集合簇的最小碰集。本书提出的方法特别适用于诊断设置。

定义 7.6 假设 F 是一个集合簇,树 T 是由一个被标注的边和被标注的节点构成的,则树 T 是 F 的一个 HS 树当且仅当它是一个最小树,并且具有以下属性:

(1) 如果 F 是空集,则它的根被标记为"$\sqrt{}$"。否则,它的根被标记为集合簇 F 的一个集合。

(2) 如果 n 是树 T 的一个节点,定义 $H(n)$ 为从树 T 中根节点到 n 的路径中被标注边的集合。如果 n 被标注为"$\sqrt{}$",则它没有后续节点。如果 n 被标注为集合簇 F 的一个集合 Σ,那么对每一个 $\sigma\in\Sigma$,n 都有一个后续节点 n_σ 通过标注 σ 的边连接到 n。标注为 n_σ 的节点是一个集合 $S\in F$,使得 $S\bigcap H(n_\sigma)=\Phi$(如果存在一个集合 S)。否则,n_σ 被标注为"$\sqrt{}$"。

例 7.4 图 7.2 是一颗 HS 树,其中 $F=\{\{2,4,5\},\{1,2,3\},\{1,3,5\},\{2,4,6\},\{2,4\},\{2,3,5\},\{1,6\}\}$。

下面的结果对 F 集合类的任何 HS 树是显然的:

(1) 如果 n 是被标注为"$\sqrt{}$"的树的节点,那么 $H(n)$ 是 F 的一个碰集;

(2) 对于被标注为"$\sqrt{}$"的树节点 n,$H(n)$ 是 F 的一个极小碰集。

注意被标注为"$\sqrt{}$"的形式为 $H(n)$ 的集合不包含 F 的所有碰集。我们的目的是确定各种树修剪技术允许我们产生尽可能小的 HS 树的子树,同时保留这样生成的子树将保留 F 的所有最小碰集的属性。此外,我们希望减少需要生成这个子

树的 F 的访问量,其中通过访问 F 计算出需要确定这个子树节点的标签。节点 n 的标签的这样一种计算取决于(至少在概念上)一个集合 S 搜索 F 使得 $S \bigcap H(n)$ $= \Phi$。如果这样一个集合能够找到,节点 n 被标注为 S,否则被标记为“√”。就我们的目的而言,这种需要一个访问 F 的计算必须被视为极其高代价的。这是因为对我们来说,F 将是 (SD,CMS,OBS) 的所有冲突集的集合。此外,F 将不会明确可用,而是将被隐式定义。对 F 的访问将会成为一个冲突集的计算,并且这将需要调用一个定理验证。显然,我们希望尽可能减少 F 的访问量。

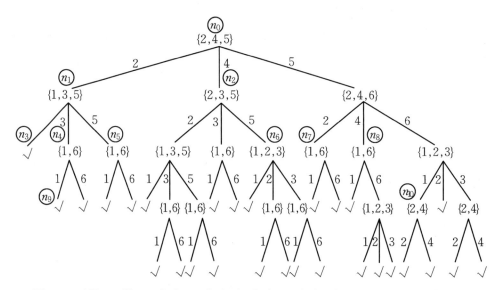

图 7.2　对于 $F = \{\{2,4,5\},\{1,2,3\},\{1,3,5\},\{2,4,6\},\{2,4\},\{2,3,5\},\{1,6\}\}$ 的 HS 树

在生成一个 HS 树时,减少 F 访问量的自然方式是再使用那些已被计算的节点标注。例如,如果图 7.2 的 HS 树是在广度上优先生成,并按照从左到右的顺序在树中以任何固定水平生成节点,那么节点 n_2 可能被分配相同的标签 n_1,即 $\{1,3,5\}$,这是因为 $H(n_2) \bigcap \{1,3,5\} = \Phi$。出于同样的原因,所有被标注为 $\{1,6\}$ 的节点除了 n_4 都不需要访问 F;它们的标签可以从树本身确定,就像之前为 n_4 计算的标签那样。

接下来,考虑 HS 树的三个树修剪技术设备,该技术保留了结果修剪树将包括 F 的所有最小碰集的属性。

(1) 注意在图 7.2 中,$H(n_6) = H(n_8)$。此外,可以重用标签 n_6 来替换 n_8。这意味着如果选择重用标签 n_6 来替换 n_8,根植于 n_6 和 n_8 的子树可以分别相同地生成。因此,n_8 的子树是多余的,故可以关闭节点 n_8。同样的,$H(n_7) = H(n_5)$,所以也可以关闭节点 n_7。

(2) 在图 7.2 中,$H(n_3) = \{1,2\}$ 是 F 的一个碰集。因此,对于 $H(n_3) \subseteq H(n)$ 的树的任何其他节点 n,不可能定义一组比 $H(n_3)$ 还小的碰集。因为我们只对最小碰集感兴趣,因此这样一个节点 n 可以关闭。在图 7.2 中,节点 n_9 是可以关闭的这样一个节点的例子。认识到节点 n_9 可以关闭的计算优势是不必访问 F 来确定 n_9 的标签为"√"。

(3) 下面是关于最小碰集的一个简单结果:如果 F 是一个集合簇,并且如果 $S \in F$ 和 $S' \in F'$ 且 S 有真子集 S',那么 $F-\{S'\}$ 有相同的最小碰集 F。

用这个结果去修剪图 7.2 的 HS 树。注意节点 n_{10} 的标签 $\{2,4\}$ 是之前生成的节点 n_0 的标签 $\{2,4,5\}$ 的一个真子集。这意味着,在标签生成节点 n_{10} 时,我们发现了 F 包含 $\{2,4,5\}$ 的一个严格的子集 $\{2,4\}$,是 F 的另一个集合。那么,在生成 HS 树时,我们可以用更小的集合 $\{2,4\}$ 来标注 n_0,而不是 $\{2,4,5\}$。换句话说,来自标注为 5 的边缘和在边缘下的整个子树都是多余的,它们可以从树中移除,同时保留所得到的修剪树将产生所有最小碰集的属性。

注意到这棵树修剪过程中出现了一些笨拙行为,F 包含一个集合 $\{2,4,5\}$ 的真子集 $\{2,4\}$,直到节点 n_{10} 生成并被标注为 $\{2,4\}$。为什么不只是预扫描 F,从 F 中删除掉所有 F 的超集,并使用所得到的修整过的 F 来产生一个 HS 树?在图 7.2 的例子中,可以在产生它的 HS 树之前首先从 F 中删除 $\{2,4,5\}$ 和 $\{2,4,6\}$,就像已经提到过的那样,不这样做的原因是我们的目的 F 将被隐式地定义为 (SD, CMS, OBS) 的所有冲突集组。由于我们没有为这些冲突集提供一个明确的枚举,所以不能对它们进行初步子集测试。

为 F 生成一个修剪 HS 树,本节的方法如下:

(1) 在广度上优先生成 HS 树,按从左到右的顺序在树上以任何固定水平生成节点。

(2) 复用节点标签:如果节点 n 被标注为集合 $S \in F$,且如果 n' 是一个节点使得 $H(n') \bigcap S = \Phi$,那么 n' 被标注为 S(通过在树中突显出来表明标签 n' 是一个复用标签)。这样一个节点 n' 不需要访问 F。

(3) 树修剪如下:

① 如果节点 n 被标注为"√",且节点 n' 有 $H(n) \subseteq H(n')$,关闭 n',即不为 n' 计算标签,也不为任何生成的后继节点计算标签。

② 如果节点 n 已经生产,且节点 n' 有 $H(n') = H(n)$,那么关闭 n'。(通过用"×"标注来表明树中的一个关闭节点。)

③ 如果节点 n 和 n' 分别被标注为 F 的集合 S 和 S',且如果 S' 是 S 的一个真子集,那么对于每一个 $\alpha \in S-S'$ 把它标注为冗余的,来自于被标注为 α 的节点 n 的边缘。一个冗余边缘,与它下面的子树一起,可能从 HS 树移除同时保留所得到的修剪树将产生所有最小碰集的属性。(通过用记号")("来表示剪断一个修剪 HS 树中的冗余边缘)

图 7.3 为图 7.2 描述了一个修剪的 HS 树。

根据前面的讨论,得到以下结果:

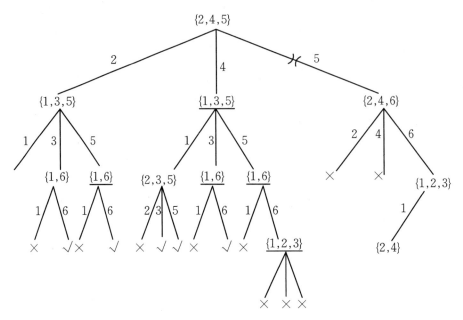

图 7.3 对于 $F = \{\{2,4,5\},\{1,2,3\},\{1,3,5\},\{2,4,6\},\{2,4\},\{2,3,5\},\{1,6\}\}$ 的修剪的 **HS** 树

定理 7.3 令集合 F 为一个集合簇，T 是集合簇 F 的一个修剪树，那么 $\{H(n)|n$ 是被标注为 "$\checkmark$" 的树 T 的节点$\}$ 是 F 的最小碰集的集合簇。

例 7.5（例 7.2 续） 对于图 7.3 中的集合，最小碰集是：

$$\{1,2\},\{2,3,6\},\{2,5,6\},\{4,1,3\},\{4,1,5\},\{4,3,6\}$$

对这些碰集的计算，需要对 F 进行 13 次访问。

7.1.4 计算所有诊断

计算诊断的简单方法可以根据定理 7.2 和 7.3，即首先为 (SD, CMS, OBS) 计算所有冲突集的集合簇 F，然后用修建 HS 树方法来计算 F 的最小碰集。这些最小碰集就是所求诊断。

接下来的问题是系统地计算 (SD, CMS, OBS) 的所有冲突集。注意到，$\{c_1, \cdots, c_k\} \subseteq CMS$ 是一个冲突集当且仅当 $SD \cup OBS \cup \{\neg AB(c_1), \cdots, \neg AB(c_k)\}$ 是不一致时。如果 $SD \cup OBS \cup \{\neg AB(c_1), \cdots, \neg AB(c_k)\}$ 是不一致的，那么 $SD \cup OBS \cup \{\neg AB(c)|c \in CMS\}$ 也是不一致的。则用一个合理的且完备的定理证明，计算 $SD \cup OBS \cup \{\neg AB(c)|c \in CMS\}$ 的所有反演，以及对于每一个这样的反演，可记录进入反演的异常实例。如果 $\{\neg AB(c_1), \cdots, \neg AB(c_k)\}$ 用于这样一个反演的异常实例的集合，那么 $\{c_1, \cdots, c_k\}$ 是一个冲突集。

例如，图 7.4 针对 $SD \cup OBS \cup \{AB(c)|c \in CMS\}$ 给出了程式化的决议类型的

反演树,其进入反演的异常实例是被明确表示的。这样的反演就产生了冲突集 $\{c_1,c_5,c_7\}$。

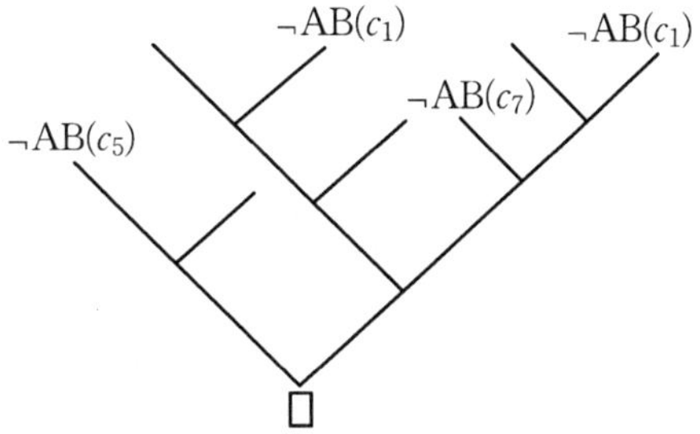

因此,对 (SD,CMS,OBS) 计算所有的冲突集的一个方法是调用一个合理的且完备的定理证明,该定理可计算 $SD\cup OBS\cup\{AB(c)\,|\,c\in CMS\}$ 的所有反演,并且对于每一个反演,可记录进入反演的异常实例,以便确定相应的冲突集。

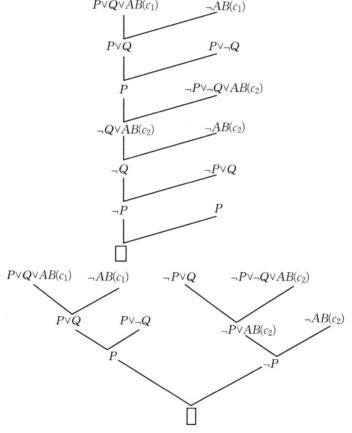

图 7.4 $SD\cup OBS\cup\{AB(c)\,|\,c\in CMS\}$ 的决议类型反演树

不过这种方法有一个严重的问题:冲突集不是以 $SD\cup OBS\cup\{AB(c)\,|\,c\in CMS\}$ 的反演站在 1—1 对应关系中。将会有相互之间无关紧要的变异的反演。图 7.5 说明了两种分辨率反演,尽管是不同的反演,但涉及相同的异常实例。基于冲突集的计算方法的反演不应该计算这种

图 7.5   两个涉及相同异常实例的决议反演

无关紧要的变异。如果依靠一个反演定理证明来计算反演式,那么关注一些特定的反演策略(例如线性变体、文字排序变体等等)对该问题可能会有帮助。但是依赖一个特定类型的定理证明并不是一个好办法。

我们不应该限制底层定理证明系统(the underlying theorem proving system),因为特定的应用程序可能受益于特殊目的的定理证明,例如,诊断的约束传播技术。我们的问题是阻止反演的无关紧要的变异的计算,没有强加任何限制底层定理证明系统的性质。正如我们将看到的,计算最小碰集的算法能很好地处理这个问题。

事实上,底层定理证明免除了对于所有冲突集的系统生成的所有职责,这一职责确定被计算的冲突集的顺序,且当它们都被确定之后,通过计算最小碰集的算法所确定。根据生成修剪 HS 树的算法需求,定理证明器直接返回一个合适的冲突集。

现在来介绍计算(SD,CMS,OBS)的所有诊断的算法。本书的方法是基于定理 7.2 的,因此需要(SD,CMS,OBS)的冲突集组 F 的所有最小碰集。最小碰集的计算将涉及为 F 产生一个修剪 HS 树,比如按照定理 7.3,但也有一个明显的不同:F 不会明确给出。相反,正如需要的那样,F 的合适元素将被计算,而 HS 树将被生成。

回想一下在生成集合簇 F 的一个修剪树 HS 树时,该树的一个节点 n 可被两种方式分配标签:

(1) 通过当 $H(n)\bigcap S=\Phi$ 时预先为一些其他节点 n' 确定复用一个标签 S 的方法。在这种情况下,不需要访问 F,因为 n 的标签是从远处生成的修剪 HS 树那部分获得的。

(2) 通过为集合 S 搜索 F 使得 $H(n)\bigcap S=\Phi$。如果这样一个集合 S 能在 F 中找到,那么 n 就被标注为 S,否则标注为“$\sqrt{}$”。在这种情况下,必须访问集合 F;没有 F,n 的标签不能被确定。

现在应该清楚,集合 F 需要明确给出。唯一一次需要 F 是在上面的例 7.5 中。因此,要为 F 生成一个修剪 HS 树,我们仅仅需要一个函数,当给出 $H(n)$ 时,如果在 F 中存在这样一个集合 S,该函数返回一个集合 S,使得 $H(n)\bigcap S=\Phi$,否则返回“$\sqrt{}$”。现在展示这样一个函数:当 F 是(SD,CMS,OBS)的冲突集合簇,令 $TP(SD,CMS,OBS)$ 是一个函数,该函数具有这样的属性:无论何时,(SD,CMS,OBS) 都是一个系统并且 OBS 是该系统的一个观察集,如果存在冲突集,则 $TP(SD,CMS,OBS)$ 返回(SD,CMS,OBS)的一个冲突集,即如果 $SD\bigcup OBS\bigcup\{\neg AB(c)|c\in CMS\}$ 不一致,那么返回(SD,CMS,OBS)的一个冲突集,否则返回 “$\sqrt{}$”。很容易看到,任何此类 TP 函数具有以下属性:如果 $C\subseteq CMS$,那么如果存在一个集合 S,则 $TP(SD,CMS-C,OBS)$ 针对(SD,CMS,OBS)返回一个冲突集 S,使得 $C\bigcap S=\Phi$,否则返回“$\sqrt{}$”。由此可见,可以针对 F 生成一个修剪过的 HS

树,正如在 7.1.4 节中描述的那样,它是 (SD, CMS, OBS) 的冲突集合簇,除了这棵树的一个节点 n 需要访问 F 来计算它的标签,其余用 $TP(SD, CMS - H(n), OBS)$ 来标注 n。从这个修剪 HS 树 T 中,可以对 F 提取出所有的冲突集组,即 $\{H(n) | n$ 是被标注为"√"的树 T 的一个节点$\}$。由定理 7.2 可知,这是 (SD, CMS, OBS) 的诊断组。

我们已经证明下面"算法"的正确性:

修剪算法:诊断 (SD, CMS, OBS)。

步骤 1　正如 7.1.4 节描述的那样,对 (SD, CMS, OBS) 的冲突集合簇 F 生成一个修剪过的 HS 树,除了在生成 T 的过程中,T 的一个节点 n 需要访问 F 来计算它的标签,其余用 $TP(SD, CMS - H(n), OBS)$ 来标注那个节点;

步骤 2　返回 $\{H(n) | n$ 是被标注为"√"的 T 的一个节点$\}$。

例 7.6(例 7.2 续)　全加器。图 7.6 为全加器的例子,展示了一个可能的修剪过的 HS 树,正如被诊断 $(SD, \{X_1, X_2, A_1, A_2, O_1\}, OBS)$ 所计算的那样,其中 SD 和 OBS 是对全加器早就描述过的系统描述和观察集。回想一下,$\{X_1, X_2, A_1, A_2, O_1\}$ 是该系统的组件。图 7.6 的根节点被一个 $TP(SD, \{X_1, X_2, A_1, A_2, O_1\}, OBS)$ 的调用来标注,该调用我们假设返回 $\{X_1, X_2\}$。节点 n_1 被一个 $(SD, \{X_2, A_1, A_2, O_1\}, OBS)$ 的调用所标注。因为 $SD \cup OBS \cup \{\neg AB(X2), \neg AB(A_1), \neg AB(A_2), \neg AB(O_1)\}$ 一致,该调用返回"√"。节点 n_2 被一个 $(SD, \{X_1, A_1, A_2, O_1\}, OBS)$ 的调用所标注,该调用我们假设返回 $\{X_1, A_2, O_1\}$。节点 n_3 通过一个 HS 树修剪规则表示为关闭。节点 n_4 被一个 $(SD, \{X_1, A_1, O_1\}, OBS)$ 的调用所标注,该调用返回"√",因为 $SD \cup OBS \cup \{\neg AB(X_1), \neg AB(A_1), \neg AB(O_1)\}$ 一致。同样地,节点 n_5 被一个 $TP(SD, \{X_1, A_1, A_2\}, OBS)$ 的调用标注为"√"。所有的诊断集合现在都可以从图 7.6 的树中解读到:$\{\{X_1\}, \{X_2, A_2\}, \{X_2, O_1\}\}$。需要调用 5 次 TP。当然,图 7.6 不是全加器唯一可能的诊断计算。所获取的特定的树取决于函数 TP 的返回值。图 7.7 为全加器展

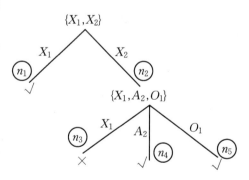

图 7.6　全加器计算所有诊断

示了一个不同可能的修剪过的 HS 树,相对应于不同的函数 TP。注意到在这种情况下,根节点被一个由 $TP(SD, \{X_1, X_2, A_1, A_2, O_1\}, OBS)$ 返回的非最小冲突集所标注。此外,HS 树修剪算法在 TP 返回一个根节点标签的严格子集 $\{X_1, A_2, O_1\}$ 之后,标记一个冗余边缘(被标注为 A_1)。这个例子需要调用 6 次 TP。

下面对算法诊断作一评论:

(1) 没有两个通过诊断 TP 的调用会返回相同的冲突集。这种方法下一个简

单结果是节点标签是在生成一个修剪过的 HS 树的过程中确定的。因此,底层 TP 定理证明不需要从本质上用两个不同的方法来计算相同的冲突集,正如图 7.5 中的例子一样。此外,诊断 TP 的任何两个调用,后来的调用不会返回之前调用的一个超集。这样的结果是正常诊断将仅仅明确计算 (SD, CMS, OBS) 所有可能冲突集的一个小的子集。举个例子,在图 7.6 中,诊断仅仅计算可能的 12 个冲突集中的两个,然而在图 7.7 中,计算了 3 个。这是很重要的,因为一个冲突集的计算需要对定理证明进行一个高代价的调用。

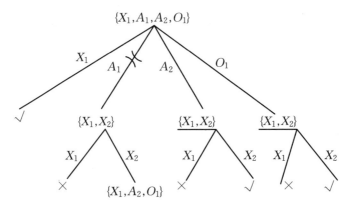

图 7.7　全加器的不同诊断计算

(2) 函数 TP 可在许多不同的方式下计算实现。正如之前所说的,一种方法是给予定理证明使用一个完整的反演,该定理记录进入计算反演式的异常实例。另一种计算冲突集的方法是使用一个定理证明来直接获得异常实例的一个析取,从 $SD \cup OBS$ 作为前提,即公式 $AB(c_1) \cdots AB(c_k)$ 的形式,然后,因为 $SD \cup OBS | -AB(c_1)$,$\cdots, AB(c_k)$,可以得到 $SD \cup OBS \{AB(c_1), \cdots, AB(c_k)\}$ 不一致,由此,$\{c_1, \cdots, c_k\}$ 是一个冲突集。

在特定应用中,TP 可以通过特定的定理证明被实现,例如,解决系统方程的约束传播技术。无论 TP 使用了什么样的定理证明技术,它大概以下的方式实现,即当计算一个冲突集被缓存起来用于后继调用 TP 的可能使用中时,中间级计算才获得。

(3) 如果函数 TP 可以实现以使它只返回最小冲突集,然后在修剪过的 HS 树的这一代,没有边缘会被标记为冗余,以至于在这种情况下,可以简化树生成算法。

(4) 因为修剪过的 HS 树在广度上优先生成,诊断是按照增加基数的方式计算的。那么,仅仅涉及单个组件的所有诊断是由那些在这棵树中处于 1^4 这一级被标注为"√"的节点决定的。而且这些是在决定那些涉及两个组件的诊断的 2 级节点之前被计算的,等等。出于某种原因,如果我们相信基数大于 k 的诊断的可能性不大,或者只对基数小于等于 k 的诊断感兴趣,那么诊断可以阻止处于 k 级的 HS 树生长。

例 7.7　系统设备组件为：M_1，M_2，M_3，A_1 和 A_2。观察集给出，如下：

$$\text{in}1(M_1) = 3, \quad \text{in}2(M_1) = 2, \quad \text{in}1(M_2) = 3, \quad \text{in}2(M_2) = 2$$
$$\text{in}1(M_3) = 3, \quad \text{in}2(M_3) = 2, \quad \text{out}(A_1) = 10, \quad \text{out}(A_2) = 12$$

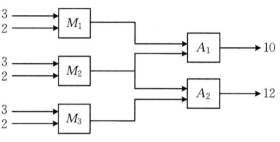

图 7.8　系统结构图

M_1，M_2，M_3 是乘法器；A_1，A_2 是加法器

我们省略了一个系统描述的完整规范，它将涉及指定组件怎样正常运行的公理，连同关于整数的加法和乘法的公理。

例如，一个乘法器的正常行为将被指定为

$$\text{MULTIPLIER}(m) \wedge \neg \text{AB}(m) \Rightarrow \text{out}(m) = \text{in}1(m) * \text{in}2(m)$$

系统描述也包括含描述组件是怎样相互联系的公理，例如

$$\text{out}(M_1) = \text{in}1(A_1), \quad \text{out}(M_2) = \text{in}2(A_1), \quad \text{out}(M_2) = \text{in}1(A_2), \cdots$$

因为观察值 $\text{out}(A_1) = 10$ 与预期值 $\text{out}(A_1) = 12$ 冲突，所以该设备是错误的。图 7.9 和图 7.10 给出了两个算法诊断可能计算的修剪 HS 树。由此获得了该设备的四个诊断：$\{M_1\}$，$\{A_1\}$，$\{M_2, M_3\}$，$\{A_2, M_2\}$。

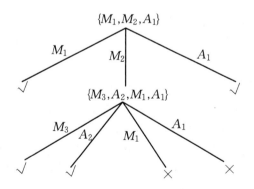

图 7.9　例 7.3 的一个修剪过的 HS 树

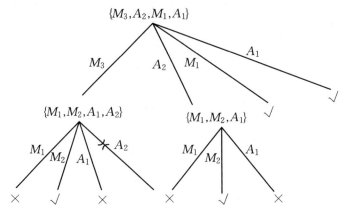

图 7.10　例 7.3 的一个修剪过的 HS 树

7.1.5　单一故障诊断

诊断是一个单一故障诊断当且仅当它是一个单组件。如果它包含两个或两个以上的组件,那么它就是一个多故障诊断。对于全加器的例子,有一个单一故障诊断 $\{X_1\}$,和两个多故障诊断 $\{X_2, A_2\}$ 和 $\{X_2, O_1\}$。

单一故障诊断是特殊的一类,主要是因为我们通常希望组件失灵是独立于彼此的。因此,单一故障诊断被评定为比任何它们的同类——多故障诊断要更可能正确。因此,在全加器的例子中,单一故障诊断 $\{X_1\}$ 是优先于另外两个多故障诊断的。由此有以下结论:

命题 7.6　$\{c\}$ 是 (SD, CMS, OBS) 的一个单一故障诊断当且仅当 c 是 (SD, CMS, OBS) 的每一个(最小)冲突集的一个元素。

如果只关心计算所有的单一故障诊断,则可以通过允许算法诊断来生成一个修剪的 HS 树,使之仅仅到达该树的级别 1,即为每一个被标注为"√"的级别 1 节点返回 $H(n)$。事实上,下面的结果是算法诊断准确性的一个简单结果。

定理 7.4(从一个冲突集确定所有单一故障诊断)　假设 C 是 (SD, CMS, OBS) 的一个冲突集,那么 $\{c\}$ 是 (SD, CMS, OBS) 的一个诊断当且仅当 $c \in C$ 且 $SD \cup OBS \cup \{\neg AB(k) | k \in CMS - \{c\}$ 是一致的)的情况下。

定理 7.4 以自然的方式概括了一些我们所得到的冲突集的情况,但不一定是所有冲突集。

定理 7.5(从一些冲突集确定所有单一故障诊断)　假设对于 $n \geqslant 1$,有 $C_1, C_2, \cdots, C_n$ 是 (SD, CMS, OBS) 的冲突集,并且 $C = \bigcap_{i=1}^{n} C_i$。那么 $\{c\}$ 是 (SD, CMS, OBS) 的一个诊断当且仅当 $SD \cup OBS \cup \{\neg AB(k) | k \in CMS - \{c\}$ 是一致的)的情况下。

证明 （必要性）　通过命题 7.6 可知，$c \in C$。其余遵循命题 7.4。

（充分性）　因为 (SD, CMS, OBS) 有一个冲突集，那么 $SD \cup OBS \cup \{\neg AB(k)|k \in CMS - \{c\}\}$ 是一致的。因为 $SD \cup OBS \cup \{\neg AB(k)|k \in CMS - \{c\}\}$ 是一致的，故由命题 7.4 可得，$\{c\}$ 是 (SD, CMS, OBS) 的一个诊断。

定理 7.5 是 Davis 候选产生程序的一个概括，并为 Davis 的程序提供一个正式的理由。Davis 的担忧是被约束网络代表的诊断电路中单一故障诊断确定的。它的候选产生程序计算一些（不必是全部）冲突集，交叉这些去获得一组可能的单一故障候选集合 C，然后对于每一个 $c \in C$ 通过暂停（关闭）约束建模 c 的行为来执行一个候选一致性测试。这种一致性测试通过 c 的约束的暂停来对应 $SD \cup OBS \cup \{\neg AB(k)|k \in CMS - \{c\}\}$ 的一致性测试，要求根据定理 7.62 求得。从组件中排除 c 相当于在进行一致性测试时关掉组件 c。

7.2　修剪算法改进

显然，上节介绍的去除多余边缘的修剪方法只有当在集合簇中至少有一个集合是其他集合的真超集时是可用的。注意到，诊断是冲突集合簇的最小碰集。正如已经指出的，Reiter 方法的优点是由底层定理证明确定的冲突集合簇不必是最小的。但是，这种修剪可能遗失最小碰集，导致诊断不完全。

7.2.1　修剪算法分析

考虑集合簇：$\{\{a,b\}, \{b,c\}, \{a,c\}\{b,d\}, \{b\}\}$。如果没有通过去除多余的边缘修剪，如图 7.11 所示的 HS 树将生成。

识别的节点标签已被添加。需要注意的是节点 n_5, n_7 和 n_9 已被子集规则[修剪规则(3)a]关闭，因为 n_3 被标注为"√"，$H(n_3) \subseteq H(n_5)$，$H(n_3) \subseteq H(n_7)$ 和 $H(n_3) \subseteq H(n_9)$。标注节点 n_8 的集合 $\{a\}$ 是标注节点 n_0, n_1 和 n_4 的集合 $\{a,b\}$ 的真子集。如果来自 n_0 的多余分支即被标注为 "a" 的分支被修剪，其余的树仅包含节点 n_0, n_2, n_5 和 n_6。最小碰集 $\{a,b\}$ 不再在树中表示。

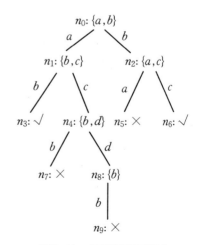

图 7.11　修剪问题 HS 树

问题来自去除多余边缘(规则(3)c)的修剪规则的相互作用和关闭规则(规则(3)a)。当一个关闭规则发现另一个将导致相同的最小碰集的节点 n' 时,将关闭节点。当然,这样假设节点 n' 将继续留在 HS 树中。但是,修剪规则可能会删除该节点 n',这意味着任何潜在碰集的路径将完全遗失——当节点 n 被关闭时,从节点 n 的路径遗失,当节点 n' 被修剪时,从节点 n' 的路径遗失。

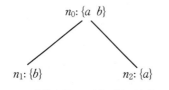

图 7.12　对节点需要重新贴标签的 HS 树

在提出解决该问题的方案之前,首先澄清另一个在 Reiter 的原始算法方面有意义的方法。通过去除多余的边缘修剪也要求父节点被重新标注。考虑集合簇 $\{\{a, b\}, \{a\}, \{b\}\}$,如果没有修剪,图 7.12 的 HS 树将可以生成。因为 $\{b\} \subset \{a, b\}$,在节点 n_0 下的"a"分支将被修剪。然而,如果 n_0 不被集合 $\{b\}$ 重新标注,那么在节点 n_0 下的"b"分支将被修剪为 $\{a\} \subset \{a, b\}$。保存下来的 HS 树将包含不被标注为"$\sqrt{}$"的单一节点 n_0。

修剪方法是基于论证的(在 Reiter 的论文中提出),当一个节点 n 被标注为集合 S' 且集合 $S \in C$,其中 $S \subset S'$,那么节点 n 将被标注为 S 而不是 S'。这种证明是去除被 $S' - S$ 的成员标记的从 n 降低的边缘,只留下 S 的成员标记的边缘。在该文中,Reiter 讨论重新标记节点,但是这点没有在算法中说明。

7.2.2　算法的改进

Reiter 描述的计算最小碰集原理是正确的。然而,该算法没有很好的实现该原理。HS-DAG 算法更好地实现了这个算法的原理。它涉及使用一个有向的回路 DAG 来计算最小碰集而不是一个树。为了简化说明,假设该集合簇是有序的。这样就允许我们确定性地指定算法,因为现在可以选择该集合的一个成员而不是假定一个成员是被任意选择的。

对一个有序的集合簇 F,通过构造 HS-DAG 来定义该算法。

(1) 让 D 代表不断增长的 DAG,生成一个 DAG 的根节点。该节点将在(2)中被处理。

(2) 按广度优先的顺序处理该节点。处理节点 n:

① 定义 $H(n)$ 是在 D 中从根节点到节点 n 的路径上的边标签集合;

② 如果对于所有的 $x \in F$,$x \cap H(n) \neq \Phi$,那么用"$\sqrt{}$"标记 n。否则,用 Σ 来标记 n,其中 Σ 是 F 的第一个成员,并且有 $\Sigma \cap H(n) = \Phi$。

③ 如果用集合 $\Sigma \in F$ 来标记 n,那么对于每个 $\sigma \in \Sigma$,生成一个新的用 σ 标记的向下弧线标记。该弧线导致产生一个新的节点 m,并有 $H(m) = H(n) \cup \{\sigma\}$。新

节点 m 将在所有同一代的像 n 那样的节点被处理过之后才被处理(标记并扩大)。

(3) 返回结果 DAG, D。

该构造算法对应 Reiter 基本的没有修剪的 HS 树算法。其不同之处仅在于 F 的第一个成员,它有资格作为一个标签,因为是一个节点被选择而不是任意一个成员。另外注意,作为安排收集集合的结果,该算法将尽可能重复使用节点标签。

根据 Reiter 的思想,为了减小 DAG 的尺寸,本节提出了三种修剪增强算法并仅仅产生了最小碰集。

(1) 复用节点:该算法不总是产生一个新的节点 m 作为节点 n 的后继节点,有两种情况需要考虑:

① 如果在 D 中存在一个节点 n',使得 $H(n') = H(n) \bigcup \{\sigma\}$,那么令 σ-arc 在 n 点指向该存在的节点 n'。因此,n' 将有多个父节点。

② 否则,在该 σ-arc 的末端生成一个新的节点 m,正如在 HS-DAG 算法中的描述的那样。

(2) 关闭:如果存在一个被标注为"$\sqrt{}$"的节点 n',并且 $H(n') \subset H(n)$,那么关闭节点 n。不为节点 n 或任何产生的后继节点计算标签。

(3) 修剪:如果集合 Σ 用来标注一个节点,并且先前没有被使用,然后尝试如下描述的那样修剪 D。

① 如果有一个节点 n',它已经被标注为集合 F 的 S',其中 $\Sigma \subset S'$,然后用 Σ 标注 n'。在 $S' - \Sigma$ 中对于任何的 a,在节点 n' 下边缘 a 不再被允许。通过边缘和所有的后继节点连接的节点被删除,除了那些有不被删除的另一个父节点的节点。注意,此步骤可以消除当前正在处理的节点。

② 在集合簇中互换集合 S' 和 Σ。(注意,这就像从 F 中删除 S' 那样有着相同的效果。)

图 7.13 为先前使用的集合簇,显示出了一个局部的 HS-DAG,即 $\{\{a, b\}, \{b, c\}, \{a, c\}, \{b, d\}, \{b\}\}$。当集合 $\{b\}$ 首先作为一个标签时,DAG 如图 7.14 那样被修剪。注意,节点 n_3 仍然有父节点并且仍保留在 DAG 中。因为最小碰集 $\{a, b\}$ 没有丢失,正如与 HS 树的情况相同。

令 HS-DAG 适用于包括修剪规则在内的整体算法。注意,被算法返回的特别的 HS-DAG 取决于如何安排 F。采用 $\Pi(F)$ 用于 F 的 Π-重排,HS-DAG(F) 和 HS-DAG$(\Pi(F))$ 将导致不同的 HS-DAG。下面证明这两个图表将产生相同的最小碰集,其中对于被标注为"$\sqrt{}$"的节点 n,碰集是 $H(n)$。

定理 7.6(HS-DAG 算法的正确性)　给出有序集合 F,HS-DAG 算法返回一个特定的标记的 DAG。

(1) 对于所有被标记为"$\sqrt{}$"的节点 n,$H(n)$ 是一个最小碰集。

(2) 对于 F 的每一个最小碰集都是那些被标记为"$\sqrt{}$"的节点 n 的 $H(n)$。

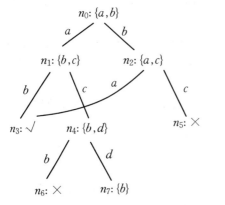

图 7.13　修剪前的 HS-DAG

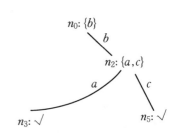

图 7.14　修剪后的 HS-DAG

证明　这足以证明以下三点：① 基本的 HS-DAG 算法（不带修剪规则）会发现所有的最小碰集集合；② 该修剪规则不会消除任何的最小碰集；③ 修剪规则将消除所有的非最小碰集。

该结论应用于 Reiter 的基本算法来构造一个没有修剪的 HS 树。显然，如果 F 的成员被任意选择，那么它对于任何特定的顺序必须都是真实的，也就是对于我们有关的基本 HS-DAG 算法而言。我们在以下引理 7.1 中证明它。

这足以说明，这三条修剪规则没有一条可以消除任何被标注为"√"的节点。

（1）复用节点的过程中不删除任何节点。这不只是用于将 HS 树编码为一个 DAG。注意，我们可以通过复制每个具有多个父节点的节点重新获取树的信息。对于每个具有多个父节点的节点 n：假设 n 通过被标注为 α_i 的分支与它的 m_i 父节点连接，也就是，对于 $i=1,\cdots,k$，m_i 的 α_i 分支向下降到 n。子 DAG 以 n 为根可以被复制 k 次，m_i 的 α_i 分支指向第 i 次复制。通过扩大每个这样的节点来获得一棵树。因为这个步骤对任何被标注为"√"的节点没有影响，它既不与其他的修剪规则相干扰，也不与它自身的其他应用程序相干扰。

（2）关闭节点的过程是从 HS-DAG 中移除一些节点。通过构造，它仅仅移除一个节点 n，如果存在一个被标注为"√"的节点 n'，其中 $H(n')$ 是 $H(n)$ 的一个真子集。注意，$H(n')$ 是一个碰集自 n' 被标记为"√"之后。基本的 HS-DAG 算法会留下节点 n 和所有它的子节点。在以节点 n 为根的子 DAG 中，令 c 为任何被标记为"√"的节点。注意，$H(c)$ 必须是 $H(n)$ 的超集，因此它将是 $H(n')$ 的一个严格的超集。因为 $H(n')$ 是一个碰集，所以 $H(c)$ 一定不会是最小碰集。

（3）修剪将一个 HS-DAG 变换成另一个形式。也就是说，它为一些重排的 Π 产生了有关 HS-DAG$[\Pi(F)]$ 的 DAG，而不是（一开始）有关 HS-DAG(F) 的。

回想一下，根据定义，对于每一个非最小碰集 h 都存在一个最小碰集 h_m，使得 $h_m \sqsubset h$。假设在未修剪的 HS-DAG 中存在一个节点 n，它将是由基本构造算法产生的，使得 $H(')$ 就是该非最小碰集 h。从上文中我们知道，该 HS-DAG 将包括标记为"√"的节点,其 H-set 是 h_m。调用此节点 n_m。注意,n_m 将出现在比节点 n 更接近 DAG 的根的地方。通过该算法的广度优先排序的优点,n_m 将在 n 之前产生。

HS-DAG 构造算法的增强(关闭)规则(规则(2))将防止产生并标记节点 n,因为该规则只要被考虑就关闭节点 n。这个增强规则实际上可能关闭 n 的父级节点。

引理 7.1　基本的没有任何修剪增强规则的 HS-DAG 算法会发现所有的最小碰集。也就是说,设 T 为返回的 HS 树,并令 h 为任何最小碰集。那么 T 将包含节点 n 使得 $H(n)$ 就是 h 及 n 的标签为"√"。

证明　通过对 F 的基数的归纳,有:

如果 $|F|=0$,那么 F 唯一的最小碰集是空集。注意,对于 F 唯一的 HS 树是包含被标记为"√"的单一节点 n_0 的退化树。因为 $H(n_0)=\Phi$,所以对于 F,每一个可能的 HS 树包括 F 的所有最小碰集。

对于集合 F 设 T 为任意的 HS 树,其中 $|F|=n+1$。令它的根节点标记为 f_0,其中 $f_0\in F$ 且 $f_0=\{m_1,\cdots,m_k\}$。定义 F_i 为 F 中不包含元素 m_i 的成员,即 $F_i=\{f\mid f\in F$ 且 $m_i\notin f\}$。注意,m_i 下的子树是集合 F 的一个 HS 树且有 $|F_i|<|F|$。通过归纳假设,对于 F,HS 树的标记为"√"的节点的 H 集合包括对于 F_i 的所有最小碰集。这意味着,对于 F 的 HS 树的标记为"√"的节点的 H 集合是 $h_i\bigcup\{m_i\}$ 的形式,其中 h_i 是 F_i 的最小碰集。足以证明,这占了 F 的最小碰集的全部。

设 h 是对于 F 任意的最小碰集。根据定义,存在一个元素,称为 m_i,使得 $m_i\in h$ 和 $m_i\in f_0$。该 m_i 足以说明对于 $m_i\in f_j$ 有每一个 $f_j\in F$。h 保留下来的元素必须(最低限度地)碰撞每一个 F 中保留下来的成员,即 $h-\{m_i\}$ 必须是 F_i 的最小碰集。根据构造解释这是成立的。

7.3　最小碰集的计算

在 Reiter 的方法中,诊断的产生阶段要用 HS 树(图)来计算最小冲突集的最小碰集,即诊断。HS 树的节点比较多,因而效率比较低,而且会因为剪枝的问题而剪掉真实解。但是用 HS 树(图)计算最小碰集是基于模型诊断的关键步骤,所以很多研究者对该算法进行了改进。HS 树算法的缺点集中表现在:

(1) 需要进行剪树,可能会丢失正确解;

(2) 建立的树或图是一般的树(图),没有规律,算法实现比较繁琐;

(3) 一旦增加新的节点,则必须重新生成 HS 树,时间开销更大。

下面介绍几种不同的计算最小碰集的方法。

7.3.1　递归建立 HS 树计算最小碰集

定义 7.7　给定最小冲突集 $MCS = \{C_1, C_2, \cdots, C_n\}$，RHS 树是如下递归定义的正则二叉树（regular binary tree，即非终端节点均有两个子树）。

每个节点的数据是两个集合簇（元素是集合的集合），根节点分别记为：C 和 H。左、右子树根节点分别记为：C_l 和 H_l，C_r 和 H_r。根节点的 C 就是初始的全部最小冲突集簇：$\{C_1, C_2, \cdots, C_n\}$。

(1) 若 $|C| = 1$，则该节点是叶子节点；

(2) 若根节点的 $|C| > 1$，（$|\cdot|$ 表示集合簇中的集合个数），将根节点的 C 简单分成两部分：$\{C_1, C_2, \cdots, C_{[n/2]}\}$，$\{C_{[n/2]+1}, C_{[n/2]+2}, \cdots, C_n\}$。其中，$\{C_1, C_2, \cdots, C_{[n/2]}\}$ 是左子树根节点的 C_l，$\{C_{[n/2]+1}, C_{[n/2]+2}, \cdots, C_n\}$ 是右子树根节点的 C_r。

递归定义 H：

(1) 叶子节点的 $H = \{\{c\} \mid c \in C\}$；

(2) 非叶子节点的 $H = \{h_1 \bigcup h_2 \mid h_1 \in H_l, h_2 \in H_r\}$，$h_1$、$h_2$ 是集合，分别是 H_l、H_r 的元素。

将 RHS 树根节点的 H 最小化处理（删除包含其他集合的集合），就是所要求的最小碰集。即使初始给定的冲突集 CS 不是最小的，也可以得到正确解。

RHS 树算法：利用 RHS 树递归计算冲突集 CS 的最小碰集 MHS。

```
RHS(CS):HS;   /*冲突集是 CS,返回碰集 HS*/
BEGIN
  IF  (|CS|==1)
    THEN
      RETURN ({{c}|c∈CS}|)
    ELSE
      BEGIN
      CS->LCHILD ->CS={c₁,c₂,···,c[|S/2|]};
      CS->RCHILD ->CS={c[|S/2|]+1,c[|S/2|]+2,···,c|CS|};
      CS->LCHILD ->HS=RHS(CS ->LCHILD ->CS);
      CS->RCHILD ->HS=RHS(CS ->RCHILD ->CS);
      RETURN ({h₁⋃h₂|h₁∈CS ->LCHILD ->HS,h₂∈CS ->
      RCHILD ->HS});
      END;
  ENDIF;
END
```

该算法比其他算法容易编程实现,且时间复杂度与空间复杂度也能满足一般诊断系统的要求。

例 7.8　利用 RHS 树计算最小碰集,生成的 RHS 树如图 7.15 所示。

用 RHS 树算法得到的最小碰集是:$[1,2]$,$[2,3,6]$,$[2,5,6]$,$[1,3,4]$,$[1,4,5]$,$[3,4,6]$。与 Reiter 的结果一致。

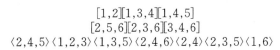

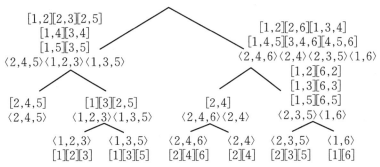

图 7.15　利用 CS 递归计算最小碰集

定理 7.7　如果冲突集 $CS=\{C_1,C_2,\cdots,C_n\}$,用 RHS 树算法得到的 H 一定是冲突集 CS 的最小碰集 MHS。

证明　对 RHS 树的深度 k 用数学归纳法。

(1) 当 $k=1$ 时,即 RHS 树深度 $=1$,这样的情况只有一种:最小冲突集只有一个集合 $C=CS$,所以,最小碰集是 $\{\{h\}|h\in CS\}$ 显然成立;

(2) 假设当 $k\leqslant n$ 时结论成立,则当 $k=n+1$ 时,有

假设 RHS 树根节点 $C=\{C_1,C_2,\cdots,C_n\}$,则左子树 $C_l=\{C_1,C_2,\cdots,C_{[n/2]}\}$,右子树 $C_r=\{C_{[n/2]+1},C_{[n/2]+2},\cdots,C_n\}$。显然,左子树与右子树的 CS 个数 $k\leqslant n$,由假设得:左子树 H_l 是 C_l 的碰集,右子树 H_r 是 C_r 的碰集。所以 $\{h_1\bigcup h_2|h_1\in H_l,h_2\in H_r\}$ 一定是 $C_l\bigcup C_r$ 的碰集,即是 C 的碰集。

即 RHS 树根节点的 H 即是 CS 的最小碰集 MHS。证毕。

说明:(1) 用 RHS 树计算最小碰集不必进行剪枝,因而不会丢失正确解;

(2) 该算法不能直接得到最小碰集,但能得到全部最小碰集,需要将得到的碰集进行最小化处理,即删除包含其他集合的集合;

(3) RHS 树只用到递归算法,一般的环境都支持递归算法,且时间与空间复杂度可满足多数的诊断系统。

性质 7.1　RHS 树是有 $2\times|CS|-1$ 节点的平衡二叉树。

性质 7.2　RHS 树深度 Depth $\leqslant[\log_2(|CS|)]$.

RHS 树的深度每增加 1,集合簇中集合的数量减少 $1/2$。

性质7.3　RHS 树的叶子节点个数＝$|CS|$。

由定义 7.6 和平衡二叉树的性质可以得到。

下面应用 RHS 树导出冲突集的最小碰集。

在诊断系统中,得到的诊断有时不满能足要求,需要增加探测(probe),得到新的冲突集,再重新计算新的最小碰集。用 RHS 树计算新的最小碰集,不需对原 RHS 树做任何改动,只需在原 RHS 树的基础上增加新的分支即可。

利用导出的最小冲突集 $D_i(i=1,2,\cdots,n)$ 与原 RHS 树,构造新的 RHS 树来计算新的最小碰集。

步骤如下:

(1) 用 RHS 树算法导出全部的最小冲突集 D_i,构造一棵新的 RHS 树,树根 $C=\{D_1,D_2,\cdots,D_n\}$;

(2) 用 RHS 树算法计算导出 RHS 树根节点的 H。将新 RHS 树作为左子树,原 RHS 树作为右子树,合并成一棵新的 RHS 树,用算法 1 计算出新 RHS 树根节点的 H 即为所求最小碰集。

例7.9　在原有冲突集合簇的情况下增加一个新集合$\langle 5,6 \rangle$。递归生成的最小碰集如图 7.16 所示。

增加$\langle 5,6 \rangle$之后的最小碰集是:$[1,2,5],[1,4,5],[2,5,6],[1,2,6],[2,3,6],$
$[3,4,6]$。

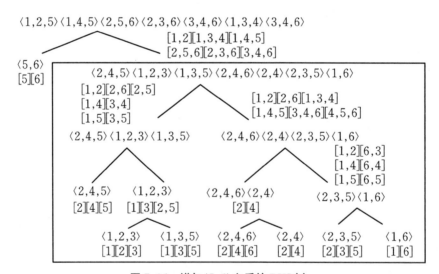

图 7.16　增加$\langle 5,6 \rangle$之后的 RHS 树
方框内的部分不用重新计算,只保留前次计算的最终结果即可

7.3.2　用 BHS 树计算最小碰集

定义 7.8(BHS 树)　给定最小冲突集 $MCS=\{C_1,C_2,\cdots,C_n\}$,BHS 树是如下递归定义的二叉树,每个节点的数据是两个集合簇,记为 C 和 H。根节点的 $C=MCS,H=\varnothing$。左、右子树根节点的数据分别记作 C_l,H_l 和 C_r,H_r。

(1) 若 $C=\varnothing$,则 BHS 树就是该节点本身;

(2) 否则,任取一元素 $a\in\bigcup C_i$,则 $C_l=\{C_i-\{a\}\mid a\in C_i\}$,$H_l=\{a\}$ 和 $C_r=\{C_i\mid a\notin C_i\}$,$H_r=\varnothing$。

BHS 树节点的 C 记为 $\langle\cdot\rangle$,H 记为 $[\cdot]$。如果初始给定的冲突集 CS 不是最小的,则要将其变为最小冲突集 MCS,即将某个冲突集的超集全部删除。

设系统的 $CS=\{\langle2,4,5\rangle,\langle1,2,3\rangle,\langle1,3,5\rangle,\langle2,4,6\rangle,\langle2,4\rangle,\langle2,3,5\rangle,\langle1,6\rangle\}$,其 BHS 树如图 7.17 所示。BHS 树边上的值即为每次任取的元素 a,用 $\langle\cdot\rangle$ 表示 C,用 $[\cdot]$ 表示 H,右边有"＊"的集合表示被删除的集合,$\langle\rangle$ 表示 $C=\varnothing$,$[]$ 表示 $H=\varnothing$,边上的标记表示每次任取的元素 $a\in\bigcup C_i$。

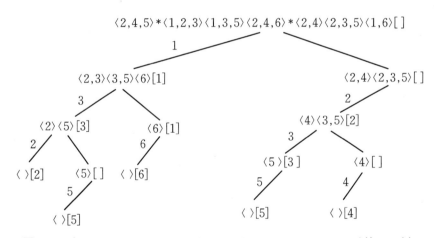

图 7.17　$\{\langle2,4,5\rangle,\langle1,2,3\rangle,\langle1,3,5\rangle,\langle2,4,6\rangle,\langle2,4\rangle,\langle2,3,5\rangle,\langle1,6\rangle\}$ 的 **BHS 树**

BHS 树算法:利用 BHS 树递归计算最小冲突集 MCS 的最小碰集 MHS。

对 BHS 树的每一个节点,建立该节点的 BHS 树的最小冲突集的候选集簇 M(真正的最小冲突集簇比这个候选集要小,只要删除其他集合的超集,就可以得到最小冲突集簇),然后按照如下算法从叶节点出发自底向上递归计算:

(1) 若 BHS 树本身就是叶节点(即 C 为空集),则该 BHS 树的最小冲突集的候选集 $M=H$;否则自底向上递归计算(2),(3)至根节点;

(2) BHS 树包含左子树和右子树,$M=\{H,\{m_l\bigcup m_r\mid m_l\in M_l,m_r\in M_r\}\}$,$H$ 与 M 取自同一个节点,其中 M_l 为左子树的候选集,M_r 为右子树的候选集;

（3）将 BHS 树根节点的 M 最小化，删除覆盖其他集合的集合。根节点的 M 即为所要求的最小碰集 MHS。

例 7.10　利用 BHS 树计算图 7.17 的最小碰集。如图 7.18 所示。其中，[·] 表示 M，右边有"∗"表示删除，"→"表示递归计算 M 时的顺序，从终端节点开始。

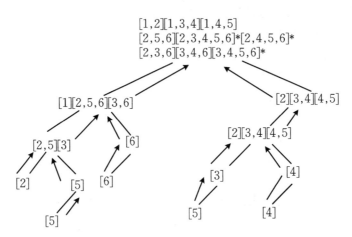

图 7.18　利用 M 递归计算最小碰集

用 BHS 树算法得到的最小碰集是：[1,2]，[2,3,6]，[2,5,6]，[1,3,4]，[1,4,5]，[3,4,6]。与 Reiter 方法得到的结果一致。

定理 7.8　如果最小冲突集 $MCS=\{C_1,C_2,\cdots,C_n\}$，用 BHS 树算法得到的 M 一定是最小冲突集 MCS 的最小碰集 MHS。

证明　对 BHS 树的深度 k 用数学归纳法。

（1）当 $k=1$ 时，即 BHS 树深度 $=1$，这样的情况只有一种：最小冲突集和最小碰集都是空集，显然成立。

（2）当 $k=2$ 时，即最小冲突集只有一个集合，且是单元素集合，不妨设 $CS=\langle a\rangle$，则根节点 $C=\langle a\rangle$，$H=\varnothing$，由 BHS 树算法可得：左子树 $C_l=\langle\ \rangle$，$H_l=[a]$，右子树为 $C_r=\langle\ \rangle$，$H_r=[\ ]$，得到的最小碰集为 $M=\{H,\{a\cup\varnothing\}\}=\{\varnothing,\{a\}\}=\{a\}$，假设成立。

（3）假设当 $k\leqslant n$ 时结论成立，则当 $k=n+1$ 时，有

假设 BHS 树根节点 $C=\{C_1,C_2,\cdots,C_n\}$，则 $M=\{H,\{m_l\cup m_r\mid m_l\in M_l,m_r\in M_r\}\}$；（$m_l,m_r$ 是集合，M_l,M_r 是集合的集合，且已将 M 中为其他集合超集的集合删除）。

任取 $a\in\bigcup C_i$，可以把 C 分成两个不相交的划分：Π_l,Π_r。

$$\Pi_l=\{C_i\mid a\in C_i\},\quad \Pi_r=\{C_i\mid a\notin C_i\}$$

显然，$\Pi_l\bigcap\Pi_r=\varnothing$，$C=\Pi_l\bigcup\Pi_r$。

构造左子树，根节点 $C_l=\{C_i-\{a\}\mid C_i\in\Pi_l\}$，$H_l=\{a\}$。构造右子树，根节点 $C_r=\{C_i\mid C_i\in\Pi_r\}$，$H_r=\varnothing$。显然左右子树的深度 $\leqslant n$，所以 M_l 是 C_l 的最小碰集，

M_r 是 C_r 的最小碰集，则 $M=\{H,m_l\bigcup m_r\,|\,m_l\in M_l,m_r\in M_r\}$ 是 $C_l\bigcup C_r=C$ 的最小碰集。即 BHS 树根节点的 M 即是 CS 的最小碰集 MHS。

说明：(1) 用 BHS 树计算最小碰集不必进行剪枝，因而不会丢失正确解；

(2) 在建立 BHS 树时，由根节点的 C 和 a 决定它的左、右子树根节点的 C_l，H_l 与 C_r，H_r，和根节点的 H 无关。取不同的 a 值，左、右子树根节点的 C_l，H_l 与 C_r，H_r 会有所不同，但不影响最终结果的正确性；

(3) 在建立 BHS 树时，右子树根节点的 $H_r=\varnothing$，左子树根节点的 H_l 是单元素单集合 $\{a\}$；

(4) 建立 BHS 树时，终端节点的 $C=\varnothing$，H 为单元素单集合或为 $\varnothing$；

(5) 递归计算根节点的 M 时，由建立 BHS 树时得到的 H 及左、右子树根节点的 M_l，M_r 决定，与 C，C_l，C_r 无关，所以，得到 BHS 树之后，可以不再保留每个节点的 C；

(6) 该算法不能直接产生出最小碰集，但能产生全部最小碰集，需要将得到的碰集最小化，即删除为其他集合的超集的集合.

例 7.11　进行最小化处理，计算 $(1,2,4)$，$(1,3,4)$ 的最小碰集，如图 7.19 所示。

设最小冲突集合簇 MCS 共有 n 个集合，记为 $\{C_1,C_2,\cdots,C_n\}$，第 i 个冲突集 C_i 含有 m_i 个元素，$m_a=(\sum_i^n m_i)/n$，冲突集含元素个数最多，为 $m_i=\max(m_i)$，则建立的 BHS 树有以下性质：

性质 7.4　BHS 树的深度（depth）$\leqslant|\bigcup C_i|+1$，$i=1,2,\cdots$，其中 C_i 是冲突集，$|\cdot|$ 是集合中元素的个数。

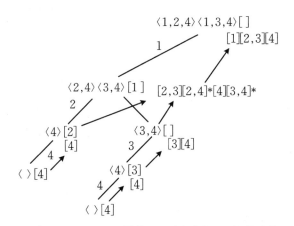

图 7.19　$\{(1,2,4),(1,3,4)\}$ 的 BHS 树对结果进行最小化处理

任取 $\bigcup C_i$ 中的一个元素 a，按算法 1 构造 BHS 树，显然，左子树与右子树根节点的 C 均不含元素 a，所以，左、右子树根节点的 $|\bigcup C_l|$，$|\bigcup C_r|\leqslant|\bigcup C_i|-1$，所以，BHS 树的深度 $\leqslant|\bigcup C_i|+1$。

性质 7.5 BHS 树的深度 $\leqslant n+m_\lambda+1$。

因为每建立一层子树,子树根节点 C 中的集合个数就比根节点的集合个数少 1,或子树根节点集合 C 中的元素个数比根节点 C 中的元素个数少 1。终端节点的 C 中集合个数是 l,所含元素个数为 0,所以 BHS 树的深度 $\leqslant n+m_\lambda+1$。

由性质 7.4 和性质 7.5,易得性质 7.6。

性质 7.6 BHS 树的深度 $\leqslant \min(|\bigcup C_i|+1, n+m_\lambda+1)$。

性质 7.7 BHS 树的终端节点个数 $=n$。则左子树的集合个数+右子树的集合个数=根节点的集合个数,左子树的空集记集合个数为 1,右子树的空集不记数. 所以终端节点个数 $=n$。

性质 7.8 BHS 树的节点总数 $\leqslant 2\times(\sum |C_i|)-n+1=(2m_a-1)n+1$。

任意消去 BHS 树根节点 C 的元素 a,最多可生成两个新的节点,左子树根节点由原来含 a 的集合构成,右子树根节点由原来不含 a 的集合构成,且在生成终端节点时,只有左子树,没有右子树(少 n 个右子树)。所以,BHS 树的节点总数 $\leqslant 2\times(\sum |C_i|)-n+1=(2m_a-1)n+1$。

由以上性质可知,该算法可以在有限步骤内完成,且可知 BHS 树的空间复杂度为 $O(nm)$,而 HS 树的空间复杂度可能为 $O(m^n)$。时间复杂度与空间复杂度成正比关系,当然,它们还与集合中元素的具体取值情况有关。

下面用 BHS 树计算冲突集的最小碰集。

在诊断系统中,得到的诊断有时不满能足要求,需要增加探测(porbe),得到新的冲突集,再重新计算新的最小碰集。用 BHS 树计算新的最小碰集,无须对原 BHS 树作任何改动,只需在原 BHS 树的基础上,增加新的分支即可。

利用最小冲突集 $D_i(i=1,2,\cdots,n)$ 与原 BHS 树,构造新的 BHS 树来计算新的最小碰集。

步骤如下:

(1) 用 BHS 树算法根据全部导出最小冲突集 D_i,构造一棵新的 BHS 树,树根 $C=\{D_1,D_2,\cdots,D_n\}$;

(2) 用 BHS 树算法计算导出 BHS 树根节点的。M 将新 BHS 树作为左子树,原 BHS 树作为右子树,合并成一棵新的 BHS 树,用 BHS 树算法计算出新的 BHS 树根节点的 M 即为所求最小碰集。

例 7.12(例 7.7 续) 在原有冲突集合簇的情况下增加一个新集合 $\langle 5,6\rangle$。生成的 BHS 树如图 7.20 所示,方框中的部分是原 BHS 树,不必重新计算,$\langle \cdot\rangle$ 表示 C,$[\cdot]$ 表示 H,边上的标记表示每次任取的元素 $a\in\bigcup C_i$。递归生成最小碰集如图 7.21 所示,增加 $\langle 5,6\rangle$ 之后的最小碰集是:$[1,2,5]$,$[1,4,5]$,$[2,5,6]$,$[1,2,6]$,$[2,3,6]$,$[3,4,6]$。

定理 7.9 导出的最小冲突集 $DS=\{D_i\}(i=1,2,\cdots)$ 构成的 BHS 树根节点 M_1,原最小冲突集 $CS=\{c_j\}(j=1,2,\cdots)$ 构成的 BHS 树根节点是 $M_r,M=\{m_l\bigcup$

$m_r | m_l \in M_l, m_r \in M_r\}$ 是由 DS 和原冲突集 CS 构成的冲突集 $\{CS, DS\}$ 的最小碰集。

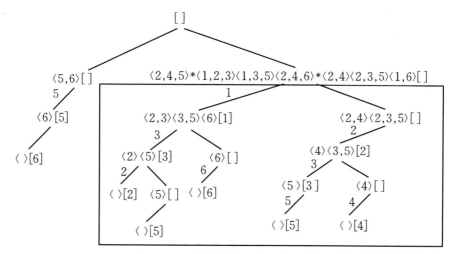

图 7.20　增加 $\langle 5,6 \rangle$ 之后的 BHS 树

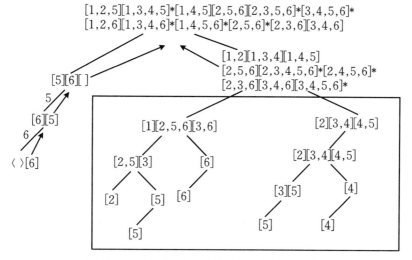

图 7.21　增加 $\langle 5,6 \rangle$ 之后的递归计算最小碰集

证明　根据定理 7.8，M_l 是 DS 的最小碰集，M_r 是 CS 的最小碰集，所以，由 BHS 树算法可知，BHS 树根节点 $C = \{DS, CS\}$，$H = \varnothing$，$M = \{m_l \bigcup m_r | m_l \in M_l,$ $m_r \in M_r\}$ 是 $\{CS, DS\}$ 的最小碰集，即由算法 2 得到的最小碰集一定是所求最小碰集。

7.3.3 用布尔代数方法计算最小碰集

用布尔代数变量 $x,y,z,\cdots$ 表示待诊断系统的部件(component),用 $\bar{x}$ 表示 x 的非;$x\wedge y,xy$ 或 $x\cdot y$ 表示 x,y 的"与",用 $x\vee y,x+y$ 表示 x,y 的"或","1""0" 是互补的布尔代数常量。

在下面的计算中,将要用到布尔代数的半序性质(partial order)、吸收律(absorption properties)和分配律(distributive properties)等。首先,引入几个相关的定义。

定义 7.9 正布尔表达式:设 $F=e_1e_2\cdots e_n$,如果 $\forall e_i(i=1,2,\cdots,n)$,$e_i$ 都是正文字,则称 F 为正单项式。

设 $G=F_1+F_2+\cdots+F_n$。如果 $\forall F_i(i=1,2,\cdots,n)$,$F_i$ 都是正单项式,则称 G 为正布尔表达式。

定义 7.10 负布尔表达式:设 $F=\bar{e}_1\bar{e}_2\cdots\bar{e}_n$,如果 $\forall\bar{e}_i(i=1,2,\cdots,n)$,$\bar{e}_i$ 都是负文字,则称 F 为负单项式。

设 $G=F_1+F_2+\cdots+F_n$。如果 $\forall F_i(i=1,2,\cdots,n)$,$F_i$ 都是负单项式,则称 G 为负布尔表达式。

常量"0""1"即是正文字,又是负文字。

例 7.13 $F=\bar{e}_{11}\bar{e}_{12}\cdots\bar{e}_{1n_1}+\bar{e}_{21}\bar{e}_{22}\cdots\bar{e}_{2n_2}+\cdots+\bar{e}_{m1}\bar{e}_{m2}\cdots\bar{e}_{mn_m}$ 是负布尔表达式。

$G=\overline{245}+\overline{123}+\overline{135}+\overline{246}+\overline{24}+\overline{235}+\overline{16}$ 是负布尔表达式(本书中,如无特殊说明,$\bar{1},\bar{2},\cdots,\bar{6}$ 和 $1,2,\cdots,6$ 都是布尔变量)。

$H=21+236+256+346+145+134$ 是正布尔表达式。

$I=ab\bar{c}+\bar{d}e\bar{f}$ 即不是正布尔表达式,也不是负布尔表达式。

设 $CS=\{C_1,C_2,\cdots,C_m\}$ 是一个集合簇,其中的集合 $C_i=\{e_{i1},e_{i2},\cdots,e_{in_i}\}(i=1,2,\cdots,m)$,则把负布尔表达式:

$$\bar{e}_{11}\bar{e}_{12}\cdots\bar{e}_{1n_1}+\bar{e}_{21}\bar{e}_{22}\cdots\bar{e}_{2n_2}+\cdots+\bar{e}_{m1}\bar{e}_{m2}\cdots\bar{e}_{mn_m}$$

称为集合簇 CS 的布尔形式,记为 CSF,其中 $\bar{e}_{ij}$ 是与 e_{ij} 互补的文字。

设 $H=\{h_1,h_2,\cdots,h_n\}$ 是一个集合,则把正布尔单项式 $h_1h_2\cdots h_n$ 称作该集合的布尔形式,记为 HF。

对于一个集合簇和一个集合的布尔形式,我们有如下重要结果:

定理 7.10 设 $CS=\{C_1,C_2,\cdots,C_m\}$ 是一个集合簇,$H=\{h_1,h_2,\cdots,h_n\}$ 是一个集合(其中,$h_i\in\bigcup_{S\subseteq CS}S$,且均为正文字)。$CSF$ 和 HF 分别是它们的布尔形式:

$$CSF=\bar{e}_{11}\bar{e}_{12}\cdots\bar{e}_{1n_1}+\bar{e}_{21}\bar{e}_{22}\cdots\bar{e}_{2n_2}+\cdots+\bar{e}_{m1}\bar{e}_{m2}\cdots\bar{e}_{mn_m}$$

$$HF=h_1h_2\cdots h_n$$

若 CSF 和 HF 满足：

$$(\bar{e}_{11}\bar{e}_{12}\cdots\bar{e}_{1n_1} + \bar{e}_{21}\bar{e}_{22}\cdots\bar{e}_{2n_2} + \cdots + \bar{e}_{m1}\bar{e}_{m2}\cdots\bar{e}_{mn_m})h_1h_2\cdots h_n = 0$$

则集合 H 是集合簇 CS 的碰集．并且若 HF 是这样"最简"的表达式（即对任何 CSF，$g_1g_2\cdots g_m = 0, h_1h_2\cdots h_n \geqslant g_1g_2\cdots g_m$），则 H 是 CS 的最小碰集。

反之，若 H 是 CS 的最小碰集，则 CSF 和 HF 满足上式。

证明　（充分性）　设 $(\bar{e}_{11}\bar{e}_{12}\cdots\bar{e}_{1n_1} + \bar{e}_{21}\bar{e}_{22}\cdots\bar{e}_{2n_2} + \cdots + \bar{e}_{m1}\bar{e}_{m2}\cdots\bar{e}_{mn_m})h_1h_2\cdots h_n = 0$，则根据布尔代数的乘法分配律，得

$$\bar{e}_{11}\bar{e}_{12}\cdots\bar{e}_{1n_1}h_1h_2\cdots h_n + \bar{e}_{21}\bar{e}_{22}\cdots\bar{e}_{2n_2}h_1h_2\cdots h_n + \cdots + \bar{e}_{m1}\bar{e}_{m2}\cdots\bar{e}_{mn_m}h_1h_2\cdots h_n = 0$$

根据布尔代数中的半序性质，可知对任意 i，

$$\bar{e}_{i1}\bar{e}_{i2}\cdots\bar{e}_{in_1}h_1h_2\cdots h_n \leqslant \bar{e}_{11}\bar{e}_{12}\cdots\bar{e}_{1n_1}h_1h_2\cdots h_n + \bar{e}_{21}\bar{e}_{22}\cdots\bar{e}_{2n_2}h_1h_2\cdots h_n$$
$$+ \cdots + \bar{e}_{m1}\bar{e}_{m2}\cdots\bar{e}_{mn_m}h_1h_2\cdots h_n$$
$$= 0$$

因此

$$\bar{e}_{i1}\bar{e}_{i2}\cdots\bar{e}_{in_1}h_1h_2\cdots h_n = 0$$

因为此单项式为 0，其中必有文字为互补对，又因为 $\bar{e}_{i1}\bar{e}_{i2}\cdots\bar{e}_{in_1}$ 全为负文字，$h_1h_2\cdots h_n$ 中全为正文字，这个互补对必不在 $\bar{e}_{11}\bar{e}_{12}\cdots\bar{e}_{1n_1}$ 中，也不能在 $h_1h_2\cdots h_n$ 中。设此互补对为

$$\bar{e}_{ij}h_k = 0$$

从而，$e_{ij} = h_k, e_{ij} \in C_i, h_k \in H, C_i \cap H \neq \varnothing$，又因为 i 的任意性，所以 $\{h_1, h_2, \cdots, h_n\}$ 是 $\{C_1, C_2, \cdots, C_m\}$ 的碰集。

容易证明，若 HF 是这样"最简"的表达式，则 H 是 CS 的最小碰集。充分性得证。

（必要性）　假设 $\forall i, \{h_1, h_2, \cdots, h_n\}$ 是 $\{e_{i1}, e_{i2}, \cdots, \bar{e}_{in_1}\}$ 的碰集，即

$$\forall i, \{\bar{e}_{i1}, \bar{e}_{i2}, \cdots, \bar{e}_{in_1}\} \cap \{h_1, h_2, \cdots, h_n\} \neq \varnothing$$

所以，根据布尔代数的乘法分配律，得

$$(\bar{e}_{11}\bar{e}_{12}\cdots\bar{e}_{1n_1} + \bar{e}_{21}\bar{e}_{22}\cdots\bar{e}_{2n_2} + \cdots + \bar{e}_{m1}\bar{e}_{m2}\cdots\bar{e}_{mn_m})h_1h_2\cdots h_n$$
$$= \bar{e}_{11}\bar{e}_{12}\cdots\bar{e}_{1n_1}h_1h_2\cdots h_n + \bar{e}_{21}\bar{e}_{22}\cdots\bar{e}_{2n_2}h_1h_2\cdots h_n$$
$$+ \cdots + \bar{e}_{m1}\bar{e}_{m2}\cdots\bar{e}_{mn_m}h_1h_2\cdots h_n$$

因为，$\forall i\{\bar{e}_{i1}, \bar{e}_{i2}, \cdots, \bar{e}_{in_1}\} \cap \{h_1, h_2, \cdots, h_n\} \neq \varnothing$，即 $\forall i, \exists x$ 使得 $x \in \{\bar{e}_{i1}, \bar{e}_{i2}, \cdots, \bar{e}_{in_1}\} \wedge x \in \{h_1, h_2, \cdots, h_n\}$。

根据布尔代数的半序关系，得

$$(\bar{e}_{i1}, \bar{e}_{i2}, \cdots, \bar{e}_{in_1}h_1, h_2, \cdots, h_n) \leqslant \bar{x}x = 0$$

再根据布尔代数的运算性质，有

$$\bar{e}_{11}\bar{e}_{12}\cdots\bar{e}_{1n_1}h_1h_2\cdots h_n + \bar{e}_{21}\bar{e}_{22}\cdots\bar{e}_{2n_2}h_1h_2\cdots h_n + \cdots + \bar{e}_{m1}\bar{e}_{m2}\cdots\bar{e}_{mn_m}h_1h_2\cdots h_n$$
$$= 0 + 0 + \cdots + 0 = 0$$

必要性得证,结论得证。

例 7.14　设 $CS=\{\{2,4,5\},\{1,2,3\},\{1,3,5\},\{2,4,6\},\{2,4\},\{2,3,5\},\{1,6\}\}$, $H=\{1,2\}$。则

$$CSF = (\overline{245}+\overline{123}+\overline{135}+\overline{246}+\overline{24}+\overline{235}+\overline{16}), HF = (12)$$

不难验证

$$(\overline{245}+\overline{123}+\overline{135}+\overline{246}+\overline{24}+\overline{235}+\overline{16})(12) = 0$$

所以,$\{1,2\}$ 是 CS 的碰集。

定理 7.10 是一个重要结果,是下面的定理和算法的重要基础。它的重要作用在于,它把求一个集合簇 CS 的最小碰集的问题,转换成求解布尔方程:

$$CSF(x) = 0$$

的全部解 x 的问题,x 是非"0"的正布尔表达式。

这里,CSF 是集合簇 CS 的布尔形式,x 是待求解的布尔表达式,形如 $x_1 x_2 \cdots x_n$,全部文字均为正文字。当然这样的解有无穷多个,我们只需求出最简单的解,即从这些解中任意删除一个文字就不是解。为叙述方便起见,引进以下一些术语和表示方式。

设集合簇 HS 是集合簇 CS 所有最小碰集的集合簇,$HS=\{H_1, H_2, \cdots, H_k\}$,其中 $H_i=\{h_{i1}, h_{i2}, \cdots, h_{in_i}\}$。则 $h_{11}h_{12}\cdots h_{1n_1} + h_{21}h_{22}\cdots h_{2n_2} + \cdots + h_{k1}h_{k2}\cdots h_{kn_k}$ 称为碰集簇的布尔形式。显然,如果已经求出了碰集簇的布尔形式,就容易得到该碰集簇。

首先,引进一个新的函数 $\Gamma(\Pi)$。

定义 7.11　$\Gamma(\Pi)$ 函数的定义域是负布尔表达式,值域是正布尔表达式,$\bar{e}$ 与 e 是互补的文字,$\Gamma(\Pi)$ 函数递归定义如下:

(1) $\Gamma(0)=1$, $\Gamma(1)=0$("0","1"是布尔常量);

(2) $\Gamma(\bar{e})=e$;

(3) $\Gamma(\bar{e} \circ \Pi)=e+\Gamma(\Pi)$;

(4) $\Gamma(\bar{e}+\Pi)=e \circ \Gamma(\Pi)$;

若 Π 不满足以上 (1)(2)(3)(4) 条,则用以下规则 (5) 计算,

(5) $\Gamma(\Pi)=e \circ \Gamma(\Pi_1)+\Gamma(\Pi_2)$。$\bar{e}$ 是 Π 中的任意一个文字,Π_1 是 Π 中不含 $\bar{e}$ 的全部单项式,Π_2 是 Π 中所有项(包括含 $\bar{e}$ 及不含 $\bar{e}$ 的项)删除 $\bar{e}$ 后剩余的布尔形式。

为叙述方便起见,规则 (5) 也称作"按 $\bar{e}$ 分解"规则。

在 $\Gamma(\overline{35}+\bar{6})$ 中,$\bar{6}$ 是单文字单项式,所以,可得 $\Gamma(\overline{35}+\bar{6})=6 \circ \Gamma(\overline{35})$。

例 7.15　设 $CS=\{\{2,4,5\},\{1,2,3\},\{1,3,5\},\{2,4,6\},\{2,4\},\{2,3,5\},\{1,6\}\}$,则

$$CSF=(\overline{245}+\overline{123}+\overline{135}+\overline{246}+\overline{24}+\overline{235}+\overline{16})$$

用布尔代数算法计算 CS 的最小碰集。在本例中,仅给出第一步分解。

因为 CSF 不满足定义 7.11 的前四个规则的形式，所以，要利用规则（5）进行分解。$\overline{2}$ 在（$\overline{245}+\overline{123}+\overline{135}+\overline{246}+\overline{24}+\overline{235}+\overline{16}$）中出现的频度最高为 5，所以，我们选取 $\bar{e}=\overline{2}$（这样选取是希望可以提高求解效率），按 $\overline{2}$ 分解。

$$\Pi_1 = (\overline{135}+\overline{16})（不含 \overline{2} 的项）$$
$$\Pi_2 = (\overline{45}+\overline{13}+\overline{46}+\overline{4}+\overline{35}+\overline{135}+\overline{16})（所有项删除 \overline{2} 之后剩余的项）$$
$$\Gamma(\overline{245}+\overline{123}+\overline{135}+\overline{246}+\overline{24}+\overline{235}+\overline{16})$$
$$= 2 \circ \Gamma(\overline{135}+\overline{16}) + \Gamma(\overline{45}+\overline{13}+\overline{46}+\overline{4}+\overline{35}+\overline{135}+\overline{16})$$

其中，前一部分 $2 \circ \Gamma(\overline{135}+\overline{16})$ 是含有元素 2 的碰集的布尔形式，后一部分

$$\Gamma(\overline{45}+\overline{13}+\overline{46}+\overline{4}+\overline{35}+\overline{135}+\overline{16})$$

是不含元素 2 的碰集的布尔形式。分别对这两部分进行计算，即可得到全部碰集。

为了表示方便，在下文中，Π 可能是集合簇 CS，也可能是该集合簇的布尔形式 CSF。

函数 $\Gamma(\Pi)$ 显然有如下性质，其中 Π, Π_1, Π_2 是在定义 7.11 规则（5）中的布尔形式（证明略）。

性质 7.9　$|\Pi_1| \leqslant |\Pi|$，$|\Pi_2| \leqslant |\Pi|$（这里 Π, Π_1, Π_2 看作是集合）。

性质 7.10　Π_1 的每项的文字个数 $\leqslant \Pi$ 的每项的文字个数，Π_2 的每项的文字个数 $\leqslant \Pi$ 的每文字个数，因为不含 $\bar{e}$。

性质 7.11　对任意非"0"，非"1"的布尔形式 Π', Π''，有
$$\Gamma(\Pi'+\Pi'') = \Gamma(\Pi') \circ \Gamma(\Pi'')$$
$$\Gamma(\Pi' \circ \Pi'') = \Gamma(\Pi') + \Gamma(\Pi'')$$

以上这些性质保证了，当 Π 是有穷集合时，可以在有限步内得到 $\Gamma(\Pi)$ 的解。

根据定义 7.11，有如下结论：

定理 7.11　设 $CSF=\Pi$ 是最小集合簇 CS 的布尔形式，则 $\Gamma(\Pi)$ 就是 CS 的最小碰集簇的布尔形式。

证明　根据定理 7.11，若要证明结论正确，只需证明 $\Pi \circ \Gamma(\Pi)=0$ 即可。

当 Π 满足定义 7.11 的规则（1）（2）（3）（4）时，很容易证明结论成立，即 $\Gamma(\Pi)$ 是全部最小碰集的布尔形式。

下面只需证明定义 7.10 的规则（5）。对 $k=|CS|$ 用数学归纳法，

（1）当 $k=1$，结论显然成立；

（2）假设当 $k \leqslant n$ 时，结论成立，$\Gamma(\Pi)$ 是 Π 的全部最小碰集，即 $\Pi \circ \Gamma(\Pi)=0$。

则当 $k=n+1$ 时，任取一变量 $e \in \bigcup_{S \in \Pi} S$，全部碰集正好可以分成两个部分：一部分包含 e，另一部分不包含 e，从 Π 中取变量 $\bar{e}$，得

$$\Pi \circ \Gamma(\Pi) = \Pi \circ [e \circ \Gamma(\Pi_1) + \Gamma(\Pi_2)]$$
$$= (\Pi_1 + \Pi_3) \circ [e \circ \Gamma(\Pi_1) + \Gamma(\Pi_2)]$$
$$= \Pi_1 \circ e \circ \Gamma(\Pi_1) + \Pi_1 \circ \Gamma(\Pi_2) + \Pi_3 \circ e \circ \Gamma(\Pi_1) + \Pi_3 \circ \Gamma(\Pi_2)$$

其中，$\Pi_1, \Pi_2, \Pi_3, \Pi_4$ 的定义见例 7.9。下面分别对这四个项进行计算：

$\Pi_1 \circ e \cdot \Gamma(\Pi_1) = e \cdot \Pi_1 \cdot \Gamma(\Pi_1) = e \circ 0 = 0$ 　［因为 Π 中至少有一个集合包含 $\bar{e}$，所以，$|\Pi_1| \leqslant n$，根据假设有 $\Pi_1 \cdot \Gamma(\Pi_1) = 0$，$e \cdot \Gamma(\Pi_1)$ 就是全部包含 e 的碰集］

$$\Pi_1 \circ \Gamma(\Pi_2) = \Pi_1 \circ \Gamma(\Pi_1 + \Pi_4) = \Pi_1 \circ \Gamma(\Pi_1) \circ \Gamma(\Pi_4) = 0$$

$$\Pi_3 \circ e \circ \Gamma(\Pi_1) = \bar{e} \circ \Pi_4 \circ e \circ \Gamma(\Pi_1) = 0 \quad (\bar{e} \text{ 与 } e \text{ 互})$$

$$\Pi_3 \circ \Gamma(\Pi_2) = \bar{e} \circ \Pi_4 \circ \Gamma(\Pi_1 + \Pi_4) = \bar{e} \circ \Pi_4 \circ \Gamma(\Pi_1) \circ \Gamma(\Pi_4) = 0$$

如果 $|\Pi_4| = n + 1$，可知 $\Gamma(\Pi_4)$ 含有公因子 e，利用定义 7.11 的规则（3）可得，$\bar{e} \circ \Gamma(\Pi_4) = 0$；否则有 $|\Pi_4| \leqslant n$，根据假设 $\Pi_4 \circ \Gamma(\Pi_4) = 0$。

由上可得，$\Pi \circ \Gamma(\Pi) = 0$，即 $\Gamma(\Pi)$ 是 Π 的全部碰集。其中，$e \cdot \Gamma(\Pi_1)$ 就是全部包含 e 的碰集，$\Gamma(\Pi_2)$ 就是全部不包含 e 的碰集。

结论得证。

例 7.16　以下将 $\Pi, \Pi_1, \Pi_2, \Pi_3, \Pi_4$ 看作是集合簇，Π 是冲突集合簇，$e \in \bigcup_{s \in \Pi} S$ 是任意一个元素，则有

$$\Pi_1 = \{X \mid X \subseteq \Pi, \text{且 } e \notin X\}$$

$$\Pi_2 = \{X - \{e\} \mid X \subseteq \Pi\}$$

$$\Pi_3 = \{X \mid X \subseteq \Pi, \text{且 } e \in X\}$$

$$\Pi_4 = \{X - \{e\} \mid X \subseteq \Pi, \text{且 } e \in X\}$$

显然，有关系式 $|\Pi_1| \leqslant |\Pi|$，$\Pi_1 \subseteq \Pi_2$，$\Pi = \Pi_3 \bigcup \Pi_1$，$\Pi_2 = \Pi_4 \bigcup \Pi_1$。

下面介绍一个具体数值的例子。

例如：$CS = \{\{2,4,5\}, \{1,2,3\}, \{1,3,5\}, \{2,4,6\}, \{2,4\}, \{2,3,5\}, \{1,6\}\}$。

以下 $\Pi, \Pi_1, \Pi_2, \Pi_3, \Pi_4$ 看作是布尔表达式，e 看作是变量。有

$$\Pi = (\overline{2}\,\overline{4}\,\overline{5} + \overline{1}\,\overline{2}\,\overline{3} + \overline{1}\,\overline{3}\,\overline{5} + \overline{2}\,\overline{4}\,\overline{6} + \overline{2}\,\overline{4} + \overline{2}\,\overline{3}\,\overline{5} + \overline{1}\,\overline{6})$$

取 $\bar{e} = \overline{2}$，则

$$\Pi_1 = (\overline{1}\,\overline{3}\,\overline{5} + \overline{1}\,\overline{6})$$

$$\Pi_2 = (\overline{4}\,\overline{5} + \overline{1}\,\overline{3} + \overline{4}\,\overline{6} + \overline{4} + \overline{3}\,\overline{5} + \overline{1}\,\overline{3}\,\overline{5} + \overline{1}\,\overline{6})$$

$$\Pi_3 = (\overline{2}\,\overline{4}\,\overline{5} + \overline{1}\,\overline{2}\,\overline{3} + \overline{2}\,\overline{4}\,\overline{6} + \overline{2}\,\overline{4} + \overline{2}\,\overline{3}\,\overline{5})$$

$$\Pi_4 = (\overline{4}\,\overline{5} + \overline{1}\,\overline{3} + \overline{4}\,\overline{6} + \overline{4} + \overline{3}\,\overline{5})$$

为了提高计算效率，引入以下定理 7.12 和 7.13（证明略）。

定理 7.12（提取公因子）　设 $\Pi = \bar{e}\Pi_1 + \bar{e}\Pi_2 + \cdots + \bar{e}\Pi_n$，则

$$\Gamma(\Pi) = e + \Gamma(\Pi_1 + \Pi_2 + \cdots + \Pi_n)$$

例 7.17　$\Gamma(\overline{135} + \overline{16}) = 1 + (\Gamma(\overline{35}) + \Gamma(\overline{6}))$，即若冲突集中全部集合均含有元素 e，则 $\{e\}$ 是一个最小碰集。

定理 7.13（单项转换）　设 Π 本身是单项式，即 $\Pi = \bar{e}_1 \bar{e}_2 \cdots \bar{e}_n$，则

$$\Gamma(\bar{e}_1 \bar{e}_2 \cdots \bar{e}_n) = e_1 + e_2 + \cdots + e_n$$

例 7.18　$\Gamma(\overline{35}) = (3 + 5)$ 即一个集合的最小碰集就是该集合每个元素组成的集合。进而可得

$$2 \circ \Gamma(\overline{135} + \overline{16}) = 12 + 236 + 256$$

即 $CS = \{\{2,4,5\},\{1,2,3\},\{1,3,5\},\{2,4,6\},\{2,4\},\{2,3,5\},\{1,6\}\}$ 的含 2 的碰集是 $\{1,2\},\{2,3,6\},\{2,5,6\}$。

定理 7.13 的作用相当于建立一个终止标准,可以利用定理 7.12、7.13、7.14 进行分解和提取。在分解和提取过程中,冲突集簇的布尔形式的项数会越来越少,各项的文字数会越来越少,到冲突集簇的布尔形式只含一个单项式时,就可以用定理 7.13 直接得到它的碰集簇的布尔形式。

例 7.19(例 7.11 续)　不含 2 的碰集部分为
$$\Gamma(\overline{4\,5} + \overline{1\,3} + \overline{4\,6} + \overline{4} + \overline{3\,5} + \overline{1\,3\,5} + \overline{1\,6})$$
$$= (\overline{1\,3} + \overline{4} + \overline{3\,5} + \overline{1\,6}) \quad \text{(吸收律)}$$
$$= 4 \circ \Gamma(\overline{1\,3} + \overline{3\,5} + \overline{1\,6})$$
$$= 4 \circ [1 \circ \Gamma(\overline{3\,5}) + \Gamma(\overline{3} + \overline{6})]$$
$$= 4 \circ [1 \circ (3+5) + 3 \circ \Gamma(\overline{6})]$$
$$= 4 \circ [(13+15) + 36]$$
$$= 413 + 415 + 436$$

由例 7.18 和例 7.19 可以看出,计算结果是 $\{\{1,2\},\{2,3,6\},\{2,5,6\},\{4,1,3\},\{4,1,5\},\{4,3,6\}\}$,与 $Reiter$ 的结果是相同的。

根据上述结果,下面给出用布尔代数方法递归计算碰集簇的算法。

用布尔代数方法递归计算碰集簇算法 $[\text{BHS}(\varPi)]$:

设 CS 表示冲突集合簇,$\varPi$ 是 CS 的布尔形式,算法 BHS 的输入为 $\varPi$,输出为最小碰集的布尔形式 $\Gamma(\varPi)$。

(1) 如果 $\varPi$ 由一个单项构成,$\varPi = (\bar{e}_1 \bar{e}_2 \cdots \bar{e}_n)$,则由定理 7.14,输出结果为 $e_1 + e_2 + \cdots + e_n$,BHS 算法终止,否则执行步骤(2);

(2) 检查 $\varPi$ 中是否有单文字单项式,如果有,执行步骤(3),否则,执行步骤(4);

(3) 设 $\bar{e}$ 是 $\varPi$ 中的单文字单项式,根据定理 7.13 提取公因子 e。如果 $\varPi$ 中所有的单项式都含 $\bar{e}$,则输出 $\text{BHS}(\varPi) = e$,算法终止;否则,$\text{BHS}(\varPi) = e \circ \text{BHS}(\varPi_1)$,并递归计算 $\text{BHS}(\varPi_1)$;

(4) 计算 $\varPi$ 中各文字出现的频度,设 $\bar{e}$ 是各文字中出现频度最高的;

(5) 根据定义 7.3 的规则(5),执行按 $\bar{e}$ 分解,$\text{BHS}(\varPi) = e \circ \text{BHS}(\varPi_1) + \text{BHS}(\varPi_2)$,并分别递归计算 $\text{BHS}(\varPi_1)$ 和 $\text{BHS}(\varPi_2)$。其中,$\varPi_1$ 是 $\varPi$ 中不含 $\bar{e}$ 的全部单项式,$\varPi_2$ 是在 $\varPi$ 的全部表达式中删除 $\bar{e}$ 之后,剩余的布尔表达式。

该算法的计算过程比 Reiter 的 HS 树简单得多,因为每一次分解和提取都大大简化了集合簇的布尔形式,不必建立树或图,且仅需一次计算,效率提高了很多,也不会因剪枝而丢失解。

增加冲突集之后碰集的计算算法:若已计算出集合簇 CS(布尔形式 CSF)的全

部最小碰集 HS（布尔形式 HSF），再增加新的冲突集 MCS（Measurement Conflict Sets，布尔形式 $MCSF$），则计算 $CS \cup MCS$ 的碰集，只要递归用算法 1 化简 HSF。$\Gamma(MCSF)$ 即可，而不必重新计算 $\Gamma(CSF+MCSF)$。

例 7.20 设 $CS=\{\{2,4,5\},\{1,2,3\},\{1,3,5\},\{2,4,6\},\{2,4\},\{2,3,5\},\{1,6\}\}$，$HS=\{\{1,2\},\{1,3,4\},\{1,4,5\},\{2,5,6\},\{2,3,6\},\{3,4,6\}\}$，设新增冲突集 $MCS=\{\{5,6\}\}$，则新的集合簇的碰集，可用下式来计算得到

$$HSF \circ \Gamma(MCSF)$$
$$= ((21)+(236)+(256)+(346)+(145)+(134)) \circ \Gamma(\overline{56})$$
$$= ((21)+(236)+(256)+(346)+(145)+(134))(5+6)$$
$$= ((215)+(2356)+(256)+(3456)+(145)+(1345))$$
$$\quad + ((216)+(236)+(256)+(346)+(1456)+(1346))$$
$$= (125)+(145)+(256)+(126)+(236)+(346)（吸收律）$$

所以，计算得到的最小碰集是：$\{1,2,5\}$，$\{1,4,5\}$，$\{2,5,6\}$，$\{1,2,6\}$，$\{2,3,6\}$，$\{3,4,6\}$，与结论一致。

7.4　最大正常诊断的基本原理

在大量的故障诊断理论中，常常是以仿真的结果与系统真实输出的偏差作为故障诊断的出发点，在这中间出现故障的原因引起了高度重视，而对于正常输出的影响重视不够，一些重要的信息被忽视，给诊断结果带来较大的不确定性和偏差。其实，正常输出的信息不仅是一致性检验的约束条件，同时也是系统正常运行元件的信息载体，对其加以运用，对诊断会起到事半功倍的作用。为此，先给出一些相关概念。

定义 7.12 设 C 是系统的元件的集合，$a,b \in C$，且 a 的输出是 b 的输入之一，则称 a 是 b 的先件，记作：$a \mathrel{\xi} b$。部件 a 的所有先件的集合称为 a 的关联集，记作 R_a，即 $R_a=\{c \mid c \mathrel{\xi} a \wedge c \in C\}$。

类似可定义系统输出的关联集。

如图 7.22 所示，$X_1 \mathrel{\xi} Y_2$，$R_{O1}=\{X_1,X_2,Y_1\}$，$R_{Y1}=\{X_1,X_2\}$。这里，$I_1 \notin R_{O1}$，I_1 不是部件，它是一个输入接口。

下面引入二分相容检验的概念。

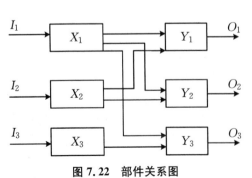

图 7.22　部件关系图

定义 7.13　设 CMS 是系统的元件的集合，$C_1,C_2 \subseteq CMS$，且 $C_1 \cap C_2 = \varnothing$，其中 C_1 为系统(SD,CMS,OBS)部分正常部件集，C_2 为可能故障集，对集合 C_2 作划分，使得 $C_2 = C_{21} \cup C_{22}$，$C_{21} \cap C_{22} = \varnothing$，且 $|C_{21}| = |C_{22}|$，或 $|C_{21}| = |C_{22}| + 1$，对 C_{21},C_{22} 作相容性检验，如果 $SD \cup OBS \cup D(C_{2j},C_1)(j=1,2)$ 是相容的，则称 $D(C_{2j},C_1)(j=1,2)$ 是一个基诊断；如果 $SD \cup OBS \cup D(C_{2i},C_1)(j=1,2)$ 是不相容的，则对 $C_{2j}(j=1,2)$ 再进行二分，重复以上过程，直到 $|C_{i\cdots j}| = 1,i,\cdots,j \in \{1,2\}$。若 $SD \cup OBS \cup D(C_{i\cdots j},C_1)$ 仍不相容，则称 $C_{i\cdots j}$ 为分离正元，称以上过程为对部件集合 C_2 进行二分相容检验，其中

$$D(C_i,C_j) = \left[\bigwedge_{c \in C_i} AB(c)\right] \wedge \left[\bigwedge_{c \in C_j} \neg AB(c)\right]$$

二分相容检验通过对可能故障集中的正常部件的排除，产生基诊断，再由各个基诊断的故障部件集合的并，产生系统真正故障部件的全体。

定理 7.14　对于部分正常部件集为 C_1 的系统$(SD,C_1 \cup C_2,OBS)$进行二分相容检验，共运行 $k-1$ 次，若 $SD \cup OBS \cup D(C_{i_1 \cdots i_k},C_1)(i,j \in \{1,2\},j=1,\cdots,k)$ 不相容，$SD \cup OBS \cup D(C_{s_1 \cdots s_{k-j}},C_1)(j \geqslant 1,s_i \in \{1,2\},j=1,\cdots,k-1)$ 是相容的，则 $SD \cup OBS \cup D(C_{s_1 \cdots s_{k-j}},C_{i_1 \cdots i_k}),j \geqslant 1$，是相容的。

证明　因为二分相容检验运行了 k 次，而 $SD \cup OBS \cup D(C_{i_1 \cdots i_k},C_1)$ 不相容，则 $|C_{i_1 \cdots i_k}| = 1$，即 $C_{i_1 \cdots i_k}$ 实际上只含一个部件。采用反证法证明。设 $SD \cup OBS \cup D(C_{s_1 \cdots s_{k-j}},C_{i_1 \cdots i_k}),j \geqslant 1$ 不相容，则可能出现两种情况：① $AB(C_{i_1 \cdots i_k})$ 真；② 存在 $c \in C_{s_1 \cdots s_{k-j}},j \geqslant 1$，使得 $AB(c)$ 不真。下面分别证明这两种情况均不可能成立。

(1) 若 $AB(C_{i_1 \cdots i_k})$ 真，即 $C_{i_1 \cdots i_k}$ 不正常，则 $SD \cup OBS \cup D(C_{i_1 \cdots i_k},C_1)$ 是相容的，矛盾。

(2) 若存在 $c \in C_{i_1 \cdots i_{k-j}},j \geqslant 1$，使得 $AB(c)$ 不真，即 c 是正常部件，与 $SD \cup OBS \cup D(C_{i_1 \cdots i_{k-j}},C_1),j \geqslant 1$ 相容相矛盾。

所以 $SD \cup OBS \cup D(C_{i_1 \cdots i_{k-j}},C_{i_1 \cdots i_k}),j \geqslant 1$，是相容的。

定理 7.15　对于部分正常部件集为 C_1 的系统$(SD,C_1 \cup C_2,OBS)$进行二分相容检验，共运行 $k-1$ 次，若

(1) $SD \cup OBS \cup D(C_{i_1 \cdots i_k},C_1)(i,j \in \{1,2\},j=1,\cdots,k)$ 不相容；

(2) $S \cup O \cup D(C_{s_1 \cdots s_{k-j}},C_1)(j \geqslant 1,s_i \in \{1,2\},j=1,\cdots,k-1)$ 是相容的。

则 $SD \cup OBS \cup D(C_{s_1 \cdots s_{k-j}},C_1 \cup C_{i_1 \cdots i_k})(j \geqslant 1,s_i \in \{1,2\},j=1,\cdots,k-1)$ 是相容的。

为了证明这个定理，先证明下列引理：

引理 7.2　对于系统(SD,CMS,OBS)，如果 $c,h_1,h_2 \in C$，$SD \cup OBS \cup D(\{c\},\{h_1\})$ 和 $SD \cup OBS \cup D(\{c\},\{h_2\})$ 均相容，则 $SD \cup OBS \cup D(\{c\},\{h_1,h_2\})$ 是相容的，反之亦真。

证明　若 $SD \cup OBS \cup D(\{c\},\{h_1,h_2\})$ 不相容，则 $SD \cup OBS \cup D(\varnothing,\{c,h_1,h_2\})$ 或 $SD \cup OBS \cup D(\{c,h_i\},\{h_j\})(i,j \in \{1,2\},i \neq j)$ 是相容的。

若 $SD \cup OBS \cup D(\varnothing,\{c,h_1,h_2\})$ 是相容的，即 $SD \cup OBS \cup \{\neg AB(c) \wedge \neg AB$

$(h_1) \wedge \neg AB(h_2)$ 是相容的,与 $SD \cup OBS \cup \{AB(c)\} \wedge \{\neg AB(h_i)$ $(i,j \in \{1,2\}, i \neq j)$ 的相容性矛盾。

若 $SD \cup OBS \cup D(\{c,h_i\}, \{h_j\})(i,j \in \{1,2\}, i \neq j)$ 是相容的,即 $SD \cup OBS \cup \{AB(c) \wedge AB(h_i)\} \wedge \neg AB(h_j)$ $(i,j \in \{1,2\}, i \neq j)$ 是相容的,也与 $SD \cup OBS \cup \{AB(c)\} \wedge \{\neg AB(h_i)$ $(i,j \in \{1,2\}, i \neq j)$ 的相容性矛盾。

反之,若 $SD \cup OBS \cup D(\{c\}, \{h_1, h_2\})$ 相容,即 $SD \cup OBS \cup \{AB(c)\} \wedge \{\neg AB(h_1) \wedge \neg AB(h_2)$ 是相容的,自然有 $SD \cup OBS \cup \{AB(c)\} \wedge \{\neg AB(h_i)$ $(i,j \in \{1,2\}, i \neq j)$ 是相容的,所以 $SD \cup OBS \cup D(\{c\}, \{h_1\})$ 和 $SD \cup OBS \cup D(\{c\}, \{h_2\})$ 均相容。

由证明的过程知,将引理 7.2 中的部件换成集合,结论仍成立,于是得到引理 7.3。

引理 7.3 对于系统 (SD, CMS, OBS),如果 $C, H_1, H_2 \subseteq CMS, SD \cup OBS \cup D(C, H_1)$ 和 $SD \cup OBS \cup D(C, H_2)$ 均相容,则 $SD \cup OBS \cup D(C, H_1 \cup H_2)$ 是相容的,反之亦真。

下面证明定理 7.15。

由(1)知,$SD \cup OBS \cup D(C_{i_1 \cdots i_k}, C_1)(i_j \in \{1,2\}, j=1,\cdots,k)$ 不相容,且 C_1 为系统的部分正常部件集,则 $SD \cup OBS \cup D(\Phi, C_{i_1 \cdots i_k} \cup C_1)(i_j \in \{1,2\}, j=1,\cdots,k)$ 相容。

由(2)知,$SD \cup OBS \cup D(C_{s_1 \cdots s_{k-j}}, C_1)(j \geqslant 1, s_i \in \{1,2\}, j=1,\cdots,k-1)$ 是相容的,根据引理 7.3 得到,$SD \cup OBS \cup D(C_{s_1 \cdots s_{k-j}}, C_{i_1 \cdots i_k} \cup C_1)(j \geqslant 1, s_i \in \{1,2\}, j=1,\cdots,k-1)$ 是相容的。

定理 7.16 设系统 (SD, CMS, OBS) 中,$C_1, C_2, N \subseteq C$,若 $SD \cup OBS \cup D(C_1, N), SD \cup OBS \cup D(C_2, N)$ 是相容的,则 $SD \cup OBS \cup (D(C_1, N) \wedge D(C_2, N))$ 是相容的。

证明 注意到
$$D(C_1, N) \wedge D(C_2, N) = \left[\bigwedge_{c \in C_1 \cup C_2} AB(c) \right] \wedge \left[\bigwedge_{c \in N} \neg AB(c) \right]$$

若 $SD \cup OBS \cup \{D(C_1, N) \wedge D(C_2, N)\}$ 不相容,则可能出现的不相容情况只能是:

(1) 存在 $c \in C_1 \cup C_2$,使得 $SD \cup OBS \cup \{D(\{c\}, N\}$ 不相容;

(2) 存在 $c \in N$,使得 $SD \cup OBS \cup \{D(C_1 \cup C_2, \{c\}\}$ 不相容。

下面来证明两种情况均不成立。

(1) 若 $c \in C_2$,则与 $SD \cup OBS \cup D(C_2, N)$ 相容矛盾;若 $c \in C_1$,则与 $SD \cup OBS \cup D(C_1, N)$ 相容矛盾。

(2) 注意到在同一个诊断过程中,一个部件的状态取值是确定的,部件 c 的当前状态使得 $SD \cup OBS \cup D(C_i, N)(i=1,2)$ 是相容的,自然 $SD \cup OBS \cup D(C_i, \{c\})(i=1,2)$ 是相容的,从而不可能使得 $SD \cup OBS \cup \{D(C_1 \cup C_2, c)\}$ 不相容。

综上所述,结果成立。

假设　设系统 (SD, CMS, OBS) 的所有输出为 $o_1, \cdots, o_n$，其中，$o_{i1}, \cdots, o_{ik}(i1, \cdots, ik \in \{1, 2, \cdots, n\})$ 是系统所有正常的输出，总是假设 $o_{i1}, \cdots, o_{ik}(i1, \cdots, ik \in \{1, 2, \cdots, n\})$ 对应的关联集 $R_{i1}, \cdots, R_{ik}(i1, \cdots, ik \in \{1, 2, \cdots, n\})$ 所包含的部件均为正常的，并记其并为 R_O，即 $R_O = R_{i1} \bigcup \cdots \bigcup R_{ik}(i1, \cdots, ik \in \{1, 2, \cdots, n\})$，称之为系统的拟正集。

关于以上假设合理性的解释如下：

因为对于一个输出 o_i，设其关联集为 $R_i = \{c_1, c_2, \cdots, c_s\}$，则在其系统描述中应含有蕴涵式

$$\neg AB(c_1) \bigwedge \cdots \bigwedge \neg AB(c_s) \Rightarrow \neg AB(o_i)$$

由于输出是正常的，所以有

（1）若有某个 $c_i(i \in \{1, 2, \cdots, s\})$ 不正常，根据溯因诊断的原理可知，$AB(c_i)$ 将直接导致 $AB(o_i)$ 无法解释 o_i 的正常输出。

（2）若有多于一个 $c_i(i \in \{1, 2, \cdots, s\})$ 不正常，可能出现它们的偏差相互抵消而出现 $\neg AB(o_i)$，并且由于系统知识的不完备性，无法检测出 c_i 的不相容性。一个连续不断变化的系统偏差相互抵消现象出现是短暂的，系统在这种现象一结束将检测出 $AB(o_i)$，进而对 $c_i(i \in \{1, 2, \cdots, s\})$ 进行相容性检测，特别是像列车牵引供电这类负载不断变化的系统，出现相互抵消的现象只是瞬间的。

综上所述，假设是合理性，它是最大正常诊断的基础。

对应于定义 7.13，有诊断的对偶定义：

定义 7.14　系统 (SD, CMS, OBS) 的一个诊断是存在一个最大集合 $K \subseteq C$，使 $SD \bigcup OBS \bigcup D(C-K, K)$ 相容，并称之为系统 (SD, CMS, OBS) 的最大正常诊断。

定理 7.17　设系统 (SD, CMS, OBS) 的拟正集为 R_O，对 $C-R_O$ 进行二分相容检验，若其基诊断分别为 $D_1, \cdots, D_m$，分离正元分别为 $h_1, \cdots, h_n$，则 $D = D_1 \bigwedge \cdots \bigwedge D_s \bigwedge \{\neg AB(h_1) \bigwedge \cdots \bigwedge \neg AB(h_n)\}$ 是系统 (SD, CMS, OBS) 的最大正常诊断。

证明　设基诊断 $D_i = D(C_{i1}, R_O)(i = 1, 2, \cdots, m)$，根据诊断的定义，要证明 D 是系统 (SD, CMS, OBS) 的一个诊断，即要证明：① $SD \bigcup OBS \bigcup D$ 是相容的；② 集合 $K = (\bigcup_{k=1}^{n} h_{ik}) \bigcup N$ 的最大性。下面分步进行证明：

（1）因为 $D_i(i = 1, 2, \cdots, m)$ 是基诊断，根据其定义可知，$SD \bigcup OBS \bigcup D_i(i = 1, 2, \cdots, m)$ 是相容的，由定理 7.16 可知，$SD \bigcup OBS \bigcup D(K, R_O)$ 是相容的。而 $h_1, \cdots, h_n$ 为分离正元，根据其定义可知

$$SD \bigcup OBS \bigcup D(\{h_i\}, R_O), i = 1, 2, \cdots, n$$

不相容，而 R_O 为拟正集，且 $h_i \bigcup R_O \neq C$，则

$$SD \bigcup OBS \bigcup D(\emptyset, \{h_i\} \bigcup R_O), \quad i = 1, 2, \cdots, n$$

是相容的，再由定理 7.16，得

$$SD \bigcup OBS \bigcup \{D(K, R_O) \bigwedge D(\Phi, \{h_1\} \bigcup R_O) \bigwedge \cdots \bigwedge D(\Phi, \{h_n\} \bigcup R_O)\}$$

是相容的,即 $SD \cup OBS \cup D$ 相容。

(2) 再证明 K 的最大性。用反证法证明,设

$$K = (\bigcup_{k=1}^{n} h_{ik}) \cup N$$

不是使得 $SD \cup OBS \cup D(C-K, K)$ 相容的最大集合,则至少存在一个 $c \in CMS - K$,使得 $SD \cup OBS \cup D(C-K-\{c\}, K \cup \{c\})$ 是相容的。注意到 $K \cup C_{i1} \cup \cdots \cup C_m = C$,则必有 $1 \leqslant j \leqslant m$,使得 $c \in C_{ij}$。

由 $SD \cup OBS \cup D(C-K-\{c\}, K \cup \{c\})$ 相容可知,$SD \cup OBS \cup D(C_{ij}-\{c\}, K \cup \{c\})$ 相容,而 $SD \cup OBS \cup D(C-K, K)$ 是相容的,则

$$SD \cup OBS \cup D(C_{ij}, K), \quad SD \cup OBS \cup D(\{c\}, K)$$

均相容,矛盾。

Rinner 在《A theory of diagnosis from first principles》中指出:

引理 7.4 如果 $D(C_1, K)$ 是系统 (SD, CMS, OBS) 是一个诊断,其中 $K = C - C_1$,则对于任意的 $c \in C_1$,有 $SD \cup OBS \cup \{\neg AB(h) \mid h \in K\} \Rightarrow AB(c)$。

结合定理 7.17 和引理 7.4,可知:由二分相容检验产生的系统诊断 D 从理论上已具有充分性,也具有完备性,即 D 中的故障集达到最小和正常集达到最大,且是唯一的。

在实际应用中,可以合理地应用系统描述,尽可能地将可能故障部件划分到可能故障集,以节约诊断时间,提高诊断效率和准确性。

由于最大正常诊断理论中充分利用了正常部件的信息,使得相容性检验的运算量变小,并使用了二分相容检验的形式,如果部件划分得当,可以大大地减少计算量,迅速确定故障部件集合。下面通过一个案例来说明这种算法。

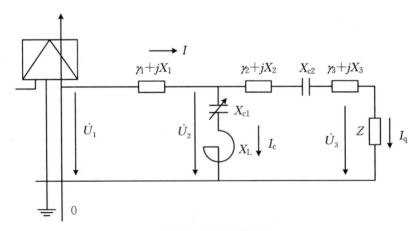

图 7.23　牵引供电系统

为了便于系统表示,用 R_1, R_2, R_3 表示三段供电臂及其阻抗,U_1 作为输入,U_2, U_3, I_q 作为输出,则系统可以描述为

$\neg AB(U_1) \wedge \neg AB(R_1) \wedge \neg AB(X_{C_1}) \wedge \neg AB(X_L) \Rightarrow \neg AB(U_2)$

$\neg AB(U_2) \wedge \neg AB(R_2) \wedge \neg AB(X_{C_2}) \wedge \neg AB(R_3)$

$\Rightarrow \neg AB(U_3)$

$\neg AB(U_1) \wedge \neg AB(R_1) \wedge \neg AB(X_{C_1}) \wedge \neg AB(X_L)$

$\Rightarrow \boldsymbol{I}_q + \boldsymbol{I}_C = \boldsymbol{I}$

$\neg AB(U_2) \wedge \neg AB(R_2) \wedge \neg AB(X_{C_2}) \wedge \neg AB(R_2)$

$\Rightarrow U_3 > 20$

$AB(R_1) \vee AB(R_2) \vee AB(R_3) \Rightarrow U_3 = 0 \wedge I_q = 0$

$AB(U_1) \vee AB(X_{C_1}) \vee AB(X_{C2}) \Rightarrow 0 < U_3 < 20$

$AB(X_{C_1}) \Rightarrow I_q = I$

$AB(X_{C_1}) \Rightarrow I_C = 0$

上式表述中,$26 < U_1 < 30, 24 < U_2 < 28, 20 < U_1 < 26$;黑体表示向量,非黑体表示其幅值。

如果输入 U_1, I 分别为 28 kV, 780 A,输出 U_2, I_C, U_3, I_q 分别为 25 kV,510 A,19 kV,680 A,对于这种输入正常,输出部分正常的情况,本书采用最大正常诊断原理进行诊断。

由于 U_2, I_C 是正常输出,设拟正集设为 $R_O = \{U_1, R_1, X_{C_1}, X_L\}$。不正常输出是 $0 < U_3 < 20$,根据系统表示,将可能故障集设为 $C_1 = \{R_2, R_3, X_{C_2}\}$。

首先将可能故障集设为 $\{R_2, R_3, X_{C_2}\}$ 分成两个子集 $C_{21} = \{R_2\}, C_{22} = \{R_3, X_{C_2}\}, SD \cup OBS \cup D(C_{21}, R_O)$ 和 $SD \cup OBS \cup D(C_{22}, R_O)$ 是相容性的。

$\{SD \cup OBS \cup D(C_{21}, R_O)\} \wedge \{AB(R_2)\} \Rightarrow U_3 = 0 \wedge I_q = 0$

这与 $I_q = 680$ A 矛盾。

设 $R_O = \{U_1, R_1, X_{C_1}, X_L, R_2\}$;同理 $SD \cup OBS \cup D(C_{22}, R_O)$ 也是不相容的,C_{22} 分为两全子集 $C_{221} = \{R_3\}, C_{222} = \{X_{C_2}\}$。易知 $SD \cup OBS \cup D(C_{221}, R_O)$ 不相容,而 $SD \cup OBS \cup D(C_{221}, R_O)$ 是相容的。

综上所述,得系统的诊断为

$$D(\{X_{C_2}\}, \{U_1, R_1, X_{C_1}, X_L, R_2, R_3\})$$

从上述实例可以看出,最大正常诊断理论应用系统的描述能准确地诊断出系统的故障部件,与实际情况是相符的。

最大正常诊断理论以相容性检验为工具,借助于对可能故障集的二分相容检验,逐步将正常部件从其中分离出来,从而正常故障集合达到最大,也就是故障集达到最小,有效地对正常和异常部件进行分离,进而达到诊断的目的。从其诊断过程可以看出,其对可能故障集的划分具有不确定性,合理的划分可能使得诊断过程较简单,反之可能增大诊断的计算量。对可能故障集划分的启发函数的研究将是该算法进一步完善的一个重点。

从理论上来说,如果 c 是一个正常部件,C_i 是故障部件集合,则 $SD \cup OBS \cup D(C_i \cup \{c\}, CMS - C_i - \{c\})(C_i \subseteq CMS)$ 是不相容的,然而,由于系统信息的不完备性和系统部件故障特性的不确定性,在实际诊断中,不一定能从系统的描述和结构中得出其是不相容的,所以,基于模型的最大正常故障诊断的结论可能仍存在冗余性,也就是说,系统的描述仍是最大正常故障诊断理论和其他智能诊断算法急需解决的问题,也是最大正常故障诊断解决实际问题,提高诊断准确性的关键技术,仍有待进一步研究。

参 考 文 献

[1] Bass B, Huang G H, Russo J. Incorporating Climate Change into Risk Assessment Using Grey Mathematical Programming[J]. Journal of Environmental Management, 1997, 49: 107-123.

[2] Chen C K, Tian T L. A New Model of System Parameter Identification for Grey Model GM(1,1)[J]. The Journal of Grey System, 1996, 8(4): 321-330.

[3] Chen Y K, Tan X R. Grey Relational Analysis on Serum Markers of Liver Fibrosis[J]. The Grey System, 1995, 7(7): 63-68.

[4] Cheng C M, Hong C M, Hsieh Y R. A Modeling Technique of Grey Prediction Model Using Difference Equation[J]. The Journal of Grey System, 2000, 12(1): 65-72.

[5] Deng J L. Control Problems of Grey System[J]. Systems & Control Letter, 1982, 5: 288-294.

[6] Deng J L. The Series in Grey System Theory[J]. The Journal of Grey System, 1997(1): 88-93.

[7] Deng J L. A Novel GM(1,1) Model for Non Equigap Series[J]. The Journal of Grey System, 1997, 9(2): 111-116.

[8] Deng J L. On Boundary of Grey Input in GM(1,1)[J]. The Journal of Grey System, 2001, 13(1): 68-69.

[9] Deng J L. A Novel Grey Model GM(1,1|t,r): Generalizing GM(1,1)[J]. The Journal of Grey System, 2001, 13(1): 1-8.

[10] Deng J L. Solution of Grey Differential Equation for GM(1,1|t,r) in Matrix Train[J]. The Journal of Grey System, 2002, 14(1): 105-110.

[11] Deng J L. Undulating Grey Model GM(1,1 | tan(k − τ)p)[J]. The Journal of Grey System, 2001, 13(3): 201-204.

[12] Deng J L. Moving Operator in Grey Theory[J]. The Journal of Grey System, 1999, 11(1):1-5.

[13] Dai D B, Chen R Q, et al. Frame of AGO Generating Space[J]. The Journal of Grey System, 2001, 13(1): 13-16.

[14] Huang H C, Wu J L. Grey System Theory on Image Processing and Lossless Data Compression for HDMEDIA[J]. 灰色系统理论与实践, 1993(2): 9-15.

[15] Huang Y L, Chen Z H, Duan J Q. The Study on Parameter Estimation of GM(1,N)[J]. The Journal of Grey System, 2003, 15(3): 215-224.

[16] Huang C L, Yeh M F. Two Stage GM(1,1) Model: Grey Step Model[J]. The Journal of

Grey System,1997, 9(1)：9-24.

[17]　He X J, Sun G Z. A Non-Equigap Grey Model NGM(1,1)[J]. The Journal of Grey System，2001, 13(2)：189-192.

[18]　Jing F Y, Huang C L. On Some of the Basic Features of GM(1,1) Model(1)[J]. The Journal of Grey System, 1996, 8(1)：19-36.

[19]　Tan J S,Lo J J. Application of Grey Relational Analysis to River Water Pollution[J]. The Journal of Grey System, 2000, 21(4)：391-398.

[20]　Weu J C, Chen J L, Yang J S. Study of the Non-Equaigap GM(1,1) Modeling[J]. The Journal of Grey System, 2001, 13(3)：205-214.

[21]　Wen K L,Wu J H. AGO for Invariant Series[J]. The Journal of Grey System, 1998, 10(1)：17-21.

[22]　Kuo C Y, Ching T L. Fourier Modified Non Equigap NGM(1,1)[J]. The Journal of Grey System, 2000, 20(5)：139-142.

[23]　Kuo C Y, Ching J L, Yen T H. Generalized Admissible Region of Class Ratio for GM(1,1)[J]. The Journal of Grey System, 2000, 12(2)：153-156.

[24]　Li X C. On Parameters in Grey Model GM(1,1)[J]. The Journal of Grey System, 1998, 10(2)：155-162.

[25]　Huang M L, Weng K L, We J H. The Application of Grey Theory to Interlude Analysis [J]. The Journal of Grey System, 1999, 11(2)：133-138.

[26]　Shi B Z. Modeling of Non Equigap GM(1,1)[J]. The Journal of Grey System, 1993, 5(2)：105-114.

[27]　Xiao X P. On Parameters in Grey Model[J]. The Journal of Grey System,1999, 11(4)：315-324.

[28]　Xiao X P, Deng J L. A New Modified GM(1,1) Model[J]. Journal of System Engineering and Electronics, 2001, 12(2)：1-5.

[29]　Xu Z X, et al. The Sliding Grey Relational Method for Delineating Reqions Containing Oil & Gas[J]. The Journal of Grey System, 1996, 3：275-282.

[30]　Zhou Z. A New Grey Model GM(3|t,1) and Its Application to Thermodynamic Process Control[J]. The Journal of Grey System, 2001, 13(1)：17-22.

[31]　邱学军. 灰色聚类关联分析及其应用[J]. 系统工程理论与实践,1995,15(1)：15-21.

[32]　邓聚龙. 灰色系统理论教程[M]. 武汉：华中理工大学出版社,1990：87-150.

[33]　邓聚龙. 灰理论基础[M]. 武汉：华中理工大学出版社,2002.

[34]　邓聚龙. 灰色系统理论教程[M]. 武汉：华中理工大学出版社,1990：32-70.

[35]　傅朝阳,罗溢,等. 中原油田气井油管腐蚀因素灰关联分析[J]. 天然气工业,2000,20(1)：74-77.

[36]　冠进忠. GM(1,1)模型参数的直接辨识[J]. 灰色系统理论与实践,1993,3(2)：97-104.

[37]　黄元亮,陈宗海. 灰色关联理论中存在的不相容问题[J]. 系统工程理论与实践,2003, 23(8)：118-121.

[38]　黄元亮,陈桂景. 线性模型中参数估计的相对效率[J]. 应用概率统计,1998,14(2)：159-164.

[39] 黄元亮,陈桂景.广义 G-M 模型参数估计的相对效率[J].数学研究与评论,2000,20(1):103-108.

[40] 黄元亮.方差分量模型参数估计的相对效率[J].安徽大学学报,2001,25(1):6-10.

[41] 黄元亮,方筱红.相对效率与广义相关系数的关系[J].安徽大学学报(自然科学版),1998,22(2):61-65.

[42] 黄明辉,徐东喜,胡征.一种改进的灰色诊断关联度分析方法[J].机械设计,2001,12(12):43-46.

[43] 冯利华.灰色系统模型的问题讨论[J].系统工程理论与实践,1997,17(12):125-128.

[44] 李炳乾.原始序列特征与灰色模型的选择[J].灰色系统理与实践,1992,2(1):63-66.

[45] 李留藏,许闻天,等.灰色系数 GM(1,1)模型的讨论[J].数学实践与认识,1993(1):15-22.

[46] 李万诸.基于灰色关联度的聚类方法及其应用[J].系统工程,1990,8(3):37-41.

[47] 罗小明等.灰色综合评判模型[J].系统工程与电了技术,1994,16(9):18-25.

[48] 连育青.一种新的投资方案选优决策方法[J].系统工程与电了技术,1994,16(4):29-36.

[49] 吕林正,等.灰色模型 GM(1,1)优化探讨[J].系统工程论与实践,2001(8):92-96.

[50] 刘思峰,郭天榜,党耀国.灰色系统理论及其应用[M].北京:科学出版社,2000.

[51] 刘思峰.灰数学新方法与科技管理灰系统量化研究[D].武汉:华中科技大学,1998.

[52] 刘震宇.灰色系统分析中存在的两个基本问题[J].系统工程理论方法与应用,2000,9:123-124.

[53] 刘希强.灰色 GM 模型及其应用[J].系统工程理论与实践,1995,15(1):53-62.

[54] 罗佑新,周继荣.非等间距 GM(1,1)模型及其在疲劳试验数据处理和疲劳试验在线监测中的应用[J].机械强度,1996,18(3):60-63.

[55] 梅振.灰色绝对关联度及其计算方法[J].系统工程,1992,10(5):43-44.

[56] 彭放.圈闭含油气性评价灰色模型研究[D].北京:中国地质大学,2000.

[57] 孙才志,宋彦涛.关于灰色关联度的理论探讨[J].世界地质,2000,19(3):248-253.

[58] 孙才志,孙炳双.改进的灰色关联在农业系统中的应用[J].农业系统科学与综合研究,2001,17(1):5-8.

[59] 史晓新,夏军.水环境质量评价灰色模式识别模型及其应用[J].中国环境科学,1997,9(2):23-23.

[60] 沈建国.灰色 GM(1,1)模型的改进用其就应用[J].数学实践与认识,1990(3):10-15.

[61] 田毓英,张有会.心电图三种指标的灰色聚类评判[J].系统工程理论与实践,1994,14(4):71-74.

[62] 唐五湘.GM(1,1)模型参数估计的新方法及假设检验[J].系统工程理论与践,1995,15(3):20-25.

[63] 谭成仟,宋子齐,等.储层油气产能的灰色理论预测方法[J].系统工程理论与实践,2001,21(10):101-106.

[64] 谭冠军.GM(1,1)模型的背景值构造方法和应用.Ⅱ[J].系统工程理论与实践,2000,20(5):125-127.

[65] 王子亮.灰色建模技术理论[D].武汉:华中农业大学,1998.

[66] 王清印,刘开第,陈金鹏,等.灰色系统理论的数学方法及其应用[M].成都:西南交通大

学出版社,1990.

[67]　王清印. 泛灰集与泛灰数的代数运算[J]. 华中理工大学学报,1992(4)：151-156.

[68]　徐恒振. 灰色关联度聚类分析在溢油鉴别中的应用[J]. 中国环境科学,1995,15(1)：22-27.

[69]　张岐山. 灰指数规律的熵判据[J]. 系统工程理论与实践,2002(3):93-97.

[70]　张辉,胡适耕. GM(1,1)模型的精确解法[J]. 系统工程理论与实践,2001,10(1):72-74.

[71]　郑照宁,武玉英,程小辉,等. 灰模型的病态性问题[J]. 系统工程理论方法应用,2001,10(2)：140-144.

[72]　程云鹏. 矩阵论[M]. 西北工业大学出版社,1989.

[73]　肖新平,邓聚龙. 数乘变换下GM(0,N)模型的参数特征[J]. 系统工程与电子技术,2000,22(10):1-3.

[74]　肖新平,等. GM(1,1)模型参数估计的新方法[M]//中国自动化学会第16届青年学术年会论文集. 北京:解放军出版社,2001.

[75]　肖新平,邓旅成,查金茂. 具有新边界条件的新息预测模型[M]//中国控制与决策学术论文集. 沈阳:东北大学出版社,2000;87-90.

[76]　肖新平. 灰色关联分析的改进用其应用[J]. 系统工程,1996,19(2):71-74.

[77]　向跃霖. GM(1,1)的几种派生模型及其在环境系统的应用[M]//灰色系统研究新进展. 武汉:华中科技大学出版社,1996:384-387.

[78]　Cem Say A C. Problems in Representing Liquid Tanks with Monotonicity Constraints: A Case Study in Model-Imposed Limitations on the Coverage of Qualitative Simulation[J]. Artificial Intelligence Review, 2002, 17: 291-317.

[79]　Bai F Z, Huo X, Bao Z G. Qualitative Reasoning for Dynamic System: Modeling and Simulation[J]. Information and Control, 1995, 24 (4): 222-229 (in Chinese).

[80]　Basye K, Dean T, Kaelbling L P. Learning Dynamics: System Identification for Perceptually Challenged Agents[J]. Artificial Intelligence, 1995, 72(1):139-171.

[81]　Beardon A F. Complex Analysis[M]. New York:John Wiley & Sons, 1979.

[82]　Borenstein J,Koren Y. The Vector Field Histogram-Fast Obstacle-Avoidance for Mobile Robots[J]. IEEE Journal of Robotics and Automation, 1991, 7(3): 278-288.

[83]　Beard R J. Failure Accommodation in Linear Systems Through Self-Reorganization[R]. Cambridge, Massachusetts: Man Vehicle Lab, MIT, Report MVT-71-1, 1971.

[84]　Chang C C. On-Line Fault Diagnosis Using Improved SDG[M]. Taipei: National Taiwan Institute of Technology, 1988.

[85]　Chang C C, Yu C C. On-Line Fault Diagnosis Using the Signed Directed Graph[J]. Industrial & Engineering Chemistry Research, 1990, 29(7): 1290-1299.

[86]　Borenstein J, Everett H R, Feng L. Navigating Mobile Robots: Systems and Techniques [M]// Peters A K, Wellesley:Massachusetts, 1996.

[87]　Borg I, Groenen P. Modern Multidimensional Scaling: Theory and Applications[M]. New York: Springer, 1997.

[88]　Choset H, Nagatani K. Topological Simultaneous Localization and Mapping (SLAM): Toward Exact Localization Without Explicit Localization[J]. IEEE Trans. on Robotics

and Automation, 2001,17(2):125-137.

[89]　Crawford J, Kuipers B. Algernon: a Tractable System for Knowledge Representation[J]. SIGART Bulletin, 1991, 2(3):35-44.

[90]　De Kleer J. Multiple Representations of Knowledge in a Mechanics Problem-Solver[J]. Artificial Intelligence,1977:299-304.

[91]　De Kleer J, Brow J S. A Qualitative Physics Based on Confluences[J]. Artificial Intelligence,1984,24:7-83.

[92]　Davis E. The Mercator Representation of Spatial Knowledge[M]// Bundy A. Proc. of the 8th IJCAI. Los Altos: Kaufmann Inc. , 1983:295-301.

[93]　Berleant D, Kuipers B. Qualitative and Quantitative Simulation: Bridging the Gap[J]. Artificial Intelligence,1997, 95: 215-255.

[94]　Dean T, Basye K, Kaelbling L. Uncertainty in Graph-Based Map Learning[M]. Jonathan H. Connell and Sridhar Mahadevan. Robot Learning:Kluwer Academic Publishers, 1993: 171-192.

[95]　Clancy D J, Kuipers B. Static and Dynamic Abstraction Solves the Problem of Chatter in Qualitative Simulation[M]. In the 14th National Conference on Artificial Intelligence (AAAI-97). Rhode:AAAI Press, 1997.

[96]　Clancy D J, Kuipers B. Dynamic Chatter Abstraction: a Scalable Technique for Avoiding Irrelevant Distinctions During Qualitative Simulation[C]. In Proceedings of the Eleventh International Workshop on Qualitative Reasoning about Physical Systems, 1997.

[97]　Clancy D J, Kuipers B. Model Decomposition and Simulation[C]. In Proceeding of the Eighth Workshop on Qualitative Physics about Physical Systems, 1994.

[98]　De Kleer J, Brown J. A Qualitative Physics Based on Confluence[J]. Artificial Intelligence, 1984, 24(1/3): 7-83.

[99]　Dudek G, Jenkin M, Milios E, et al. Robotic Exploration as Graph Construction[J]. IEEE Trans. on Robotics and Automation, 1991, 7(6): 859-865.

[100]　Dviraj D, Kuipers B J. Process Monitoring and Diagnosis[J]. IEEE Expert, 1991, 6 (3): 67-75.

[101]　Dvorak D, Kuipers B. Model-Based Monitoring of Dynamic Systems[M]//Proc. IJCAI-89, Detroit, MI. San Mateo, CA:Morgan Kaufmann, 1989: 1238-1243.

[102]　Dvorak D, Kuipers B. Process Monitoring and Diagnosis: a Model-Based Approach[J]. IEEE Expert, 1991, 5(3): 67-74.

[103]　Elfes A. Sonar-Based Real-World Mapping and Navigation[J]. IEEE Journal of Robotics and Automation, 1987, RA3(3): 249-265.

[104]　Engelson S P, McDermott D V. Error Correction in Mobile Robot Map Learning[M]. In IEEE International Conference on Robotics and Automation,1992:2555-2560.

[105]　Franz M, Schölkopf B, Mallot H A, et al. Learning View Graphs for Robot Navigation [J]. Autonomous Robots, 1998, 5: 111-125.

[106]　Forbus K D. Qualitative Process Theory[J]. Artificial Intelligence, 1984, 24: 85-168.

[107]　Forbus K D. Interpreting Observations of Physical Systems[J]. IEEE Trans. on Sys-

tems, Man, and Cybernetics, 1987, 17(3): 350-359.

[108] Frank P M. Analytical and Qualitative Model Based Fault Diagnosis: a Survey and Some New Results[J]. European Journal of Control, 1996, 2 (1): 6-28.

[109] Frank P M, Koppen-Seliger B. New Developments Using AI in Fault Diagnosis[J]. Engineering Applications of Artificial Intelligence, 1997, 10 (1): 3-14.

[110] Gelb A. Applied Optimal Estimation[M]. Cambridge, MA: MIT Press, 1974.

[111] Gelfond M, Lifschitz V. Classical Negation in Logic Programs and Disjunctive Databases [J]. New Generation Computing, 1991, 9: 365-385.

[112] Gold E M. Complexity of Automaton Identification from Given Data[J]. Information and Control, 1978, 37: 302-320.

[113] Hayes P J. The Naïve Physics Manifesto[M]//Michie D. Expert Systems in the Micro Electronic Age. Edinburgh: Edinburgh Press, 1979.

[114] Hayes P J. The Second Naive Physics Manifesto[M]//Hobbs J R, Moore R C. Formal Theories of Commonsense of the Commonsense Word. Norwood: Ablex Publishing Corporation, 1985:1-36.

[115] Kay H, Kuipers B. Numerical Behavior Envelopes for Qualitative Models[M]//Washington, DC: Proc. AAAI-93,1993: 606-613.

[116] Kay H, Ungar L. Estimating Monotonic Functions and Their Bounds Using MSQUID [R]. Austin, TX: Technical Report TR AI99-280, 1999.

[117] Kay H, Ungar L H. Deriving Monotonic Function Envelopes from Observations[R]. Working Papers from the Seventh International Workshop on Qualitative Reasoning about Physical Systems (QR-93), 1993: 117-123.

[118] Kay H, Rinner B, Kuipers B. Semi-Quantitative System Identification[J]. Artificial Intelligence, 2000, 119: 103-140.

[119] Kay H, Ungar L. Deriving Monotonic Function Envelopes from Observations[R]. Working Pagers from the Seventh International Workshop on Qualitative Reasoning about Physical System (QR-93), 1993: 117-123.

[120] Kay H, Rinner B, Kuipers B. Semi-Quantitative System Identification[J]. Artificial Intelligence, 2000, 119: 103-140.

[121] Hossain A, Ray K S. An Extension of QSIM with Qualitative Curvature[J]. Artificial Intelligence,1997, 96: 303-350.

[122] Huang Y L, Chen Z H, Gui W S. Grey Qualitative Simulation[J]. The Journal of Grey System. 2004,16 (1):5-20.

[123] Huang Y L. The Research of "Higher-Order Derivative Constraints" Theory[C]. Xi'an: Proceedings of the Second International Conference on Machine Learning and Cybernetics, 2003, 2715-2719.

[124] Huang Y L, Chen Z H, Hu Y S. A New Exponent Model Theory and Its Application (Submitted to Simulation Modeling Theory & Practice).

[125] Iwasaki Y, Simon H A. Causality in Device Behavior[J]. Artificial Intelligence,1986, 29: 3-32.

[126] Iwasaki Y. Causal Ordering in a Mixed Structure[C]. In Proceedings from the Seventh National Conference on Artificial Intelligence, AAAI-88, 1988.

[127] Iri M, Aoki K, O'Shima E, et al. An Algorithm for Diagnosis of System Failures in the Chemical Process[J]. Computers and Chemical Engineering, 1979, 3(1/4): 489-493.

[128] De Kleer J, Williams B C. Diagnosing Multiple Faults[J]. Artificial Intelligence, 1987, 32: 97-130.

[129] Kuipers B. Modeling Spatial Knowledge[J]. Cognitive Science, 1978, 2: 129-153.

[130] Kuipers B. Commonsense Reasoning about Causality: Deriving Behavior from Structure [M]//Bobrow D G. Qualitative Reasoning about Physical Systems. Amsterdam: Elsevier Science, 1984: 169-203.

[131] Kuipers B. Qualitative Simulation[J]. Artificial Intelligence, 1986, 29: 289-338.

[132] Kuipers B. Qualitative Reasoning: Modeling and Simulation with Incomplete Knowledge [J]. Artificial Intelligence, 1994.

[133] Kuipers B, Berleant J D. Using Incomplete Knowledge with Qualitative Reasoning [M]//Proc. AAAI-88. Los Altos: Morgan Kaufmann, 1988: 324-329.

[134] Kuipers B, Chiu C, Molle D T D, et al. Higher-Order Derivative Constraints in Qualitative Simulation[J]. Artificial Intelligence, 1991, 51: 343-379.

[135] Kuipers B. Qualitative Reasoning: Modeling and Simulation with Incomplete Knowledge [J]. Automatica, 1989, 25 (4): 571-585.

[136] Kuipers B, Beeson P. Bootstrap Learning for Place Recognition [M]//AAAI-02. Stanford: The AAAI Press, 2002:174-180.

[137] Kuipers B, Byun Y T. A Robust Qualitative Method for Spatial Learning in Unknown Environments[M]. AAAI-88. San Francisco: In Morgan Kaufmann, 1988.

[138] Kuipers B, Byun Y T. A Robot Exploration and Mapping Strategy Based on Semantic Hierarchy of Spatial Representations[J]. Journal of Robotics and Autonomous Systems, 1991, 8: 47-63.

[139] Kuipers B, Levitt T. Navigation and Mapping in Larges Cale Space[J]. AI Magazine, 1988, 9(2): 25-43.

[140] Kuipers B, Froom R, Lee W Y, et al. The Semantic Hierarchy in Robot Learning[M]// Connell J, Mahadevan S. Robot Learning. Holland: Kluwer Academic Publishers, 1993: 141-170.

[141] Kuipers B, Tecuci D, Stankiewicz B. The Skeleton in the Cognitive Map: a Computational and Empirical Exploration[J]. Environment and Behavior, 2003, 35(1): 80-106.

[142] Kuipers B. The Spatial Semantic Hierarchy [J]. Artificial Intelligence, 2000, 19: 191-233.

[143] Kuipers B. Qualitative Simulation as Causal Explanation[J]. IEEE Trans. on Systems, Man, and Cybernetics, 1987, 17(3): 432-444.

[144] Koenig S, Simmons R. Passive Distance Learning for Robot Navigation[C]//Proceedings of the Thirteenth International Conference on Machine Learning (ICML), 1996.

[145] Kortenkamp D, Chown E, Kaplan S. Prototypes, Locations, and Associative Networks

(PLAN): Towards a Unified Theory of Cognitive Mapping[J]. Cognitive Science, 1995, 19: 1-51.

[146] Kramer M A, Palowitch B L. A Rule-Based Approach to Fault Diagnosis Using the Signed Directed Graph[J]. AIChE Journal, 1987, 33(7): 1067-1078.

[147] Lee W Y. Spatial Semantic Hierarchy for a Physical Mobile Robot[D]. Austin: The University of Texas, 1996.

[148] Leiser D, Zilbershatz A. The Traveller: a Computational Model of Spatial Network Learning[J]. Environment and Behavior, 1989, 21(4): 435-463.

[149] Lifschitz V. Circumscription[M]//In Handbook of Logic in Artificial Intelligence and Logic Programming. 3. Oxford: Oxford University Press, 1994: 297-352.

[150] Lifschitz V. Nested Abnormality Theories[J]. Artificial Intelligence, 1995, 74(2): 351-365.

[151] Lynch K. The Image of the City [M]. Cambridge, Massachusetts: The MIT Press, 1960.

[152] Mehra R K, Peschon J. An Innovation Approach to Fault Detection and Diagnosis in Dynamics[J]. Automatica, 1971, 7(5): 637-640.

[153] McCarthy J, Buvac S. Formalizing Context (expanded notes)[M]//Aliseda A, Van Glabbeek R J, Westerstahl C. Computing Natural Language. 8. 1998: 13-50.

[154] McDermott D V, Davis E. Planning Routes Through Uncertain Territory[J]. Artificial Intelligence, 1984, 22: 107-156,.

[155] Sgouros N M. Qualitative Navigation for Autonomous Wheelchair Robots in Indoor Environments[J]. Autonomous Robots, 2002, 12: 257-266.

[156] Ozyurt I B, Hall L O, Sunol A K. SQFDiag: Semiquantitative Model-Based Fault Monitoring and Diafnosis via Episodic Fuzzy Rules[J]. IEEE Transactions on Systems, Man, and Cybernetics. Part A: Systems and Humans, 1999, 3(29): 294-306.

[157] O'Neill M. A Biologically Based Model of Spatial Cognition and Wayfinding[J]. Journal of Environmental Psychology, 1991, 11: 299-320.

[158] Remolina E. A Logical Account of Causal and Topological Maps [D]. Austin: The University of Texas, 2001.

[159] Rivest R L, Schapire R E. A New Approach to Unsupervised Learning in Deterministic Environments[C]. Proceedings of the Fourth International Workshop on Machine Learning, 1987.

[160] Reiter R. A Theory of Diagnosis from First Principles[J]. Artificial Intelligence, 1987, 32: 57-95.

[161] Rivest R L, Schapire R E. A New Approach to Unsupervised Learning in Deterministic Environments[C]. Proceedings of the Fourth International Workshop on Machine Learning, 1987.

[162] Schölkopf B, Mallot H. View-Based Cognitive Mapping and Path Planning[J]. Adaptive Behavior, 1995, 3: 311-348.

[163] Shanahan M P. Noise and the Common Sense Informatic Situation for a Mobile Robot

[C]. In AAAI-96,1996.

[164] Shatkay H, Kaelbling L. Learning Topological Maps with Weak Local Odometry Information[C]. IJCAI-97, 1997.

[165] Siegel A W, White S. The Development of Spatial Representations of Large-Scale Environments[M]//Reese H. Advances in Child Development and Behavior. 10. New York:Academic Press, 1975:9-55.

[166] Simmons R,Koenig S. Probabilistic Robot Navigation in Partially Observable Environments[C]. IJCAI-95, 1995.

[167] Smith R, Cheeseman P. On the Representation of and Estimation of Spatial Uncertainty [J]. The International Journal of Robotics Research, 1986, 5: 56-68.

[168] Shi C Y, Chen J, Zhao Y, et al. Progress in Qualitative Reasoning[J]. Pattern Recognition and Artificial Intelligence, 1993, 6(2): 121-126.

[169] Shen Q, Lertch R. Fuzzy Qualitative Simulation[J]. IEEE Transaction on Systems, Man and Cybernetics, 1993, 23(4): 1038-1061.

[170] Tardos J, Neira J, Newman P, et al. Robust Mapping and Localization in Indoor Environments Using Sonar Data[J]. The International Journal of Robotics Research, 2002, 21(6): 311-330.

[171] Trave-Mssuyes L, Piera N. The Ordes of Magnitude Models as Qualitative Algebra[C]. IJCAI-89, 1989.

[172] Williams B S, De Kleer J. Qualitative Reasoning about Systems: a Return to Roots[J]. Artificial Intelligence, 1991, 5: 1-9.

[173] Wiliams B C. A Theory of Interaction: Unifying Qualitative and Quantitative Algebraic Reasoning[J]. Artificial Intelligence, 1991, 51: 39-94.

[174] Willsky A S. A Survey of Design Methods for Failure Detection in Dynamic Systems[J]. Automatica, 1976, 12(6): 601-611.

[175] Zhuang Z, Frank P M. Observation Filtering: from Qualitative Simulation to Qualitative Observer[C]. California:10th International Workshop on Qualitative Reasoning, 1996.

[176] Zhuang Z, Frank P M. Qualitative Observer and Its Application to Fault Diagnosis[J]. Journal of Systems and Control Engineering (Proc. of Institution of Mechanical Engineers), 1997, 211 (4): 253-262.

[177] Zhuang Z, Frank P M. A Fault Detection Scheme Based on Stochastic Qualitative Modeling[C]. Beijing:IFAC World Congress' 99. 1999.

[178] Yamashita Y, Shoji S, Suzuki M. A Fault-Diagnosis System Based on Qualitative Reasoning[J]. Int. Chemical Engineering, 1990, 30(1): 151-159.

[179] Oyeleye O O, Finch F E, Kramer M A. Qualitative Modeling and Fault Diagnosis of Dynamic Process by MIDAS[J]. Chemical Engineering Communications, 1990, 96(1): 205-228.

[180] Mavrovouniotis M L, Stephanopoulos G. Formal Order-of-Magnitude Reasoning in Process Engineering [J]. Computers and Chemical Engineering, 1988, 12 (9/10): 867-880.

[181]　Xia C D, Wang B W. A Novel Fault Diagnosis Approach of Continuous System[J]. Control and Decision, 1998, 13 (4): 322-326 (in Chinese).

[182]　Weld D. Comparative Analysis[J]. Artificial Intelligence, 1988, 36(3): 333-373.

[183]　Weld D. Use of Aggregation in Causal Simulation[J]. Artificial Intelligence, 1986, 30 (10): 1-34.

[184]　Weld D. Theories of Comparative Analysis[R]. Cambridge, MA: MIT AI Lab Technical Report, 1988.

[185]　Grantham S D, Ungar L H. Comparative Analysis of Qualitative Models When the Model Changes[J]. AIChE Journal, 1991, 37 (6): 931-943.

[186]　白方周,张雷.定性仿真导论[M].合肥:中国科学技术大学出版社,1998.

[187]　陈见,石纯一.定性代数的形式框架 FAQA[J].计算机学报,1995,6:417-423.

[188]　段家庆,黄元亮,王雷,等.《定性仿真中摆动变量的研究》的一个注记[C]//系统仿真技术及其应用.合肥:中国科学技术大学出版社,2003:237-242.

[189]　管玉平,冯士筰,丑纪范.定性数学的若干基本特征[J].青岛海洋大学学报,1996,4:453-460.

[190]　黄元亮,陈宗海.定性仿真中摆动变量的研究[J].系统仿真学报,2004(4):829-832,836.

[191]　黄元亮.灰色定性仿真基础研究[M].合肥:中国科学技术大学出版社,2004.

[192]　石纯一,廖士中.定性推理方法[M].北京:清华大学出版社,2002.

[193]　涂永忠,邵晨曦,等.一种高效的并行定性仿真方法 TPQSIM[J].计算机学报,2000,23 (5):459-469.

[194]　邵晨曦,张琪,白方周.面向分段函数的定性仿真算法 PQSIM 及其在脑电图研究中的应用[J].计算机学报,2001,24(12):1287-1293.

[195]　邵晨曦,张琪,白方周.定性仿真在医疗诊断研究中的应用[J].系统仿真学报,2001,13 (4):508-516.

[196]　邵晨曦,卢继军,周颢.基于小波变换的脑电图癫痫波形检测[J].生物医学工程学杂志,2002,19(2):259-263.

[197]　张琪,邵晨曦,白方周. PQSIM:一个面向分段函数的定性仿真算法[J].信息与控制,2001,30(2):120-123.

[198]　朱六璋.不确定性系统建模与控制[M].合肥:中国科学技术大学出版社,2002.

[199]　王文辉,周东华.基于定性和半定性方法的故障检测与诊断技术[J].控制决策与应用,2002,19(5)653-659.

[200]　王东锋,陈英武.模糊定性仿真系统的设计与实现[J].系统仿真学报,2001,13(3):297-299.

[201]　王卫华,陈卫东,席裕庚.移动机器人地图创建中的不确定传感信息处理[J].自动化学报,2003,29(2):267-274.

[202]　姜云飞,林笠.用对分 HS-树计算最小碰集[J].软件学报,2002,13(12):2267-2273.

[203]　林笠.递归建立 HS-树计算最小碰集[J].微电子学与计算机,2002,2:7-10.

[204]　姜云飞,林笠.用布尔代数方法计算最小碰集[J].计算机学报,2003,26(8):919-924.

[205]　Nanda S. Fuzzy Rough Sets[J]. Fuzzy Sets and Systems,1992, 45: 157-160.

[206] Banerjee M, Pal S K. Roughness of a Fuzzy Set [J]. Inform. Sci. , 1996, 93: 235-246.

[207] 程昳, 莫智文. 模糊粗糙集及粗糙模糊集的模糊度[J]. 模糊系统与数学, 2001, 15(3): 16-19.

[208] 齐晓东, 刘秋成, 米据生. 广义模糊粗糙集的不确定性度量[J]. 模糊系统与数学, 2007, 21(2): 136-141.

[209] 张文宇, 贾嵘. 数据挖掘与粗糙集方法[M]. 西安: 西安电子科技大学出版社, 2007.

[210] 黄元亮, 钱清泉, 肖腾蛟. 智能故障诊断方法及其应用[J]. 计算机工程, 2010(7): 150-153.

[211] Kalman R E. A New Approach to Linear Filtering and Prediction Problems[J]. Journal of Basic Eng (ASME), 1960, 1(82D): 35-46.

[212] Bozic S M. Digital and Kalman Filtering[M]. London: Edward Arnold, 1984.

[213] 蒋志凯. 数字滤波与卡尔曼滤波[M]. 北京: 中国科学技术出版社, 1993.

[214] Sharpley R C, Vatchev V. Analysis of the Intrinsic Mode Functions (IMI Preprint Series). 2005.

[215] Wu Z, Huang N E. A Study of the Characteristics of White Noise Using the Empirical Mode Decomposition Method [J]. Proc. R. Soc, London, Ser. A, 2004, 460: 1597-1611.

[216] 刘文钊. Hilbert-Huang 变换理论与应用研究[M]. 长沙: 国防科技大学出版社, 2009.

[217] 钟佑明, 秦树人, 汤宝平. Hilbert-Huang 变换中的理论研究[J]. 振动与冲击, 2002, 21(4): 13-17.

[218] 钟佑明, 秦树人. HHT 的理论依据探讨: Hilbert 变换的局部乘积定理[J]. 振动与冲击, 2006, 25(2): 12-15.